西部大开发重点区域和行业发展战略环境评价系列丛书

西南（云贵）重点区域和行业发展战略环境评价研究

主　编　刘　毅
副主编　张天柱　李王锋　李　倩

中国环境出版社・北京

图书在版编目（CIP）数据

西南（云贵）重点区域和行业发展战略环境评价研究 / 刘毅主编 .—北京：中国环境出版社，2016.3

（西部大开发重点区域和行业发展战略环境评价系列丛书）

ISBN 978-7-5111-2423-4

Ⅰ. ①西… Ⅱ. ①刘… Ⅲ. ①战略环境评价—研究—云南省、贵州省 Ⅳ. ① X821.27

中国版本图书馆 CIP 数据核字（2015）第 120034 号

审图号：GS（2015）1357 号

出版人　王新程
丛书统筹　丁　枚
责任编辑　刘　焱　黄晓燕
责任校对　尹　芳
封面设计　金　喆
排版制作　杨曙荣

出版发行　中国环境出版社
（100062 北京市东城区广渠门内大街16号）
网　址：http://www.cesp.com.cn
电子邮箱：bjgl@cesp.com.cn
联系电话：010-67112765（编辑管理部）
010-67112735（环评与监察图书分社）
发行热线：010-67125803 010-67113405（传真）
印　刷　北京盛通印刷股份有限公司
经　销　各地新华书店
版　次　2016年3月第1版
印　次　2016年3月第1次印刷
开　本　889×1194 1/16
印　张　14.5
字　数　350千字
定　价　103.00元

《西南（云贵）重点区域和行业发展战略环境评价研究》
编 委 会

前言

西部大开发战略实施以来，云贵地区经济社会建设和生态环境保护取得了重要成就。然而，云贵地区总体发展水平依然相对落后，已成为我国经济发展的短板和全面建成小康社会的难点和重点。2020 年以前是国家深入推进西部大开发的关键时期，加快云贵地区的发展是缩小西部和欠发达地区与全国差距的一个重要环节，是国家兴旺发达的一个重要标志。

为了充分汲取西方发达国家和我国率先发展地区经济发展过程中资源环境代价过大的教训，有效遏制结构型环境污染和布局型环境风险在我国新的经济增长地区进一步加剧，环境保护部正式启动了西南（云贵）重点区域与行业发展战略环境评价工作，旨在落实科学发展观，坚持在发展中保护、在保护中发展，通过大区域尺度的战略环境评价，处理好云贵地区相对落后生产力发展与生态环境保护之间的关系，推动区域产业结构战略性调整，引导生产力优化布局，促进云贵地区逐步转变经济社会发展方式，提升云贵地区中长期协调可持续发展能力和水平，确保国家全面建成小康社会目标的实现。

西南（云贵）重点区域和行业发展战略环境评价是西部大开发重点区域和行业发展战略环境评价项目的分项目之一（以下简称“西南项目”）。西南项目自 2011 年 4 月起开展前期调研，2012 年 1 月正式启动。西南项目技术牵头单位清华大学，联合了国家和地方科研单位组成技术工作组，主要参与单位包括中国科学院地理科学与资源研究所、国家发改委国土开发与地区经济研究所、环境保护部环境规划院、中国环境科学研究院、中国科学院大气物理研究所、云南省环境工程评估中心、贵州省环境科学研究设计院。在为期一年的项目研究过程中，技术工作组开展了基础数据收集、现场调查、技术攻关等工作，先后参与了环境保护部组织的技术方案评审、三次阶段评估及多次重大专题研讨会，与云贵两省相关部门、市州政府等进行了多次对接和沟通，2012 年 12 月形成最终成果并通过环境保护部组织的专家验收。

西南项目在区域资源环境现状调查和产业发展规划分析的基础上，针对云贵两省煤炭、电力、化工、有色、钢铁等十大重点产业发展可能产生的区域性、累积性、复合性环境问题，深入分析了重点产业发展的特征规律、资源环境要素演变趋势，全面地评估了区域资源环境综合承载能力及其空间特征，系统预测了重点产业发展的中长期环境影响和生态风险，提出了重点产业优化发展的调控方案和对策建议。西南项目成果中体现了大区域尺度战略环境评价研究的系统化分析、多学科交叉、中尺度模拟、定量化集成等方面的创新性成果，为今后开展大区域战略环境评价提供了可借鉴的技术方法和数据支撑。

本书内容反映了西南项目的主要研究成果。全书共八章，第一章介绍工作背景和战略环境评价的总体设计框架，第二章从经济社会和生态环境两个角度梳理区域发展的战略定位，第三、四章分别阐述区域经济社会发展特征、生态环境现状问题及演变规律，第五章从区域、行业两个层面评估了资源环境效率水平，第六章基于区域发展情景方案设计，对重点产业的中长期环境影响和生态风险做出定量化预测和系统评估，第七章对区域发展生态空间与资源环境综合承载力及其利用水平进行了深入分析和评估，第八章从环境保护角度提出了重点区域和行业优化发展的调控建议和对策机制。

西南项目的实施和本书在编写整理过程中得到了环境保护部、云南省和贵州省人民政府及两省环境保护厅等有关部门的大力支持，也得到了项目专家顾问团队的悉心指导，谨此向他们表示诚挚的谢意！

编　者

二〇一四年七月

目 录

第一章 概 述

第一节 工作背景

西部大开发战略实施十年来，云贵两省发展水平仍相对落后，是国家区域经济发展版图中的短板，已成为国家全面实现建成小康社会目标的难点和重点。2010 年《中共中央国务院关于深入实施西部大开发战略的若干意见》（中发 [2010]11 号）明确提出，今后十年是深入推进西部大开发承前启后的关键时期。这一时期也是云贵地区加快转变发展方式，进一步充分发挥西部地区特色和优势，缩小与全国差距的重要机遇期。

《国务院关于支持云南省加快建设面向西南开放重要桥头堡的意见》（国发 [2011]11 号）、《国务院关于进一步促进贵州经济社会又好又快发展的若干意见》（国发 [2012]2 号）两份重要文件的颁布，明确了云贵两省在国家经济社会发展格局中的地位和发展战略。随着国家持续加大对云贵地区的政策支持和资金投入，今后十年云贵两省特别是滇中经济区、黔中经济区等重点区域将进一步加快发展，区域经济发展潜力将得到进一步释放，资源优势和地缘优势进一步充分发挥，基础设施建设加快，云贵两省在国家区域发展战略格局中的地位将进一步提高。

云贵地区生态环境保护具有全局性战略地位。云贵地区是我国重要的生态安全屏障，是青藏高原生态屏障、黄土高原—川滇生态屏障和大江大河重要水系功能区中的关键组成部分。云贵地区生物多样性丰富，生态系统类型多样，是我国重要的生物多样性宝库和世界著名的动植物标本的重要产地。保护云贵地区生物多样性、维护生态系统功能直接关系到区域生态安全格局，保护好生态大屏障更关系到国家中长期生态安全。然而，近年来云贵地区森林破坏、生物多样性退化、湖泊富营养化、土壤重金属污染、酸雨、水土流失、石漠化等生态环境问题仍较为严重，局部地区生态退化和环境污染还有持续加重的趋势。在西部大开发战略深入实施的第二个十年里，云贵地区的开发规模与强度将进一步加大，资源环境压力还将进一步加重。

积极推进生态文明建设，坚持在发展中保护、在保护中发展，处理好云贵地区发展相对落后生产力与保护生态环境之间的关系，协调好维持区域生态平衡与保障区域发展的环境资源之间的关系，从源头扭转生态恶化趋势，促进经济社会发展方式的根本性转变，大力推进产业结构战略性调整，积极引导生产力优化布局，构建区域跨越式发展的绿色助推器，对于促进云贵地区又好又快发展，实现区域中长期协调可持续发展具有重大现实意义。

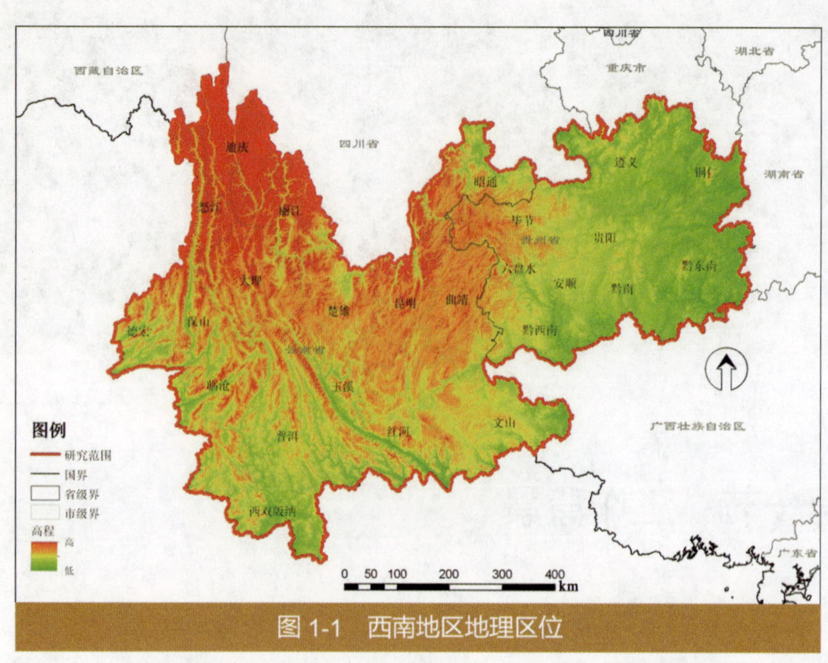

图 1-1　西南地区地理区位

开展西南区域发展战略环境评价是深入贯彻落实科学发展观，积极探索生态文明发展道路的重要举措。在继承五大区域战略环境评价“保红线、严标准、优布局、调结构、控规模”总体思路，落实“生态功能不退化、水土资源不超载、排放总量不突破、准入要求不降低”基本原则的基础上，进一步拓展和深化大区域尺度性战略环境评价，坚持理念创新、方法创新、管理创新，统筹兼顾发展转型和环境保护，对于进一步推动环境保护参与国民经济和区域发展综合决策，从源头预防生态环境恶化，加快构建区域生态安全格局和良好生产生活环境，全面推进生态文明建设，建设美丽云南、生态贵州具有重要意义。

西南地区覆盖云南、贵州两个省的整个行政管辖区，共 25 个市州，国土面积 55.9 万 km^2（图 1-1），2010 年人口为 8 071 万人，约占全国的 6.0%。2010 年云贵两省生产总值为 11 826 亿元，为全国生产总值的 2.9%。云南、贵州两省第二产业比重分别为 33.7% 和 41.9%，均低于全国 46.3% 的平均水平。

第二节　区域发展面临的困难与挑战

一、面临经济基础薄弱、发展能力不强的双重困境

西部大开发第二个十年，云贵地区面临重大发展机遇。《中共中央国务院关于深入实施西部大开发战略的若干意见》（中发 [2010]11 号）将滇中、黔中作为重点经济区开发，云南瑞丽作为重点开发开放实验区。2009 年 7 月胡锦涛总书记关于使云南成为我国向西南开放的重要桥头堡的重要指示以及 2011 年 5 月《国务院关于支持云南省加快建设面向西南开放重要桥头堡的意见》（国发 [2011]11 号）的出台，将云南的开放与发展提升到国家战略层面。随着桥头堡战略的深入实施，云南将成为国际通道枢纽、经贸合作平台，成为资金、技术、人才聚集和开放型经济发展的新高地，将为云南经济社会发展注入强劲的动力。2012 年 1 月 12 日，《国务院关于进一步促进贵州经济社会又好又快发展的若干意见》（国发 [2012]2 号）的出台，将贵州的发展上升为国家战略层面，对贵州发展给予了全面有力的支持。

区域自然资源丰富，可为经济潜力释放提供基础。云南地处我国西南边疆，与缅甸、越南、老挝三国接壤，边境线长 4 060 km，是中国面向东南亚、南亚的前沿和桥头堡，也是中国—

东盟自由贸易区建设和大湄公河次区域合作的前沿阵地。贵州省是我国云贵两省的陆路交通枢纽。两省地理区位条件具有一定优势。两省均地处云贵高原，具有多样的气候和地理环境，是我国自然资源最富饶的区域之一，水资源、矿产资源、煤炭资源、生物资源等资源优势相对突出，为经济发展提供了良好的基础条件。

由于历史地理原因，云贵两省的经济比较落后，工业化水平较低，城镇化进程较慢，属于长期缺乏活力的欠发达地区。实施西部大开发战略十年来，云贵两省的GDP平均增长速度低于全国平均值0.5个百分点以上。2010年，云南和贵州两省的经济总量分别为7 220亿元和4 594亿元，仅为广东省GDP的16%和10%，人均GDP不足全国平均水平的一半。从产业结构看，云贵两省的第一产业比重分别为17%和14%，均高于全国10%的平均水平，第二产业比重分别为33.7%和41.9%，均低于全国46.3%的平均水平，总体上还刚刚进入工业化中期阶段。目前，云贵两省的城镇化率均在35%左右，远低于全国50%的平均水平，正处于城镇化开始加速发展的阶段。重大基础设施建设滞后，人均高速公路、城市道路、给排水设施、污水处理设施等均落后于全国平均水平，未来基础设施建设和城市发展的任务十分繁重。

总体来看，西部大开发实施第二个十年的开局之年，云贵两省发展已具备了较大的政策优势、资源基础，具有一定的发展潜力。但社会经济发展水平不高，经济总量小、人均水平低、发展速度慢是云贵两省发展面临的主要矛盾，工业化水平低、城镇化进程慢、区域发展不平衡、产业结构不合理、发展方式粗放、产业支撑力不强、过度依赖于资源型产业、城乡发展不协调、农村贫困程度深、人口资源环境压力大等问题非常突出，完全依靠两省自身加快发展、甚至跨越式发展尚不具备条件。

二、面临加快社会经济发展和转变发展方式的双重压力

加快云贵两省社会经济发展是中央和地方政府、人民群众的共同愿望。云贵两省的“十二五”规划均提出到2015年经济总量翻一番的目标，发展愿望非常强烈。其中，云南规划10种有色金属产品产量到2015年达到620万t，年均增长16%，工业增加值达到750亿元，年均增长18%；规划2020年电力装机容量1亿kW以上，为2010年的近3倍。贵州省规划到2015年工业增加值比2010年增加1.5倍，电力、煤炭、冶金、有色、化工、装备制造、烟酒、民族医药和特色食品及旅游商品为主的十大重点产业产值分别超过1 000亿元，电力装机达到4 500万kW，是2010年的1.5倍。

在当前全球主要发达国家、国内东部沿海地区已基本完成工业化，国际产业分工与合作趋于完整，金融危机深层次影响继续扩散的形势下，云贵两省实际已经错过了大规模、全面推进工业化的最佳时机。由于自然地理和区位条件限制，再加上经济基础薄弱、产业集聚度不高、城镇化水平低、生态环境敏感等现实条件制约，云贵两省推进工业化面临发展难度大、发展代价大的问题。

云贵两省的资源优势决定了资源依赖型产业的主导地位。其中，矿产资源开发、能源电力、有色、冶金等“二高一资”产业仍占有较大比重，其规模扩张将显著加大资源环境压力。根据测算，“十二五”期间云南省新增COD排放量10.9万t、SO_2排放量24.4万t，分别约为2010年全省排放量的41%、49%；贵州省新增COD排放量11.5万t、SO_2排放量30.34万t，分别约为2010年全省排放量的55%、26%。2015年，云贵两省主要污染物排放总量要在2010

年的基础上再降低 4% ～ 10%，总量减排压力巨大。如不严格控制重化工等产业规模的快速扩张，单纯依靠工程减排和管理减排，将难以顺利实现“十二五”减排目标。

因此，把握好加快发展的内涵，在发展中保护，在保护中发展，协调好加快发展与可持续发展的关系，协调好经济增长与改善民生的关系，大力转变发展方式，优化调整产业结构，选择生态环境友好的新型工业化道路，确定将资源优势转化为产业优势的基本路径，集中优势，延长产业链，大力发展循环经济，构建区域产业集群，避免不讲求质量效益、不顾及生态环境代价的发展，控制“二高一资”产业盲目扩张、无序布局，对于云贵两省今后一段时期发展尤为重要。

三、面临资源开发与生态保护，产业重型化与环境承载双重矛盾

云贵地区矿产资源丰富，矿产资源主要分布区大多也是自然资源丰富或生态敏感脆弱区，矿产资源富集区与自然保护区以及地质灾害易发区空间上的重叠，加大了生态环境保护难度。云南省滇西北自然资源丰富，是世界上最著名的动植物模式标本产地之一，被多个国际组织列为全球生物多样性 34 个优先重点保护“热点地区”之一，截至 2007 年已建立了 27 个不同级别的自然保护区，保护区面积占滇西北国土面积近 13%；该区域同时也是我国西部有色金属资源集中区“三江”成矿带的核心地带。贵州省的地质灾害易发带位于黔西北毕节—盘县一带以及江口—都匀—荔波一带，这两个带也是矿产资源分布较为丰富的地区。

矿产资源开发在一定程度上加重了水土流失和石漠化。云贵两省是我国石漠化最严重的省份，也是我国水土流失最为严重的省份，乱采滥挖造成的生态破坏仍然比较严重。由于缺乏规划以及监督不力，小煤窑、小铅锌、小黄金等各类型的小矿山、小矿坑、小选矿厂分散布局较为普遍，造成开矿区塌陷、水源污染、植被破坏、土地荒漠化、水土流失、石漠化等生态环境问题。

矿山地质灾害加剧。矿山地质灾害主要是由于人类剧烈的工程活动扰乱了地质、地貌的稳定性而激发产生的，与自然地质灾害不同的是，不合理的开采方法往往是导致灾害发生最主要的原因。目前，云南全省受到地质灾害危害的、有一定规模的矿山约有 150 个，小型矿山则有数千个。截至 2007 年，贵州省共有各类矿山 7 848 个，主要分布于中西部地区。未来，随着两省规划矿产资源开发规模的急剧扩张，采空区面积以及尾矿库面积都将加大，发生地质灾害的风险也将进一步加大。

“十二五”期间，西南地区将延续资源依赖型产业发展路径，化工、冶金、火电等高耗能、高污染的重化工业规模将进一步扩张，产业重型化有进一步强化的趋势，结构性资源环境问题将更为突出，对区域环境承载能力将构成重大威胁。随着云贵地区矿产资源开发、有色、冶金、化工等重化工业的快速扩张，能源消费、水土资源消耗、污染物排放将显著增加。作为国家重要的能源基地和原材料基地，“十二五”期间云贵两省对能源的需求仍将保持高速增长趋势，预计到 2015 年，云南省能源消耗量将达到 1.4 亿 t 标准煤，贵州省将超过 1.3 亿 t 标准煤，大气污染物排放量也将随之明显增加，可能加重区域性复合型大气污染和酸雨污染。

四、面临改善民生，遏制局部生态环境恶化的双重挑战

随着工业化和城镇化加速推进，推动区域民生建设，不断改善城市、重点区域和流域的

生态环境质量，是云贵两省经济社会发展面临的重要挑战。目前，云贵两省环境质量总体较好，但局部污染严重。2010 年云南省重点城市环境空气质量好于二级的天数占全年天数均达到 80% 以上，在全国 113 个重点城市中，昆明、曲靖、玉溪三市进入全国 10 个空气质量最好城市行列；全省主要水体水质保持稳定，水质优良率达 71.9%，主要河流监测断面的水质总体有所改善，但九大高原湖泊中部分湖泊水质状况未有明显改善，滇池、阳宗海、星云湖、杞麓湖、异龙湖水质均为劣Ⅴ类。“十一五”期间，贵州省地表水水质状况一般，主要河流监测断面水质达标率为 66.2%，湖（库）监测垂线达标率仅为 24%；空气质量逐年好转，但酸雨污染仍较为严重，省内 8 个酸雨控制区城市中有 6 个城市出现酸雨。

维持区域生态功能，保护生态多样性，遏制局部地区生态退化趋势，防止石漠化和水土流失，是云贵两省经济社会可持续发展的重要内容。西南地区是全球生物多样性最为丰富的地区之一，生态环境十分敏感。由于其处于伊诺瓦底江、金沙江、怒江、澜沧江、红河和珠江等 6 大水系源头或上中游，因此保护生态环境对维系长江流域、珠江流域的生态安全以及全国的生态安全极为重要。西南地区又是多山地区，土壤较为瘠薄，是我国石漠化和水土流失最为严重的区域之一。根据 2007 年《云南省岩溶地区石漠化监测报告》，16 个市州均有岩溶分布，在 129 个县中，118 个县（市）具有岩溶分布，其中 65 个县（市）岩溶面积超过国土面积的 30%。贵州省石漠化的土地面积达 3 万多 km^2，石漠化超过贵州省国土面积的 20%，全省 88 个县级行政区中有 78 个石漠化严重，而且土地石漠化正以每年 900 km^2 的速度扩展。石漠化也加剧了水土流失，据 2004 年云南省第三次水土流失遥感调查，全省水土流失面积已达 13 万 km^2，占全省国土总面积的 34%；截至 2005 年，贵州省水土流失总面积达 7 万多 km^2，占全省国土总面积的 44.6%。云贵两省山地、丘陵多，平坝区面积较少。根据测算，云贵两省可开发利用坝区面积分别为 2 575.1 km^2、1 011.0 km^2，均约占两省国土面积的 1%。根据工业发展及城镇化发展预测，2020 年云贵两省新增土地需求分别为 1 568.9 km^2 和 1 318.3 km^2。未来区域工业发展及城镇化如果完全依照当前的发展模式推进，十年后云南省新增建设用地将占全省适宜建设用地的 61%，贵州省城镇建设用地也将十分紧张。若考虑到耕地数量和质量的保护，未来云贵两省城镇化用地需求将很难得到保证。为了保护平坝地区的耕地，云南提出“城市上山、工业上山”的土地开发战略，贵州提出“向山要地，开发低丘缓坡”的土地利用战略，这势必影响林地的分布格局和生态功能，区域生态安全将受到威胁。

云贵地区面临规避重大环境风险大范围出现的考验。云贵两省有色金属资源丰富，历史遗留下来的矿山、冶炼场存在着重大的环境安全隐患；目前采矿冶炼企业遍布各市州，重金属污染问题比较突出，已对两省的生态环境、食品安全和人体健康构成威胁。根据 2007 年污染源普查统计结果，云南省共有涉铅、镉、汞、铬和类金属砷污染企业 2 116 家（单因子汇总企业数），昆明市、玉溪市、曲靖市、楚雄州、怒江州、大理州、红河州、文山州等地重金属排放量较大；全省废水中重金属排放量为 48.5 t，以铅、砷为主；废气中重金属排放量为 1 297.9 t，以铅、汞为主；危废重金属贮存量已达到 136.5 万 t。贵州省局部地区地表水体中重金属超标严重，部分饮用水体也受到重金属污染；汞矿开发已对乌江下游的生态与环境产生较大的影响。

近年来，云贵两省重金属重、特大污染事件频发，如 2008 年云南阳宗海砷污染事件、2011 年云南曲靖铬渣污染事件。随着国家资源深加工基地建设的推进，采矿、有色、冶金、化工等产业规模将成倍增长。云南省规划到 2015 年，资源深加工率达到 40%，10 种有色产品产量达到 620 万 t；贵州省规划到 2015 年，氧化铝、电解铝、铝加工产品的生产能力分别达到 560 万 t、260 万 t 和 150 万 t，是 2010 年的 3 ～ 4 倍。如果按照现有的技术水平，重金属污染物的排放量将增加 2 ～ 3 倍，将从总体上加重水体、土壤等环境介质中的重金属累积性污染，如果不采取有效的行业准入和空间管制措施，将有可能形成局部生态环境风险向全局蔓延的态势。

第三节　评价范围、目标与重点内容

一、评价范围

西南项目的评价范围覆盖云南、贵州两省整个行政管辖区，国土面积 55.9 万 km^2，2010 年人口 8 071 万人，均占全国比例的 6.0%。2010 年地区生产总值 11 826 亿元，占全国生产值的 2.9%。

根据区域特点及功能定位，将评价范围划分七大子区域（图 1-2，表 1-1）。其中，云南划分为滇中经济区、滇东北重化工产业区（以下简称滇东北产业区）、滇西北及西南“三江”云南段（以下简称滇西北产业区）、沿边经济带等四个子区域；贵州划分为黔中经济区、黔北能源化工及特色产业区（以下简称黔北产业区）、黔西资源富集和开发区（以下简称黔西经济区）等三个子区域。

评价现状基准年为 2010 年。回顾性评价回溯至 2001 年，近期评价水平年为 2015 年，远期评价水平年为 2020 年。

依据云南省、贵州省工业行业污染物贡献率、经济贡献率和未来发展态势，确定评价的重点产业门类。选定的重点行业为：烟草工业（烟草制品业）、煤炭工业（煤炭开采和洗选业、石油加工及炼焦、核燃料加工业）、电力工业（电力热力的生产及供应业）、钢铁工业（黑色金属矿采选业、黑色金属冶炼及压延加工业）、有色冶金（有色金属矿采选业、有色金属冶炼及压延加工业）、化工行业（化学原料及化学制品制造业、医药制造业、化学纤维制造业、橡胶制品业、塑料制品业）、装备制造业（通用设备制造业、专用设备制造业、交通运输设备制造业、电气机械及器材制造业、通信设备、计算机及其他电子设备制造、仪器仪表及文化、办公用机械制造业）、食品加工业（农副食品加工业、食品制造业、饮料制造业）、建材工业（非金属矿采选业、非金属矿物制品业）及造

图 1-2　评价范围与评价区域划分

纸工业（造纸及纸制品业）。重点区域与重点产业对照表如下。

表 1-1 评价子区域及重点产业

省	子区域	涵盖市州	重点产业
云南	滇中经济区	昆明、曲靖、玉溪、楚雄	有色、冶金、化工、装备制造
	沿边经济带	德宏、保山、临沧、普洱、西双版纳、红河、文山	冶金、化工、生物产业
	滇西北产业区	大理、怒江、丽江、迪庆	矿产资源开采及加工、电力
	滇东北产业区	昭通	冶金、化工、生物产业
贵州	黔中经济区	贵阳、遵义、安顺、黔南、黔东南	矿产资源开采及加工、化工、有色、冶金、装备制造、建材
	黔西经济区	六盘水、毕节、黔西南	矿产资源开采及加工、冶金、化工、装备制造
	黔北产业区	铜仁	电力、有色、装备制造

二、评价目标与环保目标

1. 评价目标

深入分析和评估西南地区生态环境特征、演变趋势及其对社会经济发展的关键制约，系统辨识区域发展可能造成的区域性、累积性环境影响和生态风险，研究提出重点区域和重点产业发展方向与环保对策，推动产业结构战略性调整，引导生产力优化布局，构建以环境保护优化社会经济发展的绿色助推器。

2. 环境保护目标

以维持云贵两省重要生态功能和良好人居环境质量不降低为总体目标，保持重要生态保护单元面积不减少、生物多样性水平不降低，主要河流断面达标率提高、主要湖泊富营养化水平有所降低，区域性酸雨污染有所缓解、区域性大气二次污染可控，主要资源环境效率指标达到国家平均水平，不出现大范围环境污染和生态风险事件。

三、重点内容

西南战略环评重点内容包括以下方面：

（1）重点区域生态环境现状及其演变趋势评估。评估云贵两省生态环境现状，分析经济社会发展的资源环境压力和演变趋势，剖析区域经济社会发展导致的突出的区域性、累积性资源环境问题，识别区域资源开发和重点产业发展的关键性制约因素。

（2）重点区域和产业发展战略分析。根据国家区域协调发展总体战略和主体功能区战略，结合云贵两省经济社会发展规划、重点区域和行业规划等，分析未来云贵两省在全国区域发展格局中的战略地位、经济社会发展的战略目标、资源开发与重点产业发展的战略目标以及环境保护的战略目标。

（3）重点区域和产业发展资源环境承载力综合评估。根据区域经济社会发展水平和资源环境禀赋，分析评估云贵两省水土资源、环境和生态承载力及其利用状况和空间分布特征，提出区域资源环境承载力可持续利用的对策。

（4）重点区域和产业发展环境影响评价和生态风险评估。针对云贵两省重点区域和产业发展情景，分析、预测重点产业发展的中长期生态环境影响变化趋势及其阶段性、结构性特征，分析、评估重点区域和产业发展的中长期生态风险，辨识关键性社会经济影响因素。

（5）重点区域和产业优化发展的调控方案。根据云贵两省重点区域和产业发展资源环境承载力水平，提出产业发展与布局优化调整方案，明确优先支持的重点产业发展方向和生产力优化布局建议。

（6）重点区域和产业与资源环境协调发展的对策机制。研究提出保障区域生态安全、促进资源高效利用、构建循环经济体系的环境保护策略，提出节能减排、环境准入、跟踪监测与评价、生态恢复与补偿能力建设的中长期环境管理对策建议，研究跨流域、跨行政单元的区域性环境综合管理模式，探索建立以环境保护优化经济发展的长效政策机制。

第四节 评价指标

根据本次战略环评的目标和要求，结合区域社会经济和生态环境特征，兼顾重点区域和重点产业，确定主要评价指标如下（表 1-2）。

表 1-2 西南区域战略环评主要指标

类别	指标	单位
区域与产业发展	人均 GDP	万元 / 人
	人均年收入	元 / 人
	城镇化水平	%
	重点产业年均增长率	%
	重点产业空间集聚度	—
生态环境质量	森林覆盖率	%
	生物多样性指数	—
	生态弹性指数	—
	重要生态功能区保存率	%
	污染物排放（化学需氧量、氨氮、二氧化硫、氮氧化物）	t
	重金属排放（汞、砷、铅、锰、铬、镉等）	t
	重点保护河流、湖泊环境功能区达标率	%
	达到大气二级质量标准天数	天
	酸雨影响范围占国土面积比例	%
	土壤重金属超标率	%
资源环境承载力	受保护区域面积 / 国土面积	%
	可居住面积 / 国土面积	%
	可开发利用水资源量 / 重点区域国土面积	m^3/km^2

类别	指标	单位
资源环境承载力	重点产业用水量 / 可供水资源量	%
	水污染物排放量 / 环境容量（或总量控制目标）	%
	大气污染物排放量 / 环境容量（或总量控制目标）	%
	可利用环境容量 / 重点区域国土面积	kg/km^2
资源环境效率	万元工业增加值用水量	m^3/ 万元
	万元 GDP 能耗	t 标煤 / 万元
	清洁能源比例	%
	万元工业增加值污染物排放强度	kg/ 万元
	万元 GDP 碳排放量	万 t/ 万元
	重点产业用水弹性系数	—
	重点产业能源弹性系数	—

第五节 评价思路与技术方法

一、评价思路

西南战略环境评价以发展定位、发展水平、发展空间、发展路径、发展转型为评价主轴，以社会经济与生态环境定位互补、水平相宜、空间有序、路径可行、转型支撑为评估原则，以区域发展战略和环境保护战略分析、重点产业发展与生态环境演变耦合分析、区域和产业发展关键性资源环境约束识别、重大环境影响和生态风险评估、产业优化发展与环境保护对策为研究内容，构建大区域尺度上战略评价的基本思路，明确了以环境保护优化发展为导向的战略环境评价研究内涵（图 1-3）。

具体来说，评价从经济社会与生态环境两个维度，系统梳理云贵两省发展的功能定位和战略目标，研究分析二者之间的适宜性；深入分析区域社会经济、主要产业和城镇化发展水平，辨识生态环境演变趋势特征及其与经济社会发展的相关性；客观分析云贵两省潜在的经济增长空间，生态资源开发和环境容量利用的潜力，研究比较其总量、时序及空间格局的一致性；在充分考虑战略性资源优势转化、生产力布局现实条件和地方发展意愿的基础上，深入论证资源环境可承载的社会经济发展路径；研究提出资源节约、环境友好的新型工业化发展方向及重点产业发展调控对策，为促进云贵两省发展方式的根本性转变提供决策支撑。

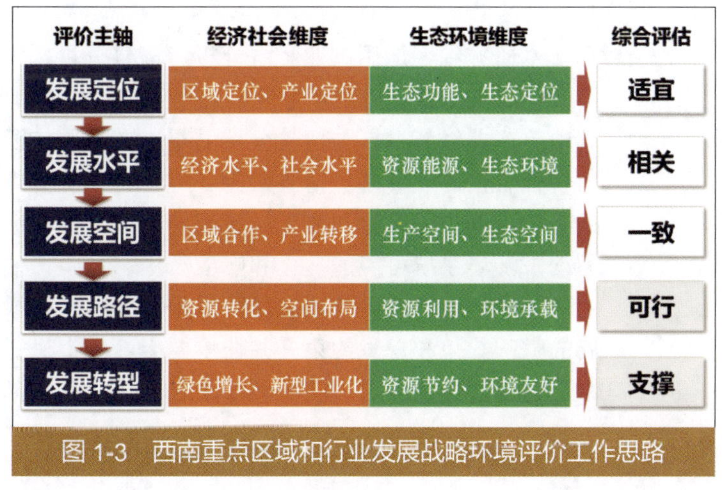

图 1-3 西南重点区域和行业发展战略环境评价工作思路

本次战略环境评价技术路线如图 1-4 所示。

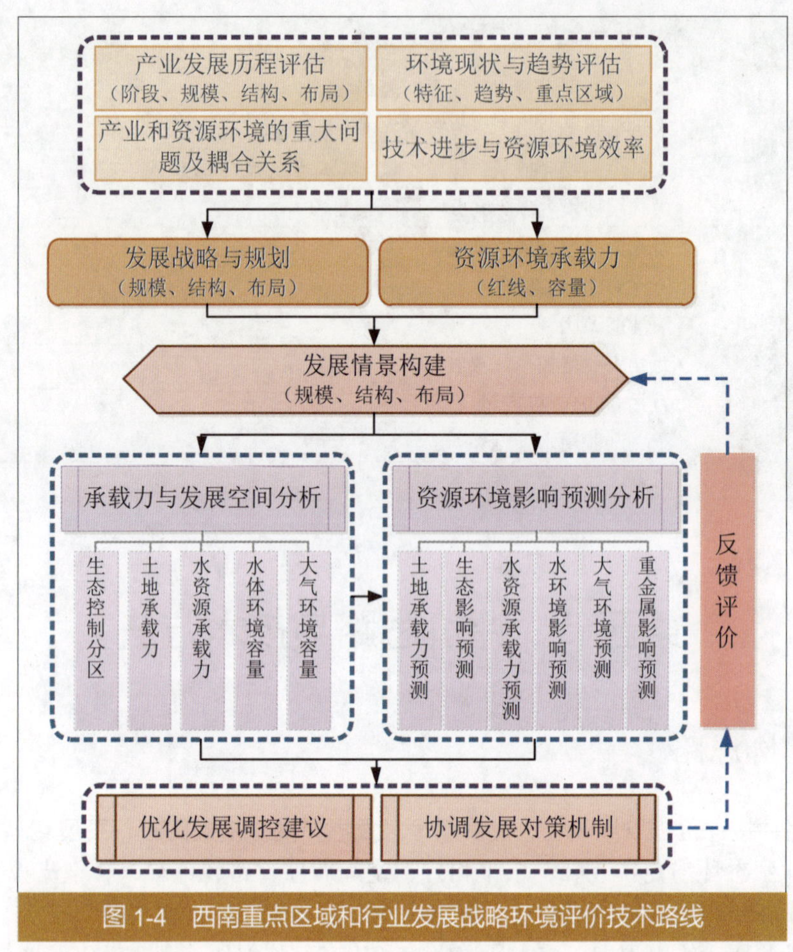

图 1-4 西南重点区域和行业发展战略环境评价技术路线

二、评价技术方法

本研究综合运用产业经济分析、情景分析、中尺度环境系统模拟、生态风险评估、承载力分析等技术方法，对区域复杂社会经济系统及其环境响应变化进行综合分析、预测和评估。其中，产业经济发展与情景分析的重点在于判定云贵两省区域经济基本特征和演变规律，提出有代表性的发展趋势情景，为环境影响预测提供基线和情景方案。区域环境系统模拟根据战略环境评价的目标和要求，应用中尺度大气、流域水系统模式来模拟和评估未来经济社会驱动下环境系统可能的变化和响应。生态风险评估综合考虑各类自然风险和人类活动因子影响，从整体上研究区域生态风险水平的变化。承载力分析研究各类资源环境要素对于区域发展的空间约束和总量约束，并在单要素基础上进行集成从而对区域综合承载力条件及其利用水平进行整体性辨识。以下重点讨论本研究所采用的部分模型方法。

1. 大区域尺度战略环境评价共轭梯度理论

本研究针对区域发展宏观战略（政策、规划）的模糊性及实施过程中的不确定性，以经济社会 - 环境复杂系统分析和调控为核心，提出了大区域尺度战略环境评价的共轭梯度理论框架（图 1-5），明确了战略环境评价一般性的概念框架、评估重点和评价原则。

这一理论的基本要点为：以区域和行业为评价对象，围绕重点产业发展的规模、结构、布局这三大核心问题，在系统模拟和评估经济社会复杂系统驱动下，环境系统可能的变化响应，以及各种潜在环境影响的传递和累积；以生态环境安全为底线，识别可接受的环境影响底线和生态风险阈值，以此为约束目标研究产业系统结构调整和布局优化的调控方案，促进产业发展由粗放式增长、无序扩张向集约化发展、有序布局的转变，面向影响减缓和风险规避并综合考虑经济可持续性和社会稳定性，提出科学决策、对策和建议。目前，这一理论还是一个概念性框架，有待于在实践中不断完善，进一步细化并实现其可计算模式。

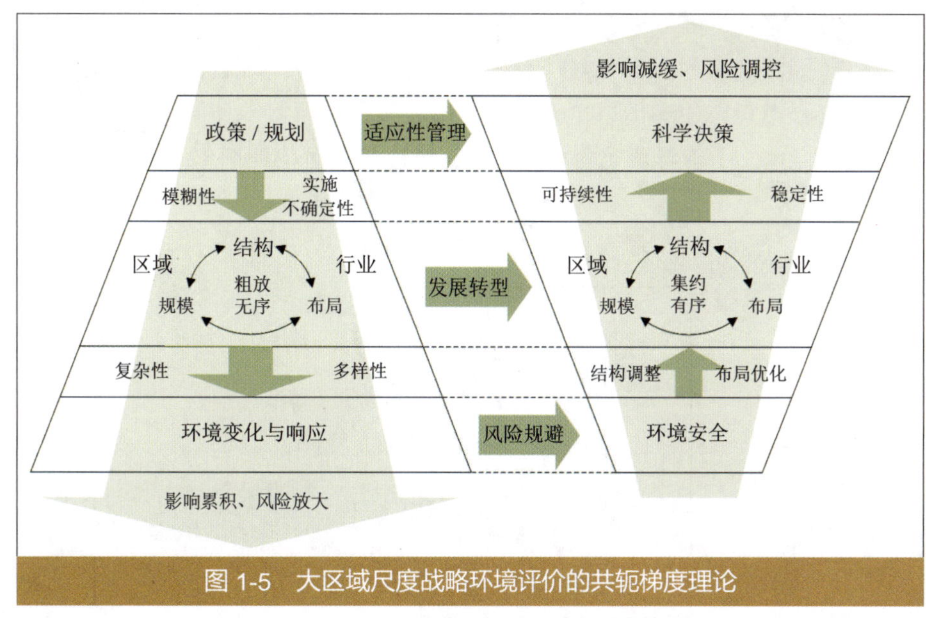

图 1-5 大区域尺度战略环境评价的共轭梯度理论

2. 区域产业系统影响辨识的三角形评估框架

本研究以产业规模、产业结构、产业布局三个基本要素构成评价对象产业三角形，以资源效率、工程技术、土地利用三个维度构成影响因素三角形，以资源禀赋、环境容量、生态空间构成约束三角形，构建区域产业系统影响辨识的三角形评估框架（图 1-6），明确了“产业布局—土地利用格局—生态空间约束”，“产业结构—工程技术—环境容量约束”，“产业规模—资源开发效率—水土资源禀赋约束”的产业系统评价三个重点，以及空间准入、效率准入、环境准入三项产业环境监管要求，建立了产业经济与资源环境耦合关系研究的基本方法学路径。这一框架还须结合技术经济、计量分析、空间分析、承载力分析等理论和方法，从实践应用角度进一步推演可计算模型、主要变量和适用条件等。

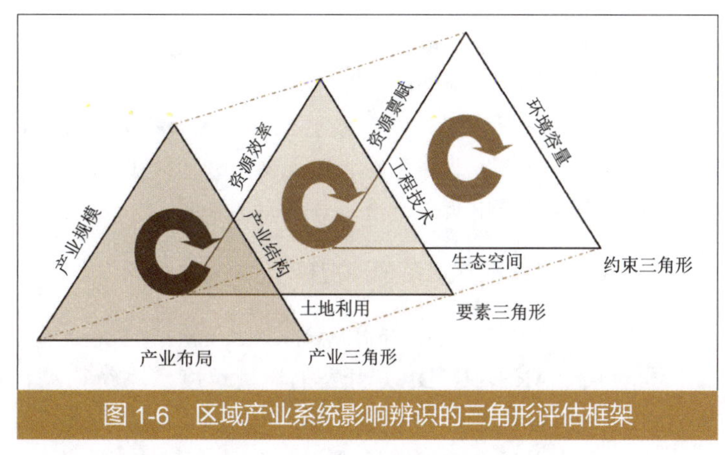

图 1-6 区域产业系统影响辨识的三角形评估框架

3. 中尺度大气模式模拟

本研究采用嵌套网格空气质量模式系统（Nested Air Quality Prediction Modeling System，NAQPMS）开展空气质量数值模拟。该模式系统由中国科学院大气物理研究所自主研发，已

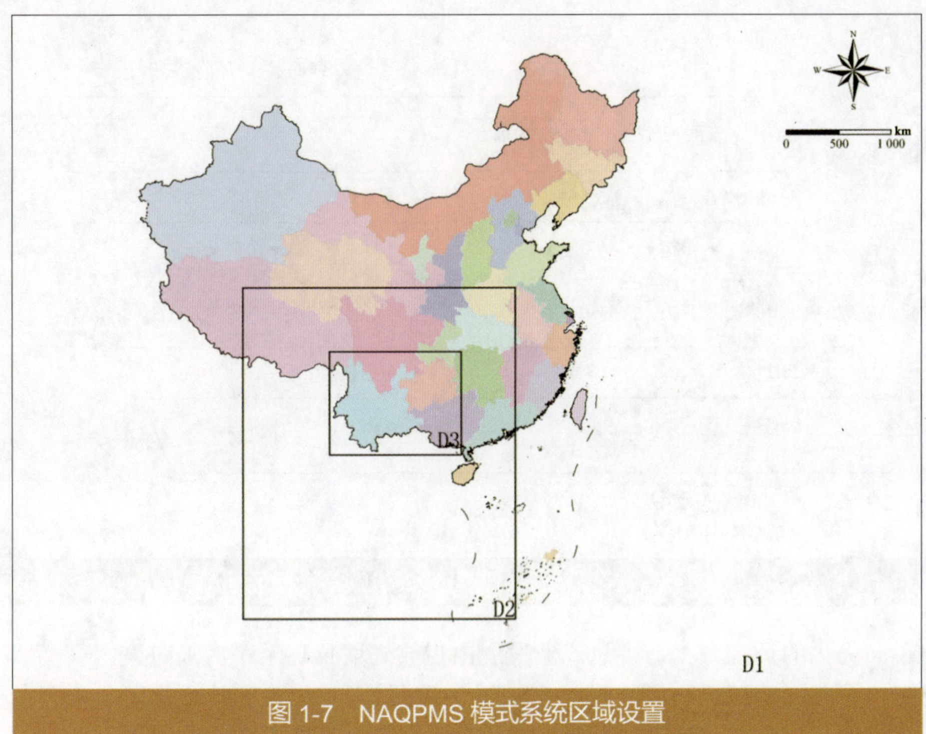

图 1-7　NAQPMS 模式系统区域设置

广泛应用于研究区域 - 城市尺度的空气污染问题，是北京、上海、广州、深圳、西安、沈阳、兰州、台湾等城市和地区环保部门空气质量业务预报模式之一，为北京奥运会、上海世博会、广州亚运会等提供了空气质量预报与污染控制策略评估任务服务，并成功应用于环渤海战略环评项目。

NAQPMS 模式系统由 WRF 气象模式进行驱动，采用双向嵌套技术，实现了与全球大气模式的耦合和大、小区域之间的在线双向信息反馈机制，可以更好地反映中尺度污染和小尺度特征的相互影响。该模式系统还发展了污染来源与过程追踪分析模块，克服了大气物理化学过程的非线性问题，实现了污染来源的方向追踪和定位，可分析不同地区、不同行业排放源对污染物时空分布的贡献。同时，该模式系统可利用资料同化方法在模式中纳入观测信息，使模拟预测结果更为接近真实情况。

根据西南地区污染物输送特点，NAQPMS 共设置三层嵌套区域（图 1-7），第一层区域（D1）包括东亚、东南亚及南亚部分国家，分辨率为 80 km；第二层区域（D2）包括四川省以南、东南半岛以北、孟加拉国以东、湖北省以西地区，分辨率为 20 km；第三层区域（D3）包括云南、贵州两个省份，分辨率为 5 km。

4. 水文水资源模拟模型

SWAT（Soil and Water Assessment Tool）是 Jeff Arnold 博士为美国农业部农业科学研究所（ARS，USDA）开发的流域尺度水系统模型，可应用于具有多种土壤类型、土地利用方式和管理条件的复杂流域，模拟中长期土地管理措施对水、泥沙和农业污染物的影响。为便于模拟，SWAT 将流域分为不同子流域，通过对子流域内不同的土壤和土地利用类型进行设定来考虑这些因素对水文过程的影响。每一个子流域的输入信息一般包括气候、水文响应单元（HRUs）、池塘 / 湿地、地下水、主河道、支流和子流域排水区。水文响应单元为子流域中具有唯一土地覆被、土壤和管理措施的集总单元。

模型对水文物理过程的模拟主要分为两个部分：一是陆面部分，即产流和坡面汇流部分；二是水面部分，即河道汇流部分。流域总径流量通过水文响应单元计算，水文响应单元（HRUs）是模型内部运算中最基本的计算单元，之后依据河流的拓扑关系汇流演算得到。在模型的实际运行中，主要考虑气候、水文、土地利用 / 覆被等因素的影响。河道汇流部分主要包括主河道以及水库的汇流计算。

BNU-SWAT 是由北京师范大学数字流域实验室开发的中文 SWAT 模型应用工具，简化并优化了原有的英文版界面，生成水文响应单元之后完全脱离 Arc GIS 软件平台，与 GIS 专题图结合输出各类计算结果，进行水量平衡分析，可模拟地下水埋深以及气温、降水与土地利用变化对水文过程的影响。

三、数据来源

本研究共收集云贵两省资料 1 700 余份，其中云南省 1 000 余份，贵州省将近 700 份。收集纸质资料 1 300 余份，其中云南省 800 余份，贵州省 500 余份。资料中社会经济类共 300 余份，生态环境类共 600 余份，规划类共近 800 份（详见附表 1）。

主要数据和资料包括：云贵两省及所覆盖市州年鉴（2001—2011），经济普查数据（2008）；省及各市州“十二五”规划、重点产业发展规划；污染普查（2007、2010）、环境统计（2001—2011）、环境质量公报（2005—2011）数据；云贵两省土地利用总体规划，省及主要市州水资源公报（2011）等。

第二章　区域发展战略与定位

第一节　区域发展战略分析

一、西部大开发战略

2000年1月3日，中共中央、国务院印发《关于转发国家发展计划委员会〈关于实施西部大开发战略初步设想的汇报〉的通知》，标志着国家正式开始实施西部大开发战略。同年10月，中共十五届五中全会通过《中共中央关于制定国民经济和社会发展第十个五年计划的建议》，把实施西部大开发、促进地区协调发展作为一项战略任务。国家发改委分别于2002年、2006年编制了《西部大开发"十五"规划》《西部大开发"十一五"规划》，推进西部大开发战略实施。

2011年起西部大开发进入加速发展阶段，也是深入推进西部大开发承前启后的关键时期。为扭转区域差距持续扩大的趋势，确保西部地区在2020年与全国同步实现全面建成小康社会的目标，2010年党中央、国务院出台了《关于深入实施西部大开发战略的若干意见》（中发[2010]11号），提出了西部地区新一轮开发的指导思想、基本原则和主要目标，明确提出西部地区在我国区域协调发展总体战略中具有优先位置、在促进社会和谐中具有基础地位、在实现可持续发展中具有特殊地位；并且要求重点突出提升发展保障能力、调整产业结构、保障和改善民生、增强发展活力和动力、维护社会和谐稳定和加大支持力度等6个方面的工作。与前十年西部大开发的总体要求相比，西部大开发战略实施的第二个十年更加强调保障和改善民生，更加强调西部地区自我发展能力建设。

2012年，国务院批复国家发改委编制的《西部大开发"十二五"规划》。与前两个五年规划相比，"十二五"规划在开发理念、开发重点、开发方式、开发布局、开发机制、开发政策上都提出了新的要求。在开发理念上，更加注重发展的质量和效益；在开发重点上，更加集中力量解决交通和水利两大关键性问题；在开发方式上，深入实施以市场为导向的优势资源转化战略，建设国家能源、资源深加工、装备制造业和战略性新兴产业基地；在开发布局上，注重因地制宜、分类指导，着力抓好重点经济区培育壮大和老少边穷地区的脱贫致富；在开发机制上，发挥政府和市场两方面的作用，凝聚社会各方力量共同开发；在开发政策上，在进一步加大资金和项目支持的同时，更加注重差别化的支持措施。"十二五"规划结合《全国主体功能区规划》进一步明确了西部大开发的重点区域（图2-1），提出将成渝、关中—天水、北部湾等经济区建成具有全国影响的经济增长极，支持呼包鄂榆、兰西格、天山北坡、陕甘宁等经济区形成西部地区新的增长带，培育滇中、黔中、宁夏沿黄、藏中南等省域经济增长点。其中，黔中、滇中地区也是《全国主体功能区规划》中国家层面18个重要开发区域之一，对于我国云贵地区发展具有重要意义。

图2-1　西部大开发“十二五”规划重点经济区分布格局

云贵地区是我国集中连片特困地区相对集中的地区，也是重要的生态功能区和少数民族集聚区，云南省还处于边疆地区，在整个西部地区也属于相对落后地区。实现云贵地区又好又快发展，是深入实施西部大开发战略的重要内涵，对于促进区域和谐、民族和谐、人与自然和谐具有重要意义。

二、云贵地区国家战略导向

根据云南、贵州经济社会发展实际，为进一步推动两省加快发展，国务院前后颁布了《关于支持云南省加快建设面向西南开放重要桥头堡的意见》（国发[2011]11号，以下简称《意见》）和《关于进一步促进贵州经济社会又好又快发展的若干意见》（国发[2012]2号，以下简称《若干意见》），加大对云贵两省交通水利基础设施、产业发展、城镇建设、扶贫开发等方面的支持力度。

国务院《意见》要求云南要建成“我国向西南开放的重要门户”“我国沿边开放的实验区和西部地区实施‘走出去’战略的先行区”“云贵地区重要的外向型特色优势产业基地”“我国重要的生物多样性保护和西南生态安全屏障”“我国民族团结进步、边疆繁荣稳定的示范区”等“一门户一基地一屏障二区”的战略定位。《意见》突出强调了“通道、平台、基地、窗口”的建设。所谓“通道”就是紧紧围绕开辟从陆上通往印度洋的西向贸易通道为重点，进一步加大公路、铁路、航空、水运、管道、口岸、信息、能源等基础设施建设力度，完善云南综合交通运输体系，全面构筑我国通往印度洋的交通、通信、电力互联互通网络，将云南从“沿海开放”的末端变为向东南亚、南亚“沿边开放”的前沿，充分利用两种资源、两个市场发展经济，以开放促发展，进一步缩小云南，乃至云贵地区与全国的发展差距。所谓“平台”就是加强中国—东盟自由贸易区和大湄公河次区域合作，提升孟中印缅地区经济合作层次，积极探索建立与东南亚、南亚等国家的制度性合作机制。所谓“基地”就是要围绕产业结构调整和发展方式转变的根本任务，以及把云南建成东部产业转移的基地、面向印度洋沿岸市场的外向型产业基地和进出口商品生产加工基地的目标，依托滇中经济区和边境地区的发展，培育壮大特色优势产业，夯实经济发展基础，提升城镇化发展水平。为保障“基地”的建设，《意见》具体提出“实行差别化产业政策，对云南具有特色优势的项目适当给予倾斜。对于边境地区技术水平先进的清洁载能工业给予优惠政策”。所谓“窗口”就是要统筹经济社会发展和生态环境保护，全力维护社会和谐稳定。深化同相关国家在经济、科技、文化、教育、生态、旅游、体育等领域的交流合作，不断扩大中华文化的影响力和感召力，使云南成为充分展示中华文化、促进国际友谊的交流窗口。

国务院《若干意见》提出贵州建成为“全国重要的能源基地、资源深加工基地、特色轻工业基地、以航空航天为重点的装备制造基地和西南重要陆路交通枢纽”“扶贫开发攻坚示范区”“文化旅游发展创新区”“长江、珠江上游重要生态安全屏障”“民族团结进步繁荣发展示范区”，进一步明确了贵州“一基地一枢纽一屏障三区”的战略定位，强调了“基础、跨越、扶贫、协调”的发展内涵。所谓“基础”就是要突破支撑经济发展条件的制约，不断加强贵州省内外通道、水利、能源等基础设施能力建设，提高经济社会发展保障能力。同时，依托基础设施的改善，积极融入周边地区的发展，促进不同区域板块的同时崛起，借助外力实现经济后发赶超的目标。所谓“跨越”就是要加快工业化、城镇化发展步伐，不断壮大产业，特别是工业规模，进一步强化产业园区承载能力建设，加大能源产业、资源深加工产业、装备制造业、特色轻工业、战略性新兴产业、文化旅游业等优势产业发展，增强经济发展实力，确保2020年与全国同步实现建成小康社会目标。为此，国务院从资源类项目核准、行业准入、探矿权审批等方面加大对贵州产业发展的支持力度，并且明确提出“合理确定贵州节能减排目标”。所谓“扶贫”就是在“一个主基调”（突出加速发展、加快转型、推动跨越的主基调）、“两大主导战略”（工业化和城镇化）、“三化同步”（工业化、城镇化和农业现代化）的大背景下，通过集中各种资源，统筹规划安排，多重优势重合，区域综合推进，大力实施一批扶贫民生工程，大力发展扶贫特色产业，大力开展产业扶贫整县推进试点，着力解决各片区致贫的主要矛盾，在重点区域、重大民生事项、重点工程上实现重大突破，迅速推动贵州连片特困地区实现整体脱贫。所谓“协调”一方面要保障和改善民生，让全省人民共享经济发展的成果；另一方面要重视贵州生态屏障作用以及石漠化问题严重的现实，协调好经济发展和生态环保的关系。同时，还要协调好经济发展与对外开放的关系，以开放促改革、促发展。

三、云贵“十二五”规划分析

1. 云南“十二五”规划要点

云南省“十二五”规划围绕建设绿色经济强省、民族文化强省和中国面向西南开放重要桥头堡的战略目标，提出“十二五”期间GDP和人均GDP年均增长10%以上，力争实现翻番，外贸进出口总额年均增长17%以上，第二产业占生产总值比重提高约2个百分点，以文化、旅游、物流为重点的第三产业占生产总值比重提高2个百分点以上，城镇化率力争年均提高约2个百分点。

遵循“强圈、富带、兴群、促廊”空间战略布局原则，加快形成“一圈、一带、六群、七廊”的战略格局。滇中城市经济圈，包括昆明、玉溪、曲靖和楚雄4个州（市）。沿边对外开放经济带，包括云南省沿边25个县（市）。率先发展滇中核心城市群。进一步加强铁路、公路、航空、水运相配套，高效便捷的综合交通基础设施和物流基地建设，以骨干交通网为载体，加强区域合作，大力发展沿线特色优势产业，加快推进城镇建设，促进7条对外对内开放经济走廊早日形成。

滇中地区布局资本和技术密集型产业，将其打造成我国面向西南开放重要桥头堡的产业基地和区域性金融中心。滇西、滇西北、滇东南和滇贵地区布局生态环保型和外向型产业，促进四大地区绿色经济发展。滇东北地区布局清洁载能和劳动密集型产业，促进重化产业园区形成。依托七大区的产业布局，力争把云南建成国家重要的可再生清洁能源基地，生物产业发展基地，电、矿、化一体化资源精深加工的清洁载能产业基地，石化基地，外向型出口加工基地，战略性资源及原材料接续地。

打造以6大城市群为核心的城镇体系。加快推进昆明、曲靖、玉溪、楚雄滇中城市群建设，充分发挥龙头作用，提升对全省经济社会的辐射带动力；加快发展滇西次级城市群；大力发展滇西北次级城市群；积极构建滇西南次级城市群；加快建设滇东北次级城市群；加快特色小城镇发展。

进一步发挥云南民族文化丰富多彩的优势，积极打造以昆明为中心的滇中核心文化产业圈、以大理为中心的滇西文化产业圈、以蒙自为中心的滇东南文化产业圈、以西双版纳为中心的滇南文化产业合作圈，全方位开展与东南亚、南亚、西亚、东非国家的交流与合作，不断提升云南文化软实力。紧紧抓住桥头堡建设的机遇，以战略通道、合作平台、产业基地、交流窗口建设为突破口，构筑面向西南开放的合作平台，促进云南与国际国内区域联动，开放开发并重，培育具有内陆特点的开放型经济，到2015年，云南在全国开放开发格局中的战略地位有较大幅度的提升。

2. 贵州“十二五”规划要点

贵州省“十二五”规划凸显了工业强省战略和城镇化带动战略，提出到2015年，工业增加值比2010年增加1.5倍，工业总产值实现1万亿元以上，工业累计投资实现1.5万亿元以上。电力、煤炭、冶金、有色、化工、装备制造、烟酒、民族医药和特色食品及旅游商品为主的八大特色优势产业产值分别超过1 000亿元；培育形成年销售收入超过百亿元的大企业、大集团20户以上。依托100个左右的重点产业园区，发挥黔中地区、西部地区、北部地区和东南部地区的产业基础优势，基本建成全国重要的综合能源基地、资源深加工基地、特色装备制造业基地、特色轻工产业基地、战略性新兴产业基地等五大基地。

通过工业化带动城镇化的发展，力争五年累计转移农村劳动力250万人以上，到2015年贵州省城镇化率达到40%左右，到2020年，贵州省大城市（含特大城市）、中等城市分别增加到9个、20个以上，发展一批小城市，到2020年城镇化率达到50%。进一步优化城镇化空间布局，形成以贵阳为中心，以贵阳—遵义、贵阳—安顺、贵阳—都匀和凯里为主轴，以六盘水、兴义、毕节、铜仁为区域中心城市，以一批中小城市为网络节点，全面强化城镇集聚与辐射能力，形成中心集聚、轴线拓展的集约发展态势。加快发展黔中城市带，构建黔中城市群，带动全省城镇化加快发展。

大中城市要按照城市功能定位，强化产业发展布局与城市空间布局的有机衔接，明确主导产业方向，加强城市之间的产业分工与合作，积极发展优势产业和劳动密集型产业，提升城市经济实力，增强区域辐射带动能力和吸纳就业能力。小城镇要根据各自资源禀赋、区位条件和发展基础，因地制宜积极发展具有比较优势的特色产业，有条件的小城镇要依托大中城市发展配套产业，提升城镇经济实力，增强对农村人口转移就业的吸纳能力。

第二节　区域社会经济发展战略定位

一、全面建成小康社会的攻坚地区

云贵两省是国家实现全面建成小康社会目标，切实解决民生问题的攻坚地区。西部大开发战略实施以来，云贵地区发展取得重大进展，但与 2020 年全面实现小康社会的目标要求还存在巨大差距。

2010 年云贵两省地区生产总值占全国比重 2.9%，仅比 2001 年提高 0.02 个百分点，而同期两省人口约占全国 6.0% 左右；人均 GDP 绝对值与全国的差距从 3 783 元 / 人扩大至 14 286 元 / 人，2010 年云贵两省人均 GDP 在西部 12 个省区中分列最后 2 位。2010 年云贵两省城镇化水平分别为 35.2%、34.8%，但仍落后全国平均约 15 个百分点，相当于全国 1999 年的城镇化水平。

云南省 129 个县中有 73 个国家级贫困县，贫困县的数量在全国最多。贵州省是我国贫困面最大、贫困程度最深的地区，贫困县占全省 66.0% 的国土面积；2010 年贵州省扶贫开发县人口 1 786.5 万人，占全省人口的 51.4%。根据《中国农村扶贫开发纲要（2011—2020 年）》，滇桂黔石漠化区、滇西边境山区属于国家 14 个集中连片特困地区。

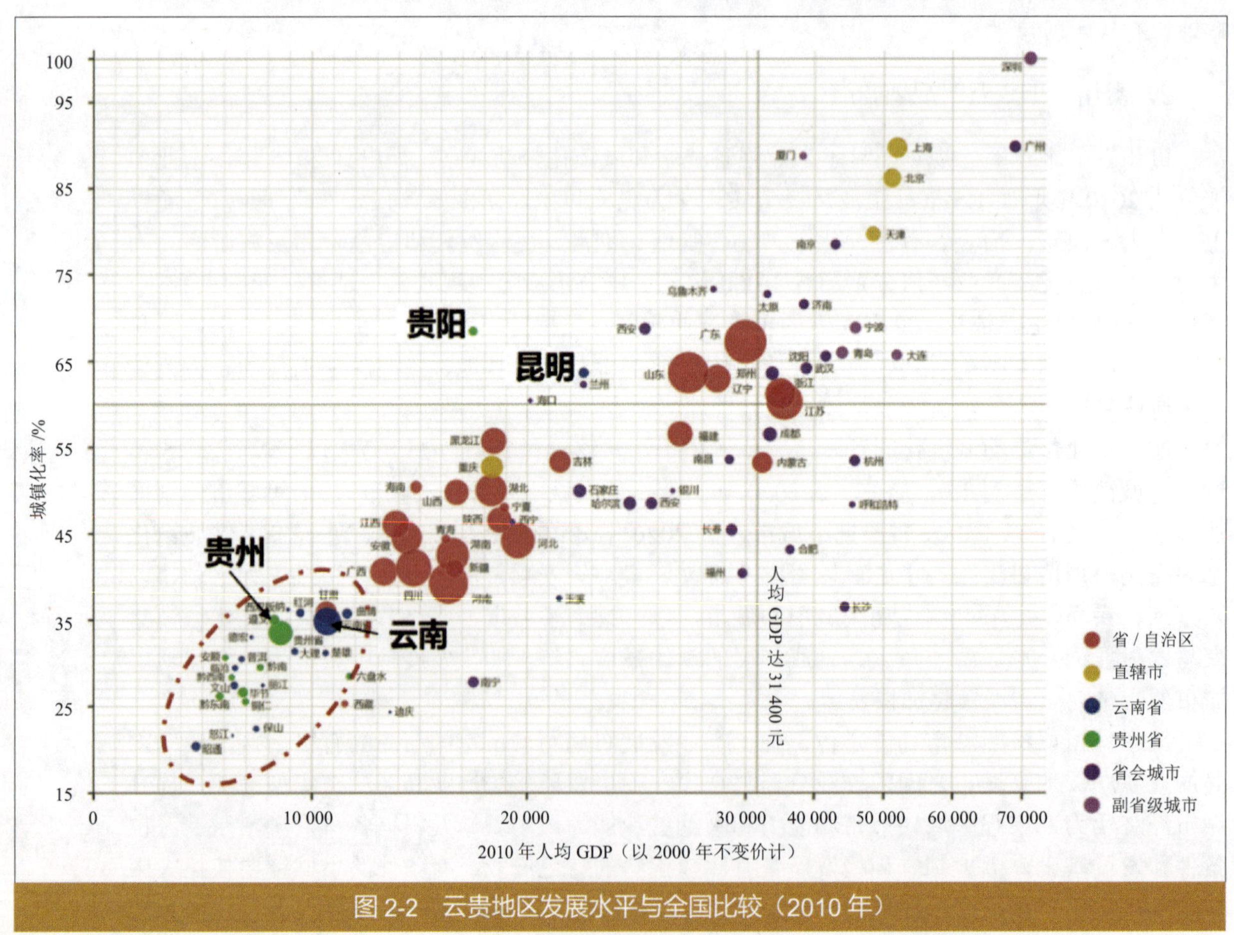

图 2-2　云贵地区发展水平与全国比较（2010 年）

二、国家面向西南开放的桥头堡

云南省是我国国家桥头堡战略指向区，国家西部开发重点开放实验区，中国对外开放门户城市所在区。云南地处“三亚”(东南亚、东亚和南亚)、“两洋”(即太平洋和印度洋)结合部，沟通中国、东南亚和南亚三个大市场，其所处的中枢位置辐射面约达 2 000 万 km^2、近 30 亿人口。云南与东南亚地区的缅甸、老挝、越南三个国家接壤，边境线长达 4 060 km，与泰国、柬埔寨、马来西亚、新加坡是近邻。

西南区域周边国家经济资源丰富，其农业资源、矿产资源具有较大优势，是这些国家对外输出产品的主要经济领域。由于历史原因，这些国家多数整体经济不发达，资源开发程度低，资源开发合作潜力较大。西南区域周边国家经济发展状态与云南省存在较大互补性（表 2-1）。除泰国外，西南区域周边其他国家在经济总量、工业结构、技术创新能力等方面均不如云南，与云南存在一定的发展阶段落差，云南对这些国家具备较强辐射、带动能力。同时，云南省工业部门齐全，主导产业特色突出，经济合作领域宽泛、易于对接。

表 2-1 云南与周边国家经济类型及经济资源对比

地区	经济类型	2010 年 GDP/ 亿美元	工业行业	农业产品	主要资源
云南	工业化初期向中期发展	1 067	烟草、有色、电力、钢铁、化工	稻谷、豆类、玉米、薯类、油料、烟叶	铜矿储量 274.3 万 t；铅矿 191.0 万 t，锌矿 682.1 万 t；磷矿 6.7 亿 t
泰国	新兴工业化国	3 189	服装、纺织、电机、电子、运输设备	水稻、橡胶、玉米、水产品、畜产品、水果、蔬菜、花卉	锡储量约 150 万 t，居世界首位；森林资源丰富
越南	新兴工业化国	1 036	纺织服装、农林加工、化工、机电、电力、煤炭、电子通信设备	水稻、玉米、高粱、豆类、木薯、橡胶、咖啡、茶叶、水果	铁矿储量 13 亿 t；铝土矿储量 45 亿 t；铜矿储量 795 万 t；煤储量约 38 亿 t
缅甸	传统农业国	430	矿业、纺织、食品、农业机械	水稻、小麦、玉米、花生、芝麻、棉花、天然香蕉、咖啡、蔬菜、林木	石油储量 32 亿桶，天然气储量 2.5 万亿 m^3；铅、锌储量分别为 30 万 t、50 万 t
柬埔寨	传统农业国	116	纺织服装、矿产加工	稻谷、玉米、豆类、薯类、橡胶、胡椒、棕榈糖	石油储量 20 亿桶；铝土矿丰富
老挝	传统农业国	63	纺织服装、电机、电子、运输设备	稻谷、玉米、薯类、豆类、咖啡、烟草、茶叶、花生、甘蔗、棉花、橡胶	金属矿的年开采量仅为 4 万～ 5 万 t；石膏年采量 5 万～ 15 万 t；煤年掘采量 10 万～ 12 万 t

目前，云南与东盟各国已建立了多种形式的合作关系。依托中国—东盟自由贸易区以及大湄公河次区域合作机制、“黄金四角”经济合作区（范围主要包括中国云南的西双版纳及普洱、老挝的北方七省、缅甸的景栋及大其力地区、泰国的清迈及清莱两府)、“两廊一圈”(昆明—老街—河内—海防—广宁、南宁—凉山—河内—海防—广宁经济走廊和环北部湾经济圈)、中国云南—越南五省市经济协商会议合作机制、中国云南与老挝北部九省的合作机制、中国云南—泰北工作组合作机制等，加快沿边地区开放，瑞丽、河口、磨憨跨境经济合作区和瑞丽国家级重点开发开放试验区，以及天保、猴桥、孟定、片马、勐阿 5 个边境经济合作区建设

取得了长足的发展。随着大湄公河次区域间的铁路、公路、水运、航空立体交通网络加快建设，特别是向西南开放大通道建设力度加大，以及向西南和中部内陆腹地综合交通体系的加快建设，云南将成为我国面向西南开放的重要门户。

三、国家能源安全重要支撑区

云贵两省煤炭、水能资源丰富，煤炭保有资源储量800多亿t，是国家13个大型煤矿基地之一，是西南、中南地区煤炭供给主要来源地（见图2-3）。其中，贵州具有水火互济的能源发展优势，全省潜在煤炭资源量2 400余亿t，超过南方12个省（市、区）煤炭资源储量的总和；水能资源理论蕴藏量达1 875万kW，煤炭资源和水能蕴藏量分别居全国第5、6位。云南省水能资源理论蕴藏量为10 438.6万kW，占全国总蕴藏量的15.3%，居全国第3位；经济可开发装机容量为9 795万kW，占全国可开发装机容量的24.4%，居全国第2位。云贵两省还拥有较丰富的煤层气资源，其中，贵州煤层气资源储量3.2万亿m³，居全国第2位；云南储量4 241亿m³，居全国第9位。

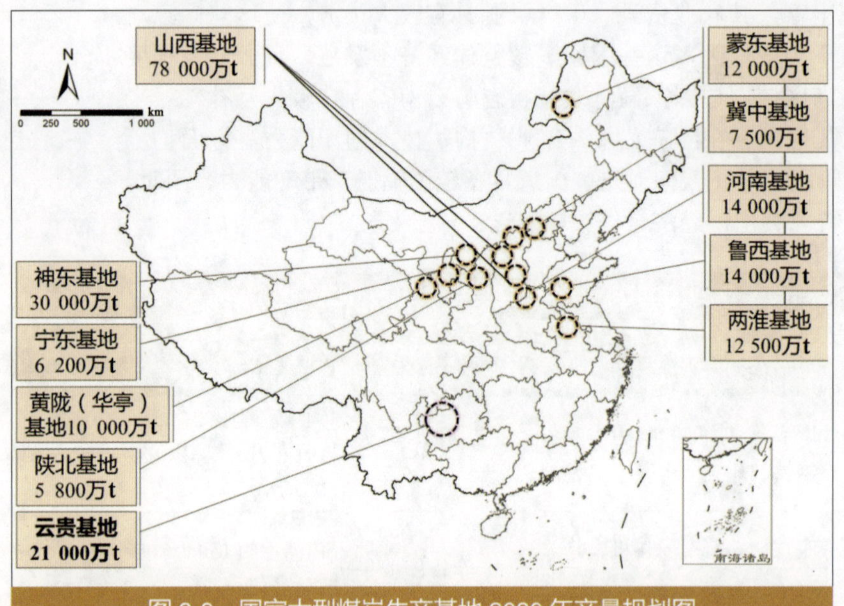

图2-3　国家大型煤炭生产基地2020年产量规划图

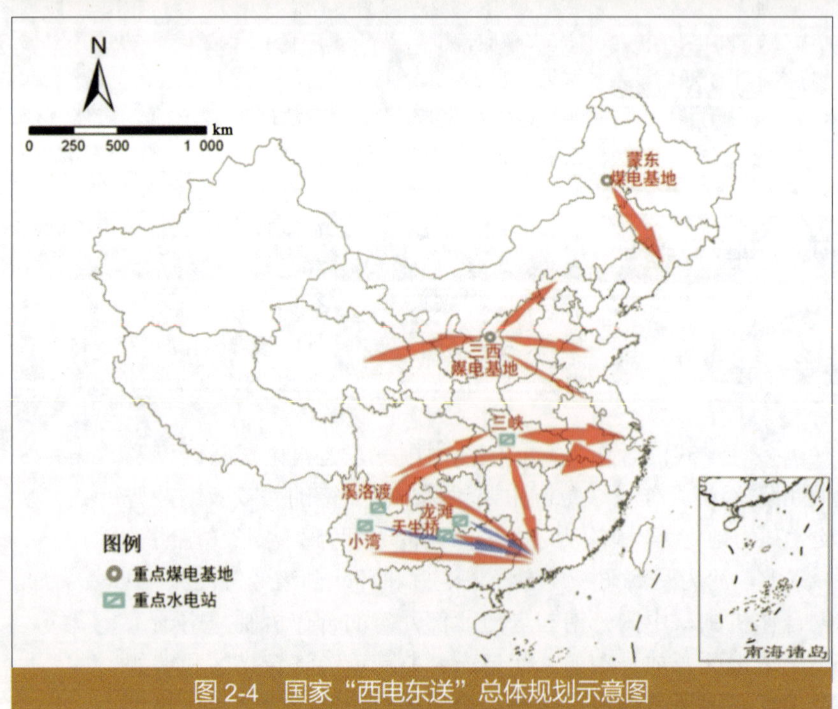

图2-4　国家“西电东送”总体规划示意图

2010年云贵两省煤炭产量分别达到1.0亿t、1.6亿t，分别占全国3.1%、4.0%。2010年贵州煤炭调出量0.5亿t，占全省煤炭生产总量31.3%，是我国南方的主要煤炭输出基地。

云贵两省是“西电东送”南部通道的重要起点区域（图2-4），主要包括贵州乌江、云南澜沧江和桂、滇、黔三省区交界处的南盘江、北盘江、红水河的水电以及黔、滇两省坑口火电。“十一五”期间云贵累积向广东送 1 660 亿 kWh，每年输送的电量占广东用电总量 10% 左右。其中，2010 年贵州省调出电量 550.5 亿 kWh，占全省电力生产量的 39.7%，“黔电东送”是“西电东送”的主力。云南省调出电量占到全省电力生产量的 23.9%。

西南油气进口通道是中国四大陆上油气通道之一，对于保障我国能源供应安全具有重要意义。西南油气进口通道从中东和缅甸进口油气资源，其中，中缅原油管道一期码头工程已于 2010 年开工，预计一期工程年输油能力在 1 200 万 t，最终目标达到 2 000 万 t；中缅天然气管道全长 2 806 km，计划 2015 年建成投产，年输气能力 120 亿 m^3。

四、矿产和生物资源战略储备区

云贵地区是我国重要的矿产资源战略接续区，是《找矿突破战略行动纲要（2011—2020年）》19 个重点成矿区带及其主要找矿远景区中西南三江成矿带、川滇黔成矿带的重要组成区域。云南省目前已发现可用矿产 142 种，占全国已发现矿产种类的 83%。在保有储量矿产中，2/3 的矿种在长江流域及南部地区占重要位置（表 2-2），其中居全国第一的矿种有锌、铅、锡、镉、铟、铊、蓝石棉等。贵州省已发现矿种矿产资源有 128 种，已查明资源储量的矿产 80 种，占全国的 50%。贵州省煤、磷、铝土矿、汞、锑、锰、金、重晶石、硫铁矿、稀土、镓、水泥砖瓦原料以及多种用途的石灰岩、白云岩、砂岩等矿产在全国占有重要地位。

表 2-2　云贵两省矿产与生物资源基本情况

资源情况		矿产资源	高等植物	药用植物	脊椎动物
云南	资源量	142 种	18 340 种	6 157 种	1 972 种
	全国排名 / 比例	前 10（50）* 前 3（25）	53.9%	51%	47.4%
贵州	资源量	128 种	7 000 种	4 258 种	1 077 种
	全国排名 / 比例	前 10（48） 前 3（4）	20.1%	38.3%	25.9%

注：“*”中数字表示该省矿物种类、即排全国前十的有 50 种，其他相同。

2010 年云贵两省磷矿石、黄磷产量近年均占全国 50% 以上，其中云南省黄磷产量达 41.2 万 t，位居全国第一。2010 年云南省有色金属业十种有色金属产量为 242 万 t，位列全国第三，占全国总产量的 7.7%；其中锡产量位列全国第一，占比超过 50%；铅、锌、镍、锑等产量均局全国前五位。“十一五”以来，贵州省铝、钛、黄金等有色金属工业发展较快，2010 年，贵州十种有色金属产量为 93 万 t，位列全国第十四，占全国总产量的 3.0%。其中，汞产量占全国 62.2%，位列第一，钛产量位列全国第二。贵州省现已建成全国最大的电解铝厂，铁合金厂和最大的磷矿肥、磨料、人造金刚石、钡盐生产和出口基地。

云贵地区是我国重要的生物种质资源库，是我国未来可持续发展重要的生物资源支撑区（表 2-2）。云南是全球生物物种高富集区和世界级的生物基因库，物种数约占世界物种的 10%，脊椎动物占全国 47.4%，天然药物资源占全国 51%，微生物种类占全国已知种类的 60% 以上。贵州省高等植物和脊椎动物占全国的比例均高于 20%。

由于特殊的地理位置和独特的地质地貌与地形环境，云贵地区生物资源独特性突出。在中国 3 个植物特有中心中，云南跨滇东南—桂西和川西—滇西北 2 个最丰富的特有属分布中心，滇西北和滇东南地区分别约有 48 个、47 个中国植物特有属。云南省脊椎动物各类群的特有性都较高，两栖类、兽类中国特有种分别占云南种类数的65.6%、46.7%，其中30%以上为云南特有分布的物种。贵州植物特有现象较为突出，自然分布的中国特有属有57个，约占中国特有属总数的23.5%，其中贵州特有分布的属有5个，占中国特有属的8.2%。就特有种而言，特产于贵州省的维管植物可达300余种，仅种子植物就可达280余种，占贵州种子植物总数的5.6%。

云贵地区滇黔坝地是《西部大开发“十二五”规划》中8个农产品主产区之一。商品粮基地和集中联片的农业用地集中分布在滇西南、滇中、滇东北和黔中、黔东等低山丘陵生态区，这些地区地势较为缓和、水热条件配合较好，农业生产较为发达，是粮食和经济作物的主产区。云贵地区以提供林产品为主的林地区主要分布在滇西南、滇东南、滇西北和黔东南、黔西等地区，涵盖速生丰产林基地、大型国有林场分布区及以水源林发展为主的区域。这些地区一般都为中山河谷地貌，森林植被一般保存较好，发展林业经济及商品林的基础较好。此外，云贵地区烟草、鲜切花和高山杜鹃等花卉、橡胶、医药材等特色农林产品产量在全国均处于领先水平。

第三节　区域生态环境功能定位

一、世界生物多样性保护热点区域

云贵地区是世界生物多样性保护关键区，是全球生物多样性保护的34个热点地区之一，云南西双版纳热带雨林季雨林区、云南西北横断山区、贵州东北武陵山区、黔南石灰岩区等均为《中国生物多样性保护战略与行动计划（2011—2030年）》中生物多样性保护优先区域（图2-5）。

云南省有114种国家重点保护野生植物（占全国总数的46.3%），国家重点保护野生动物222种（占全国总数的55.4%），是我国乃至世界生态多样性集聚区和物种遗传基因库。贵州地形地貌独特，生物多样性典型，全省拥有国家重点保护的野生植物71种（占全国总数的28.8%），野生动物79种（占全国总数的19.7%）。

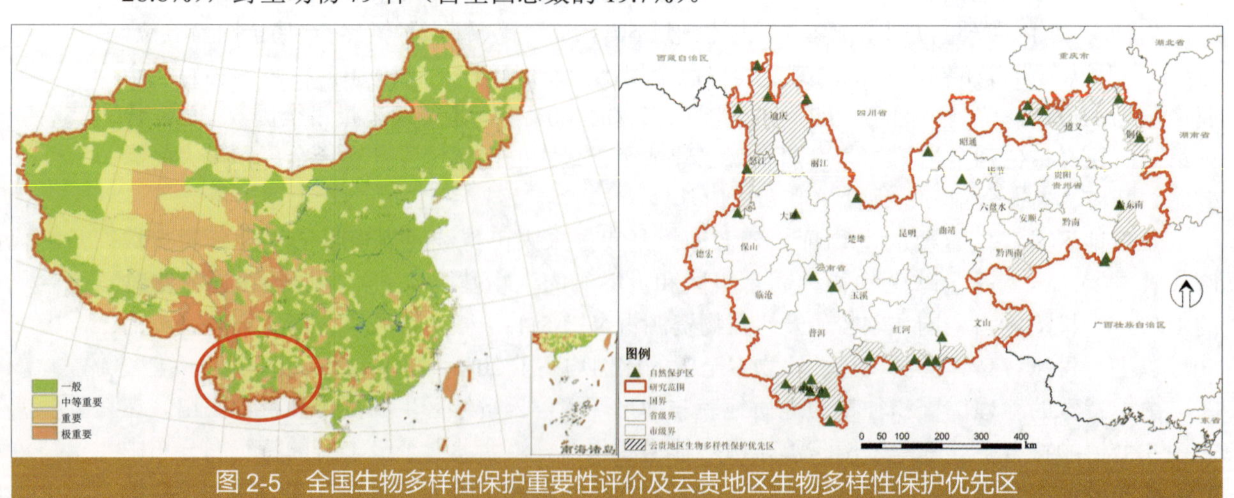

图2-5　全国生物多样性保护重要性评价及云贵地区生物多样性保护优先区

云贵两省现有自然保护区 281 个，总面积 3.8 万 km^2，其中国家级自然保护区 24 个，总面积 1.7 万 km^2，占全国国家级自然保护区总面积的 1.8%，主要以森林生态和野生动植物资源为保护对象。

二、国家生态安全格局关键地区

云贵高原北依广袤的亚洲大陆，南临辽阔的印度洋及太平洋，处于东南季风和西南季风控制之下，亦受青藏高原冷空气影响，兼之地形地貌多变，海拔垂直变化大，水热条件充沛，拥有我国除温带和热带沙漠、热带红树林和海岛植被外所有的主要生态系统类型，生态功能重要，生态环境脆弱敏感（图 2-6、表 2-3）。

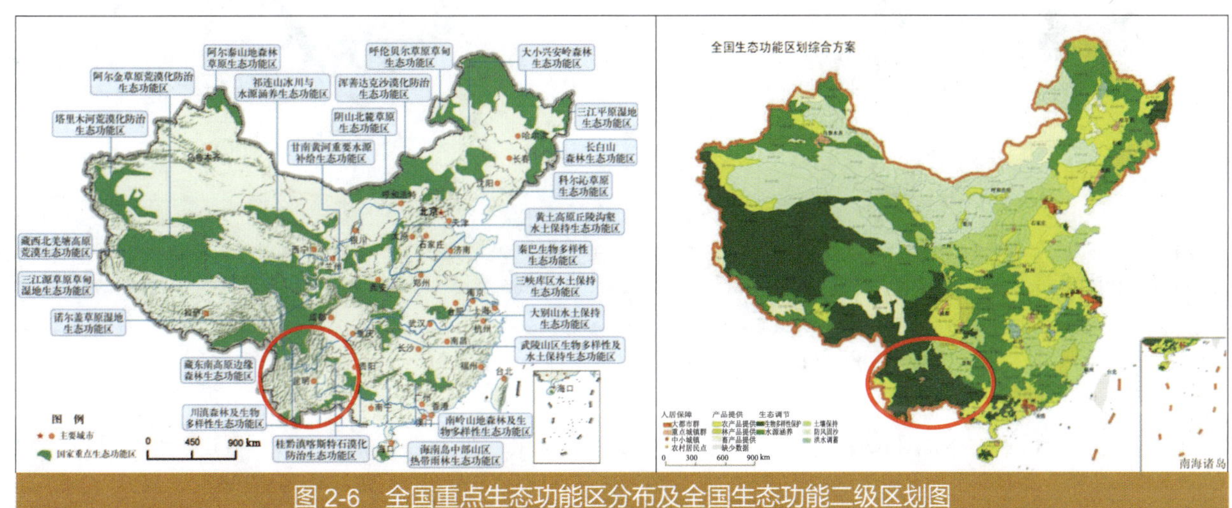

图 2-6　全国重点生态功能区分布及全国生态功能二级区划图

表 2-3　云贵地区国家级重要生态功能区列表

类别	名称	生态功能	涉及市州
国家重点生态功能区（全国主体功能区规划）	川滇森林及生物多样性生态功能区	生物多样性保护	云南迪庆、丽江、怒江、西双版纳、大理、红河
	桂黔滇喀斯特石漠化防治生态功能区	土壤保持	云南文山
全国重要生态功能区（全国生态功能区划）	西双版纳热带雨林季雨林生物多样性保护重要区	生物多样性保护	云南普洱、西双版纳
	横断山生物多样性保护重要区	生物多样性保护	云南迪庆、丽江、怒江、大理
	武陵山山地生物多样性保护重要区	生物多样性保护	贵州铜仁
	西南喀斯特地区土壤保持重要区	土壤保持	云南曲靖 贵州六盘水、毕节、安顺、贵阳、都匀、遵义、黔东南、铜仁
	川滇干热河谷土壤保持重要区	土壤保持	云南丽江、大理、楚雄、昆明、昭通
	珠江源水源涵养重要区	水源涵养	云南曲靖、昆明

云南省位于珠江、红河两大江河源头和长江、澜沧江、怒江、伊洛瓦底江四大江河上游，是东南亚国家和我国南方大部分省区的“水塔”，是云贵地区重要生态屏障。贵州省地处长江、珠江上游，是长江、珠江下游地区重要生态屏障。云贵两省是国家“两屏三带”生态安全格局中青藏高原生态屏障、黄土—川滇生态屏障和南方丘陵山地带的重要组成部分，在保障国家生态安全中具有重要作用（图 2-7）。

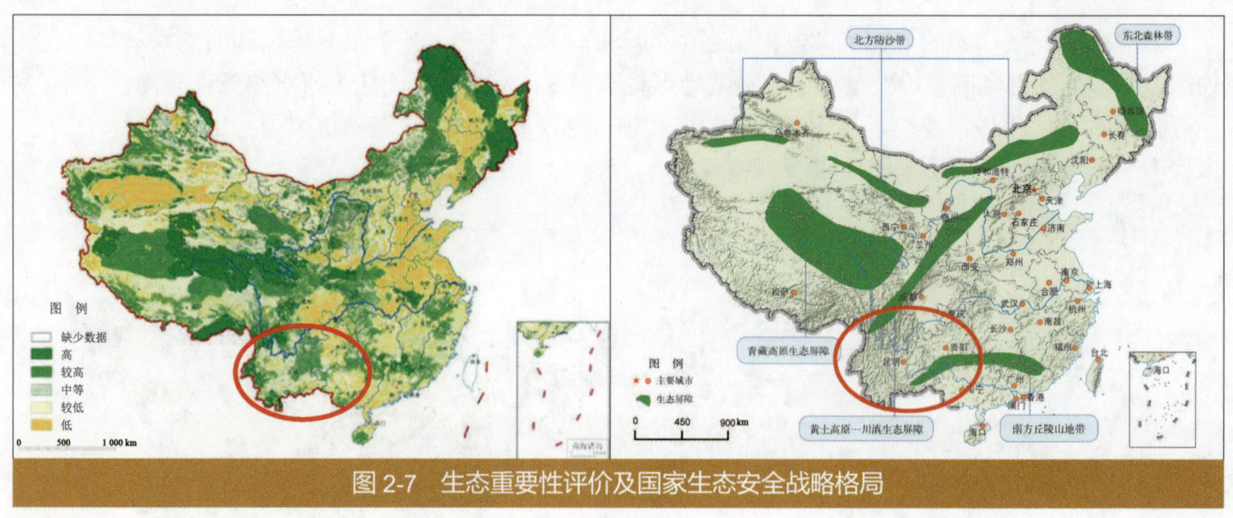

图 2-7 生态重要性评价及国家生态安全战略格局

三、区域重要的水源涵养区

云贵地处我国长江流域的上游，怒江、澜沧江、金沙江、南盘江、乌江等多条河流流经此地，拥有高山复合体生态系统、亚高山寒温性针叶林生态系统、山地针阔混交林生态系统、中山常绿阔叶林生态系统、高原湿地生态系统等重要的生态系统，是我国水资源、森林资源和生态景观最为富集的地区。其中，滇西北怒江、金沙江、澜沧江的上游地区，滇东北曲靖市一带的珠江源区、滇中的金沙江流域与红河流域、珠江流域的分水岭地带，黔西乌江的上游地区，黔中清水江、柳江的上游地区，是水源涵养极其重要的区域（图 2-8）。

图 2-8 全国主要江河水源涵养重要性评价

四、全国土壤保持重要区域

西南喀斯特地区和云南干热河谷区均是我国土壤保持的重要区域，云贵地区土壤保持对下游地区的生态安全具有重要作用。云贵两省是我国水土流失最严重的地区之一。云南东部和贵州的大部分地区属西南石质山区，石灰岩分布广泛，地形陡峭，海拔高，多暴雨，滑坡、泥石流等灾害频发。第三次水土流失遥感调查显示云南省 2004 年水土流失面积已达 13 万 km^2，占全省国土总面积的 34%；截至 2005 年贵州省水土流失总面积达 7 万多 km^2，占全省国土总面积的 44.6%。

西南喀斯特地区是国家石漠化治理的重要区域。云贵地区石漠化面积占全国石漠化总面积的 53.4%，其中贵州省石漠化面积超过全省国土面积的 20%，全省 88 个县级行政区中有 78 个石漠化严重。云贵地区石漠化面积呈逐年扩大趋势，潜在石漠化土地面积超过 4 万 km^2。

第三章

经济社会和重点产业发展特征

第一节　经济发展现状特征

一、经济持续快速增长，发展水平仍相对落后

2001 年以来，云南省经济总量整体呈现平稳增长态势，年均增长 9.8%。2007—2010 年连续分别突破 4 000 亿元、5 000 亿元、6 000 亿元和 7 000 亿元大关，2010 年全省 GDP 总量达到 7 220.1 亿元，实现了"十一五"时期 GDP 总量翻番目标。2001—2007 年增长速度稳步提升，从 8% 提高到 19%，2008—2009 年，受金融危机影响，增长速度明显放缓，降至 8%，2009—2010 年，经济增长逐渐回暖，增长率提高至 17%。除少数年份外，云南省经济总量（现价）整体增长速度低于全国平均水平。受此影响，云南省在全国经济格局中的地位呈现波动下降态势。2001 年，云南省 GDP 占全国比重为 2.0%，随后开始下降至 1.9% 以下，经 2004 年短暂上升后又开始迅速下降，到 2010 年，云南省 GDP 占全国比重下降到 1.8%，下降了 0.2 个百分点，云南省 GDP 总量在全国的位次也由第 18 位降至第 24 位。

2001 年以来，贵州省经济总量进入快速扩张阶段。2001—2010 年，贵州省 GDP 总量从 1 084.9 亿元提高到 4 593.9 亿元。按不变价计算，十年间 GDP 总量增长了 191.2%，年均增长率高达 12.6%。同一时期，全国 GDP 总量增长 126%，年均增长 11%。相对于全国经济总量扩展水平，贵州省强势发展的态势非常明显。随着经济总量的快速增长，贵州省在全国经济格局中的地位不断提升。2001 年，贵州省 GDP 占全国比重仅为 1.0%；到 2010 年，贵州省 GDP 占全国比重上升到 1.2%，上升了 0.2 个百分点。但从整个西部地区来看，2001—2008 年，贵州省 GDP 占西部地区比重呈现波动起伏态势，各有升降，但从 2008 年开始，这一比重连续两年下降，到 2010 年更降至 5.7%，两年间降幅达到 0.2 个百分点（图 3-1）。

2001 年以来，云贵两省人均 GDP 均连续保持较快稳步增长（图 3-2）。其中云南省人均 GDP 于 2007 年突破万元大关，到 2010 年达到 15 749 元；贵州省人均 GDP 到 2009 年突破万元大关，到 2010 年达到 12 051 元。从全国来看，2001—2010 年，云贵两省人均 GDP 始终处于西部地区人均水平之下，2010 年云贵两省人均 GDP 在全国统计的 31 个省区市中分列倒数第 2、第 1 位。从变化趋势来看，云贵两省人均 GDP 与西部地区平均水平、全国平均水平的差距逐年拉大。2010 年，贵州省人均 GDP 的提高速度首次高于西部地区和全国平均水平，

与西部地区和全国平均水平的差距开始缩小。

云贵两省"十二五"规划均提出到2015年经济总量翻一番目标，GDP年均增速分别超过10%、12%，发展的愿望十分迫切。其中，云南昭通、保山、迪庆3个市州，以及贵州省全部9个市州规划"十二五"期间GDP年均增速将超过15%，规模扩张态势明显。

二、区域经济发展空间格局极不均衡

云贵两省经济总量空间分布极不均衡，经济发展内部差距非常显著（表3-1）。滇中经济区人口、GDP分别约占云南全省总量的38%、58%，人均GDP比全省平均水平高1.6倍；其中，昆明、曲靖、玉溪GDP分别约占全省的29%、14%、10%。黔中经济区人口、GDP分别约占贵州省总量的56%、63%，人均GDP比全省平均水平高1.3倍；其中贵阳、遵义、毕节GDP分别约占全省的24%、20%、13%。

从经济发展水平来看，云南省16个市州中，仅昆明、玉溪2个市州人均GDP在全国平均水平之上，昭通、普洱、临沧、文山等市州人均GDP尚不及全国平均水平的

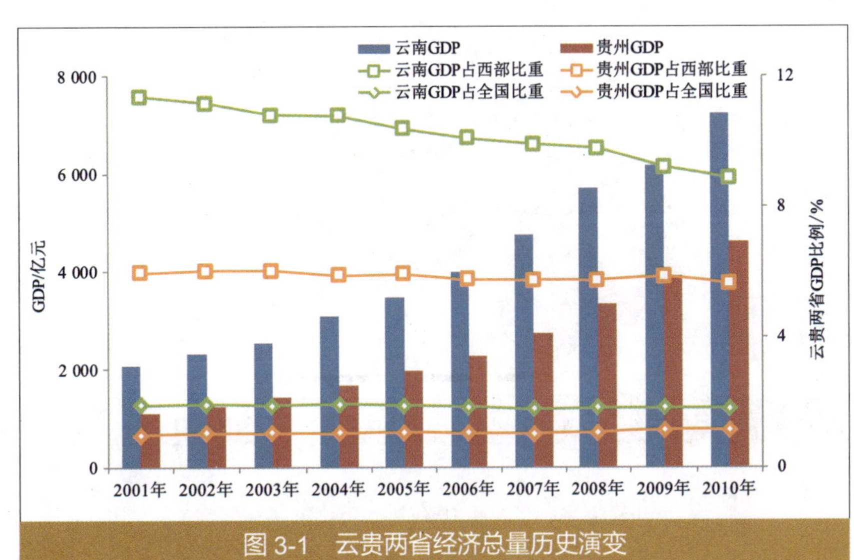

图3-1 云贵两省经济总量历史演变

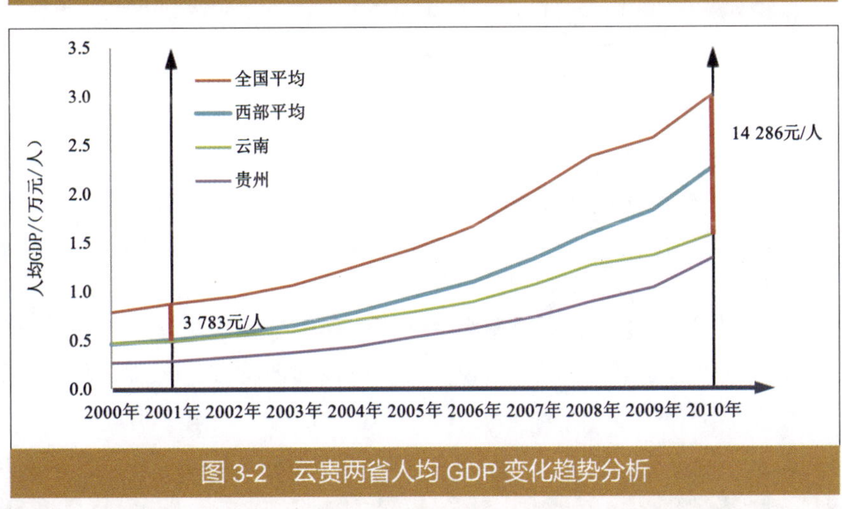

图3-2 云贵两省人均GDP变化趋势分析

表3-1 云贵两省子区域社会经济特征

地区	子区域	人口/万人	占全省比重/%	GDP/亿元	占全省比重/%	人均GDP/元
云南	滇中经济区	1 729.3	37.6	4 267.1	57.6	24 675
	沿边经济带	1 786.3	38.8	2 007.2	27.1	11 236
	滇西北产业区	564.2	12.3	749.6	10.1	13 286
	滇东北产业区	521.9	11.3	379.6	5.1	7 274
贵州	黔中经济区	1 946.1	56.0	2 932.7	63.3	15 070
	黔西经济区	1 219.4	35.1	1 408.6	30.4	11 552
	黔北产业区	309.2	8.9	293.6	6.3	9 495

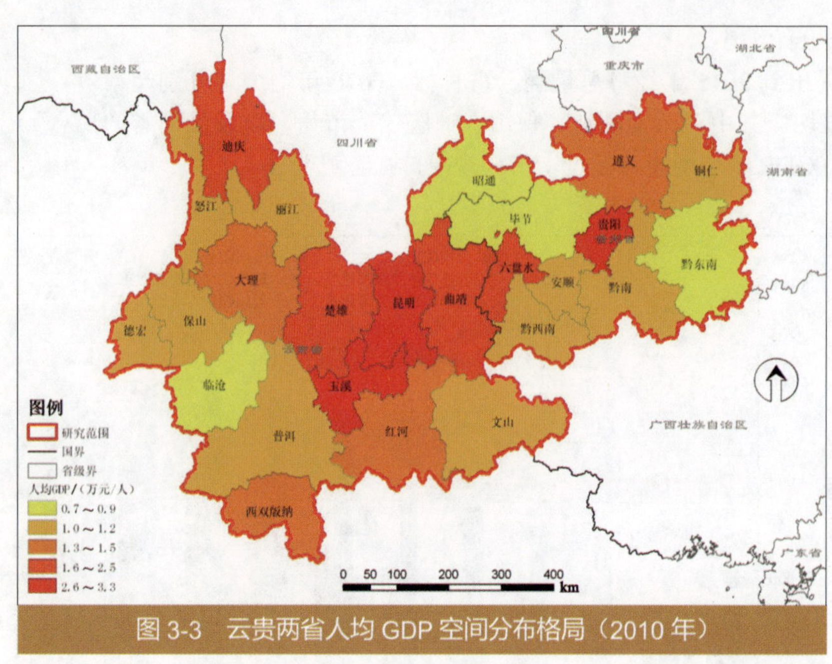

图 3-3 云贵两省人均 GDP 空间分布格局（2010 年）

1/3（图 3-3）。贵州省 9 个市州人均 GDP 全部低于全国平均水平，其中发展水平最高的贵阳市与发展水平最低的黔东南州人均 GDP 差距高达 17 880 多元，铜仁市、黔东南州人均 GDP 尚不及全国平均水平的 1/4。

三、经济结构持续优化，工业化进程缓慢

云南省三次产业结构由 2001 年的 20.8 : 40.6 : 38.6 调整为 2010 年的 15.3 : 44.7 : 40.0，三次产业比例结构逐步优化。2001 年云南省第一产业比重高于全国平均水平 6.4 个百分点，第二产业、第三产业比重分别低于全国平均水平 4.5 个和 1.8 个百分点。到 2010 年，第一产业比重相比全国平均水平高出 5.2 个百分点，第二产业、第三产业比重分别低于全国平均水平 2.1 个和 3.1 个百分点。

从经济结构的动态演进来看，GDP 份额构成由第一产业向第二产业和第三产业转移是一种基本趋势，但由于产业发展基础不同，各市州经济结构演变过程存在明显差异（表 3-2）。昆明经济结构演变特征为第三产业地位持续加强的同时，第二产业地位基本维持高位，整体呈现出高级阶段特征；曲靖、保山、昭通、丽江、临沧、文山、西双版纳、大理等 8 个市州经济结构演变方向相对平稳，结构演变进程以强化第二产业的突出地位为主导趋势；德宏、怒江、迪庆 3 个市州经济结构变动十分剧烈，第一产业、第二产业、第三产业比重呈现交替上升态势，其演替路径表现出明显的波动性；玉溪、普洱、楚雄、红河等 4 个市州经济结构相对稳定。

表 3-2 云南省各市州经济结构演变过程与特征 单位：%

市州	2001 年			2005 年			2010 年			结构转换特征
	第一产业	第二产业	第三产业	第一产业	第二产业	第三产业	第一产业	第二产业	第三产业	
昆明	8.0	46.5	45.5	7.3	44.9	47.8	5.7	45.3	49.0	高级化趋势明显
曲靖	23.5	44.1	32.4	19.9	50.4	29.7	18.3	52.4	29.4	第二产业持续强化
玉溪	10.4	66.9	22.7	11.7	58.4	29.9	9.5	62.2	28.4	稳定型
保山	40.2	19.8	40.0	36.0	24.5	39.5	30.3	30.9	38.8	第二产业持续强化
昭通	30.1	30.1	39.8	28.2	37.7	34.1	19.6	46.0	34.3	第二产业持续强化
丽江	29.2	25.0	45.7	23.8	28.5	47.7	18.1	38.3	43.5	第二产业持续强化
普洱	33.9	29.1	37.1	33.5	28.0	38.5	29.7	33.8	36.5	稳定型

市州	2001 年			2005 年			2010 年			结构转换特征
	第一产业	第二产业	第三产业	第一产业	第二产业	第三产业	第一产业	第二产业	第三产业	
临沧	43.8	25.7	30.5	37.4	30.8	31.9	32.9	35.1	31.9	第二产业持续强化
楚雄	29.3	40.2	30.5	26.2	40.6	33.1	22.4	42.5	35.1	稳定型
红河	23.4	47.2	29.3	18.6	52.9	28.5	16.0	53.1	30.9	稳定型
文山	35.7	25.9	38.4	32.1	29.4	38.5	22.2	37.0	40.8	第二产业持续强化
西双版纳	35.3	16.4	48.3	35.8	22.9	41.3	27.3	29.7	42.9	第二产业持续强化
大理	33.2	29.0	37.8	29.0	33.3	37.7	23.0	39.7	37.3	第二产业持续强化
德宏	31.1	24.1	44.8	33.1	21.6	45.3	26.5	33.9	39.7	波动型
怒江	27.9	33.1	39.1	19.1	33.8	47.1	12.1	36.0	51.9	波动型
迪庆	32.6	24.8	42.6	19.1	36.0	44.9	9.3	38.5	52.2	波动型

云南省各市州经济结构存在四种类型（图 3-4）。保山与临沧分别属于“312”型和“132”型，传统农业仍较发达，工业发展缓慢，由此导致了低端服务业在 GDP 中的比重虚高；玉溪、曲靖、昭通、楚雄和红河等 5 个市州为“231”类型，工业基础较好；其余 9 个市州为“321”类型，其中昆明经济发展水平较高，经济结构具有明显的高级化特征；丽江、大理、西双版纳、德宏、怒江、迪庆、普洱、文山等 8 个市州经济发展水平较低，“工业基础薄弱，旅游业发达”是导致其经济结构呈现“321”特征的内在原因。

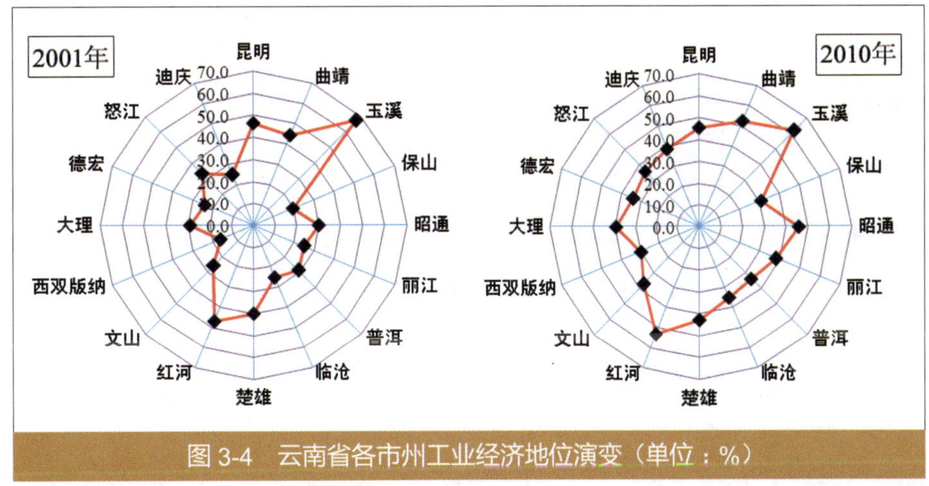

图 3-4　云南省各市州工业经济地位演变（单位：%）

2010 年，贵州省三次产业结构由 2001 年的 24.2 ∶ 38.3 ∶ 37.5 调整为 13.7 ∶ 39.2 ∶ 47.1。2001 年以来，第一产业比重呈较大幅度下降，第三产业比重大幅提高，第二产业比重先增后减，2010 年仅比 2001 年增加了 0.9 个百分点，相比 2006 年最高水平还低 4 个百分点。

从经济结构的动态演进来看，贵州省 GDP 份额构成由第一产业向第二产业和第三产业转移的基本趋势显著，但各市州经济结构演变过程存在明显差异（表 3-3）。贵阳经济结构演变特征为第一、第二产业持续向第三产业转移，产业结构高级化趋势明显；六盘水第二产业地位持续加强的同时，第三产业地位基本保持稳定，整体呈现出第二产业持续强化的工业化中期阶段特征；遵义、安顺、铜仁、黔西南、毕节、黔东南等 6 市州，经济结构演变特征为 GDP 份额由第一产业急剧向第二产业、第三产业分流，第一产业份额快速下降，呈现出经济结构剧烈转型的特征；黔南州经济结构演变方向相对平稳，结构演变进程以强化第三产业的突出地位为主导趋势。

表 3-3　贵州省各市州经济结构演变过程与特征　单位：%

市州	2001 年			2005 年			2010 年			结构转换特征
	第一产业	第二产业	第三产业	第一产业	第二产业	第三产业	第一产业	第二产业	第三产业	
贵阳	8.3	50.4	41.3	6.7	47.4	45.9	5.1	40.7	54.2	高级化趋势明显
六盘水	15.4	54.1	30.6	9.0	56.9	34.1	5.8	60.6	33.6	第二产业持续强化
遵义	32.7	36.3	31.0	25.4	39.5	35.2	15.4	41.8	42.8	剧烈转型
安顺	29.8	36.3	33.9	22.7	37.2	40.1	17.3	38.0	44.7	剧烈转型
铜仁	57.2	19.8	23.0	43.7	22.7	33.6	32.5	26.3	41.2	剧烈转型
黔西南	34.1	34.0	31.9	29.3	36.3	34.4	18.2	36.1	45.7	剧烈转型
毕节	42.6	28.6	28.7	32.2	37.5	30.3	20.7	43.2	36.1	剧烈转型
黔东南	41.5	29.0	29.4	32.2	26.8	41.0	24.0	30.1	45.9	剧烈转型
黔南	33.6	37.7	28.7	29.1	38.0	32.9	19.7	39.9	40.4	稳定型

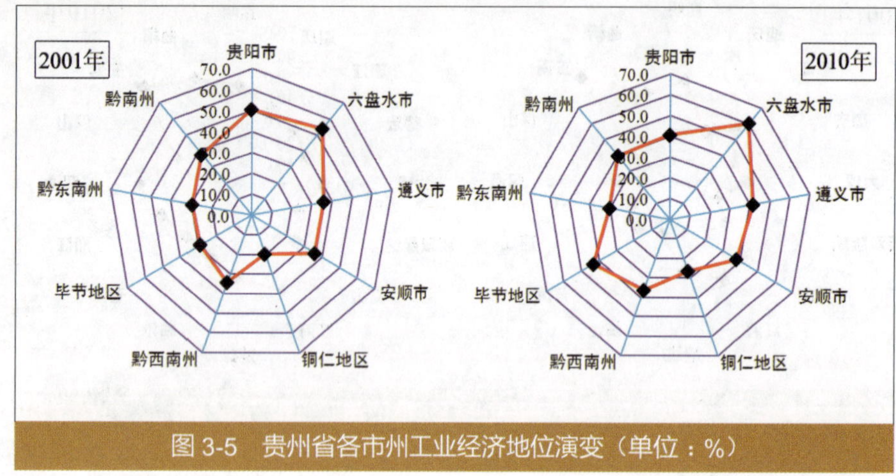

图 3-5　贵州省各市州工业经济地位演变（单位：%）

贵州省 9 个市州经济结构存在 3 种类型（图 3-5）。六盘水、毕节两市州为“231”类型，贵阳、遵义、安顺、黔西南、黔东南、黔南 6 个市州为“321”类型，铜仁为“312”类型。其中，贵阳和六盘水经济发展水平较高，经济结构具有明显的高级化特征；遵义、安顺、黔西南、黔东南、黔南、铜仁等 6 市州经济发展水平较低，“第二产业薄弱，第三产业虚高”是导致其经济结构呈现“321”和“312”特征的原因。

2010 年，云贵两省人均 GDP 分别为 2 289 美元和 1 752 美元，整体处于工业化初期阶段。其中，昆明、玉溪、贵阳人均 GDP 分别达到 4 910 美元、4 700 美元、3 601 美元，已进入工业化中期阶段；云南曲靖、保山、丽江、楚雄、红河、西双版纳、大理、德宏、怒江、迪庆等 10 个市州，以及贵州六盘水、遵义二市已进入工业化初期阶段；云南昭通、普洱、临沧、文山等 4 个市州，以及贵州安顺、铜仁、黔西南、毕节、黔东南、黔南 6 个市州尚处于初级产品生产阶段，工业化发展进程明显滞后。

四、固定资产投资规模增幅低于全国和西部水平

西部大开发战略实施规划中明确提出要加大我国西部地区基础设施投资力度。2001 年以来，云南省全社会固定资产投资总额逐年稳步增加，2007 年后增幅显著加大，到 2010 年全省固定资产投资总额达到 5 528.7 亿元，是 2001 年的 7.5 倍。贵州省全社会固定资产投资总额逐年稳步增加，2010 年达到 3 104.9 亿元，比 2001 年增加近 5 倍。

从横向对比来看，云贵两省固定资产投资规模增速总体上低于全国甚至西部地区的平均增幅（图 3-6）。2001 年云南省固定资产投资占西部地区和全国的比重相对较高，分别为 10% 和 2%，随后这一比例逐年波动下降，到 2010 年分别降至 9% 和 2%。2001 年贵州省固定资产投资占西部地区和全国的比重达到 2001—2010 年的最大值，分别为 7.5% 和 1.4%，随后这一比例在 2003—2006 年连续较大幅度地下降，2006 年后降幅趋缓，到 2010 年出现小幅增加，但仍低于 2001 年的水平。

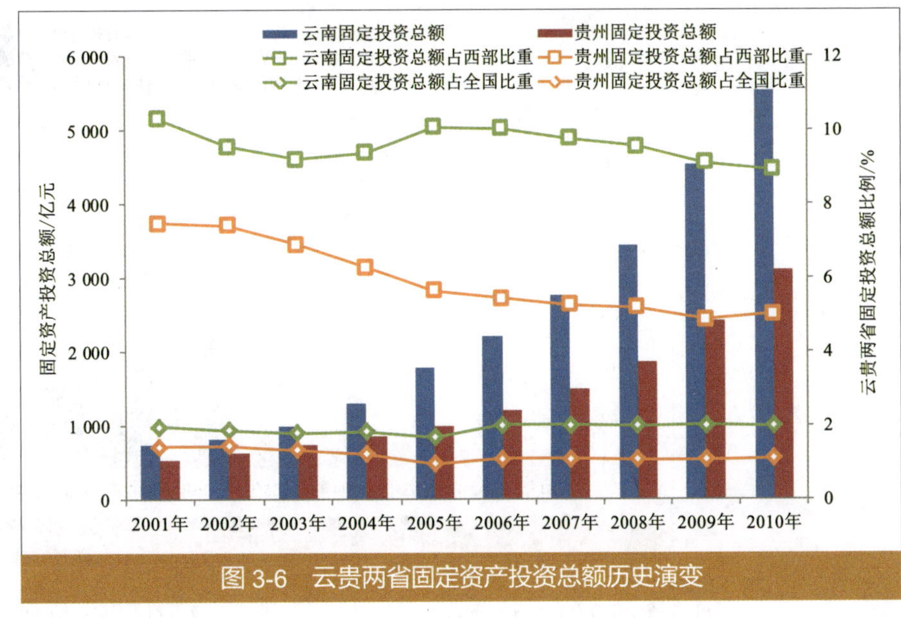

图 3-6 云贵两省固定资产投资总额历史演变

投资总量不足客观上造成了云贵两省经济发展的外部动力不足。2005—2010 年，贵州省人均固定资产投资始终处于全国倒数第 1 位。云贵两省地形多变、地质条件复杂，交通运输不便，基础设施建设成本相比平原地区较高，加之自身发展水平相对落后，外部投入不足客观上加大了这一地区发展的难度。

五、进出口贸易持续发展，所占经济比重不高

云南地处我国西南边陲，是我国连接东南亚各国的陆路通道和面向东南亚、南亚开放的桥头堡，随着中国—东盟自由贸易区建设和大湄公河次区域合作的继续深入，对外贸易将成为云南省经济的一个重要组成部分。根据国家统计年鉴对外经济贸易数据的统计，西部大开发十年来，云南省进出口贸易获得了较快增长，进出口总额由 2001 年的 19.9 亿美元增加到 2010 年的 134.3 亿美元，增长了 6.8 倍，占 2010 年全省 GDP 的 12%。从发展趋势来看，除 2008—2009 年受金融危机影响全省进出口总额降低 32% 以外，2001—2007 年、2009—2010 年均保持稳定增长。

2010 年云南省进出口总额占西部地区和全国比重分别为 10.5%、0.5%，相比 2001 年分别下降了 1.3 个和 0.1 个百分点；进出口贸易总额在西部 12 省区市中位列第 4，全国位列第 21，均比 2001 年排位下降了 1 位。总体来看，云南省对外贸易发展现实水平与其桥头堡战略目标的要求（“开发门户”、沿边开放“试验区”、西部向外发展“先行区”）仍存在较大差距。

2001 年以来，贵州省进出口贸易呈现波动增长态势，2008 年全省进出口总额达到十年间的峰值，为 33.7 亿美元，约为 2001 年的 5.2 倍。受全球金融危机影响 2009 年下降到 23.0 亿美元，2010 年呈恢复性增长，全省进出口贸易总额达到 31.5 亿美元，比 2001 年增长近 5 倍。2010 年全省 GDP 的 7%。与全国和西部地区相比，贵州对外贸易发展水平还存在较大差距。2010 年全省进出口总额占西部地区比重为 2.5%，占全国比重仅为 0.1%，相比 2001 年水平，分别

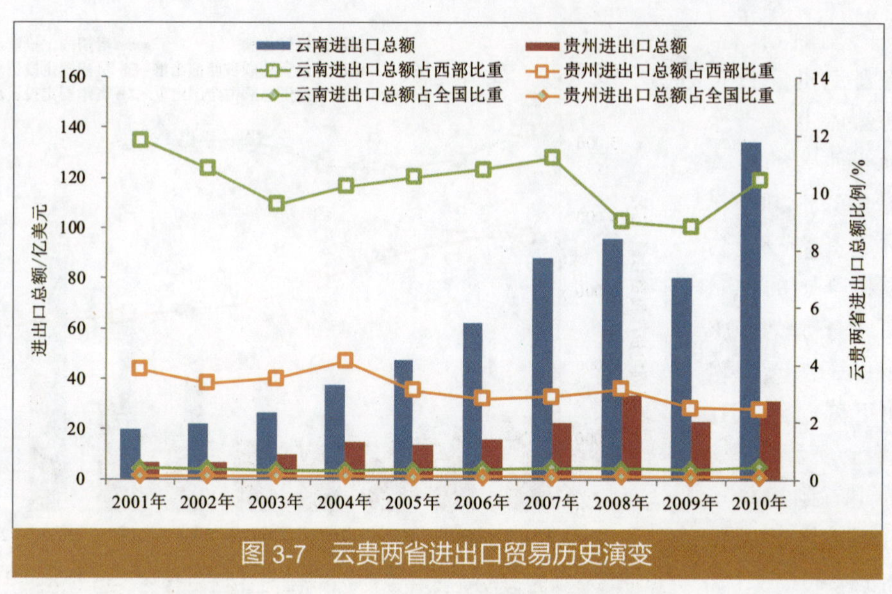

图 3-7　云贵两省进出口贸易历史演变

下降了 1.4 个和 0.02 个百分点；这一比例在西部 12 省区市中位列第 9，在全国位列第 28，与 2001 年的排位一致（图 3-7）。

第二节　社会发展现状特征

一、城镇化水平落后，区域内部发展差距较大

根据国家统计局 2010 年第六次全国人口普查，云南省常住人口为 4 596.6 万人，与 2001 年相比，增加了约 315 万人，常住人口占全国合计常住人口的比重从 2001 年的 3.36% 增长到 3.43%。贵州省常住人口为 3 474.6 万人，10 年间共减少约 320 万人，减幅为 8.4%，常住人口占全国合计常住人口的比重从 2001 年的 3.0% 减少到 2.6%。

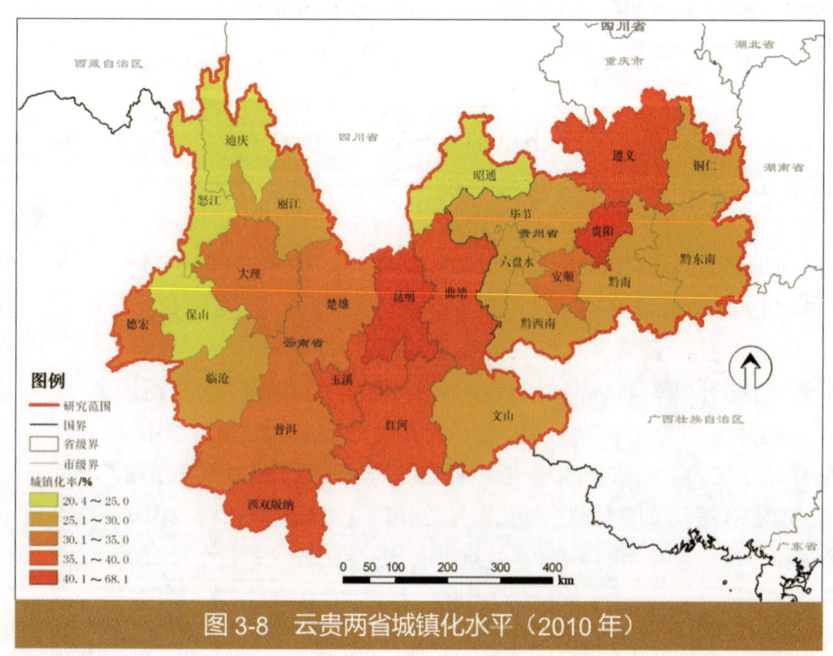

图 3-8　云贵两省城镇化水平（2010 年）

2001—2010 年，云贵两省的城镇化水平稳步提升，从 2001 年不足 25% 分别提高到 35%、35%，但仍落后全国城镇化水平约 15%，在全国分列第 29 位和第 30 位，仅相当于全国 1999 年的城镇化水平。云贵两省内部城镇化发展水平差异较大（图 3-8），昆明和贵阳

的城镇化水平已经接近70%，其他众多市州的城镇化水平均在40%以下，迪庆、怒江、保山、昭通等4个市州的城镇化水平还不足25%。

云贵两省城镇化发展主要依靠行政力量推动，工业化对城镇化带动力较弱。2010年云南、贵州三次产业就业人数比例分别为69.6 : 14.5 : 31.1和49.6 : 11.9 : 38.5，就业结构仍停留在“132”格局，就业结构变动滞后于产业结构变动，既反映出区域农业效率低下、农村富余劳动力多，也说明区域工业吸纳就业能力不强，服务业规模化和市场化程度不足，这种产业结构与就业结构的失衡状态进一步阻碍了云贵两省的城镇化进程。

由于资源集聚和行政配置，各种资源向大城市和行政中心高度集聚，极化特征明显。昆明、贵阳、遵义是云贵两省三个特大城市，中小城市和小城镇发展相对缓慢。以云南为例，2010年云南省2城市指数和4城市指数分别为3.4、1.4，城镇体系首位度较高，具有欠发达地区城镇化的典型特征。其中，昆明市非农业人口超过百万，是云南省内唯一的特大城市，2010年GDP达到2 120亿元，分别约为滇中经济区和整个云南省的50%、30%，大量生产要素主要集中于昆明，空间集聚效应明显。

二、人均收入水平较低，城乡二元经济结构特征突出

云贵两省城乡居民收入处于全国较低水平。2001—2010年，云贵两省城镇居民收入及农村居民收入年均增速均超过10%，但增速不及西部平均水平，与全国平均水平的差距也在加大（图3-9）。2010年云南省城镇居民人均可支配收入和农民人均纯收入分别为16 065元、3 952元，相当于全国城乡居民平均收入水平的84%、67%；贵州省城镇居民人均可支配收入和农民人均纯收入分别为14 143元、3 472元，分别相当于全国平均水平的74%、59%。2010年云贵两省农村居民人均收入水平分别位列全国倒数第4位和倒数第2位，云南与全国的差距已增大到1 967元。目前，云南129个县级行政单位中有73个国家级贫困县，贫困县的数量在全国最多；贵州全省贫困县人口占全省总人口的51%，是我国贫困面最大、贫困程度最深的省份。除玉溪、文山、西双版纳和贵阳外，云贵两省各市州均有国家级贫困县，提高居民收入水平压力大。

云贵两省城镇对周边地区辐射功能偏弱，城乡二元经济结构特征突出，城乡收入差距不断扩大，城镇和农村居民收入差距已扩大到4.1 : 1，高于全国平均水平3.2 : 1。区域内公共资源集中配置在城镇地区，城镇体系发展仍处于首位中心城市集聚增长阶段，城镇对区域的作用表现为对资本、劳动力、土地的吸纳作用，相对发达区域通过消费、就业等带动相对贫困地区发展的“涓滴效应”还尚未形成。

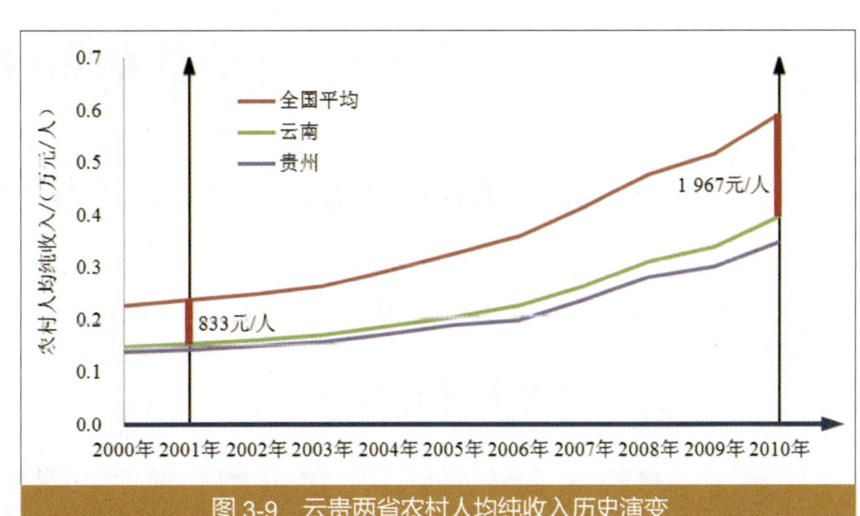

图3-9　云贵两省农村人均纯收入历史演变

三、基础设施快速发展，整体建设水平滞后

2001 年以来，云贵两省公路、电网、通信和广播电视、水利等基础设施建设规模加速提高。2010 年，云南省铺装道路长度、供水管道长度以及城市排水管道长度分别达 4 049 km、6 559 km、4 419 km，与 2001 年相比分别增加 82%、32%、96%；贵州省铺装道路长度、供水管道长度以及城市排水管道长度分别达 2 257 km、5 979 km、3 327 km，分别比 2001 年增加 31%、90%、90%。

云贵两省基础设施建设始终受到投资不足限制。云贵两省人均固定资产投资近年来始终处于全国倒数第 1、第 2 位，2010 年云贵两省环境污染治理投资总额占 GDP 比重分别为 1.5% 和 0.7%，均低于全国平均水平。由于发展基础较低，投资相对不足，云贵两省基础设施建设水平仍十分滞后。2010 年，云贵两省每万人拥有铺装道路面积分别为 10.9 m^2、6.7 m^2，分别为全国平均水平的 83%、50%（图 3-10）；云贵两省城市燃气普及率分别为 76%、70%，远低于全国平均水平（92%），分别处于全国倒数第 4 位和倒数第 1 位。此外，区域供水、供热、污水处理等基础设施发展水平不均，地区之间、城乡之间差异较大，基础设施技术等级相对较低、质量不高。

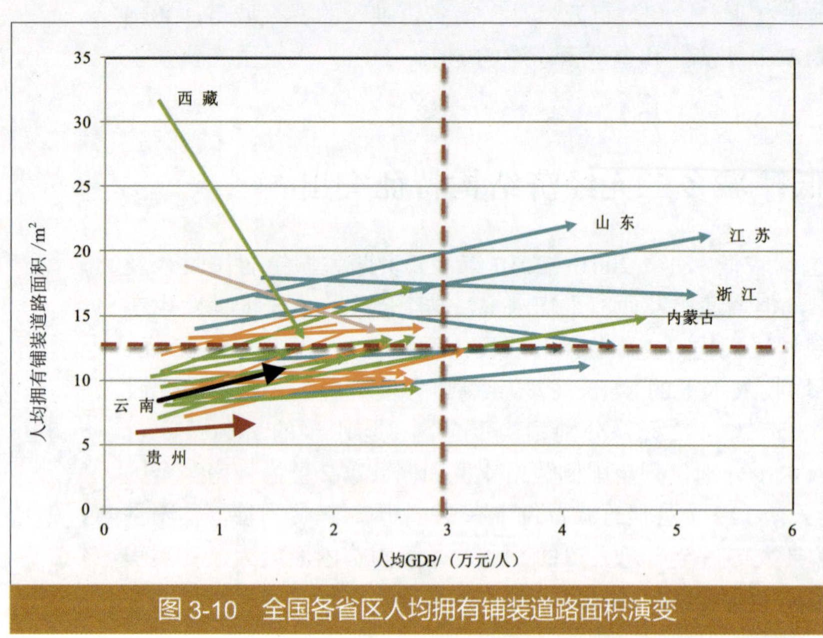

图 3-10 全国各省区人均拥有铺装道路面积演变

第三节 工业发展现状特征

一、工业产值持续增长，占全国比重有所降低

2010 年，云贵两省第二产业总产值分别为 3 223.5 亿元和 1 800.1 亿元，是 2001 年的 3.7 倍、5.0 倍，2010 年，云贵两省工业总产值占全国比重分别为 1.7%、1.0%（图 3-11）。

二、工业结构重化趋势明显

云南省产业结构呈现出明显的重化工倾向，资源依赖型特征明显，以原材料和动力等基础重化工行业为主导的产业结构不断强化。云南省经过多年发展形成了以烟草、有色冶金、

电力、钢铁、化工五大产业为支柱的产业结构，2010年五大产业占云南省工业总产值比重为72.3%，与2001年相比五大产业所占工业比重基本保持稳定（图3-12）。烟草制品业始终是云南省第一大支柱产业，相对其他四大产业发展速度明显放缓，2001—2010年产业比重下降了20个百分点。这一时期，钢铁、有色冶金和电力三个行业扩张最为迅猛，工业产值分别增长了12.2倍、7.9倍和6.9倍。化工始终是云南省的传统支柱产业，十年间所占工业总产值比重未发生明显的变化。

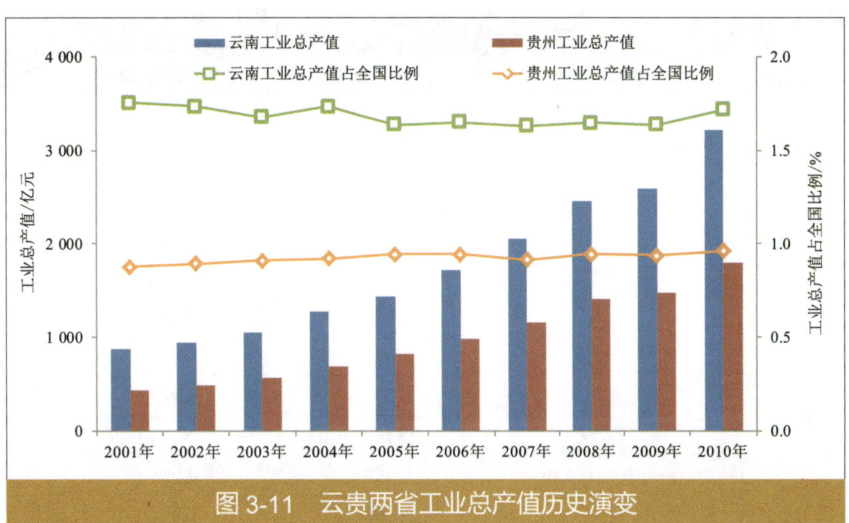

图3-11 云贵两省工业总产值历史演变

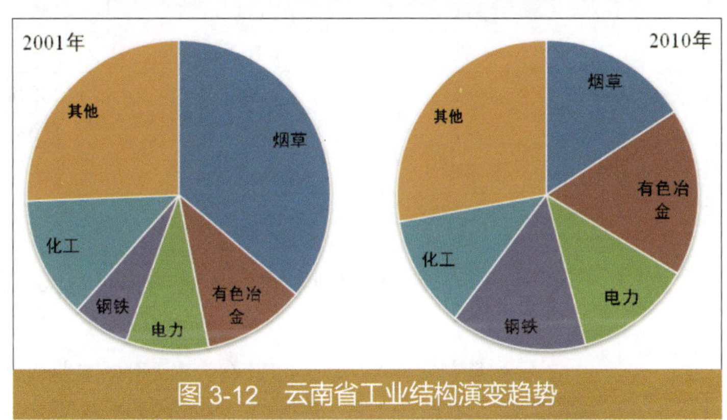

图3-12 云南省工业结构演变趋势

贵州省形成了以煤炭、电力、钢铁、有色冶金、化工、食品和装备制造七大产业为支柱的产业结构。2001年七大产业工业总产值达到625.1亿元，占贵州省工业总产值的90%，到2010年，七大产业占贵州省工业总产值比重提高至91.9%，重化工业为主导的结构性特征不断强化（图3-13）。煤炭、电力、钢铁、化工四大重化产业扩张迅猛，在工业经济中所占比重不断上升，由2001年的55.0%迅速提高至2010年的70%，其中，煤炭工业扩张最为迅猛，10年间工业总产值增长了31倍；电力行业增长了8.5倍，产业地位提高了7个百分点，始终是贵州省的第一大产业。

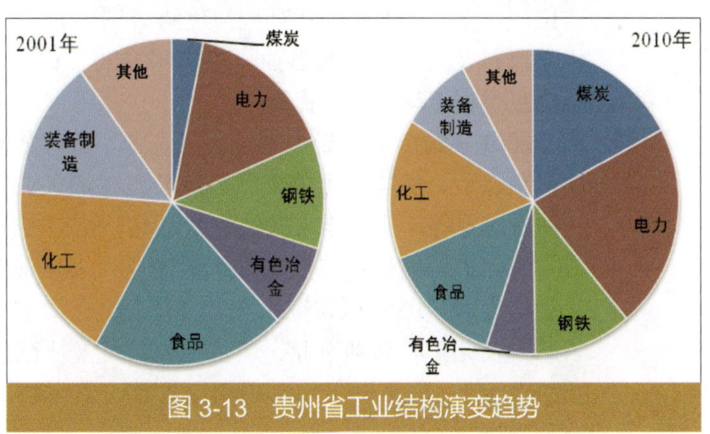

图3-13 贵州省工业结构演变趋势

云贵两省产业结构呈现出明显的重化工倾向，矿产资源依赖型特征明显，以原材料和能源电力等基础重化工行业为主导的产业结构不断强化。随着要素成本的快速上升、节能环保约束的明显增强以及周边区域产业竞争的日趋激烈，这种以资源为依托、以原材料产业为主体、以“低资源成本—低劳动力成本—低环境成本”为支撑的传统工业发展模式面临着巨大挑战。

根据云贵相关规划，云贵煤炭、电力、有色冶金、化工等行业仍将是未来发展的重点，主要有色、化工产品产能均将有较大幅度增长（表3-4）。

表 3-4　云贵两省重点产品规划产能

省份	重点产品	2015 年产能 / 万 t	较 2010 年增长	2020 年产能 / 万 t	较 2010 年增长
云南	煤炭	13 700	40%	14 670	50%
	火电 / 万 kW	1 867	67.9%	2 320	108.4%
	十种有色	620	158%	650	171%
	铜	70	105%	60	76%
	铝	256	273%	275	301%
	烧碱	100	462%	120	574%
	黄磷	70	70%	80	94%
	甲醇	476	376%	680	580%
贵州	煤炭	25 060	57%	30 160	89%
	火电 / 万 kW	3 954	80%	5 034	129%
	焦炭	1 800	79%	2 400	139%
	生铁	1 000	167%	1 200	220%
	粗钢	1 100	221%	1 500	337%
	钢材	1 200	255%	1 500	344%
	甲醇	300	150%	710	492%
	电解铝	260	160%	260	160%

三、资源依赖性产业优势突出，但矿产资源保障能力不足

从全国主要行业竞争力来看，云南省主要优势产业包括烟草制品业、有色金属冶炼及压延加工业、有色金属矿采选业、非金属矿采选、黑色金属矿采选和电力等六大行业，2010 年区位商大于 2，在全国具有较强优势（图 3-14）。黑色金属冶炼及压延加工业、医药制造业、化学原料及化学制品制造业、煤炭采选业、饮料制造业等五大行业的区位商大于 1，与全国平均水平相比具有一般优势。

2001—2010 年，云南省煤炭采选业、黑色金属矿采选业、非金属矿采选业、食品制造业、饮料制造业、炼焦、黑色金属冶炼及压延加工业、医药制造业、有色冶炼和电力、热力的生产和供应业等行业近年来发展速度迅猛，在全国的地位和竞争力不断提升。

贵州省传统优势产业为烟草制造业、煤炭采选业、饮料制造业、医药制造业、橡胶制品业和电力，2010 年区位商大于 2，与全国平均水平相比具有绝对优势。非金属矿采选业、化学原料及化学制品制造业、黑色金属冶炼及压延加工业、有色金属冶炼及压延加工业区位商始终大于 1，与全国平均水平相比具有一般优势。其他行业与全国平均水平相比，均不具备竞争优势。

2001—2010 年，贵州省除煤炭采选业、饮料制造业、医药制造业、食品制造业等少数行业的竞争力有所提升外，大部分行业相对全国的竞争力都呈现不同程度的下降趋势。其中，交通运输设备制造、冶金、化工等传统优势产业的竞争力明显降低。

云贵两省矿产资源储量丰富，但企业规模普遍偏小，整体技术水平不高，采富弃贫情况频发，资源浪费严重，矿产资源保障能力不足。云南省磷矿资源相对丰富，但是磷矿资源富矿少，贫矿多，高品位磷矿只占磷矿总储量的 10% 左右，资源“丰而不富”，磷矿资源静态

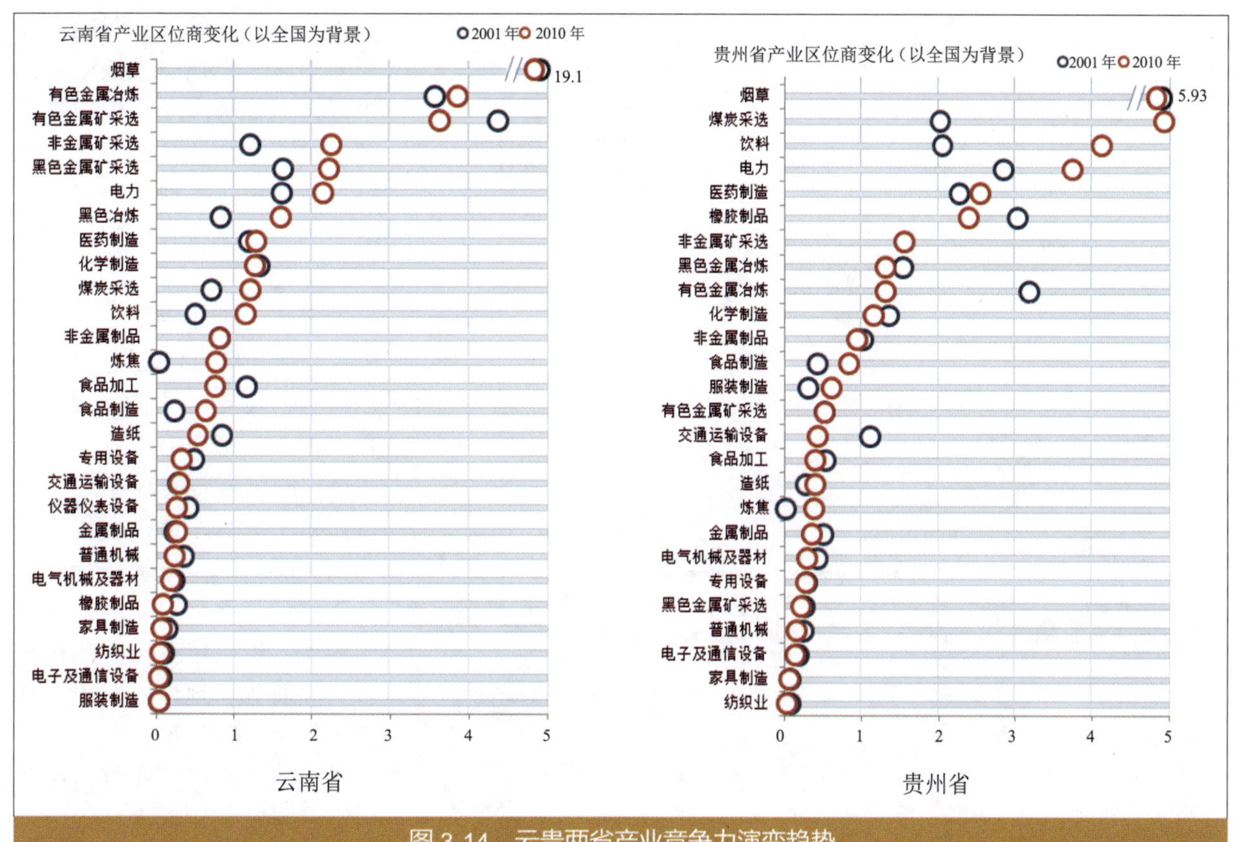

图 3-14 云贵两省产业竞争力演变趋势

保障程度仅为 20 ～ 30 年。贵州省已利用磷矿资源储量占总量的 35.9%，按 2010 年磷矿开采强度和当前技术水平估计，磷矿资源还可开采 24 年。

云贵两省有色金属等优势矿产的保障能力也在降低。根据《云南省有色产业发展规划（2009—2015)》，按现有储量和开采能力计算，云南铜、铅、锌、原生锡矿等矿产资源保障程度不足 10 年。根据《贵州省“十二五”矿产资源开发利用和保护研究》，贵州铝土矿静态保障能力仅为 28 年；锰矿、重晶石的静态保障能力分别为 16 年和 12 年；金矿、锑矿、铅锌矿的静态保障能力均不足 10 年，主要锑矿资源量可能服务年限只有 1 ～ 2 年。

从整体看来，云贵两省的优势产业均带有明显的基础原材料特征，资源依赖度较高。由于产业发展层次不高、技术水平较低、产业链较短，再加上资源保障能力趋于紧张，这一地区产业发展面临着巨大的转型压力。

四、重点产业带状分布格局明显，产业同构化趋势加剧

云贵两省各市州重点产业发展均具有一定规模，且结构差异不明显，滇中经济区、黔中经济区工业相对集聚，工业布局大分散、小集中特征突出。

云南省工业主要分布在昆明、曲靖、玉溪、楚雄等滇中经济区 4 个市州和红河州，其中，昆明、玉溪和曲靖三市州工业总产值占全省的比重达 70%，昆明市工业总产值占全省比重超过 30%。昆明市绝大部分产业在云南省均占据优势地位，曲靖、玉溪、楚雄等市州重点产业在全省的竞争优势凸出，其余市州除部分具有地方特色的优势产业外，其他产业在全省的竞

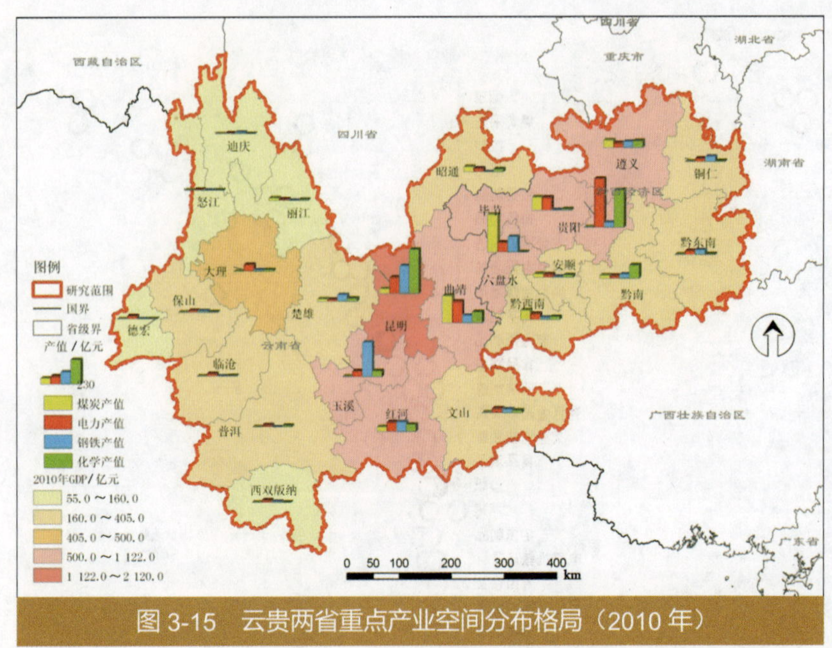

图 3-15 云贵两省重点产业空间分布格局（2010 年）

图 3-16 云贵两省“十二五”规划的重点产业及分布情况

争力一般。从优势产业的门类层级来看，以昆明为核心的滇中经济区优势产业整体层次较高，化工、装备制造等高端制造业较发达，其他市州优势产业多为产业层级较低的资源初加工行业。

贵州省工业主要分布在黔中经济区和毕水兴地区（毕节、六盘水、兴义），贵阳、遵义和六盘水 3 个市州的工业总产值占全省的比重高达 71%；其中，贵阳市工业总产值占全省比重达到 38%。贵州省优势行业在各市州的分布相对均衡，与昆明相比，贵阳市重点产业在全省的垄断优势地位不突出。从优势产业门类层级来看，贵阳、遵义、安顺优势产业整体层次较高，毕节、六盘水、黔西南优势产业以能源工业为主，其他市州优势产业多为产业层级较低的资源初加工行业（图 3-15）。

分行业来看，煤炭工业主要分布在六盘水、曲靖、毕节、黔西南和遵义等 5 个市州；冶金工业主要分布在昆明、玉溪、六盘水等 3 个市州，曲靖、遵义、贵阳和楚雄也有一定规模；化学工业主要分布在昆明、贵阳、曲靖、黔南、六盘水和玉溪；电力工业主要分布在曲靖、昆明、遵义、毕节、六盘水等 5 个市州；装备制造业集中在昆明、贵阳和遵义。

云贵两省“十二五”规划的重点产业大多集中于煤炭、电力、化工、冶金等行业，主要指向区除已有工业基础市州外，还布局了若干新的产业基地，造成区域内部产业同构化倾向加剧（图 3-16）。

五、重点产业空间布局分散态势严峻

云贵两省共有各类工业园区 245 个（表 3-5）。其中，云南省各类工业园区 122 个，以冶金、食品 / 制药、化工类园区为主，平均 1 个县级行政区布局 1 个省级工业园区。贵州省各类工业园区123个，以化工、食品/制药类园区为主，平均1个县级行政区布局1.4个省级工业园区。

表3-5 云贵两省工业园区类型及数量统计

类别	云南		贵州	
	数量/个	比例/%	数量/个	比例/%
化工类	26	21	43	35
冶金类	33	26	16	13
食品/制药类	28	23	33	27
电子/装备	16	13	21	17
边贸/建材/轻工	19	16	10	8
工业园区合计	122	100	123	100

数量众多的工业园区主要集中分布在滇中经济区、黔中经济区，其中，化工主导型园区和电子信息及装备制造园区在重点经济区及周边相对集聚（图3-17）。冶金主导型园区主要分布在云南省西北部和东南部，以及贵州省西南部和东北部，布局比较分散，尚未出现集聚态势。受特色农业资源和生物资源的空间分散影响，特色食品及生物制药园区在云贵两省呈相对均衡的空间分布格局。

图3-17 云贵两省工业园区空间分布情况

第四节 农业与服务业发展现状

一、农业资源丰富，农业发展水平较低

云贵两省农业发展拥有丰富的资源基础。2008年云贵两省耕地面积为607.2万hm^2和448.5万hm^2，占全国总耕地面积比重的排名分别为第6位、第13位。云贵气候和地理条件独特、森林植被生长条件较好，森林面积分别占全国第3位和第15位，森林覆盖率分别达到48%和43%，位居全国第7位和第16位。云南省有高等植物1.8万种以上，哺乳动物类296种，生物资源综合指数位居全国第2位。贵州是中国四大中药材产区之一，中草药资源仅次于云南，居全国第二位。

从全国农业发展格局来看，云贵两省属于农业发展落后省份，2010年人均农林牧副渔总产值分别仅为全国平均水平的57%和78%。2010年农林牧副渔总产值分别达到1 810.5亿元和997.8亿元，分别位居全国第20位、第25位。人均农业总产值（以农业劳动人口计）分别排名全国第 28 位和第 32 位，地均农业总产值（以有效灌溉面积计）分别排名全国第 16 位和第 23 位。2010 年，全国、贵州和云南的单位面积森林的经济效益依次为 1.2 元 /hm^2、0.5 元 /hm^2 和 0.3 元 /hm^2，云贵两省单位面积森林产出的经济效益远低于全国平均水平，尤以云南省最低。

从农业内部结构来看，传统农业种植业与畜牧业仍是云贵两省农业发展的主体，2010 年分别占两省农业总产值的 94.5% 和 85.8%，分别高出全国平均水平 9.1 个和 0.4 个百分点。云贵两省林业在农业中的比重均要高于全国平均水平，其中，云南省 2010 年林业比重高出全国平均水平 6.5 个百分点，渔业占农业比重则远低于全国平均水平。除云南省林业在全国具有一定竞争优势外，云贵两省主要农业类型在全国均不具有比较优势。

2001—2010 年，云贵两省农业在全国的地位整体上呈现稳步提升态势。从农业内部来看，十年间云贵两省传统农业在全国的地位有所下降，但林业、畜牧业和渔业的地位则稳步提升。其中，云南省林业在全国的地位提升显著，10 年间提高了 62 个百分点。

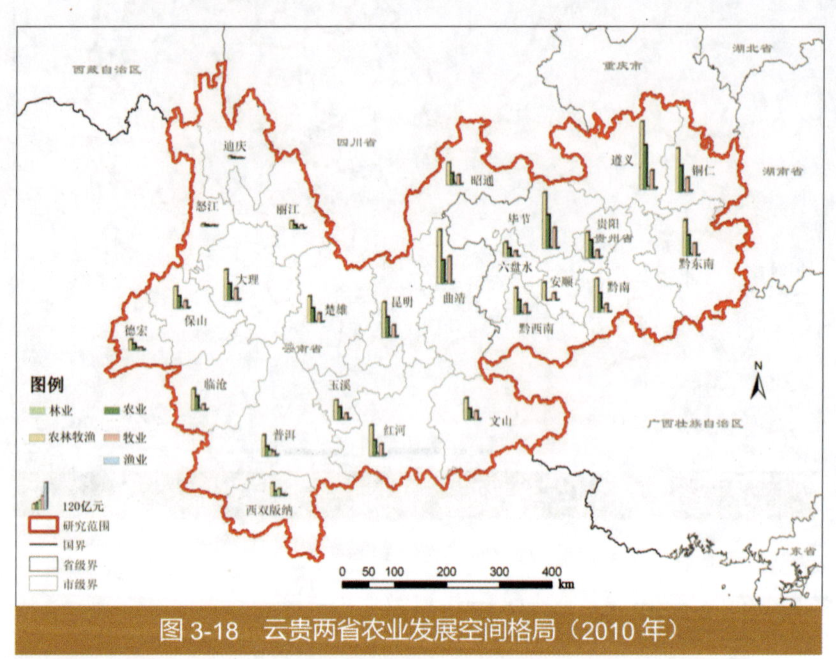

图 3-18　云贵两省农业发展空间格局（2010 年）

从农业生产空间格局来看，云南省农业主要分布在滇中经济区及周边地区，2010 年，曲靖、昆明、大理、红河、楚雄 5 个市州累计农林牧副渔总产值占全省比重达到 52%。贵州省农业主要分布在黔西北、黔东南等地区，其中，遵义、毕节、铜仁、黔南和黔东南农业相对发达，2010 年 5 个市州农林牧副渔总产值占全省比重高达 74%。整体来看，云南省农业主要分布在经济发展的滇中经济区平坝地区，贵州省农业则主要分布在遵义、毕节和铜仁一带（图 3-18）。

二、特色农林产业发展潜力巨大

云贵特有的气候地理条件和丰富动植物资源，孕育了大量名、优、稀、珍品种资源，具有发展优势特色产业的优势和潜力（图 3-19）。云贵烟草产量与产值均位居全国前列，占全国总量比重接近 40%；云南鲜切花国内市场占有率高达 70%，贵州部分特色花卉如高山杜鹃亦在国内外市场占有一定份额；云南橡胶产量约占全国总产量的 40%；云贵两省医药材产量亦占据全国前两位。上述产业已逐渐成为云贵两省 GDP 增长的重要组成部分，优化了云贵两省产业经济结构。从长远来看，大力发挥云贵两省比较优势，因地制宜发展特色农业，培育优势特色产业带和产业群，逐步形成具有区域特色的农业主导产品和支柱产业，是云贵两省发展现代农业、不断优化调整产业结构，提高效益、改善民生的重要途径。

云贵两省拥有丰富的战略性农业资源、生物资源，但农业发展仍然面临诸多严峻挑战。

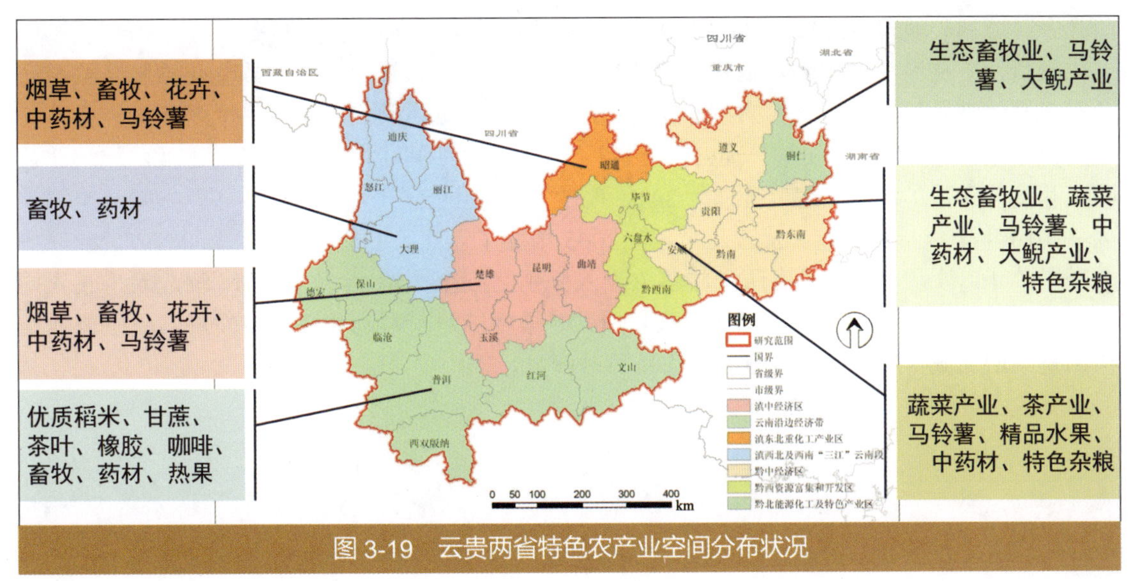

图 3-19　云贵两省特色农产业空间分布状况

主要表现为：一是大资源，小产业。云贵农业资源量排名全国前列，部分产业发展水平却落后于全国平均水平。二是大生产，小出口。云贵部分产业出口份额占总产值比重较小，以烟草为例，烟草 2010 年云南出口交货值达 1.6 亿美元，占烟草总产值 1% 不到，贵州出口占当年烟草产值比重仅为 0.1%。三是大分散，小种植。云贵农业主要生产模式依然是家庭农户式种植，且种植规模小，以花卉为例，云贵户均种植面积仅为 0.7 hm^2，远低于国外发达国家水平。四是低科技，低附加值，短产业链。云贵农产品大多数以原料型产品销售，产品科技含量低，产品附加值低，且受科技和物流等因素制约，产业链短。云南省除烤烟、蔗糖、茶叶等少数产业外，农产品深加工比例仅为 15% 左右，低于全国 10 多个百分点。五是外部存在限制因素。烟草、橡胶等产业发展对环境影响较大，且烟草受《烟草控制框架公约》制约，扩增产业发展规模难以实现。

三、服务业发展不充分，旅游业带动较大

从全国服务业发展总体格局来看，云贵两省属于服务业发展水平较低的省份。2010 年，云贵两省人均服务业增加值分别为 6 267 元 / 人和 6 291 元 / 人，均未达到全国平均水平的一半。

由于云贵两省旅游业相对发达、煤炭及矿产资源运量较大，批发和零售业占服务业增加值比重较高。2010 年，云贵两省批发零售业人均增加值分别为 1 491 元 / 人和 1 058 元 / 人，分别为全国平均水平的 57.2% 和 40.6%；贵州省交通运输、仓储和邮政业人均增加值与全国平均水平大体相当，云南省尚不及全国平均水平的 1/3；云贵两省住宿餐饮业人均增加值水平与全国大体相当，分别达到全国平均水平的 70% 和 88%。金融和房地产业人均增加值水平远低于全国平均水平，尚处于起步阶段。其中，房地产业人均增加值分别仅为全国平均水平的 30% 和 25%，尚不及全国平均水平的 1/3。

从空间布局来看，云贵两省服务业主要分布在滇中经济区和黔中经济区。其中，昆明服务业发展水平较高，集中了云南全省 29% 的服务业增加值。其次为贵阳市和遵义市，分别贡献了贵州全省服务业增加值的 30% 和 19%。整体来看，云贵两省服务业的空间分布相对集中，

除几个区域核心城市发展较好外，其他地区服务业发展基本处于起步阶段。

云贵两省旅游资源丰富，自然风景优美、历史和人文古迹众多、民族文化独特。旅游产业对云贵经济发展发挥了较大的拉动作用。2010 年，云南省接待入境旅游人数和旅游外汇收入均位居全国第十位、西部第一位。贵州省“十一五”期间旅游业发展尤为迅猛，旅游业总收入和接待人数年均增长速度分别为 34% 和 33%，高出全国平均水平一倍多，增幅居全国前列；2010 年全年接待游客 1.3 亿人次，较 2005 年翻了近四番；旅游总收入 1 061.2 亿元，排名全国第 16 位。2011 年云贵两省旅游总收入分别名列全国第 17 位和第 14 位，旅游收入同比增长 30% 和 35%，远远高于全国及地方 GDP 增幅，对于拉动相关产业发展，促进产业结构调整，增加城乡居民收入等方面的作用日益明显。

第四章

区域生态环境现状问题及演变趋势

第一节　生态现状问题及演变趋势

一、云贵两省生态功能重要，生态环境敏感

云贵两省是世界生物多样性保护热点区，国家重要的土壤保持区、水源涵养区、农林产品提供区，在国家生态安全格局中占有重要地位。

云贵地形地貌多变，海拔垂直变化大，气候条件复杂多变，水热条件充沛，是我国水资源、森林资源、生态景观、生物多样性最为丰富的地区，形成了类型多样的生态系统，主要包括森林生态系统、灌丛和灌草丛生态系统、草地生态系统、湿地生态系统、岩溶山地生态系统、干热河谷生态系统、地质遗迹生态系统等自然生态系统，以及农田生态系统等半人工生态系统。云贵两省拥有众多生态功能区，国家重点生态功能区包括川滇森林及生物多样性生态功能区、桂黔滇喀斯特石漠化防治生态功能区；全国重要生态功能区包括西双版纳热带雨林、季雨林生物多样性保护重要区，横断山生物多样性保护重要区，武陵山山地生物多样性保护重要区，西南喀斯特地区土壤保持重要区，川滇干热河谷土壤保持重要区，珠江源水源涵养重要区。

云贵两省生态环境总体上较为敏感。干旱、地震、滑坡、泥石流等自然灾害频繁，再加上人为活动干扰强度不断加大，易造成生态环境破坏，甚至导致生态系统失衡。云贵两省土壤侵蚀高度敏感区域占区域总面积的 26.1%，其中云南高度敏感区域面积占全省国土面积的 20%，主要分布在文山、临沧、曲靖、昭通等紫色土集中分布区；贵州土壤侵蚀高度敏感区、极度敏感区域分别占全省国土面积的 26%、5%，主要分布在毕节、六盘水、遵义和黔南地区。云南石漠化极敏感和高度敏感区域面积占全省国土面积的 11%，以滇东南和滇东地区分布最广；贵州省石漠化极敏感区域占全省国土面积的 4%，主要分布在毕节、六盘水和遵义。云贵两省整体上属于酸雨极度敏感地区，酸雨极度敏感区占云贵两省面积的 54%，中度以上酸雨敏感区占区域面积 95%。云南西部以酸雨极度敏感区为主，中部为酸雨高度敏感区；贵州以酸雨高度和中度敏感区为主，其中酸雨高度敏感区在全省各市州均有分布。云贵两省生境敏感性以中度和高度为主，极敏感区主要分布在云南的三江并流区、西双版纳地区，以及贵州零星地区。

二、重要生态系统现状

1．森林植被现状

云贵两省是我国森林植被类型最丰富的区域，发育着包括雨林、季雨林的热带森林和包括季风常绿阔叶林、半湿润常绿阔叶林、暖热性针叶林、暖性针叶林的亚热带森林。随着海拔的升高，还分布着温性针叶林、寒温针叶林、灌丛草甸和高山苔原植被。森林生态系统在涵养水源、土壤保持、固碳释氧、林木营养积累、净化环境等方面具有重要作用。

据 2007 年云南省第 5 次森林资源清查数据，云南省林业用地面积 2 476.1 万 hm^2，林业用地包括有林地、灌木林地、未成林造林地和无林地。云南省森林面积 1 817.7 万 hm^2，占林地面积的 73%，森林覆盖率 48%。活立木总蓄积 171 216.7 万 m^3，其中森林蓄积占 91%。全省林地中，乔木林面积 1 581.6 万 hm^2，占 87%；竹林面积 9.1 万 hm^2，占 0.5%；国家特别规定的灌木林 227.0 万 hm^2，占 12%。森林分布不均，以市州论，西双版纳州最高（64%），文山州最低（27%）。以大区论，主要分布在西部，包括迪庆、丽江、怒江、临沧、保山、德宏、西双版纳、思茅、大理等，占 53%；东部森林分布量最低，占 37%。

贵州省 2010 年森林面积达到 10 707 万亩，森林覆盖率达 41%，活立木蓄积量为 3.3 亿 m^3。贵州省现有宜林地 761.8 万 hm^2，占贵州省总土地面积的 43%，高于全国 27% 的平均水平。其中，有林地 4 202 万 hm^2，占林地的 55%；疏林地 2.4 万 hm^2，占林地的 3%；灌木林地 91.0 万 hm^2，占林地的 12%；未成林造林地 9.6 万 hm^2，占林地的 0.04%。贵州省森林多集中于东、东南和北部，黔东南州和遵义市的森林面积占贵州省森林面积的 48%；而安顺、毕节、黔西南、六盘水、贵阳市等 5 个地区的森林面积合计占贵州省森林面积的 24%；铜仁、黔南州两地占 28%。从地貌类型来看，喀斯特林地主要连片分布在黔中、黔南与黔西南地区，占全省林地面积的 23%，非喀斯特林地占 77%。

森林生态系统占云贵两省土地面积的 68% 左右，可分为热带雨林生态系统、季雨林生态系统、常绿阔叶林生态系统、寒温性针叶林生态系统等。云南的热带雨林主要分布在滇南、滇东南、滇西南各地海拔 800 ～ 900 m 以下的河谷盆地周围、丘陵低山及沟谷地带。云南热带季雨林主要分布在滇南和滇西海拔 1 000 m 以下宽广的河谷盆地中央或宽谷口，保水性能较差的石灰岩山地，思茅至西双版纳澜沧江边的榆绿木林是一类珍稀的季雨林生态系统；贵州河谷季雨林主要分布在黔西南南北盘江、红水河河谷地区，也是贵州唯一有此类植被分布的地区。常绿阔叶林主要分布在云南除滇西北海拔 3 000 m 以上的高山、亚高山地区以外的其他热带山地和整个亚热带区域；贵州的黔东北、黔北、黔东南、黔南等地区，如以梵净山、佛顶山为中心的黔东北武陵山区，黔北大娄山区及赤水河、习水河河谷地带，黔东南雷公山、月亮山区及都柳江河谷，荔波—独山一带喀斯特山地。寒温性针叶林主要分布在滇西北、滇东北、滇西等地海拔 2 700 ～ 4 000 m 中山以上和高山以下。

2．草地植被现状

云贵两省草地植被类型包括高山草甸、亚高山草甸、山地草甸、低地草甸、山地丘陵草丛、山地丘陵灌木草丛和山地丘陵疏林草丛等。草地生态系统为家禽等提供了天然草场，在涵养水源、土壤保持、净化环境等方面具有重要作用。云贵两省草地生产力一般较之我国北部地区的草地、草原生产力要高，但草地质量较之为差，草地的蛋白质含量低而草质粗糙。

同时近年来过度放牧、旅游、矿产资源开采等现象，使草地植被受到严重破坏。高山草甸主要分布于云南省滇东北和滇西北海拔 3 800 ～ 4 800 m 的高山地区；亚高山草甸是在亚高山寒温针叶林被破坏后经长期放牧利用所形成的次生生态系统类型，主要分布于滇东北和滇西北的亚高山，海拔范围为 3 000 ～ 4 000 m，是面积最大的一类草地。滇东北部分地区分布的亚高山草甸约有 18.7 hm^2，草地连片，地形起伏，在滇西北地区多以“林间草地”的形式存在，很少见大面积的分布。贵州草地多为森林植被反复遭受破坏后的次生植被，主要分布在黔南、黔东南等地，其类型结构主要为山地丘陵草甸、山地丘陵灌木草丛、山地丘陵疏林草丛、山地草甸和低地草甸，其中以山地丘陵草甸分布最多，约占贵州草地的 40%。

云南省草地面积 1 330.4 万 hm^2，其中人工草地 21.6 万 hm^2，占草地总面积的 2%；改良草地 16.3 万 hm^2，占草地总面积的 1%；可利用草场 899.7 万 hm^2，占草地总面积的 68%。按照地理分布规律，云南省的草地以北部和南部地区分布较广，且面积较大；中部也有零星分布，但面积较小，且多与农地和林地镶嵌分布。在云南省 16 个地（州、市）中，以迪庆州的草地面积最大，达 376 680 hm^2，占云南省草地面积的 48%；昭通地区次之，草地面积 117 487 hm^2，占云南省草地面积的 15%；其余地区分布面积较少。

贵州省山区草山草坡分布广泛，草地面积 597.9 万 hm^2，占贵州省土地总面积的 34%。其中，可利用草地 505 万 hm^2，占草地面积的 84%；成片草地 203.8 万 hm^2，占草地面积的 34%。贵州省成片草地分布以西南部和南部最大，占土地总面积的 15% 以上，北部和西部占 10% 以下。

3．云贵两省生态系统空间特征

云贵区域主要生态系统类型包括森林生态系统、灌丛生态系统、草地生态系统、湿地生态系统、岩溶山地生态系统、干热河谷生态系统、农田生态系统等。

农田生态系统可分为草本类型和木本类型，约占云贵两省土地面积的 25%。草本类型主要包括旱地生态系统和水田生态系统，旱地生态系统在农田生态系统中占较大比重（70% 左右），生境多为坡地；水田生态系统在农田生态系统中比重较小（30% 左右），由于受地形影响和限制，多分布在坡地形成梯田，仅在局部山间洼地或河谷坝地形成连片集中的大面积分布。

灌丛生态系统约占云贵两省土地面积的 5%，主要有寒温性灌丛、暖性石灰岩灌丛、干热河谷灌丛和热性河滩灌丛等 4 种类型，主要分布于滇西北 3 900 ～ 4 300 m 的亚高山上部，灌丛植被主要是各类森林破坏后形成的次生类型，种类组成的多样性与其各自原生森林的类型有关。

湿地生态系统根据地理要素可分为高山沼泽、高原湖泊、河流滩地 3 类，约占云贵两省土地面积的 1%。沼泽草甸湿地主要零星分布在云南滇东北和滇西北的亚高山地区，贵州黔东、黔中、黔南和黔西南等山体，如云南省昭通大山包的亚高山沼泽草甸成为国家重点保护动物黑颈鹤的栖息地，还有贵州省东部的梵净山九龙池沼泽、雷公山雷公坪沼泽，中部的龙里五里坪草场、高坡云顶，南部的斗篷山、都匀螺丝壳、惠水龙塘山，黔西南龙头大山、安龙仙鹤坪等地。高原湖泊湿地以滇中高原、滇西北横断山区和贵州喀斯特湖泊分布较多，如滇池、洱海、抚仙湖、异龙湖和泸沽湖为代表的云南高原湖泊，以威宁草海、安龙绿海子、德卧大海子、黔西雨朵大海子、沙窝龙场海子、天坪甘塘海子等为代表的贵州高原湖泊。河流滩地广泛分布在云南六大水系，即金沙江、澜沧江、怒江、依洛瓦底江、元江和南盘江，贵州八大水系，即长江流域的牛栏江、横江、赤水河、乌江、沅江和珠江流域的南北盘江、红水河和都柳江。

干热河谷生态系统主要是分布于元江、怒江、金沙江、澜沧江一定江段的干热和半干热河谷气候下的非地带性植被，最典型的江段在元江和元谋，澜沧江仅见于凤庆与南涧之间的江段，植被呈现热带稀树灌草丛状，是我国西南特有的生态系统类型，约占云贵两省土地面积的1%。

岩溶山地生态系统广泛分布于云南东南部和东部，与贵州岩溶植被属同一大类，植被表现为石山岩间生长的灌草丛、发育较好的为石山矮林，约占云贵两省土地面积的0.3%。

三、重要生态系统资源的动态变化趋势

1. 森林资源动态变化

云贵两省森林资源自新中国成立以来，经历先破坏，后建设的过程。自20世纪90年代以来呈持续上升趋势，主要是人工林，而天然林总量并未增加，由于人工林群落结构简单，其稳定性与生态功能较天然林差。

（1）森林覆盖率及蓄积量变化趋势

云南省是全国三大林区之一，据估算，新中国成立初期云南省森林覆盖率在50%以上，活立木蓄积14亿m^3以上，在全国具有得天独厚的优势。从20世纪50年代后期开始，云南省成为国家和地方主要的木材输出省，仅20多年时间，森林覆盖率下降到25%，活立木蓄积减少到9.1亿m^3。90年代以来，云南省政府启动了“长江防护林工程”和“天然林资源保护工程”，全面停止了金沙江流域和西双版纳州境内的天然林采伐，使森林资源的数量自90年代以来呈持续上升趋势，森利覆盖率由25%提高到现在的50%，实现了森林面积和蓄积量的双增长。但由于造林树种林种单一，森林资源总体质量仍有待提高。

贵州省在新中国成立初期，据估算当时的森林覆盖率约为40%。后因经济建设的影响，特别是受20世纪50年代末至60年代自然灾害和人为活动的不良影响，森林面积不断减少（尤其是天然林），至1975年贵州省森林覆盖率下降到15%，随后出现了大量砍伐森林的现象，森林覆盖率进一步下降，1984年降至最低，仅为13%。20世纪80年代中期后，通过加强森林资源管理和大力植树造林，大面积封山护林，贵州省森林资源逐渐得到恢复发展，主要是人工林面积增加，至2010年贵州省森林面积达到10 707万亩，森林覆盖率达41%，活立木蓄积量为3.3亿m^3（图4-1）。

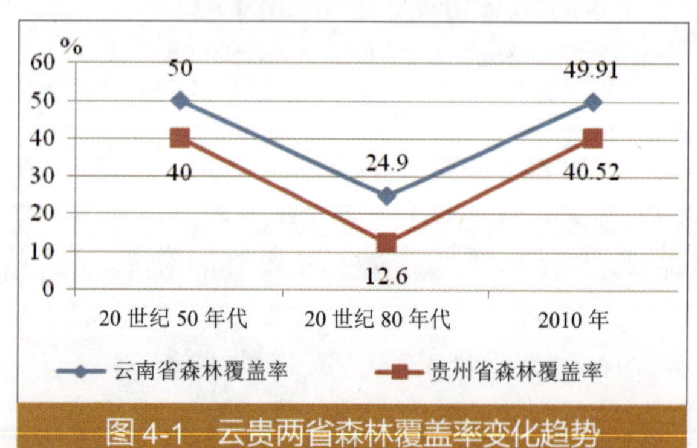

图4-1 云贵两省森林覆盖率变化趋势

（2）林业用地面积变化趋势

云南省的林用地面积从1987年的2 502.2万hm^2降至1992年的2 436.0万hm^2，再降至1997年的2 381.0万hm^2。但有林地却有很大幅度的增加，从1987年的932.8万hm^2增到1992年的940.4万hm^2，再增到1997年的1 287.3万hm^2，尤其1992—1997年增幅较大，达37%；疏林地和未成林造林地1992—1997年分别减少了216.4万hm^2和7.2万hm^2；而灌木林地1992—1997年却增加了9 500 hm^2。

1996—2005年，贵州森林面积除苗圃地外都存在着一定程度的变化。有林地、灌木林地

及未成林地的面积均有增加，其中，未成林地增幅最大；有林地中，竹林及林分均有增长，而经济林在喀斯特地区略有增长，在非喀斯特地区则有所减少；疏林地及无林地面积都有一定程度的减少。林分多分布于贵州东南部的黔东南州、贵州北部的遵义地区和东部的铜仁地区，经济林在贵州西南部的黔西南州相对集中，在其他地方则呈零星分布，竹林集中分布在遵义地区的赤水—习水一带，灌木林地及疏林地散布于贵州各地。总体来看，林地由2000年的765万 hm^2，增加到2005年的842万 hm^2，占土地总面积的比例由44%上升为45%，非林地面积由973万 hm^2，减少到896万 hm^2；其中，喀斯特地区的林地增长和非林地减少幅度均高于非喀斯特地区。

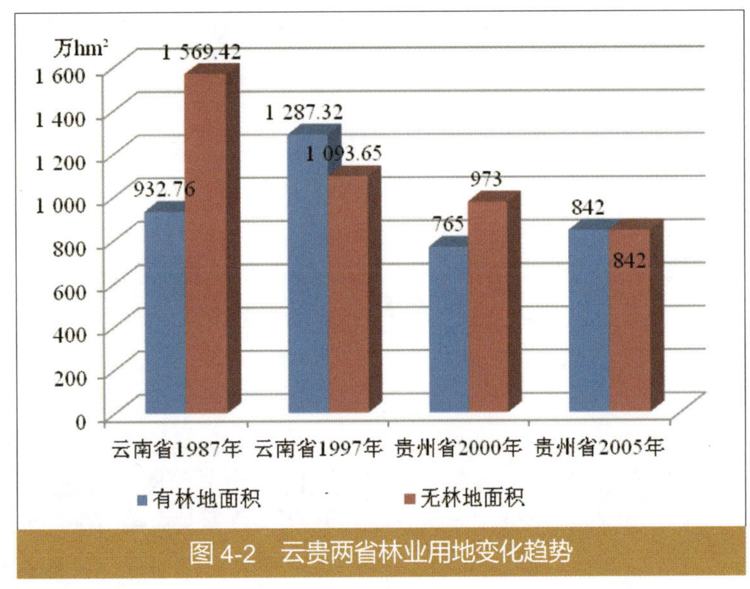

图4-2　云贵两省林业用地变化趋势

（3）林龄结构变化趋势

在云南省的林地构成中，1987—1997年，各龄组成均有不同程度的变化（表4-1），其中幼龄林和中龄林呈递增趋势，分别增加了32%和15%；近熟林基本持平；成熟林和过熟林呈递减趋势，分别减少了13%和34%。

表4-1　云南省森林龄林结构变化　单位：%

年份	幼龄林	中龄林	近熟林	成熟林	过熟林
1987	5.84	11.65	13.67	25.71	43.13
1992	35.64	25.96	14.11	13.60	10.71
1997	37.80	26.60	13.80	13.10	8.70

表4-2　云南省造林情况统计（2000—2010年）　单位：100 hm^2

年份	造林总面积	其中					经济林占造林面积比例 / %
		用材林	经济林	防护林	薪炭林	特种用途林	
2000	430 645	144 407	138 045	140 670	5 632	1 891	32.06
2001	335 036	89 236	104 529	138 220	2 168	883	31.20
2002	402 293	68 236	74 300	255 282	3 393	1 082	18.47
2003	495 135	83 737	90 962	318 492	1 010	934	18.37
2004	228 184	31 016	31 003	149 571	16 172	422	13.59
2005	207 923	34 847	39 270	132 475	1 331		18.89
2006	157 994	30 187	91 776	35 711	27	300	58.09
2007	319 223	37 968	181 681	98 008	67	1 499	56.91
2008	566 135	41 575	408 078	115 482	67	933	72.08
2009	713 478	87 995	481 500	142 097	623	1 263	67.49
2010	661 500	71 629	481 529	106 055	1 125	1 162	72.79

（4）造林林种结构变化趋势

通过分析2000—2010年的云南省造林情况，发现近10年间造林面积总量提升（表4-2），从2000年的4 306.5万hm^2到2010年的6 615万hm^2，10年间共造林45 175.5万hm^2；特别近几年来，造林面积不断增长。但按林种用途区分造林种类，统计发现每年造林面积中以经济林建设为主，经济林占造林面积比例从2000年的32%上升到2010年的73%。其次是防护林，次之是用材林。

以2010年为例，云南省不同林种造林面积占造林总面积比例（图4-3），其中，经济林约占73%，防护林约占16%，用材林约占11%，薪炭林约占0.2%，特种用途林占0.2%。

A. 橡胶林

近年来，云南省橡胶种植面积总体大幅度攀升，从1976年的32.1万亩增加到2006年的312.2万亩，增长了近10倍。橡胶林基地集中分布在滇西南、滇南地区，其中，云南西双版纳和红河州等具有国际意义的生物多样性热点地区也分布有大量橡胶林基地，位于文山州的橡胶林基地同时也是石漠化防治区。橡胶林大面积种植不仅破坏当地的种植结构，使植被均一化，降低生物多样性，而且导致土壤退化，降低森林的水源涵养能力。

B. 纸浆林

近年来，云南省大规模引种桉树，建设造纸原料基地。截至2008年年底，云南的种植桉树200多万亩，贵州省“十一五”林业发展规划明确提出，在南北盘江、红水河流域建设以桉树为主的100万亩速生丰产林基地。这些区域是云贵两省重要的水源涵养地，桉树大规模的种植将会导致区域土壤退化、林地水源涵养功能下降和生物多样性降低等生态环境问题。

（5）典型区案例

西双版纳森林植被的变化趋势可作为云南省植被变化的一个缩影。表4-3中可看出，森林面积从1952年105.6万hm^2，增加到1994年的113.3万hm^2，西双版纳热带森林覆盖率1994年已增至60%，而天然林（指原始森林）面积却从1952年的105万hm^2，占当时森林面积比率的99%，下降到1994年的30万hm^2，仅占森林面积的26%，40年来天然林（原始森林）减少了75万hm^2。虽然森林总面积有所回升，但主要是人工林，天然林面积仍呈降低趋势。

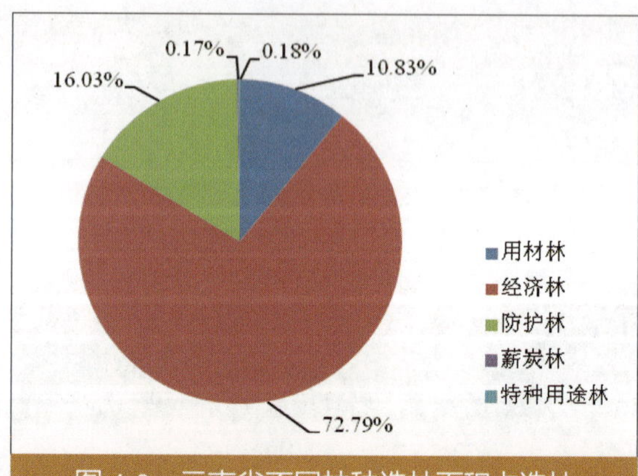

图4-3 云南省不同林种造林面积占造林总面积比例（2010年）

贵州的普定县1958年耕地面积占全县土地总面积的32%，林地占32%，林地略多于耕地；而到1978年，耕地增加至55%，林地降至9%。20年间平均每年增加耕地459.5 hm^2，减少林地476.6 hm^2，成为“耕地进，林地退”的典型事例之一。

表4-3 西双版纳热带森林面积变化

年份	森林		天然林	
	总面积/万hm^2	覆盖率/%	面积/万hm^2	比率/%
1952	105.6	55	105.0	99
1980	—	30	56.6	—
1985	—	—	40.0	—
1994	113.3	60	30.0	26

综上，从云贵两省近50年来森林资源的消长变化可知，云贵两省森林面积和森林蓄积都经历过由高至低，再由低恢复和发育到高的复杂过程。两省森林面

积变化均表现出较大幅度的增长和持续增长的特点，森林覆盖率明显提高，主要是人工林，天然林的数量并未增加，但由于人工林群落结构简单，其稳定性与生态功能较天然林差。非林地面积比例较大，但呈降低趋势，防护林和特用林面积有所增加，有利于发挥森林的生态效益，喀斯特地区的林地增长和非林地减少幅度略高于喀斯特地区。

2. 草地资源动态变化

草地面积不断减少，共减少 200.5 万 hm^2，平均每年减少 15.4 hm^2。另外，可利用草地面积减少得更多，达 292.9 万 hm^2，平均以每年 22.5 万 hm^2 的速度递减。人工草地建设平均每年仅以 1 万 hm^2 的速度增加。草地面积和可利用草地面积的减少主要是开垦和工矿交通等建设行为占用草地所致。

草地植物种类日趋减少，而威胁草地质量的杂草却大量繁生。危害较大的杂草，如紫茎泽兰、翻白叶、蕨类、飞机草、狼毒、乳浆大戟、白茅、扭黄茅等繁殖较快，也成为许多草地的优势种群。

四、小结：区域生态系统面临的问题

1. 天然林面积减少、草地退化，生态服务功能整体呈退化趋势

云贵两省是我国森林植被类型最丰富的区域，分布的热带森林如雨林、季雨林，亚热带森林如季风常绿阔叶林、半湿润常绿阔叶林、暖热性针叶林、暖性针叶林。随着海拔升高，还分布有温性针叶林、寒温针叶林、灌丛草甸和高山苔原植被（图 4-4）。

云南省是全国三大林区之一。据估算，新中国成立初期云南省森林覆盖率在 50% 以上，活立木蓄积 14 亿 m^3 以上，在全国具有得天独厚的优势。从 20 世纪 50 年代后期开始，云南省成为国家和地方主要的木材输出省，80 年代初森林覆盖率下降到 25%，活立木蓄积减少到 9.1 亿 m^3。90 年代以来，云南省政府启动了“长江防护林工程”和“天然林资源保护工程”，全面停止了金沙江流域和西双版纳州境内的天然林采伐，森林资源量开始逐年恢复性增长，2010 年森林覆盖率提高到 50%。但由于造林树种林种单一，森林资源总体质量仍有待提高。

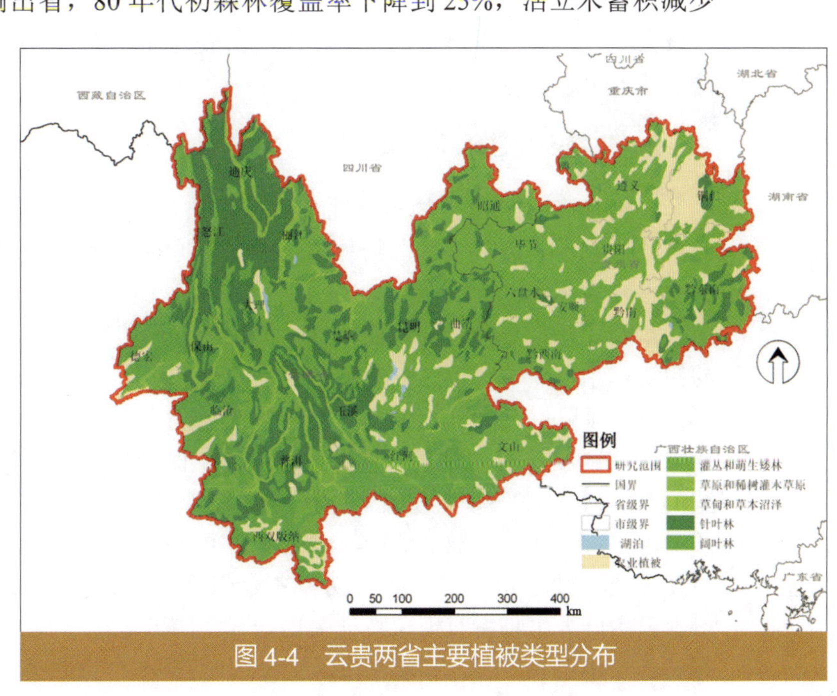

图 4-4　云贵两省主要植被类型分布

据估算，新中国成立初期贵州省森林覆盖率约为 40%。其后受经济建设影响，特别是 20 世纪 50 年代末至 60 年代自然灾害和 80 年代初期大规模砍伐的影响，森林面积大幅降

低，1984 年森林覆盖率仅为 13%。80 年代中期以来，通过加强植树造林、封山护林等措施，贵州省森林资源逐渐得到恢复发展，2010 年森林面积达到 10 707 万亩，森林覆盖率达 41%，活立木蓄积量为 3.3 亿 m^3。

必须看到，云贵两省近年来森林覆盖率提高主要是人工林和中、幼林面积增加，新增的有林地中幼龄林比重超过 50% 以上，天然林及生态效益较为明显的阔叶林仍在不断减少，成熟林比重仍相对较小。“保护国际”2011 年报告显示，目前西南山区大约只有 8% 的森林仍保持原始状态。2010 年云南天然林面积 200 万公顷，仅为 1975 年的 22%；西双版纳 40 年来天然林（原始森林）减少了 75 万 hm^2。从森林林种结构来看，云南省经济林占造林面积比例从 2000 年的 32% 上升到 2010 年的 72.8%，以云南松、桉树等为主（图 4-5）。橡胶种植面积总体大幅度攀升，从 1976 年的 32.1 万亩增加到 2006 年的 312.2 万亩，增长了近 10 倍；其中，西双版纳、红河州等具有重要生物多样性保护价值的地区也分布有大量橡胶林基地，西双版纳橡胶林约占林地面积的 15%。总体而言，由于造林树种林种单一，结构层次不合理，纸浆林、橡胶林等经济速生林和生态低效林面积大，天然林面积不断下降，森林生态系统结构趋于单一化、空间分布趋向破碎化，森林资源总体质量仍呈下降趋势，生态系统退化趋势仍然未能从根本上改变。

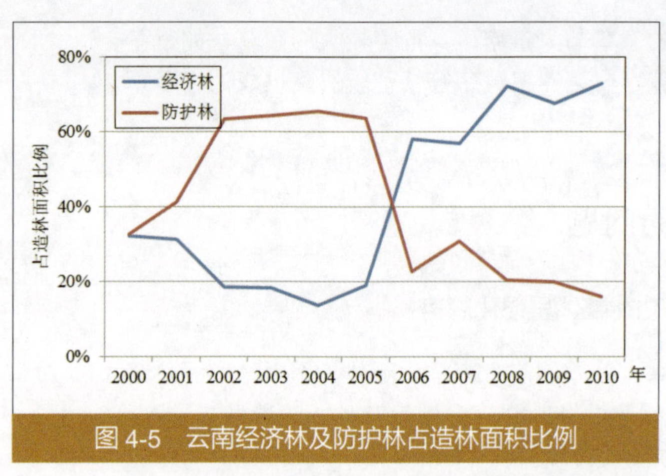

图 4-5 云南经济林及防护林占造林面积比例

近年来，云贵两省草地面积减少 200.5 万 hm^2，平均每年减少 15.4 hm^2。人工草地建设平均每年仅以 1 万 hm^2 的速度增加。草地质量退化明显，草地植物种类日趋减少，威胁草地质量的杂草大量繁生。危害较大的杂草，如紫茎泽兰、翻白叶、蕨类、飞机草、狼毒、乳浆大戟、白茅、扭黄茅等繁殖较快，已成为许多草地的优势种群，严重破坏草地结构，降低了草地生态功能。

2．生物多样性水平降低

云贵两省是全球生物多样性重点保护热点地区和我国生物多样性保护优先区域。云贵两省动植物种类极其丰富，物种起源古老，特有种属多。仅云南就有脊椎动物 168 科 730 属 1 972 种，占全国动物总数的 47.4%；高等植物 18 340 种，占全国高等植物总数的 53.9%。其中，滇西北地区分布脊椎动物、高等植物、食用菌等数量均超过云南全省一半，是世界著名的模式标本产地、野生花卉和观赏植物的分布中心。西双版纳地区、梵净山国家级自然保护区为具有国际意义的陆地生物多样性关键地区，洱海、草海是我国湿地和淡水水域生物多样性关键地区。云南省国家重点保护野生动、植物种类分别为 222 种、114 种，分别占全国总数的 55.4%、46.3%。贵州省野生高等动物种类共 39 目 147 科 495 属 1 077 种，占全国总数的 26%，高等植物 7 000 余种，占全国总数比例超过 20%。贵州省国家重点保护野生动物、植物种类分别为 79 种、71 种，分别占全国总数的 19.7%、28.8%。

云贵两省生物特有现象特征突出。云南跨滇东南—桂西和川西—滇西北 2 个最丰富的特有属分布中心，滇西北和滇东南地区分别约有 48 个、47 个中国植物特有属。云南省两栖类、兽类中国特有种分别占云南总种数的65.6%、46.7%，其中30%以上为云南特有分布的物种。贵州境内中国特有种目前记录的数量为3 061种，其中植物特有种为2 810种（含亚种、变种、变型，下同），动物特有种为251种；植物特有现象较为突出，自然分布的中国特有属有57个，约占中国特有属总数的23.5%，其中贵州特有分布的属有5个，占中国特有属的8.2%。

工业化、城镇化和矿产资源开发等人为活动侵占大量生态用地，使得生态系统整体性和景观连通度降低，局部生态系统功能退化，特别是天然林面积不断减少，造成珍稀野生动物栖息地环境恶化，珍贵野生药用植物数量锐减，生物资源总量下降，生物多样性受到严重威胁，部分物种已经灭绝或濒危。云南特有或曾分布的物种已有13种灭绝，占全国绝灭物种总数的38.2%，濒危脊椎动物占全省脊椎动物总数的11%。贵州省动、植物种类受威胁的比例达到20%左右。犀鸟、长臂猿、懒猴等已很少见到，具有较高药用价值的红豆杉在滇西北一带已成为“濒危”物种，具有观赏价值的兰花资源量也急剧下降。

3．水土流失及石漠化依然严峻

近年来，云贵两省水土流失已得到初步遏制，但问题依然严峻。根据2004年云南省第三次水土流失遥感调查，全省水土流失面积达13万km^2，占全省国土面积的34%；截至2005年，贵州省水土流失总面积超过7万多km^2，占全省国土面积的44.6%。1999—2004年，云南省水土流失面积减少7 072 km^2，但强度、极强度流失区面积分别增加23%、251%；1987—1999年，贵州省水土流失面积减少了3 503.4 km^2。

云南水土流失严重地区主要分布在滇中滇东北山原区、滇南中低山宽谷区和滇东南岩溶丘陵区，共涉及除西双版纳州、德宏州和怒江州外13个市州的99个县市区，其中文山、红河、曲靖、楚雄、大理、昭通、思茅等水土流失面积最大。贵州省强烈流失面积区主要分布于黔西、黔北和黔东北部分地区，极强烈流失面积区包括六盘水、安顺、黔西南州、毕节市的16个县(区)。

云贵两省石漠化面积占全国石漠化总面积的53.4%，石漠化问题仍极为严重。云南省石漠化面积占国土面积比例为15%，全省129个县中有118个县具有岩溶分布，其中65个县岩溶面积超过国土面积的30%。贵州省石漠化的土地面积达3万多km^2，石漠化超过全省国土面积的20%，全省88个县级行政区中有78个石漠化严重。严重水土流失导致云贵石漠化不断加剧，石漠化面积呈逐年扩大趋势。2005—2007年云南受石漠化影响区域面积年均增加2 976.4 km^2，贵州土地石漠化正以每年900 km^2的速度继续扩张。

第二节　水资源开发利用现状问题及演变趋势

一、水资源总量丰富，但时空分布不均，开发利用难度大

云南省境内河流分属长江、珠江及西南诸河流域，包括长江水系、珠江（南盘江、北盘江）水系、红河水系、澜沧江水系、怒江水系和伊洛瓦底江水系，其中省境内长江流域面积为10.9万km^2，占全省面积的29%；珠江流域5.9万km^2，占全省面积的15%。流域面积在100 km^2以上的河流有908条，1 000 km^2以上的河流有108条，有47条省际河流和37条国际河流（图4-6)。境内湖泊众多，其中滇池、洱海、抚仙湖等九大高原最为知名。全省共划

分 410 个一级水功能区，其中保护区 98 个，总河长 6 866.4 km，占总区划河长的 30%；划分保留区、开发利用区、缓冲区 117 个、175 个、20 个，河长分别占区划总河长的 52%、16%、3%。

图 4-6　云贵两省流域与水资源分区

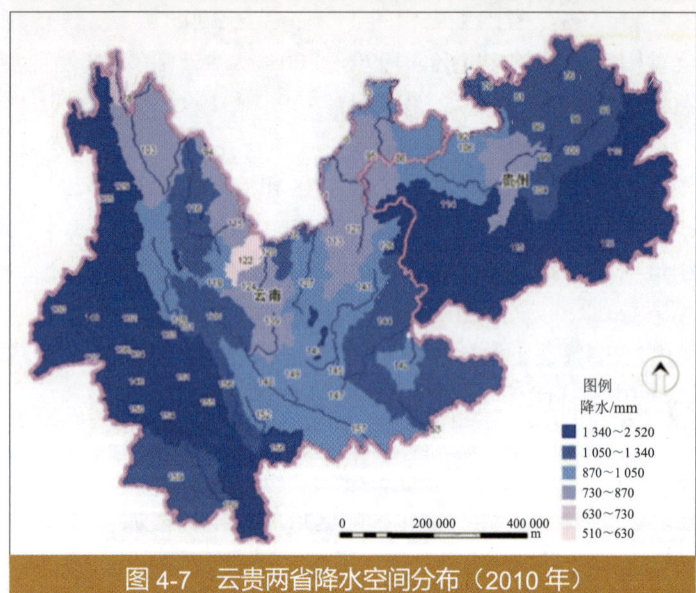

图 4-7　云贵两省降水空间分布（2010 年）

贵州省河流以乌蒙山脉和苗岭山脉为界，南、北分属珠江流域、长江流域，流域面积分别占全省国土面积的 34%、66%（图 4-7）。贵州省河流均为山区雨源型河流，由降雨补给河川径流。省内河网密布，流域面积 10 km^2 以上的河流有 984 条。其中，流域面积大于 10 000 km^2 的河流为乌江、六冲河、北盘江、清水江、红水河、南盘江、都柳江和赤水河，是贵州的八大江河。全省共 286 个一级水功能区，其中，保护区 45 个，总河长 970 km，占总区划河长的 6%；划分保留区、开发利用区、缓冲区 152 个、53 个、36 个，河长分别占区划总河长的 73%、12%、9%。

云贵两省 1951—2000 年年均降水深在 1 100 ～ 1 300 mm，折合年降水量分别达 4 820.8 亿 m^3、2 076.3 亿 m^3，水资源量丰富（图 4-7）。云南省多年平均水资源量为 2 209 亿 m^3，全国排名第三，占全国多年平均水资源总量的 8%；单位国土面积水资源量 56.1 万 m^3/km^3，比全国平均水平高 89%；人均水资源超过 4 805 m^3，是全国平均水平的 2.3 倍。贵州省多年平均水资源量 1 062 亿 m^3，居全国第九位，水资源量占全国 3.7%；单位国土面积水资源量 60.3 万 m^3/km^3，与云南相当；人均水资源量 3 056 m^3，为全国平均水平的 1.5 倍。

云贵两省水资源时空分布不均，降水年内不均匀性尤为突出，开发利用难度较大。云南省夏季受西南季风影响，潮湿闷热，降水充沛，主要集中在 6—8 月，降水量约占全年降水量的 60%。11 月至次年 4 月的冬春季节为旱季，降水量只占全年的 10% ～ 20%，甚至更少。贵州省降水量年内变化较大，汛期 5—9 月降水量占全年的 60% ～ 85%。

从空间来看，云南受海拔影响降水呈现南多北少、西多东少的态势；贵州呈现南多北少、东多西少的空间分布特征。水资源与经济要素空间分布不匹配。滇中经济区和黔中经济区集聚了云贵两省 60% 的经济总量和 45 % 的人口，但水资源总量仅占 27%。

云贵两省山地、高原和丘陵面积均超过 90%，且大部分土地属于典型的喀斯特地貌，发育各种类型岩溶地形，河流高差大，水资源开发利用难度较高，加之两省水利基础设施薄弱，

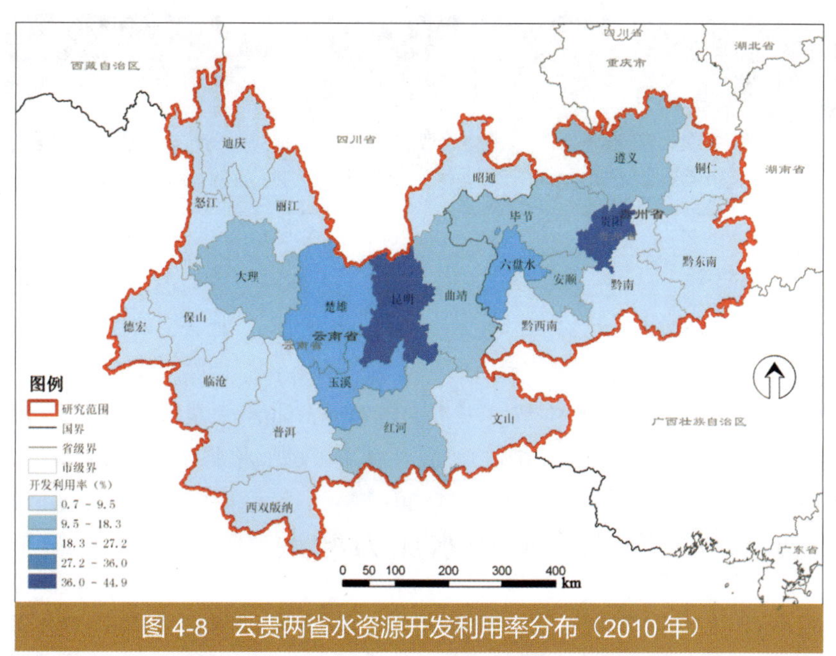

图 4-8　云贵两省水资源开发利用率分布（2010 年）

水资源实际开发利用率偏低。近十年云贵两省水资源开发利用水平稳步提升，2010 年云贵两省水资源开发利用率分别为 8% 和 11%，仍低于 20% 全国平均水平。其中，昆明、贵阳水资源开发利用程度最高，分别达到 45%、37%（图 4-8）。目前，云贵两省有效水资源贫乏，局部地区水资源供需矛盾较为突出，资源型、工程型、水质型缺水并存，主要缺水形式仍为工程型缺水。

二、水资源量有减少趋势，人为活动加剧径流减少过程

云贵两省 2001—2010 年年平均水资源量分别较多年平均水资源量减少近 140 亿 m^3、100 亿 m^3，约相当于两省 2010 年的实际供水量。其中，曲靖、昭通、毕节水资源量减少较明显，降幅超过 15%；临沧、红河、文山、德宏、怒江、保山、黔西南和黔东南降幅在 10% ～ 15%。全球气候变暖、季风变化不规律等自然因素是云贵两省近十年水资源量减少的可能原因。

人为活动显著加剧了水资源量的衰减。运用分布式水文模型 SWAT，以 2001 年、2010 年土地利用数据建模分析滇中、黔中两个重点区域径流总量及水分涵养能力变化。结果表明，近 10 年土地利用类型和利用方式的改变造成滇中及周边地区整体年径流量减少约 17%，增加了水资源在非汛期季的供给压力；滇中经济区地区东部土壤含水量减少明显，土壤的水源涵养能力降低，中南部有少量增加。黔中及周边地区整体年径流量减少约 9%；黔中经济区西部及中部土壤含水量减少明显，而东南部部分地区略有增加。

三、用水凸显“滇农黔工”结构和“农减工增”趋势特征

云贵两省用水结构基本一致，生产用水约占总用水量的 85%，生活用水 10% 以上，生态环境用水量不足 5%。生产用水结构体现出较为明显的“滇农黔工”特征（表 4-4）。

表 4-4 云贵两省用水情况（2010 年）

省份	河道外用水量 / 亿 m^3	人均综合用水量 / （m^3/ 人）	生产用水量							生活用水量 / 亿 m^3	生态用水量 / 亿 m^3
			总用水量 / 亿 m^3	第一产业 / 亿 m^3	比例	第二产业 / 亿 m^3	比例	第三产业 / 亿 m^3	比例		
云南	149	321	129	101	78.3%	26	20.1%	2	1.6%	15	4
贵州	101.5	242	85.8	55	64.1%	34	39.6%	0.9	0.7%	13.7	0.6

云贵两省用水总量变化幅度不大，年均增长率低于 1%。其中，生活用水量年均增幅分别为 2%、4%；生态用水量快速增加，年均增幅分别达到 40%、13%。生产用水总量基本持平，第一产业、第二产业用水量呈消长态势，云贵两省第一产业用水量年均降幅分别为 2%、1%，第二产业用水量年均增幅则分别达到 6%、4%，“农减工增”趋势明显。

四、重点区域与重点产业用水压力增大

2010 年云南省用水集中于沿边经济带和滇中经济区，分别占全省总用水量的 45%、34%；黔中经济区用水占全省用水总量的 62%。昆明市实际用水超过可开发利用量 49%，贵阳、六盘水、安顺分别超过其可利用水资源量 33%、26% 和 10%。

从用水量变化的空间格局来看，滇中和黔中经济区总用水量呈下降趋势，铜仁、毕节、六盘水、黔西南呈大幅度增长，沿边经济带、滇西北产业区增长趋势也较为明显。滇中经济区的昆明、曲靖、玉溪、楚雄及贵阳、昭通的生产用水量均有所减少，其他市州用水多呈现增加趋势，尤其是黔北和黔西地区生产用水增加幅度最大。其中，滇中经济区、昭通、滇西北、黔中经济区部分市州的农业用水较大幅度降低，毕节、六盘水、黔西南农业用水增幅较大，沿边经济带大部分市州增幅达到 10% 左右。昭通、丽江、红河和除贵阳外的其他贵州省市州工业用水呈下降趋势，沿边经济带及黔西南工业用水增幅快，其中黔西南州增幅达到 156%，其他市州增幅大多达到 50% 以上。

电力、化工、钢铁、造纸、煤炭开采、建材等六大行业是云贵两省的重点用水行业，六大行业用水量分别占云南、贵州工业用水总量的 96%、96%。其中，仅电力行业用水量分别占云南、贵州工业用水总量的 53%、67%。

五、小结：水资源利用存在的问题

相对于其他地区尤其是北方地区，云贵两省水资源丰富，但水资源综合利用效率偏低。两省用水结构相似，2010 年生产用水占总用水量的 85% 左右，生活用水 10% 以上，生态环境用水量最少；农业用水量占比较大，云南省约为 78%，高于 62% 的全国平均水平（2008 年），贵州为 64% 左右。近年来两省工业中化工、造纸、有色金属、火电、橡胶制品等高耗水行业发展强劲，直接造成工业用水量激增，贵州省的第二产业用水量占比为 38%，高于 23.7% 的全国平均水平（2008 年）。

农业是云贵两省的用水大户，农业用水分别占到两省生产用水的 78.3% 和 64.1%，但两省农田水利建设缓慢，节水灌溉面积有限，2010 年两省亩均灌溉用水量分别为 448 m^3 和 410 m^3，高于全国平均值。工业虽然还不是两省的用水大户，近年来用水量却显著增长，但

是重复利用和再生利用水平仍然偏低，2010年两省万元工业增加值用水量分别为98 m^3 和233 m^3，均高于全国平均值（90 m^3）。因此，两省的农业和工业节水潜力较大，是改善经济发展与水资源利用脱钩关系的一个重要突破口。

第三节 水环境质量趋势变化及现状问题

一、水环境系统识别

区域水环境系统识别包括：水系核心要素组成（主要分为河流型、湖库型集中饮用水水源地和地下水三类水体）、陆域污染控制单元组成、水质断面与陆域污染控制单元的响应关系等三个方面。

1. 区域内河流水环境系统组成与功能目标

云南省内河流属于长江流域、珠江流域及西南诸河流域，主要包括长江水系、珠江（南盘江、北盘江）水系、红河水系、澜沧江水系、怒江水系和伊洛瓦底江水系。目前执行的水环境功能区划为2001年批准版本，河流区划分段数为294个。其中，水质功能类别设定为Ⅰ、Ⅱ、Ⅲ类的河段有207个，占总区划段数的70%；Ⅳ类和Ⅴ类的分别有84个和3个。目前，由省级环保部门开展质量监控的主要河流有77条、监测断面152个，监控要求达到的水功能类别组成见表4-5。

贵州省河流主要位于长江流域和珠江流域的上游区域，主要包括乌江水系、沅水水系、赤水—綦江水系、北盘江水系、南盘江水系、红水河水系和柳江水系。目前省级环保部门开展质量监控的主要河流有44条、监测断面85个，监控要求达到的水功能类别组成见表4-6。

表4-5 云南省级监控的河流水环境功能区目标要求 单位：个

水系	Ⅰ类	Ⅱ类	Ⅲ类	Ⅳ类	Ⅴ类	断面数
长江	0	6	15	13	6	40
珠江	2	2	11	12	2	29
红河	0	1	16	9	0	26
澜沧江	0	6	22	8	0	36
怒江	0	2	3	6	0	11
伊洛瓦底江	0	0	7	3	0	10
断面合计	2	17	74	51	8	152
比例/%	1	11	49	34	5	100

表4-6 贵州省级监控的河流水环境功能区目标要求 单位：个

水系	Ⅰ类	Ⅱ类	Ⅲ类	Ⅳ类	Ⅴ类	断面数
乌江	0	10	17	3	1	31
沅水	0	4	14	0	0	18
赤水—綦江	0	1	9	0	0	10

水系	Ⅰ类	Ⅱ类	Ⅲ类	Ⅳ类	Ⅴ类	断面数
北盘江	0	2	7	1	0	10
南盘江	0	0	6	0	0	6
红水河	0	0	3	0	0	3
柳江	0	2	5	0	0	7
断面合计	0	19	61	4	1	85
比例 /%	0	22	72	5	1	100

云南和贵州两省对河流水环境的保护目标要求比较高，按照Ⅰ～Ⅲ类目标控制的断面占的比例高达 73%，这与其三江源头的地位是相一致的。

2．湖库水环境系统

云南省湖库数量众多，水环境功能区划中包含了 186 个湖库。目前云南省级环保部门开展水质监测的湖库有 61 个，开展富营养化状况监测的湖库有 20 个（表 4-7）。

表 4-7　云南省级监控的湖库水环境功能区目标要求　单位：个

水体	Ⅰ类	Ⅱ类	Ⅲ类	Ⅳ类	Ⅴ类	断面数
程海				✓		1
滇池草海			✓			1
滇池外海		✓				1
洱海		✓				1
抚仙湖	✓					1
泸沽湖			✓			1
杞麓湖			✓			1
星云湖			✓			1
阳宗海	✓					1
异龙湖			✓			1
小计	2	2	5	1	0	10
其他湖泊	2	4	6	1	0	13
主要水库	1	6	3	1	0	11
总计	5	12	14	3	0	34

云南湖库中，长期以来以 9 大高原湖泊（程海、滇池、洱海、抚仙湖、泸沽湖、杞麓湖、星云湖、阳宗海和异龙湖）为重点保护对象，分布在滇中、滇南、滇西和滇西北，分属昆明市、玉溪市、大理州、丽江地区和红河州，流域涉及到上述 5 个地（州、市）的 17 个县（市、区）。其中，滇池、程海和泸沽湖属长江水系，抚仙湖、杞麓湖、异龙湖、星云湖和阳宗海属珠江水系，洱海属澜沧江水系。9 大高原湖泊各有特色：滇池是中国西南地区最大的湖泊，湖泊面积 300 km^2；洱海是云南省第二大湖泊，湖泊面积 250 km^2；抚仙湖是中国第二大深水湖，最大水深 157.3 m，平均水深 87 m；泸沽湖则是中国第三大深水湖，最大水深 93.5 m。

贵州省纳入省级监测的湖库共有 8 个，即红枫湖、百花湖、阿哈水库、乌江水库、梭筛水库、虹山水库、万峰湖和天然湖泊草海，布设监测垂线 25 条，其中水质目标为Ⅱ类水质标准的有 10 条，占总监测垂线的 40%；水质目标为Ⅲ类水质标准的有 15 条，占总监测垂线的 60%。

3. 区域内集中式地表水饮用水源地概况

云南省纳入省级水质监控的是 21 个主要城市（所有市州府所在地和 5 个县级市）的 38 个集中式饮用水源地，包括湖库型 31 个和河流型 7 个。贵州省纳入省级水质监控的则是 9 个市州共计 19 个饮用水源地，包括 5 条河流、12 个湖库以及 2 个地下水水厂。云贵两省的集中式饮用水源地基本信息见附表 2。

二、水环境质量现状评价

1. 河流水质现状评价

云贵两省河流水质总体呈轻度污染（图 4-9）。2010 年，云南省主要超标指标为氨氮、COD、铅；贵州省主要超标指标为总磷、氟化物、氨氮。污染主要集中在金沙江水系的昆明市滇池—普渡河流域、红河水系的红河州三家河—藤条江—红河干流片区、南盘江水系在红河州和黔西南州境内的支流（曲江、泸江、马别河、湾塘河）、乌江水系在铜仁市的乌江下游段和六盘水市的乌江上游段以及沅水水系的黔南州重安江—清水江片区。其他 7 个水系的水质优良。

云南省 77 条主要河流的 152 个断面中，2010 年水质达标的有 107 个，占 70.4%。其中，Ⅰ类功能达标断面有 2 个，占应达标断面 100%；Ⅱ类功能达标断面有 10 个，占应达标断面 59%；Ⅲ类功能达标断面有 59 个，占应达标断面 80%；Ⅳ类功能达标的断面有 34 个，占应达标断面 67%；Ⅴ类功能达标的断面有 2 个，占应达标断面 25%。在 77 条主要河流的 152 个监测断面中，水质优（符合Ⅰ～Ⅱ类标准）断面 54 个，占 36%；水质良好（符合Ⅲ类标准）断面 43 个，占 28%；水质已受轻度污染（符合Ⅳ类标准）断面 22 个，占 15%；水质已受中度污染（符合Ⅴ类标准）断面 7 个，占 4.6%；水质已重度污染，劣于Ⅴ类标准断面 26 个，占 17%（图 4-9）。云南省河流上设置的国控断面共 16 个，空间位置分布见附表 3。2010 年国控断面达标率 81%，整体水质优良，主要污染指标为铅和氨氮。

图 4-9　云贵两省河流水质现状（2010 年）

贵州省 44 条主要河流的 85 个监测断面中，2010 年水质达到或优于所在功能区类别标准的断面有 61 个，达标率 72%。其中，水质达到Ⅰ～Ⅲ类水质标准的断面 61 个，占 72%；达到Ⅳ类水质标准的断面 7 个，占 8%；

达到Ⅴ类水质标准的断面 1 个，占 1%；劣于Ⅴ类水质标准的断面 16 个，占 19%。贵州省河流上设置的国控断面共有 10 个，2010 年达标率为 60%。

2. 湖泊水库水质现状评价

云贵两省湖库水质一般，总体为轻度污染，氮、磷超标现象较为普遍。2010 年，云南省 61 个湖库中水质达标率 44%，主要污染指标为总氮、总磷，其中滇池和异龙湖污染最为严重；贵州省 8 个湖库 25 条监测垂线水质达标率为 56%，主要污染指标为总磷，主要污染湖库为乌江水库和草海。

从水质变化来看，云贵湖库水质总体上呈先恶化、后改善的趋势（图 4-10）。2011 年，云南省 61 个水库水质达标率为 49%，恢复到 2006 年水质达标水平。其中，2006 年、2010 年Ⅰ～Ⅲ的湖库数量比例分别为 68% 和 67%，劣Ⅴ类湖库比例则分别为 15% 和 12%。9 大高原湖泊水质基本稳定，抚仙湖、泸沽湖长期维持在Ⅰ类水质、贫营养水平，洱海、程海和阳宗海基本在Ⅱ～Ⅲ类之间变化，营养状态以中营养为主，滇池、异龙湖、杞麓湖、星云湖始终为劣Ⅴ类、富营养化水平。贵州 8 个主要湖库水质有较大改善，2010 年水质达标率比 2004 年提高约 15 个百分点。

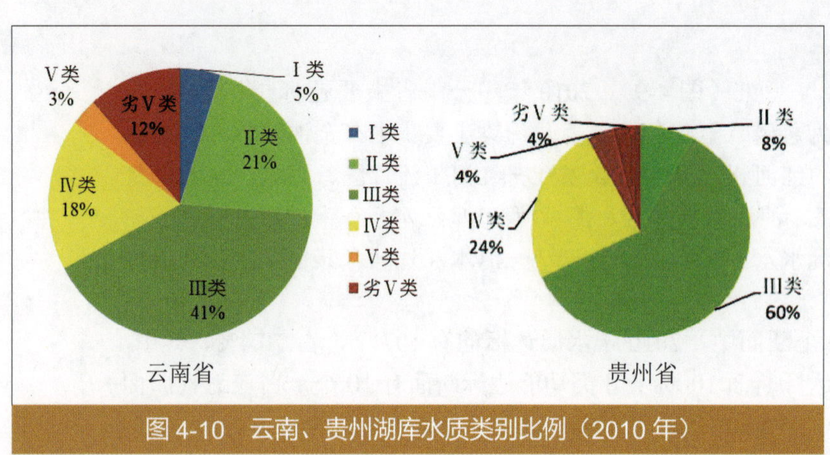

图 4-10 云南、贵州湖库水质类别比例（2010 年）

3. 饮用水水源地水质现状评价

2010 年云南省 38 个集中式饮用水水源地中，水质满足要求的 29 个，占 76%，达不到要求的 9 个，占 24%。不能满足水质要求的是自卫村水库、潇湘水库、西河水库、独木水库、偏桥书库、博尚水库、东山水厂、南洞、澜沧江，主要超标水质指标为总磷和总氮。其中，总氮年均值最高浓度超过Ⅲ类标准限值 1.5 倍，出现在红河州开远市南洞；总磷年均值最高浓度超过Ⅲ类标准限值 0.4 倍，出现在曲靖（宣威市）偏桥水库。2010 年贵州省 19 个集中式饮用水水源地水质达标率为 100%。2010 年贵州省 19 个集中式饮用水水源地水质达标率为 100%。

4. 地下水水质现状评价

云贵两省地下水水质状况总体较好，但部分社会经济发达区域如城市中心和工矿企业分布区的地下水受到污染，呈现出有机污染、生活污染特征，可能跟喀斯特地貌特征突出、易受地表水水质影响有关。

2010 年云南省地下水监测网点控制面积 1 635 km^2。地下水水质监测按松散岩类孔隙水和基岩水（裂隙水和岩溶水）分类监测。2010 年仅对部分国家级监测点（均为基岩水）进行了监测。2010 年基岩水的水质监测结果表明：优良级占 64%、良好级占 9%、较差级占 27%，主要污染指标为 pH、氨氮、大肠菌群等。

经济发达地区的孔隙水一般均遭受不同程度污染，呈点状或面状分布。“十一五”期间，无工矿企业分布区的孔隙水水质以良好—较好（Ⅱ～Ⅲ类）为主，工矿企业、人口集中分布区的孔隙水水质以较差—极差（Ⅳ～Ⅴ类）为主。孔隙水受污染较重的主要有昆明、曲靖、开远、蒙自、个旧等地，多为较差—极差级。主要超标项为NO_2^-、NH_4^+、Fe、Mn等，个别地区有Cu、Zn、As等金属。

2010年贵州省五城市地下水水质监测控制面积为2 066.2 km^2，其中优良级—较好级为1 487.3 km^2，占监测总面积的72%；较差级—极差级218.9 km^2。在地下水水质检测的21个项目中，超标的项目主要集中在NO_3^-、NO_2^-、NH_4^+、SO_4^{2-}、Fe、Mn、Pb、Zn、Cd、pH、F^-、Cl^-、C_6H_5OH、COD等14个指标中。城市区域地下水的细菌总数和大肠菌群普遍超标。贵州省岩溶地下水遭受污染的区域主要在贵阳市、六盘水市、遵义市、安顺市、凯里市等地。

三、水环境质量历史性回顾

1. 河流水质历史回顾

近年来，云贵两省河流水环境质量明显改善。对云南省内77条河流152个断面2005年到2010年水质状况进行历史回顾分析，总体上看水质逐年改善的趋势非常明显，达标率从2005年的62%已经上升至2011年的73%（图4-11）。再看水质类别的变化，以2007年至2010年的情况为例，Ⅱ类水质断面明显增多，劣Ⅴ类水质断面明显减少，整体呈现好转趋势（图4-12）。其中符合Ⅰ～Ⅱ类水质断面从2007年的32个增加到2010年的54个；符合Ⅲ类水质断面从48个减少为43个；符合Ⅳ～Ⅴ类水质断面维持不变，仍为29个；劣于Ⅴ类断面从43个降为26个。

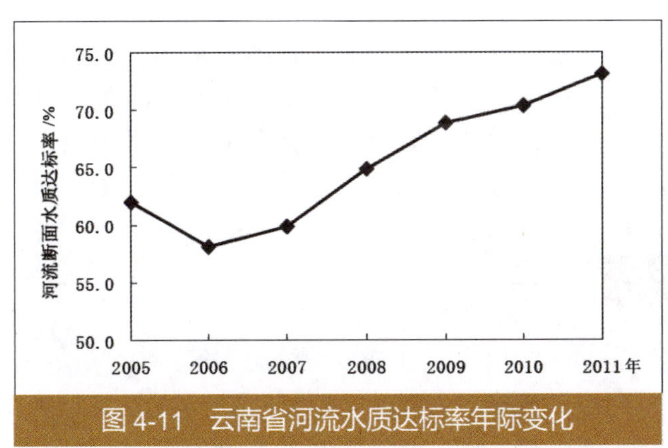

图4-11 云南省河流水质达标率年际变化

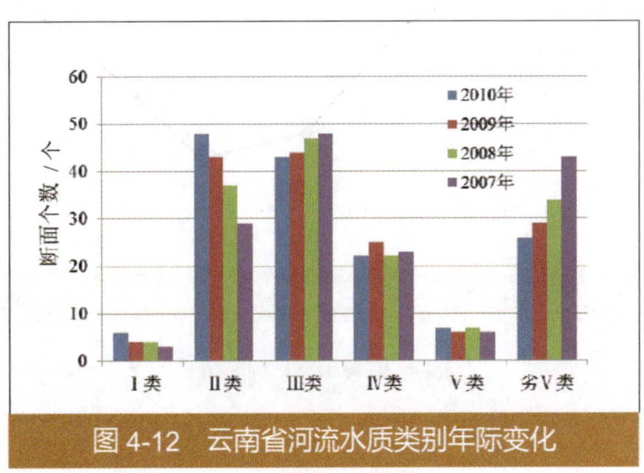

图4-12 云南省河流水质类别年际变化

贵州省在2004—2010年，河流断面水质达标率总体呈上升趋势，达标率从2004年的62.2%已经上升至2010年的72%（图4-13）。Ⅰ～Ⅲ类断面数占总断面数的比例也呈逐年上升的趋势（图4-14）。虽然河流总体水质逐年好转，但个别劣Ⅴ类断面常年超标严重，以乌江水系上的干流断面沿河和支流湘江两渡水断面为代表。乌江沿河断面处于沿河县乌江干流河段，既是国控断面又是贵州省出境断面，主要超标指标为总磷，长期以来不能满足Ⅱ类水的目标要求，代表了贵州省磷化工产业发展造成的典型特征污染问题。湘江两渡水断面位于

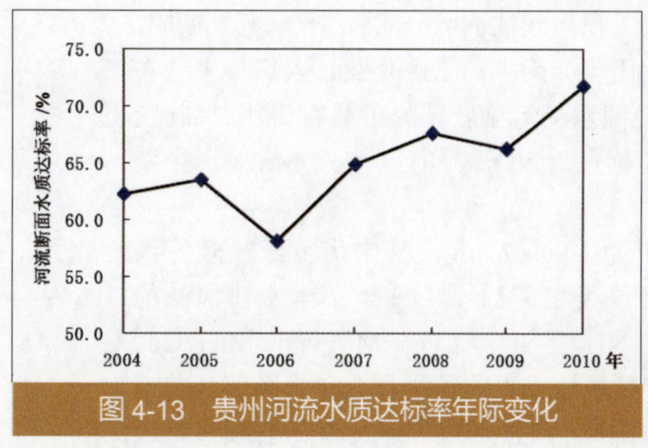

图 4-13　贵州河流水质达标率年际变化

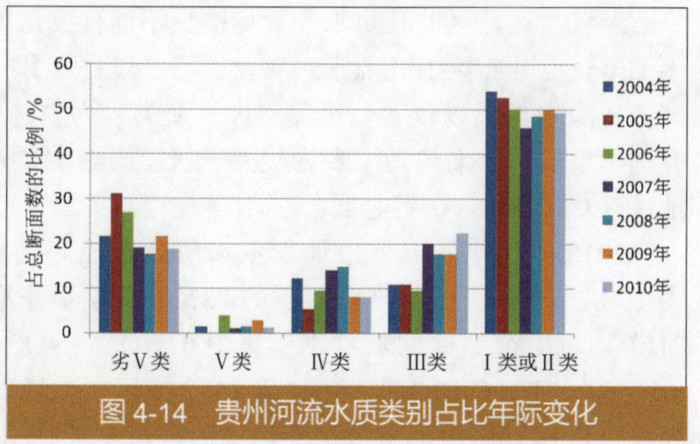

图 4-14　贵州河流水质类别占比年际变化

遵义市境内长江流域上游区，近些年来的主要超标指标是氨氮和石油类，反映了城市中心区域工业和生活综合污染问题。

2．湖泊水库水质历史回顾

对云南省 61 个湖库 2006 年到 2011 年的水质进行回顾分析，总体上看湖库水质经历了恶化又逐年改善的过程，目前达标状况回到了“十一五”初期的水平（2006 年的 49% 波动变化至 2011 年的 49%，见图 4-15）。水质类别的变化上也经历了类似的过程。2006 年和 2010 年符合Ⅰ～Ⅲ的湖库比例分别为 68% 和 67%，劣Ⅴ类的比例则分别为 15% 和 12%。

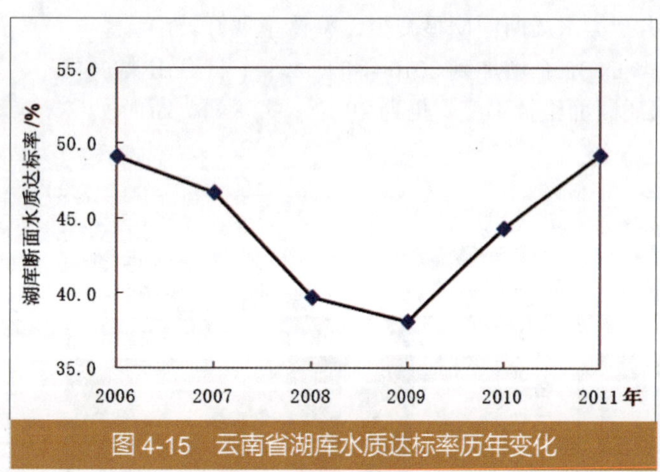

图 4-15　云南省湖库水质达标率历年变化

9 大高原湖泊中，除了阳宗海因为经历了 2008 年的砷污染事件造成水质迅速恶化、然后逐年改善的过程之外，其他几个高原湖泊近些年来总体上看水质类别比较稳定。水质较差的重点治理型湖泊滇池、异龙湖、杞麓湖、星云湖一直未摘掉劣Ⅴ类、富营养化的帽子；水质很好的重点保护型湖泊抚仙湖和泸沽湖长期能够维持在Ⅰ类水质、贫营养水平上；水质略有波动但总体优良的重点预防型湖泊洱海、程海和阳宗海基本在Ⅱ、Ⅲ类之间变化，营养状态以中营养为主。云南 9 大高原湖泊历年营养状态见表 4-8。

对贵州 8 个监测湖库 25 条监测垂线在 2004—2010 年的水质变化情况进行回顾分析，见图 4-16 和图 4-17。从贵州省湖库水质年际变化情况来看，2004—2007 年是逐渐恶化的趋势，之后水质情况逐渐好转，2009 年恢复到 2004 年水平，2010 年在 2009 年基础上又有大幅度提高。劣Ⅴ类垂线明显下降，Ⅰ～Ⅲ类水质的湖库数量明显增多。历年来的主要超标指标是总磷、溶解氧和氨氮。

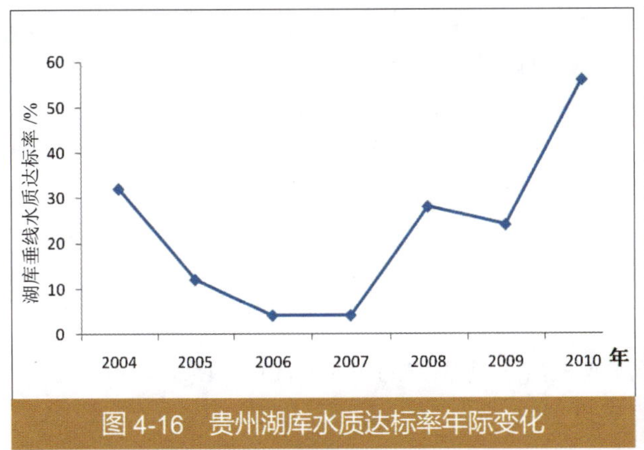

图 4-16 贵州湖库水质达标率年际变化

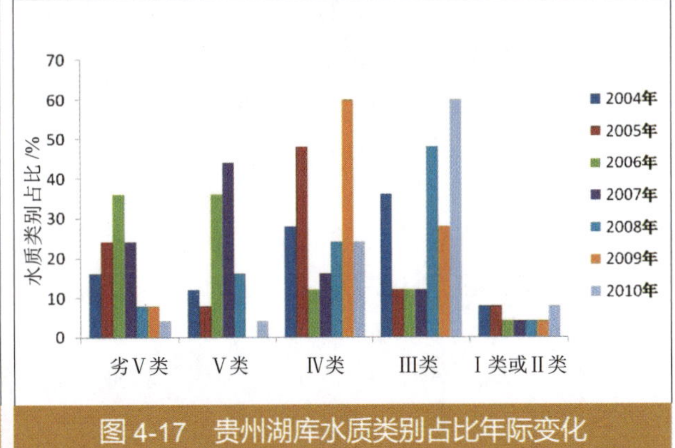

图 4-17 贵州湖库水质类别占比年际变化

表 4-8 云南省九大高原湖泊水质和营养状态（2010 年）

序号	水系	湖泊	地区	水质目标	2010 年水质	是否达标	营养状态
1	长江	滇池草海	昆明市	Ⅳ	劣Ⅴ	否	重度富营养
2		滇池外海	昆明市	Ⅲ	劣Ⅴ	否	中度富营养
3		程海	永胜	Ⅲ	Ⅲ	是	中营养
4		泸沽湖	宁蒗	Ⅰ	Ⅰ	是	贫营养
5	珠江	杞麓湖	通海、江川	Ⅲ	劣Ⅴ	否	中度富营养
6		星云湖	江川	Ⅲ	劣Ⅴ	否	中度富营养
7		阳宗海	昆明、玉溪	Ⅱ	Ⅳ	否	中营养
8		异龙湖	石屏	Ⅲ	劣Ⅴ	否	重度富营养
9		抚仙湖	江川、澄江	Ⅰ	Ⅰ	是	贫营养
10	澜沧江	洱海	大理州	Ⅱ	Ⅲ	否	中营养

四、水环境污染源分析

云南省河流 2010 年水质的主要污染指标为总磷、氨氮、生化需氧量、铅。六大水系达标率从大到小为：伊洛瓦底江水系＞澜沧江水系＞怒江水系＞红河水系＞珠江水系＞长江水系。污染严重的主要河流是金沙江水系的新河、螳螂川、秃尾河、普渡河和新宝象河，红河水系的三家河和红河干流，南盘江水系的泸江、曲江，澜沧江水系的沘江等。

1. 农业非点源水环境污染排放

根据污普数据，2010 年云南省农业源排放的 COD、总氮、总磷总量分别为 7.1 万 t、7.4 万 t、0.74 万 t。与点源排放量相比，农业 COD 排放量远低于点源 COD 排放量；农业总氮排放量按照 0.7 的换算因子换算成氨氮排放量为 5.2 万 t，略低于点源氨氮排放量（6.0 万 t），农业总磷排放量高于生活源总磷排放量。但考虑到面源污染流失量与排放量还存在较大差距，所以从常规污染物排放来看，云南省以点源贡献为主。

2007 年云南省农业排放的 COD、总氮、总磷总量分别为 8.1 万 t、6.2 万 t、0.66 万 t。2010 年农业源污染物与 2007 年相比，除总氮指标略有上升外，COD 和总磷都有所下降。2007 年云南省农业排放的 COD 中，畜禽养殖达到了 7.8 万 t，占当年农业 COD 总排放量的

96%；农业排放的总氮中，种植业达到了 5.6 万 t，占当年农业总氮总排放量的 90%；农业排放的总磷中，种植业达到了 0.5 万 t，占当年农业总磷总排放量的 80%。

云南省 16 个市州 2010 年农业源 COD 排放量居于前 3 位的是曲靖市、昆明市、大理州，分别排放 1.5 万 t、1.3 万 t 和 0.9 万 t，占全省农业源 COD 排放量的 21%、19% 和 13%（图 4-18）。

云南省 16 个市州 2010 年农业源总氮排放量居于前 3 位的是昭通市、曲靖市、红河州，分别排放 1.2 万 t、1.1 万 t 和 0.7 万 t，占全省农业源总氮排放量的 16%、15% 和 9%（图 4-18）。

云南省 16 个市州 2010 年农业源总磷排放量居于前 3 位的是曲靖市、昆明市、昭通市，

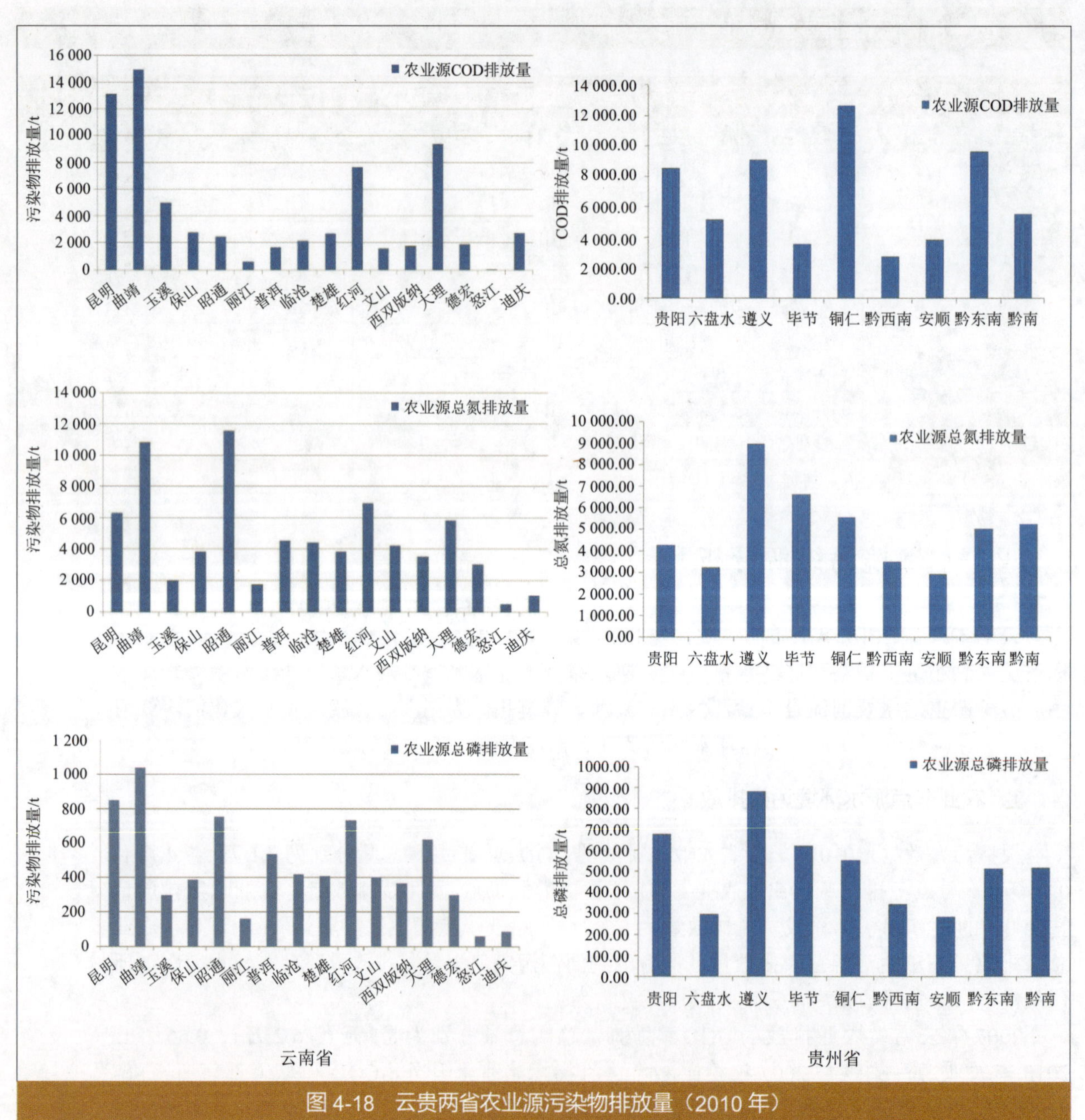

图 4-18 云贵两省农业源污染物排放量（2010 年）

占全省农业源总磷排放量的 14%、12% 和 10%（图 4-18）。

根据贵州省污普数据，2010 年贵州省农业源排放的 COD、总氮、总磷分别为 6.1 万 t、4.5 万 t、0.5 万 t。与点源排放量相比，农业源 COD 排放量远低于点源 COD 排放量；农业总氮排放量按照 0.7 的换算因子换算成氨氮排放量为 3.2 万 t，与点源氨氮排放量（3.2 万 t）相当，农业总磷排放量略高于生活源总磷排放量。但考虑到面源污染流失量与排放量还存在较大差距，所以从常规污染物排放来看，贵州省以点源贡献为主。

贵州省 9 个市州 2010 年农业源 COD 排放量居于前 3 位的是铜仁市、黔东南州、遵义市，分别占全省农业源 COD 排放量的 21%、16%、15%（图 4-18）。

贵州省 9 个市州 2010 年农业源总氮排放量居于前 3 位的是遵义市、毕节市、铜仁市，分别占全省农业源总氮排放量的 20%、15%、12%（图 4-18）。

贵州省 9 个市州 2010 年农业源总磷排放量居于前 3 位的是遵义市、贵阳市、毕节市，分别占全省农业源总磷排放量的 19%、14%、13%（图 4-18）。

2．点源水环境污染排放

2010 年云南省污染源普查结果表明，云南省工业和生活排放的废水、COD、氨氮总量分别为 12.2 亿 t、45.0 万 t、4.7 万 t，COD 和氨氮分别占全国排放总量的 4% 和 3%。总体上，云南省生活源的贡献远超过工业源，2010 年生活废水及其中的 COD、氨氮排放量分别为 8.5 亿 t、30.9 万 t、4.1 万 t，占到云南省点源排放总量的 70%、64% 和 89%。

2010 年，云南省工业和生活排放 COD 和氨氮分别占全国排放总量的 1.9% 和 1.8%，贵州省工业和生活排放 COD、氨氮总量分别占全国排放总量的 2.1%、1.8%。云贵两省生活源的贡献远超过工业源（表 4-9）。

表 4-9　云贵两省生活和工业废水情况（2010 年）

	废水 / 亿 t			COD/ 万 t			氨氮 / 万 t		
	总量	生活源	生活源比例 /%	总量	生活源	生活源比例 /%	总量	生活源	生活源比例 /%
云南省	12.2	8.5	70.0	48	30.9	64.4	4.7	4.1	88.6
贵州省	8.4	5.9	69.8	28.1	22.1	78.4	3.2	2.9	90.2

云南省有 6 个市州生活污水排放量占废水排放总量的比值超过全省平均值 70%，由高到低分别为西双版纳、临沧、昆明、昭通、保山和大理，最高达 85%。

云南省生活 COD 排放量与点源 COD 排放总量的比值共有 9 个市州超过全省平均值 55%，比值由高到低分别为大理、楚雄、昭通、曲靖、昆明、怒江、文山、丽江和红河，最高达 92%。

云南省生活氨氮排放量与点源氨氮排放总量的比值，共有 10 个市州超过全省平均值 69%，比值由高到低分别为怒江、迪庆、大理、文山、昆明、昭通、普洱、楚雄、保山和玉溪，最高达 99%。

根据污染源普查数据，2010 年贵州省工业和生活排放的废水、COD、氨氮总量分别为 8.4 亿 t、28.1 万 t、3.2 万 t，COD、氨氮总量分别占全国排放总量的 2.1%、1.8%。其中，贵州省生活源的贡献远超过工业源，2010 年生活污水排放量及其中的 COD、氨氮排放量分别为 5.9 亿 t、22.1 万 t、2.9 万 t，占到贵州省排放总量的 70%、78%、90%。贵州省 9 个市州 2010 年废水排放总量的前 3 位是遵义市、贵阳市、毕节市（图 4-19），其排放量分别占全省废水量的 21%、17%、15%；工业废水排放量的前 3 位是六盘水市、遵义市、毕节市，分别占全省工业废水量的 29%、17%、14%；生活污水排放量的前 3 位则是遵义市、贵阳市、毕节市，占全省生活污水量的 23%、18%、15%。

贵州省 9 个市州 2010 年 COD 排放总量的前 3 位是遵义市、毕节市、贵阳市（图 4-19），其排放量分别占全省 COD 的 24%、16%、12%；工业 COD 排放量的前 3 位是遵义市、铜仁市、毕节市，分别占全省工业 COD 的 28%、15%、14%；生活 COD 排放量的前 3 位则是遵义市、毕节市、贵阳市，占全省生活 COD 的 23%、16%、14%。

贵州省 9 个市州 2010 年氨氮排放总量的前 3 位是遵义市、毕节市、贵阳市（图 4-19），

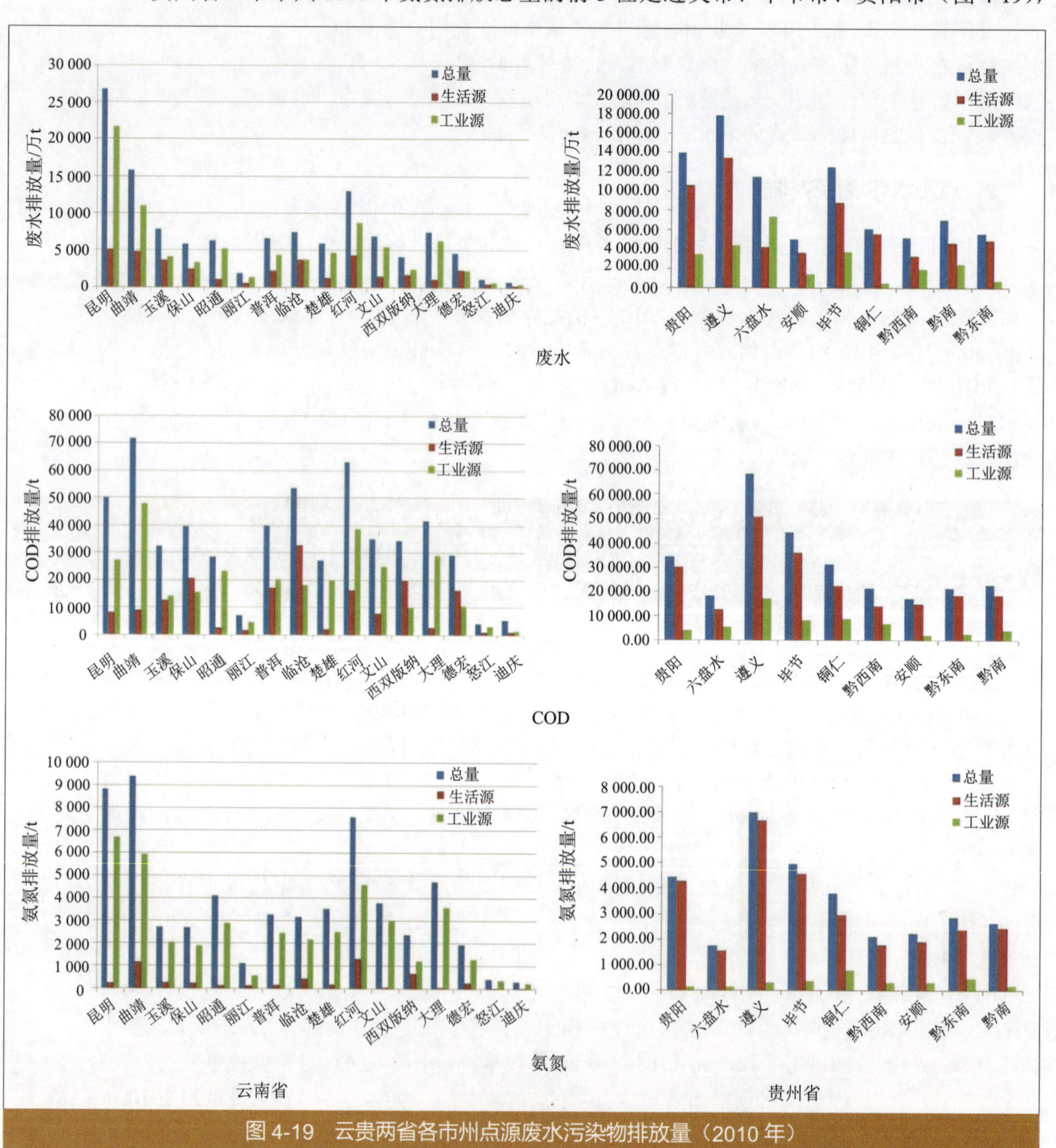

图 4-19 云贵两省各市州点源废水污染物排放量（2010 年）

其排放量分别占全省氨氮的22%、16%、14%；工业氨氮排放量的前3位是铜仁市、黔东南州、毕节市，分别占全省工业氨氮排放量的26%、15%、12%；生活氨氮排放量的前3位则是遵义市、毕节市、贵阳市，占全省生活氨氮的23%、16%、15%。

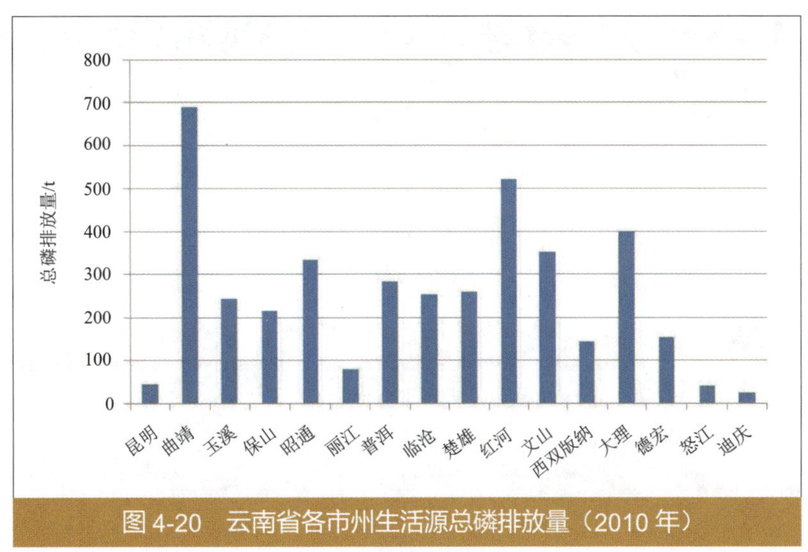

图4-20　云南省各市州生活源总磷排放量（2010年）

云南省16个市州2010年生活源总磷排放量为0.4万t，居于前3位的是曲靖市、红河州和大理州，分别占全省生活源总磷排放量的17%、13%和10%（图4-20）。

贵州省9个地市2010年生活源总磷排放总量为0.34万t，前3位是遵义市、贵阳市、毕节地区（图4-21），其排放量分别占全省生活源总磷排放量的23.7%、15.8%、14.4%。

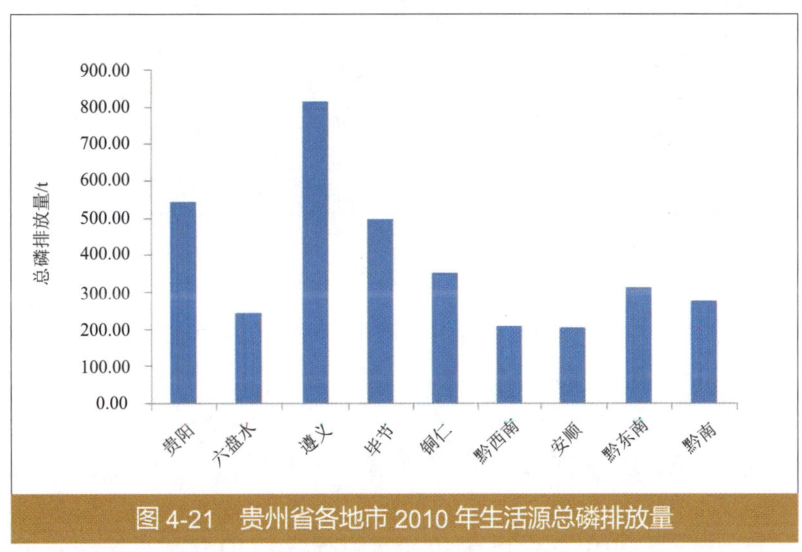

图4-21　贵州省各地市2010年生活源总磷排放量

3. 重点工业行业污染排放贡献及其特征分析

（1）重点工业行业污染排放总量

2010年云南省10个重点行业排放COD总量约为14.5万t，占云南省工业排放COD的84.6%，占云南省点源排放COD的30.2%；10个重点行业氨氮排放总量占工业排放氨氮比重的84%，占云南省点源排放氨氮的9.5%（表4-10、表4-11）。云南省10个重点行业中，COD排放总量贡献最大的是食品加工行业，2010年排放COD约10.8万t，占10个重点行业COD排放量的74.7%，其次是化学工业，2010年排放COD约1.1万t，占10个重点行业排放量的7.5%，这两个行业加起来约占10个行业的82%。

表4-10　云南重点行业COD排放量及贡献（2010年）

重点行业	重点行业COD排放量/t	占重点行业比重/%	占工业比重/%	占点源比重/%
烟草	193.74	0.13	0.11	0.04
煤炭	3 173.81	2.19	1.86	0.66
电力	285.18	0.2	0.17	0.06
钢铁	2 566.89	1.77	1.50	0.53
有色冶金	9 248.7	6.39	5.41	1.93

重点行业	重点行业 COD 排放量 /t	占重点行业比重 /%	占工业比重 /%	占点源比重 /%
化工	10 827.13	7.48	6.33	2.26
装备制造	362.71	0.25	0.21	0.08
食品	108 098.18	74.69	63.21	22.52
建材	283.28	0.2	0.17	0.06
造纸	9 683.6	6.69	5.66	2.02
总计	144 723.22	100.00	84.62	30.15

表 4-11 云南重点行业氨氮排放量及贡献（2010 年）

重点行业	重点行业氨氮排放量 /t	占重点行业比重 /%	占工业比重 /%	占点源比重 /%
烟草	9.12	0.21	0.17	0.02
煤炭	27.59	0.62	0.52	0.06
电力	44.68	1.01	0.85	0.10
钢铁	21.98	0.50	0.42	0.05
有色冶金	0.86	0.02	0.02	0.00
化工	2 625.44	59.45	49.79	5.63
装备制造	1.09	0.02	0.02	0.00
食品	1 547.64	35.04	29.35	3.32
建材	30.47	0.69	0.58	0.07
造纸	107.7	2.44	2.04	0.23
总计	4 416.57	100.00	83.75	9.47

云南省 10 个重点行业中，氨氮排放对总量贡献最大的是化工行业，2010 年共排放约 0.3 万 t，占 10 个重点行业氨氮排放量的 59.5%，其次是食品加工行业，2010 年排放约 0.2 万 t，占 10 个重点行业排放量的 35%，这两个行业加起来约占 10 个行业的 95%。结合 COD 和氨氮的行业排放结构，不难看出食品加工行业和化工行业是云南省 2010 年水环境污染物排放的主要行业。

2010 年贵州省 10 个重点行业 COD 排放总量约为 5.6 万 t，占贵州省工业排放的 92.9%，占贵州省点源排放的 20%；10 个重点行业氨氮排放总量为 0.2 万 t，占贵州省工业排放的 70.1%，占贵州省点源排放的 6.9%（表 4-12、表 4-13）。贵州省 10 个重点行业总铬、六价铬、铅、镉和汞排放总量分别为 0.9 万 t、0.9 万 t、2.3 万 t、0.3 万 t 和 0.01 万 t，占贵州省工业排放的 100%。

贵州省 10 个重点行业中，COD 污染物排放对总量贡献最大的是食品行业，2010 年共排放 3.1 万 t，占 10 个重点行业 COD 排放总量的 54.9%；其次是煤炭工业，2010 年共排放 1.5 万 t，占 10 个重点行业 COD 排放总量的 26.6%；两个行业加起来约占 10 个行业的 82%。贵州省 10 个重点行业氨氮污染物排放对总量贡献最大的是化工行业，2010 年共排放 1 187.7 t，占 10 个重点行业氨氮排放总量的 54.1%；其次是食品加工，2010 年排放 513.9 t，占 10 个重点行业排放总量的 23.4%；两个行业加起来约占 10 个行业的 78%。结合 COD 和氨氮的行业排放结构，不难看出食品行业、化工行业和煤炭行业是贵州省 2010 年水环境污染物排放的主要行业。

表 4-12 贵州省重点行业 COD 排放量及贡献（2010 年）

重点行业	重点行业氨氮排放量 /t	占重点行业比重 /%	占工业比重 /%	占点源比重 /%
烟草	148.24	0.26	0.24	0.05
煤炭	15 015.23	26.63	24.73	5.34
电力	229.25	0.41	0.38	0.08
钢铁	1 208.00	2.14	1.99	0.43
有色冶金	1 752.88	3.11	2.89	0.62
化工	3 512.02	6.23	5.79	1.25
装备制造	373.47	0.66	0.62	0.13
食品	30 972.76	54.94	51.02	11.01
建材	392.48	0.70	0.65	0.14
造纸	2 770.88	4.92	4.56	0.99
总计	56 375.21	100.00	92.87	20.05

表 4-13 贵州省重点行业氨氮排放量及贡献（2010 年）

重点行业	重点行业氨氮排放量 /t	占重点行业比重 /%	占工业比重 /%	占点源比重 /%
烟草	3.29	0.15	0.11	0.01
煤炭	368.26	16.78	11.77	1.15
电力	0.17	0.01	0.01	0.00
钢铁	0.20	0.01	0.01	0.00
有色冶金	5.31	0.24	0.17	0.02
化工	1 187.74	54.12	37.98	3.72
装备制造	9.34	0.43	0.30	0.03
食品	513.86	23.41	16.43	1.61
建材	63.49	2.89	2.03	0.20
造纸	42.95	1.96	1.37	0.13
总计	2 194.61	100.00	70.17	6.87

（2）重点行业污染排放空间分布

云南省重点行业 COD 排放的主要市州为临沧、保山、德宏、红河及普洱，5 个市州总和超过云南省重点行业 COD 排放量的 65%。除西双版纳外，其余 15 个市州重点行业 COD 排放量均超过本市工业总排放量的 80%（表 4-14）。

表 4-14 云南各市州重点行业 COD 排放总量及贡献（2010 年）

市州	重点行业 COD 排放量 /t	占本市工业总量比重 /%	占本市点源比重 /%	占全省重点行业比重 /%
昆明	7 211.37	90.69	20.52	4.98
曲靖	7 942.87	89.13	13.99	5.49
玉溪	12 247.72	97.56	46.22	8.46
保山	19 750.44	95.45	54.47	13.65
昭通	2 113.02	83.92	8.17	1.46
丽江	1 482.78	88.27	23.62	1.02
普洱	14 526.25	84.70	38.97	10.04

市州	重点行业 COD 排放量 /t	占本市工业总量比重 /%	占本市点源比重 /%	占全省重点行业比重 /%
临沧	29 944	91.11	58.56	20.69
楚雄	1 684.27	81.10	7.61	1.16
红河	14 568.2	89.89	26.52	10.07
文山	7 664.01	98.87	23.38	5.30
西双版纳	6 006.22	30.38	20.22	4.15
大理	2 198.7	83.56	6.93	1.52
德宏	15 551.26	95.75	57.96	10.75
怒江	814.66	87.00	20.44	0.56
迪庆	1 017.45	93.94	38.86	0.70
合计	144 723.22	84.62	30.15	100.00

表 4-15　云南各市州重点行业氨氮排放总量及贡献（2010 年）

市州	重点行业氨氮排放量 /t	占本市工业总量比重 /%	占本市点源比重 /%	占全省重点行业比重 /%
昆明	228.8	94.78	3.31	5.18
曲靖	1 119.31	97.20	15.80	25.34
玉溪	242.06	97.43	10.54	5.48
保山	196.71	89.96	9.36	4.45
昭通	131.15	96.87	4.34	2.97
丽江	124.33	90.37	17.51	2.82
普洱	124.02	73.98	4.73	2.81
临沧	383.01	88.52	14.79	8.67
楚雄	151.6	84.00	5.62	3.43
红河	1 283.66	98.21	21.79	29.06
文山	50.62	95.73	1.67	1.15
西双版纳	95.09	14.21	5.06	2.15
大理	46.04	88.71	1.26	1.04
德宏	236.33	88.55	15.29	5.35
怒江	1.74	87.00	0.48	0.04
迪庆	2.1	96.33	0.94	0.05
合计	4 416.57	83.75	9.47	100.00

红河及曲靖是云南省重点行业氨氮排放的主要市州，这两个市州总和超过云南省重点行业氨氮排放量的 54%，分别占比 29% 和 25.3%。除普洱和西双版纳外，其余 14 个市州重点行业氨氮排放量均超过本市工业总排放量的 80%（表 4-15）。

贵州 9 个市州中，重点行业 COD 排放量贡献较高的是遵义、毕节和黔西南，分别占贵州省重点行业排放总量的 28%、15.5% 和 13.5%。贵州 7 个市州重点行业排放的 COD 占到了各自工业排放量的 90% 以上，另外两个市州黔东南和黔西南也都超过了 80%（表 4-16）。

贵州 9 个市州中，重点行业氨氮排放量贡献较高的是铜仁、黔东南和毕节，分别占贵州省重点行业排放总量的 28.5%、12.6% 和 12.3%。贵州 5 个市州重点行业排放的氨氮占到了各自工业排放量的 90% 以上，有 3 个市州超过了 85%，黔东南则为 77.5%（表 4-17）。

表 4-16　贵州省各市州重点行业 COD 排放总量及贡献（2010 年）

市州	重点行业 COD 排放量 /t	占本市工业总量比重 /%	占本市点源比重 /%	占全省重点行业比重 /%
贵阳	3 828.67	92.28	11.03	6.87
六盘水	5 424.68	98.91	29.54	9.74
遵义	15 600.05	90.46	22.76	28.00
安顺	2 223.1	98.32	12.88	3.99
毕节	8 653.89	90.01	19.34	15.53
铜仁	6 124.75	95.69	19.38	10.99
黔西南	7 514.22	85.89	34.96	13.49
黔东南	2 366.22	82.76	10.95	4.25
黔南	3 970.22	94.91	17.34	7.13
贵州合计	55 705.8	91.76	19.81	100.00

表 4-17　贵州省各市州重点行业氨氮排放总量及贡献（2010 年）

市州	重点行业氨氮排放量 /t	占本市工业总量比重 /%	占本市点源比重 /%	占全省重点行业比重 /%
贵阳	135.48	86.18	3.03	4.72
六盘水	168.06	95.90	9.56	5.86
遵义	274.02	85.89	3.91	9.55
安顺	306.48	97.83	13.66	10.68
毕节	353.05	93.23	7.11	12.30
铜仁	818.46	99.96	21.45	28.52
黔西南	266.67	85.69	12.54	9.29
黔东南	361.76	77.51	12.55	12.61
黔南	185.77	99.17	7.00	6.47
贵州合计	2 869.75	91.76	8.99	100.00

4．水环境基础设施建设与生活污染源治理现状

城镇污水处理基础设施不足是云贵两省结构性水污染的重要原因。2010 年，云贵两省分别已建成并投运城市污水处理厂 28 座、26 座，城镇污水处理率分别达到 75%、75%，均低于全国 82% 的城镇污水处理平均水平（图 4-22）。其中，云南的普洱、迪庆、临沧、昭通、文山、保山城镇污水处理率均低于 40%，云南的怒江、西双版纳、德宏，以及贵州的遵义、黔西南、铜仁则不足 70%。另外，2010 年云贵两省城市污水处理厂平均负荷率（污水处理量 / 污水处理能力）分别为 76%、70% 以下，也均低于全国平均 82% 的水平。通过提高城市污水收集率，云贵两省城镇生活污水实际处理空间还可有较大增加。

五、小结：水环境污染的关键问题

云贵两省结构性水质污染较为突出，高原湖泊受到生活污染、畜禽养殖、磷矿开采等的威胁，长期存在富营养化问题或面临富营养化风险。云南全省湖库总体水质仍为轻度污染，仅 44% 的湖泊、水库水质达到水环境功能要求。9 大高原湖泊中，滇池草海、滇池外海、异

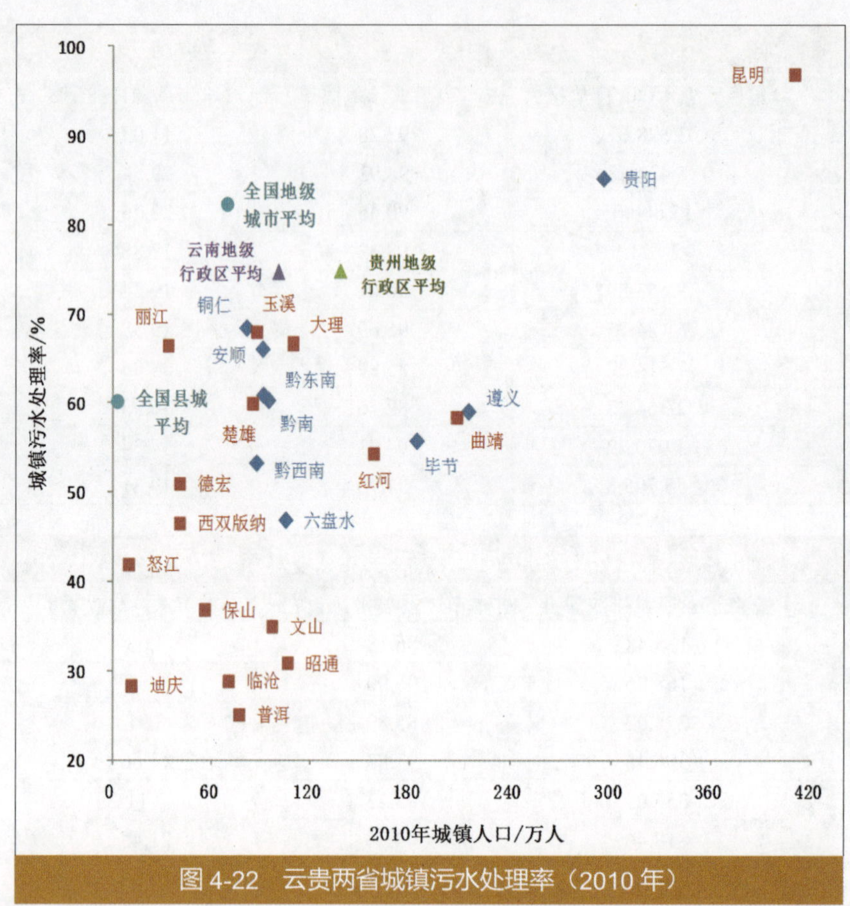

图 4-22 云贵两省城镇污水处理率（2010 年）

龙湖、星云湖、杞麓湖水质劣于V类标准，重度污染。其他 13 个开展监测的湖泊中，达到水环境功能要求的湖泊仅有 5 个，占 39%，大屯海、长桥海和南湖重度污染。以滇池为代表的重污染水体，呈现中、重度富营养化，恢复难度大；以抚仙湖、洱海为代表的相对清洁水体，保护压力大。贵州省湖库水质达标率仅为 56%，主要污染湖库为乌江水库和草海。

云贵两省地下水水质状况总体较好，但由于喀斯特地貌特征突出，部分社会经济发达区域如城市中心和工矿企业分布区的地下水受到地表水污染影响，呈现生活有机污染特征。云南省饮用水水源地存在污染问题，达标率仅为 76%，主要污染指标为总磷和总氮。贵州省水源地水质较好，19 个集中式饮用水源地水质达标率为 100%。受污染较重的地区主要包括昆明、曲靖、开远、蒙自、个旧等地，多为较差—极差级，主要污染指标为 pH 值、氨氮、大肠菌群等。

云贵水系中部分流经城市、工矿河段超标现象突出，存在显著的地域特征、结构特征。云南全省城市水体水质总体为重度污染，贵州省乌江水系满足水质功能要求的断面比例仅为 55%。流经以昆明、玉溪、楚雄、六枝特区、都匀、兴义等为代表的城市中心区域的河流，超标以氨氮、高锰酸盐指数等有机污染物为主，与生活污染密不可分。

云南部分河流受有色金属业发展的影响，存在明显重金属污染，以三家河—藤条江—红河干流片区、澜沧江支流沘江为代表的水体，流经铅锌矿冶炼较发达区域，超标指标主要为铅、镉、砷。贵州部分河流受磷矿业发展的影响，存在较为严重的磷污染现象，以乌江下游河段及清水江河段为代表的水体，流经贵州磷矿开发较为集中的区域，主要超标指标为总磷和氟化物。

第四节　能源生产和消费趋势变化及现状问题

一、能源储量与开发

云贵两省境内河流众多，水量充沛，水能资源丰富。其中云南省是我国水能资源最丰富的省份之一，全省水能资源理论蕴藏量为10 438.6万kW，占全国总蕴藏量的15.3%，居全国第三位；经济可开发装机容量为9 795万kW，占全国可开发装机容量的24.4%，居全国第二位。省内大小河流分属6个水系，即金沙江、澜沧江、怒江、珠江、红河和伊洛瓦底江，水力资源分布相对集中，83%蕴藏在金沙江、澜沧江、怒江3大水系，尤以金沙江蕴藏的水能资源最大，占全省水能资源总量的39%。贵州省也拥有较丰富的水能资源，全省境内河网密度大，河流坡度陡，天然落差大且水位落差集中的河段多，开发条件优越，理论蕴藏量达1 875万kW，居全国第六位，其中可开发量达1 683万kW，占全国总量的4%。

此外云贵两省的煤炭资源也较为丰富，能源生产和消费持续快速增长。其中贵州含煤地层在全省分布广泛，面积约7万km^2，占全省面积的40%左右，划分为20个煤田，素以“西南煤海”著称，全省潜在煤炭资源量2 400余亿t，保有资源储量逾500亿t，位列全国第5位，超过南方12个省（市、区）煤炭资源储量的总和，除东部有的属少煤炭、缺煤炭区外，省内各地多有产出，86个市、县、区中有74个产煤炭。相对集中于西部的盘县、水城、六枝和织金、纳雍、大方等县，其次在黔北的桐梓、仁怀、习水、遵义与中部的贵阳—安顺一带和黔西南地区也有较多产出分布。六盘水煤田与织纳煤田分别是炼焦用煤与无烟煤的最重要产区，黔西北是贵州低硫优质无烟煤最为丰富的集中产地。云南省煤炭资源储量252.9亿t，保有储量246.5亿t，居全国第7位，具有成煤期多、煤类齐全、煤质好、分布不均衡的特点。全省煤炭生产基地集中分布于滇东地区，滇西及滇南除一平浪煤矿、小龙潭煤矿外，均为地方小煤矿零星开采。2010年，云南省原煤生产量9 763万t，占全国原煤生产总量的2.8%，排在第11位。

另外云南省拥有丰富的风与太阳能资源，风能资源总储量1.2亿kW，可开发风电装机达3 300万kW，可利用面积4.5万km^2，占全省土地面积的11.5%。

近年来云贵两省煤炭资源开发量增长较快（图4-23）。2001—2010年贵州省煤炭产量呈现上升趋势，2008—2010年年均增长率21%。云南省煤炭开采量不断增加，2001—2010年年均增长31%。2010年两省煤炭产量达15 954万t（贵州）、9 763万t（云南），分别居全国第7、11位（图4-24）。

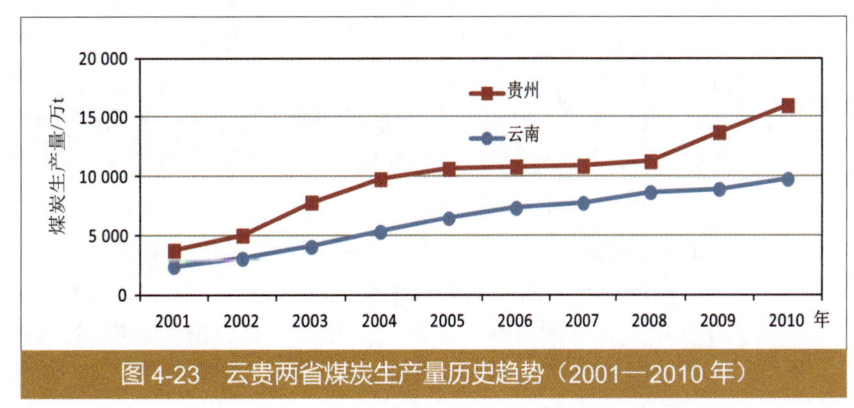

图4-23　云贵两省煤炭生产量历史趋势（2001—2010年）

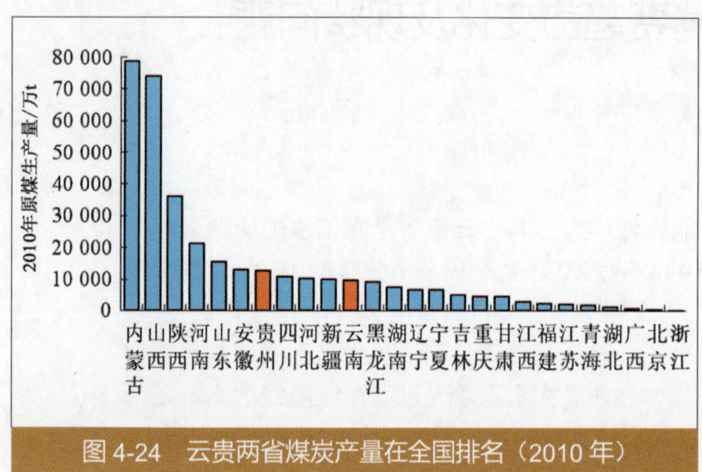

图 4-24 云贵两省煤炭产量在全国排名（2010 年）

注：其中广东、西藏、海南、天津、上海五个省市无原煤生产量统计数据，未在图中列出。

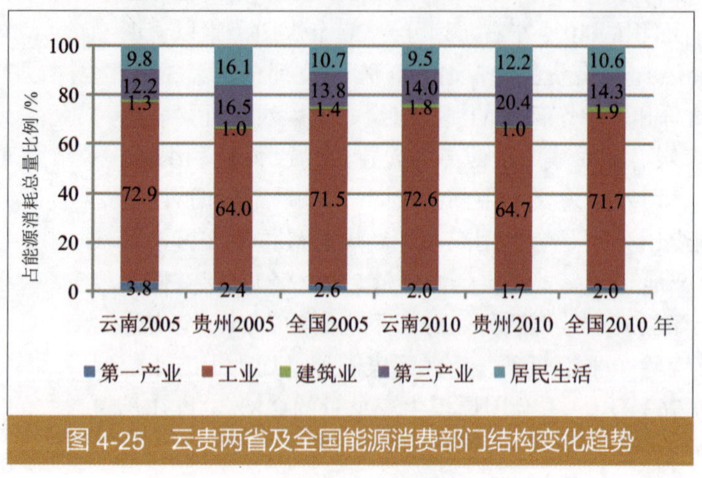

图 4-25 云贵两省及全国能源消费部门结构变化趋势

注：以上数据依据云南、贵州统计年鉴（2006 年、2011 年）。

二、能源消费特征

2010 年，云贵两省能源消费总量分别为 8 674.1 万 t 标煤和 8 175.4 万 t 标煤，占全国能源消费总量比重分别为 2.7% 和 2.5%，均高于其相应的 GDP 占比。云贵两省“十五”能源消费总量年均增速分别为 12%、6%，“十一五”增速分别为 7.6%、7.7%，贵州能源消费量呈加快增长态势。

2010 年云贵两省煤炭占一次能源消费比重分别为 56.7%、67.0%，能源结构以煤炭为主。钢铁、化工、建材、有色冶金、电力、煤炭等 6 大行业是云贵两省主要的能源消费部门，2010 年 6 大行业能源消费量分别占云贵两省能源消耗总量的 71.7%、64.7%（图 4-25）。

云贵两省电力生产量与输出量大幅增长。云贵两省能源产业高速发展，电力装机分别达到 2 585 万 kW（2008 年）、3 169 万 kW（2009 年），分别比 2005 年增长了 2 倍和 2.5 倍。2010 年，云南省电力装机容量为 3 716 万 kW，较 2005 年增长 3 倍，其中火电 1 113 万 kW、水电 2 570 万 kW。全年发电量 1 365 亿 kWh，约占全国比重 3%。其中火电 547 亿 kWh、水电 818 亿 kWh，水电生产量占全国比重为 11%，位列第 3 位，水火比为 60 ：40。2010 年，贵州省全年发电量 1 385 亿 kWh，约占全国比重 3%。其中，火电量 969.1 亿 kWh，占全国比重为 3%，火电生产量居全国第 12 位；水电量 416.6 亿 kWh，水火比为 30 ：70。2010 年，电力调出量 550.5 亿 kWh，占贵州省电力生产量的 40%。

2010 年，云贵两省工业能源消费总量占比高，分别为 73%、65%；第三产业占比次之，分别为 14%、20%；居民生活消费用能占比位列第 3，分别为 10%、12%；第一产业和建筑业占比较小，两省均在 2% 以下。与全国能源消费部门结构相比较，云南省工业用能占比高于全国，贵州低于全国。第三产业和居民生活用能占比贵州高于全国，云南低于全国。

云贵两省工业能源消费主要集中在钢铁、化工、建材、有色冶金、电力、煤炭 6 大行业。2010 年，云贵两省钢铁、化工、建材、有色冶金、电力、煤炭 6 大工业门类能源消费量占全省工业能源消费总量的比重分别为 99%、95%（图 4-26、图 4-27 和图 4-28），占全省能耗总量比重分别为 72%、65%。

占云南省电力生产比重最大的市州分别是曲靖、昆明、红河，分别占全省发电总量的

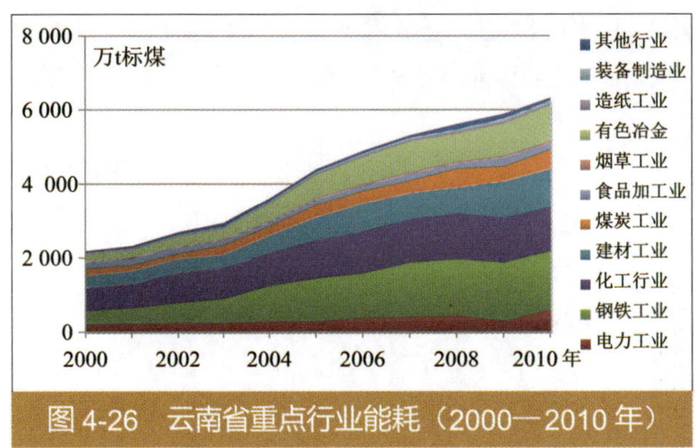

图 4-26　云南省重点行业能耗（2000—2010 年）

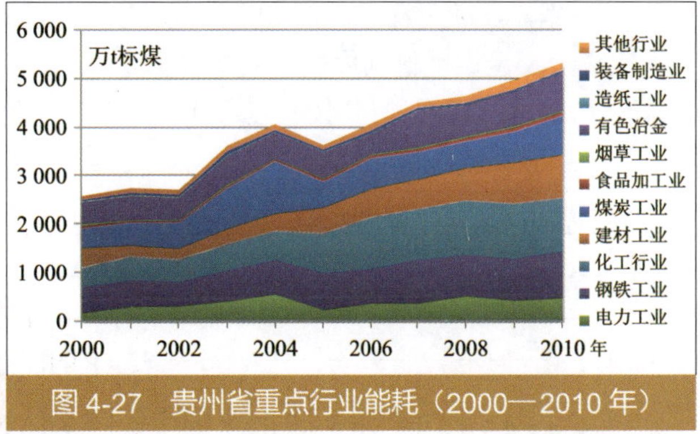

图 4-27　贵州省重点行业能耗（2000—2010 年）

31%、15%、14%。上述 3 个市州火电生产量占全省火电量比重达 98%，其中曲靖占 58%。贵州火电主要分布在贵阳、毕节、六盘水等市州。

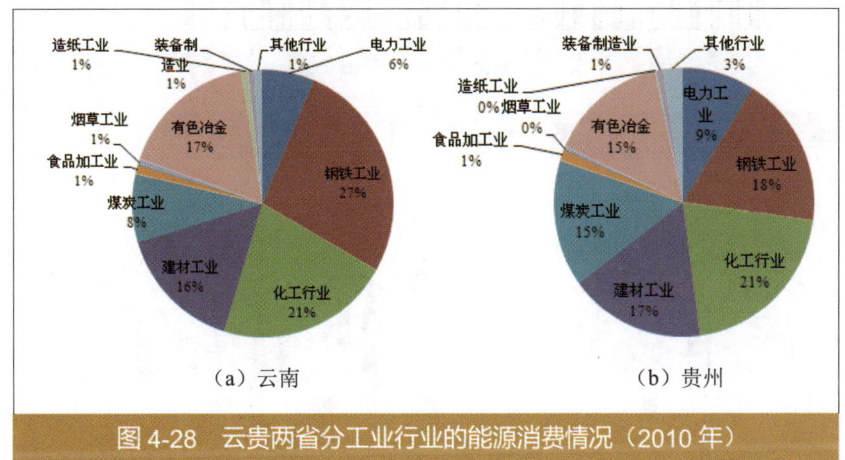

图 4-28　云贵两省分工业行业的能源消费情况（2010 年）

注：以上数据依据云南、贵州统计年鉴（2011 年）。

三、能源利用效率分析

1. 万元 GDP 能耗持续降低，与先进地区相比仍有提升空间

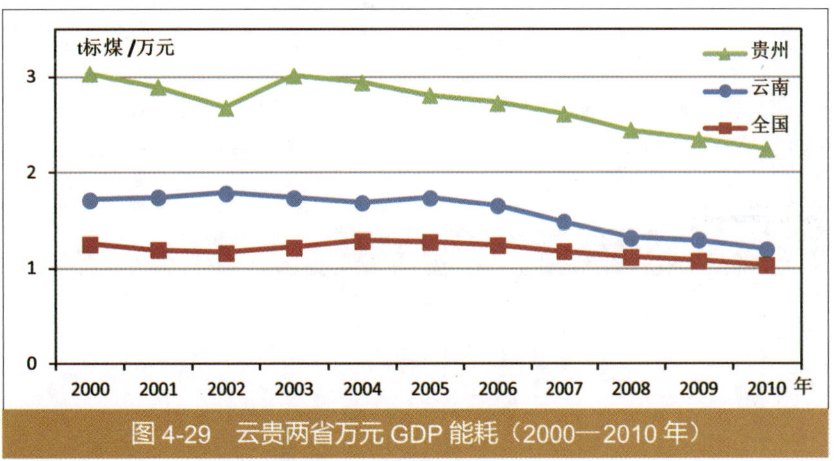

图 4-29　云贵两省万元 GDP 能耗（2000—2010 年）

云贵两省万元 GDP 能耗总体呈现不断降低的趋势，贵州省能耗高于云南省（图 4-29）。2005 年云贵两省万元 GDP 能耗分别为 1.74 t 标煤 / 万元、2.81 t 标煤 / 万元，2010 年万元 GDP 能耗分别为 1.44 t 标煤 / 万元、2.25 t 标煤 / 万元，相比 2005 年，2010 年云贵两省万元 GDP 能耗分别降低 17.41%、20.06%，两省均超额完成“十一五”节能目标。上述数据充分表明了云贵两省提高能源效率的工作已经取得了一定的成效，能源效率提高非常明显。以此来判断，未来云贵两省的万元 GDP 能耗也将保持继续下降的态势。云贵两省相比，2005—2010 年，贵州省的万元 GDP 能耗远高于云南省，两省之间存在着一定差距。

云贵两省能源利用效率在全国处于较低的水平。与全国其他省（市、自治区）相比，云贵两省的能源利用效率较低，万元 GDP 能耗仍处于高值状态（图 4-30）。按照 2010 年的数

据，云贵两省万元 GDP 能耗分别排名全国第 23 位和 28 位，是全国平均水平的 1.11 倍和 1.74 倍，全国能源利用效率最高的是北京，云贵两省万元 GDP 能耗分别是北京的 2.47 倍、3.86 倍，云贵两省能源利用效率具有很大的提升空间。

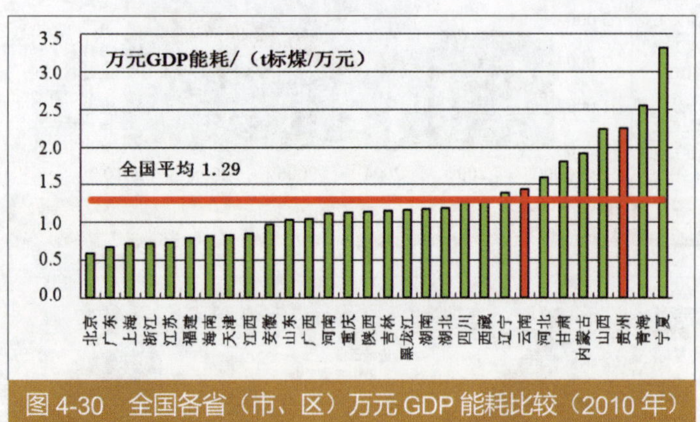

图 4-30 全国各省（市、区）万元 GDP 能耗比较（2010 年）

云贵两省内各地区之间能源利用效率水平不均，差距明显。2010 年，云贵两省各地区万元 GDP 能耗见图 4-31。其中，云南省万元 GDP 能耗较高的地区主要有：红河、曲靖、玉溪、德宏、丽江等，较低的有：西双版纳、临沧、昆明、迪庆、普洱等，最高的红河是最低的西双版纳的 2.09 倍，地区间能效水平差距较大；贵州省的六盘水、安顺、黔西南、毕节地区均高于全省地区平均水平，贵阳、遵义、铜仁地区低于全省平均水平，能耗水平较高，最高的六盘水是最低的贵阳市的 2.16 倍。云南省全省 16 个地区平均万元 GDP 能耗为 1.370 t 标煤 / 万元，贵州省 9 个地区平均万元 GDP 能耗为 2.348 t 标煤 / 万元，可以看出，贵州省各地区万元 GDP 能耗普遍高于云南省，并且相差的程度较大。

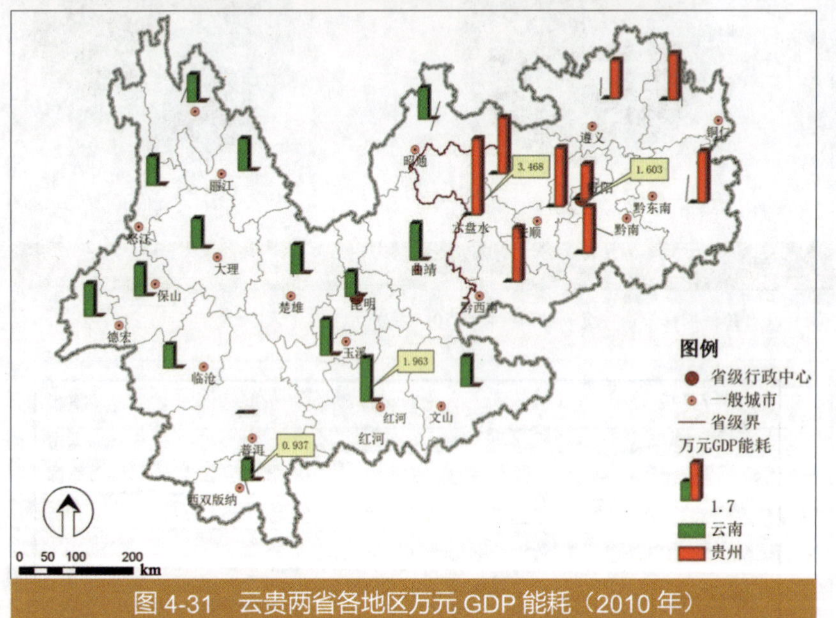

图 4-31 云贵两省各地区万元 GDP 能耗（2010 年）

2010 年云南万元 GDP 电耗和万元工业增加值能耗如图 4-32 所示，电力能源效率最低的地区依次是：怒江、德宏、红河，工业增加值能源效率最低的地区依次是：丽江、曲靖、

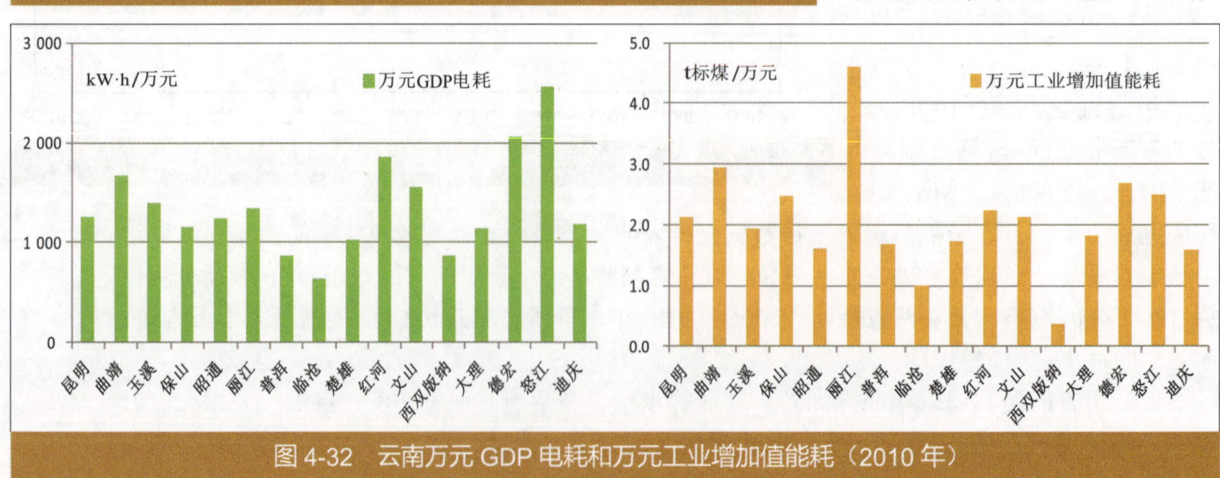

图 4-32 云南万元 GDP 电耗和万元工业增加值能耗（2010 年）

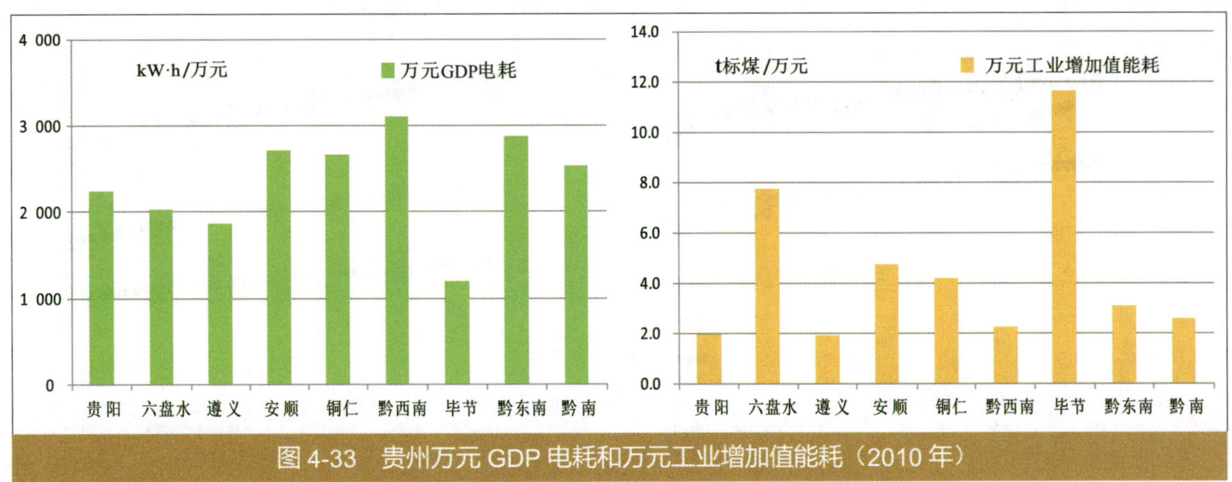

图 4-33　贵州万元 GDP 电耗和万元工业增加值能耗（2010 年）

德宏。

2010 年贵州万元 GDP 电耗和万元工业增加值能耗如图 4-33 所示，电力能源效率最低的地区依次是：黔西南、黔东南、安顺，工业增加值能源效率最低的地区依次是：毕节、六盘水、安顺。

2．能源消费弹性系数逐步降低

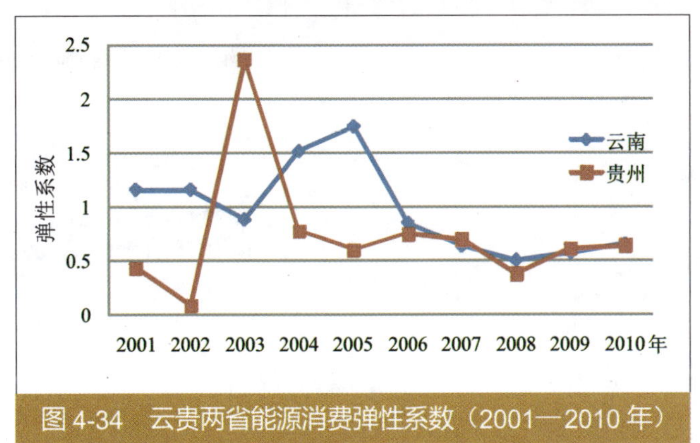

图 4-34　云贵两省能源消费弹性系数（2001—2010 年）

注：以上数据依据云南、贵州统计年鉴（2006 年、2011 年）。

云贵两省近年能源消费弹性系数如图 4-34 所示。云贵两省分别在 2005 年、2003 年能源消费弹性系数最高，表明云贵两省近 10 年来经济增长对能源消耗依赖最大的年份分别为 2005 年、2003 年。云南省 2001 年、2002 年、2004 年、2005 年能源消费弹性系数均超过了 1，这些年份云南省能源消费增长的速度高于经济增长速度，能源消费强度上升。2001—2010 年贵州除了 2003 年外，能源消费弹性系数均小于 1，能源消费强度呈现下降趋势，能源的经济效率逐年提高。

3．重点行业能源效率与先进地区相比有较大差距

云贵两省第一产业、第二产业、第三产业的万元 GDP 能耗整体呈现下降趋势，两省各次产业万元 GDP 能耗基本上一直高于全国平均水平（图 4-35）。

云贵两省相比，第一产业万元 GDP 能耗中，云南 2005 年到 2010 年降低了 42%，贵州下降 15%，贵州与云南第一产业能耗差距逐步缩小，与此同时，云贵两省能源利用效率均有提高，但是，云南的提高更为显著。第二产业万元 GDP 能耗中，2005—2010 年云南省能耗降低 27%，贵州下降 21%，云贵两省在提高能源效率方面取得了一定的进步，但是贵州省与云南省的第二产业能耗一直存在较大差距。云贵两省的第三产业差距是三产之中最大的，并且云贵两省第三产业能源效率相对其他产业提高的幅度较小。

云贵两省第一产业、第二产业、第三产业万元 GDP 能耗均高于全国水平，尤其是贵州三产能耗与全国水平差距较大。第一产业中，云南与全国水平差距减小。第二产业中，2005 年，

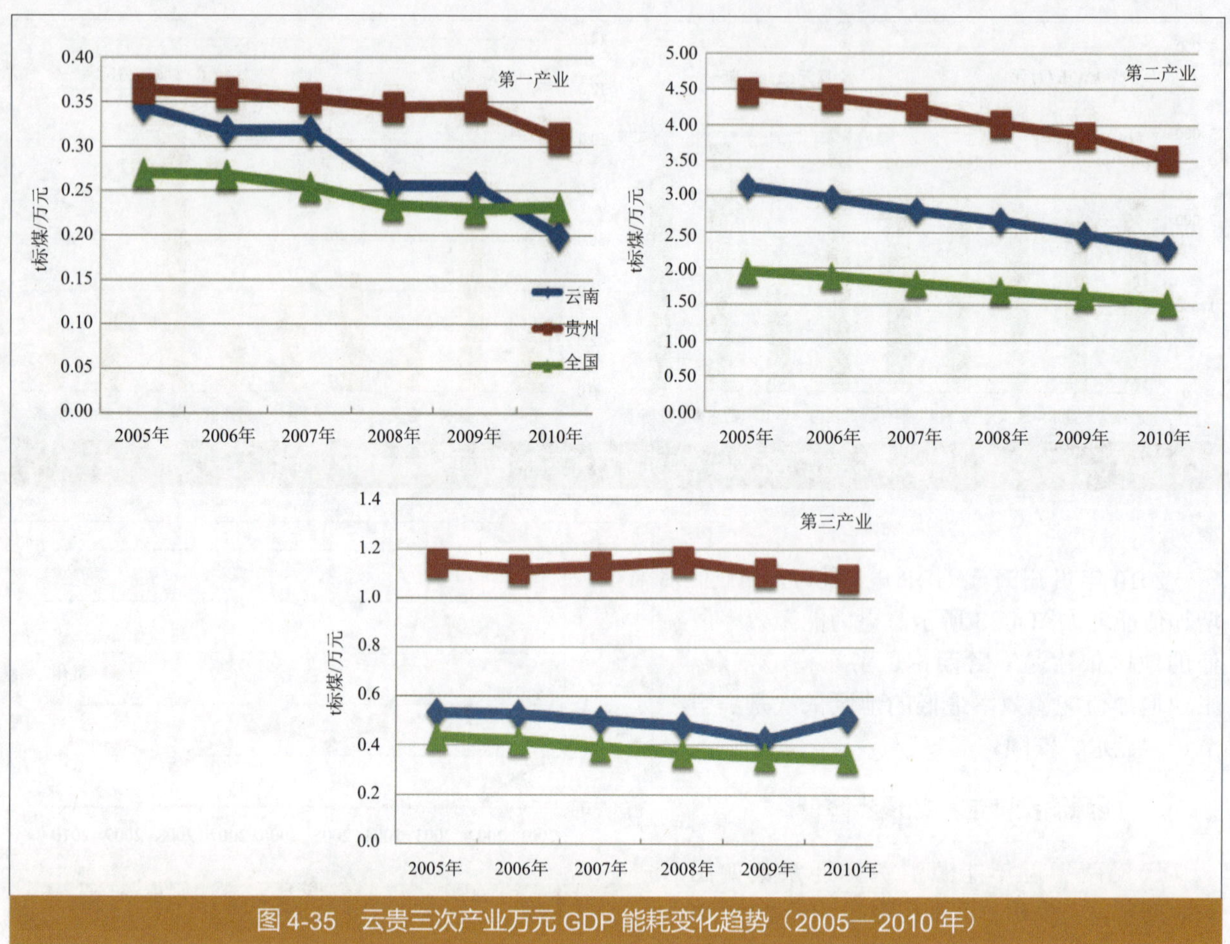

图 4-35 云贵三次产业万元 GDP 能耗变化趋势（2005—2010 年）

云贵两省分别高出全国平均水平 59.43%、127.29%，2010 年分别高出 45.70%、209.35%，云贵两省与全国均存在较大差距，但是云南省差距有减小趋势，贵州省的差距则越来越大。第三产业中云贵两省能耗与全国水平的差距两者相差较大，并都有所加剧。由历史数据变化推测在未来云贵两省的三产万元 GDP 能耗将持续下降。

与全国其他地区相比，云南、贵州第二产业万元增加值能耗都处于较高水平，能源效率很低，贵州的第三产业万元增加值能耗非常高，能源效率最低，贵州的第一产业和云南的第一产业、第三产业万元增加值能耗处于中等水平（图 4-36）。

云贵两省的建材、钢铁、有色、化工、煤炭 5 个行业万元工业产值能耗较高，重点行业整体呈现能耗下降的变化特征。云贵两省工业重点行业主要包括有：煤炭工业、钢铁工业、有色冶金、电力工业、化工行业、建材工业、食品加工业、烟草工业、造纸工业、装备制造等 10 个行业。

云贵 10 大工业行业能源效率历年变化趋势见图 4-37，其中，2010 年，云南省万元工业产值能耗较高的行业依次是建材、钢铁、化工、煤炭、造纸、有色，贵州省依次是建材、有色、钢铁、化工、煤炭，体现出两省各自工业行业发展的不同特征。云贵两省相比，除了煤炭、电力、造纸以外，贵州省的其他行业的能耗均大于云南省，两省能源利用效率差距非常明显，尤其是在有色冶金行业，贵州省是云南省的 3.8 倍。从整体变化来看，云南省 10 个重点工业行业的万元产值呈现下降趋势，能源利用效率有明显的提高，节能效果显著。贵州省的冶金行业，

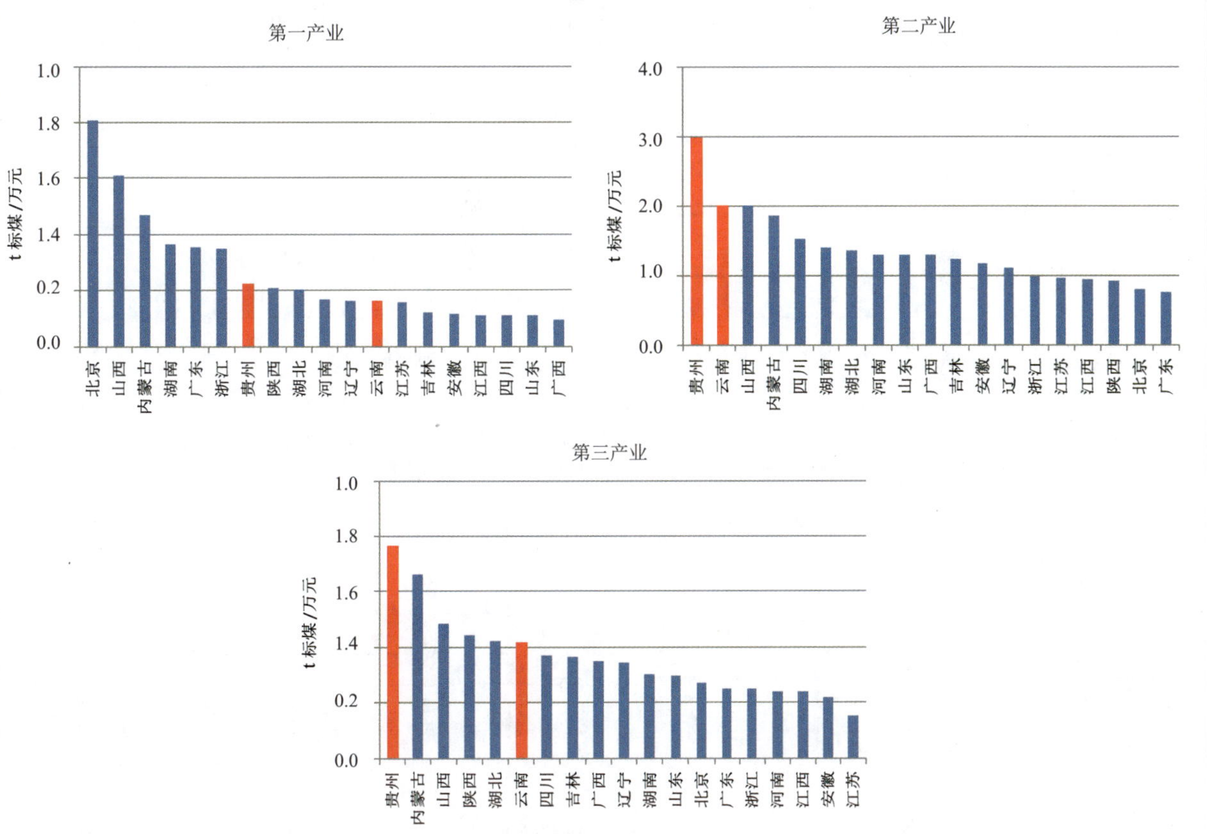

图 4-36 全国主要地区三次产业能源效率（2010 年）

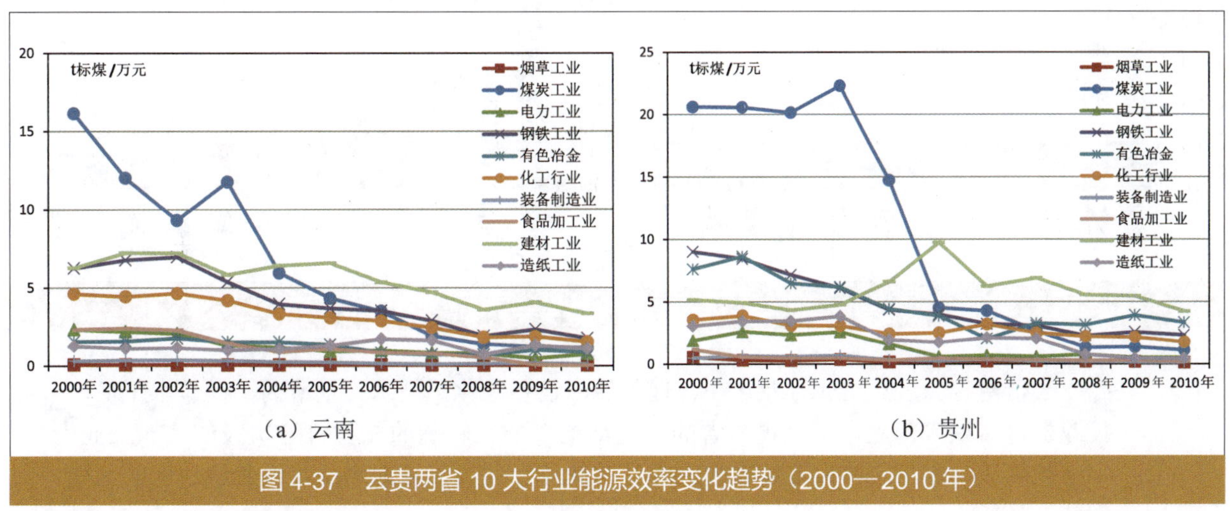

图 4-37 云贵两省 10 大行业能源效率变化趋势（2000—2010 年）

能耗没有降低反而大幅提高，其余行业均有不同程度的降低。

与江苏、浙江、广东、山东等其他能源效率较好的地区相比（图 4-38），云贵两省主要行业整体能耗处于较高水平，工业行业能源效率较低，尤其是建材、钢铁、有色、化工、煤炭等高耗能工业行业与其他地区存在很大的差距，云贵建材行业万元产值能耗分别是河南的 8.6 倍、10.7 倍，钢铁行业是分别湖北的 7.4 倍、9.7 倍。

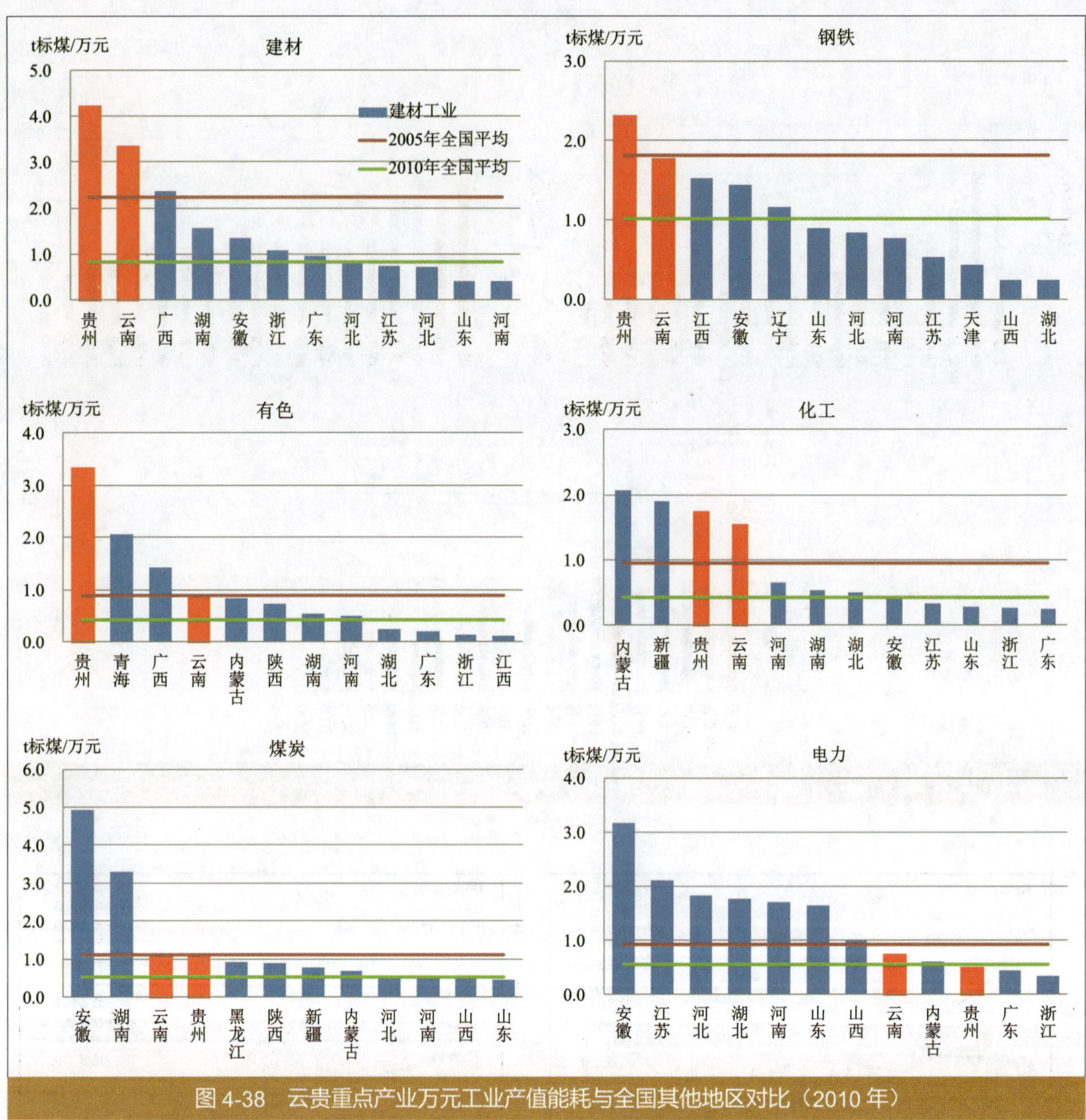

图 4-38 云贵重点产业万元工业产值能耗与全国其他地区对比（2010 年）

云贵两省的重点工业行业存在管理落后，设备老化，技术力量薄弱，操作水平低，节能技改资金短缺等问题，而且贵州省的产业结构以能耗较高的原材料等初级产品加工业为主，工业能耗效率低，这些都是导致云贵两省的重点行业耗能普遍高于我国其他地区的原因，两省节能降耗的任务还很艰巨。

云贵重点行业能源效率与全国平均值相比（图 4-38），建材、化工、钢铁与全国水平差距较为明显，2010 年，云贵建材行业分别是全国的 4.1 倍、5.2 倍，化工行业万元产值能耗分别是全国的 3.6 倍、4.1 倍，钢铁行业分别是全国的 1.7 倍、2.3 倍。云贵的煤炭、装备、食品、造纸等行业能源效率与全国水平接近。贵州的电力、云南的烟草行业能源效率优于全国水平。

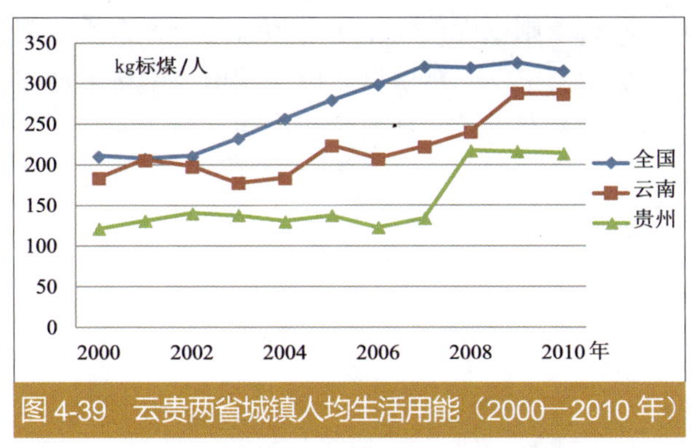

图 4-39　云贵两省城镇人均生活用能（2000—2010 年）

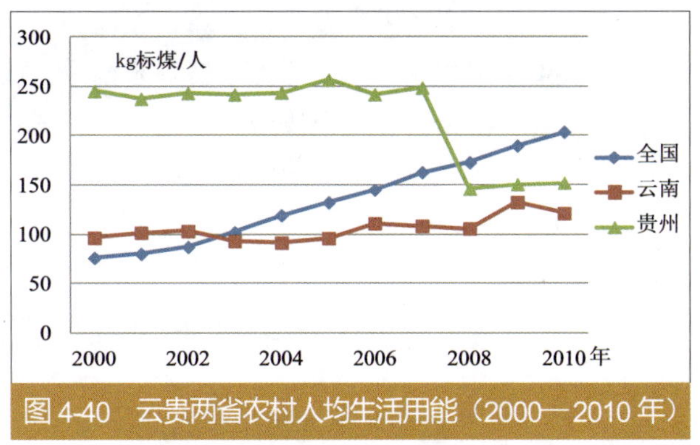

图 4-40　云贵两省农村人均生活用能（2000—2010 年）

4. 人均生活用能低于全国平均水平

云贵两省城镇、农村人均生活用能低于全国人均用能（贵州 2000—2007 年高于全国水平）。同时，贵州省的农村人均生活用能明显高于云南省，两者差距明显（图 4-39、图 4-40）。城镇人均生活用能方面，云贵两省都是呈现整体上升趋势；农村用能方面，云南保持平稳的发展，变化较小，贵州省 2000—2007 年变化略有波动，2007—2008 年，由于农村用煤量的大幅度减少，导致人均用能快速下降。

云贵两省能源生产和消费持续迅速增长，两省能耗排名高于其 GDP 排名。能源消费部门稳定，以工业用能为主。云贵两省能源结构仍然以煤炭为主，碳排放强度高，能源消费集中于滇中、黔中地区。云贵两省万元 GDP 能耗持续降低，与先进地区比较有提高空间，重点行业能源效率与先进地区比较仍然有差距比较大，人均生活用能低于全国水平。

第五节　空气环境质量变化趋势及现状问题

一、气候特征分析

云南地处低纬度高原，地理位置特殊，地貌复杂，盆地、河谷、丘陵、低山、中山、高山、山原、高原相间分布，从而形成了复杂多样的气候类型，兼具低纬气候、季风气候、山原气候的特点，共有北热带、南亚热带、中亚热带、北亚热带、南温带、中温带和高原气候区 7 个气候类型。云南省大部分地区主要受南孟加拉高压气流形成的高原季风气候影响，冬暖夏凉，四季如春。贵州境内地势西高东低，自中部向北、东、南三面倾斜，平均海拔在 1 100 m 左右。贵州高原山地居多，素有“八山一水一分田”之说。贵州省地貌可概括分为高原山地、丘陵和盆地三种基本类型，其中 93% 的面积为山地和丘陵。贵州位于副热带东亚大陆的季风区内，属亚热带高原湿润季风气候。

云南的气候特点，有利方面是适宜多种农作物和经济作物的生长和发展，同时为旅游业的发展提供了有利条件。不利方面是干季和雨季分布不均，还伴随有洪涝、低温冷冻、冰雹等灾害。贵州的气候不稳定，灾害性天气种类较多，干旱、秋风、凌冻、冰雹等频度大，对农业生产危害严重。

云南冬季、春季、夏季均以西南风为主，而秋季则以南风为主；贵州省冬季、春季，南部以西南风为主，北部则盛行东南风，夏季、秋季则主要吹东南风。由于云南与中南半岛的缅甸、老挝、越南接壤，从东南亚的风场分布形势来看，这些国家与云南和贵州之间存在着污染物的跨界输送问题，在西南风的作用下，中南半岛的污染物会输送到我国云贵两省，从而对空气质量产生影响。

二、空气环境质量现状评价

1. 空气环境质量总体情况

云南省环境空气质量优良，仅个别城市出现超标现象。2010 年，全省城市环境空气 SO_2 年平均浓度为 0.03 mg/m^3，NO_2 年平均浓度为 0.02 mg/m^3，可吸入颗粒物年平均浓度为 0.06 mg/m^3，均达到国家环境空气质量年均值二级标准。SO_2、NO_2 和可吸入颗粒物三项污染因子年平均浓度值总体呈下降趋势。

贵州省空气质量较云南省略差，2010 年全省城市环境空气 SO_2 年平均浓度为 0.048 mg/m^3，NO_2 年平均浓度为 0.02 mg/m^3，可吸入颗粒物年平均浓度为 0.08 mg/m^3，可吸入颗粒物年均浓度超过了国家环境空气质量二级标准，其他污染物未超标，均达到了二级标准。

2. 空气环境质量空间特征

云贵两省属高原季风气候，受孟加拉高压气流影响，是东南亚污染物的主要输送通道。由于区域地形复杂，气候区域差异和垂直变化大，形成局地环流，不利于污染物稀释。

总体而言，云南省环境空气质量优良（图 4-41），仅个别城市出现超标现象。2010 年，全省城市环境空气 SO_2 年平均浓度为 0.03 mg/m^3，NO_2 年平均浓度为 0.02 mg/m^3，PM_{10} 年平均浓度为 0.06 mg/m^3，均达到国家环境空气质量年均值二级标准。2001—2010 年，云南省 3 项常规污染物年平均浓度值总体呈下降趋势，其中 2004—2007 年 SO_2 年均浓度较高，2010 年下降至 2001 年水平。NO_2 年均浓度基本保持稳定，10 年间未出现明显变化。PM_{10} 年均浓度呈持续降低趋势，相比“十五”初期，2010 年全省 PM_{10} 年均浓度下降了约 30%，“十一五”期间全部达到了国家二级标准。

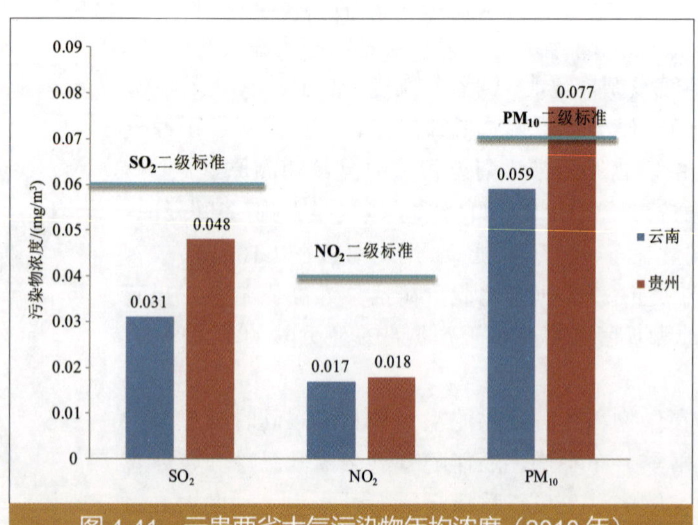

图 4-41 云贵两省大气污染物年均浓度（2010 年）

贵州省空气质量相对略差。2010 年，全省城市环境空气 SO_2 年平均浓度为 0.048 mg/m^3，NO_2 年平均浓度为 0.02 mg/m^3，均达到国家环境空气质量二级标准。全省 PM_{10} 年平均浓度为 0.08 mg/m^3，未达到国家二级标准。2001—2010 年，贵州省 SO_2 年均浓度基本保持稳定，2006 年达到峰值 0.07 mg/m^3，之后总体呈逐年下降趋势。10 年来 NO_2 年均浓度均未超过国家二级标准，“十一五”期间浓度略有增加，但基本保持在 0.02 mg/m^3 左右。2001—2010 年，贵州省 PM_{10} 年均浓度超出了国家环境空气质量二级标准，总体保持较高浓度水平，2010 年浓度值出现小幅上升。

从大气污染物浓度空间分布来看，2010 年云南曲靖、玉溪，贵州毕节、遵义、铜仁、黔南、黔东南、贵阳的 PM_{10} 年均浓度均超过了国家二级标准（图 4-42）。昭通、遵义 SO_2 年均浓度超过国家二级标准。

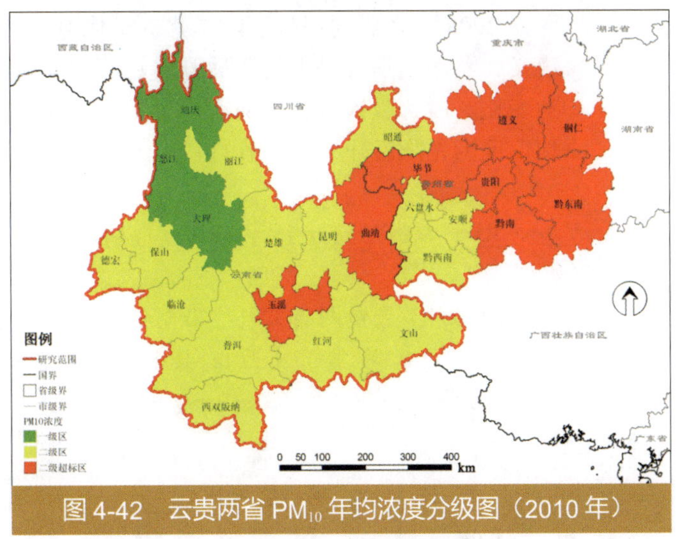

图 4-42 云贵两省 PM_{10} 年均浓度分级图（2010 年）

三、空气环境质量变化趋势

近 10 年，总体上云南省二氧化硫浓度未超过国家二级标准，表现为先升后降、再升再降的演变过程。2000—2001 年浓度上升，2002 年显著下降，2003—2007 年稳步上升，在 2007 年达到近 10 年来的最高值，之后开始呈现明显的下降趋势，这种趋势一直持续至 2010 年。二氧化氮浓度多年来也未超过国家二级标准，经历了与二氧化硫相似的变化趋势，但是变化幅度非常小。可吸入颗粒物浓度在 2006 年之前均超过国家二级标准，2007 年以后达到国家二级标准，多年来呈现出稳步下降的趋势，这种趋势持续至 2010 年，2010 年 PM_{10} 浓度降至最低（图 4-43）。

贵州省二氧化硫年均浓度超过国家二级标准的年份有 5 年，分别为 2000 年（0.133 mg/m^3）、2001 年（0.066 mg/m^3）、2002 年（0.066 mg/m^3）、2006 年（0.067 mg/m^3）、2007 年（0.061 mg/m^3）。2000 年二氧化硫年均浓度最大，2001 年显著下降，之后维持在 0.05 ～ 0.07 mg/m^3，2001—2005 年有轻微的下降趋势，2006 年又略有上升，之后则呈现轻微的下降趋势。贵州省二氧化氮年均浓度近 10 年来未超过国家二级标准，年际变化也不明显，保持在 0.02 mg/m^3 左右。贵州省可吸入颗粒物年均浓度较高，2002—2010 年均超过了国家环境空气质量二级标准，2002 年浓度最高，为 0.106 mg/m^3，其次为 2006 年，为 0.100 mg/m^3，其年际变化趋势较为明显，表现为先降后升再降，2010 年又出现浓度上升的趋势。表明贵州省的颗粒物污染较为严重（图 4-43）。

云南省各城市二氧化硫的浓度变化趋势不尽相同。其中昆明、昭通、曲靖、普洱、西双版纳、河口均是呈现先升后降的变化趋势；楚雄、玉溪、红河、保山、德宏和六库县城虽然偶有波动，但基本呈现明显的上升趋势；而其他城市虽然浓度变化有波动，但总体呈现下降的趋势。各城市二氧化氮浓度变化趋势亦不相同。其中昆明、玉溪、保山、丽江均呈显著上升的趋势；昭通、曲靖、楚雄、红河、开远、文山县城、普洱、西双版纳、河口、临沧、德宏、六库县城基本均呈先升后降的趋势；其他城市呈现较为明显的下降趋势。各城市可吸入颗粒物浓度变化趋势也有差别。其中昆明、昭通、开远、保山、德宏、六库县城、丽江呈现明显的下降趋势；曲靖、红河、文山县城、普洱、河口、临沧、楚雄均呈现先升后降的变化趋势；玉溪、大理、西双版纳则呈现先降后升的变化趋势（图 4-44）。

贵州省各城市的各类污染物的变化趋势各不相同。就二氧化硫而言，贵阳、黔南、福泉、安顺呈明显的下降趋势；六盘水和毕节则呈明显的上升趋势；2000—2008 年遵义无明显变化，而在 2008 年之后则明显下降。就二氧化氮而言，贵阳和六盘水二氧化氮浓度有上升的趋势；遵义、黔南、福泉呈现先降后升的趋势；安顺呈明显的下降趋势；毕节先上升，之后无明显的变化。就可吸入颗粒物而言，贵阳、遵义、安顺均呈现下降的趋势；黔南、六盘水和福泉均表现为先降后升；而毕节的 PM_{10} 浓度则呈明显的上升趋势（图 4-43）。

四、空气环境污染物排放评价

2010 年，云贵两省大气污染物全社会排放总量分别为 $SO_2$186.6 万 t、氮氧化物 101.3 万 t、烟尘 51.5 万 t、粉尘 37.1 万 t。其中，云南省各污染物排放量分别为 70.4 万 t、52.0 万 t、22.4

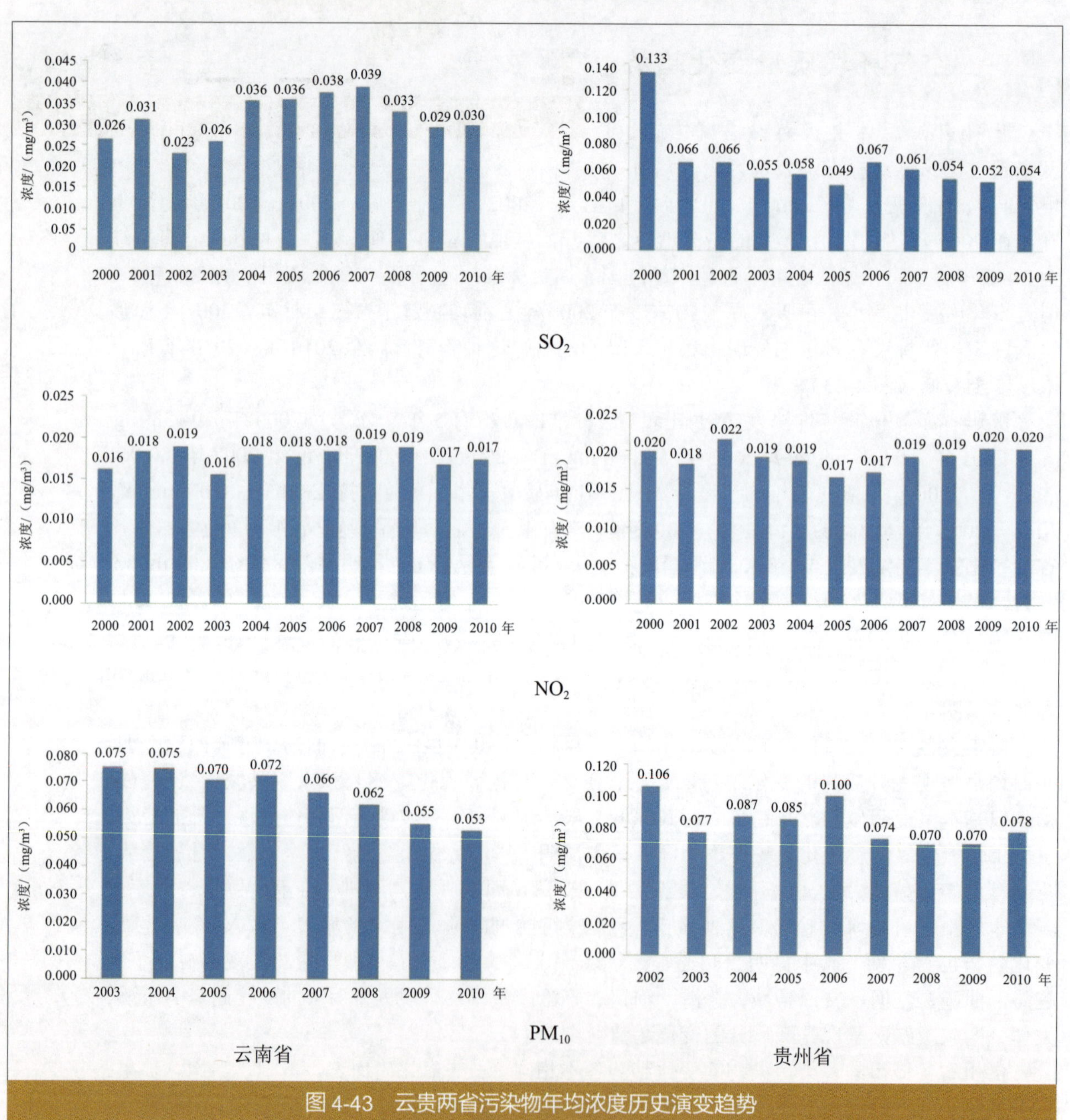

图 4-43 云贵两省污染物年均浓度历史演变趋势

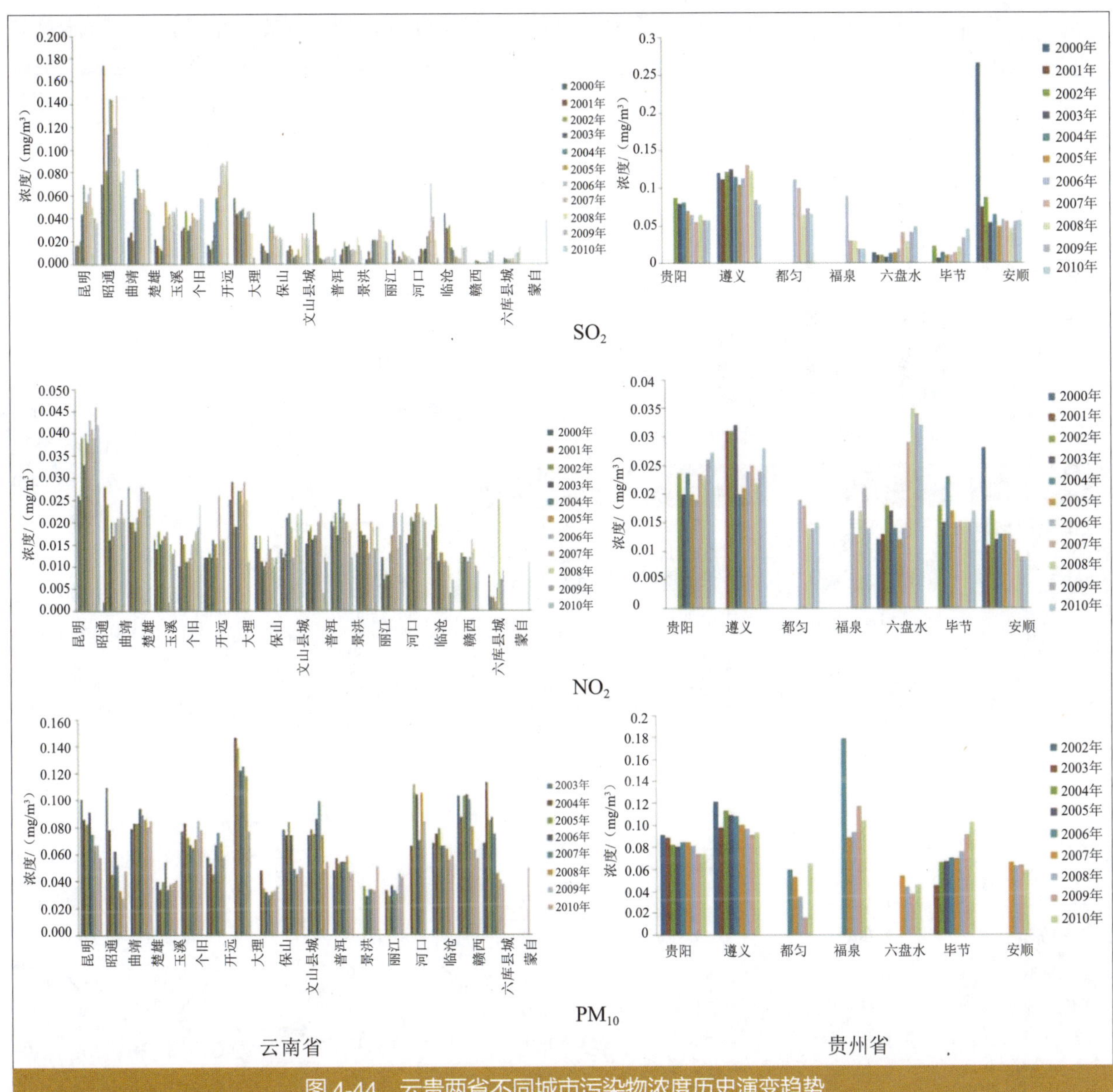

图 4-44 云贵两省不同城市污染物浓度历史演变趋势

万 t 和 19.7 万 t，分别占 38%、51%、44% 和 53%；贵州省各污染物排放量分别为 116.18 万 t、49.3 万 t、29.1 万 t 和 17.4 万 t，分别占 62%、49%、57% 和 47%（图 4-45）。

从 2010 年各市州大气污染物全社会排放总量来看（图 4-46，表 4-18），大气污染物排放主要集中于云南和贵州两省省会城市及其周边，其特点是工业比较发达，人口较为聚集，排放量相对较小的市州主要集中于云南省西部和南部部分市州。其中，云南省 SO_2 排放量最大的市州是曲靖，达到 24.9 万 t，贵州省 SO_2 排放量最大的市州是毕节，达到 28.3 万 t；六盘水的 SO_2 排放量也较大，达到了 23.1 万 t；SO_2 排放量在 10 万 t 以上的市州还有昆明、红河、贵阳、安顺、遵义；其他市州 SO_2 排放量相对较小，特别是云南的部分市州，如迪庆，其 SO_2 排放量仅为 0.1 万 t。云南省 NO_x 排放量最大的市州是曲靖（16.3 万 t），贵州省为毕节（13.4 万 t）；NO_x 排放量在 10 万 t 以上的市州还有昆明（10.5 万 t）和六盘水（12.9 万 t）；红河、贵阳、遵义的 NO_x 排放量也达到了 5 万 t 以上；其他市州的 NO_x 排放量相对较小，如云南省的临沧、西双版纳、怒江、迪庆，均未超过 1 万 t。云贵两省各市州烟尘排放量均不大，各市州相比，烟尘排放最大的市州是遵义，达到了 11.1 万 t，其次是曲靖，为 5.1 万 t；大部分市州烟尘排放量在 1 万～5 万 t，如昆明、玉溪、楚雄、红河、昭通、丽江、普洱、贵阳、毕节、黔南、黔东南、黔西南、六盘水、铜仁；烟尘排放量相对较小的市州主要分布在云南，如保山、临沧、文山、西双版纳、怒江、迪庆。粉尘排放量最大的市州是曲靖，为 6.6 万 t，其次为昆明，达到了 4.4 万 t，黔南的粉尘排放也不小，达到了 3.9 万 t；其他粉尘排放量达到 1 万 t 以上的市州为玉溪、楚雄、红河、贵阳、安顺、遵义、毕节、黔东南、铜仁；其他市州粉尘排放相对较小，如云南省的临沧、怒江、迪庆，其排放量均在 1 000 t 以下。

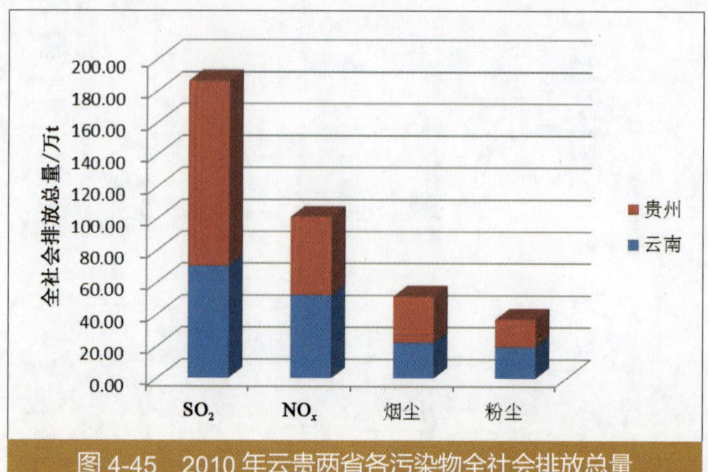

图 4-45 2010 年云贵两省各污染物全社会排放总量

表 4-18 各市州大气污染物全社会排放总量（2010 年） 单位：万 t

	SO_2 排放量	NO_x 排放量	烟尘排放量	粉尘排放量
昆明	11.75	10.53	2.47	4.37
玉溪	3.69	3.03	3.17	2.51
曲靖	24.92	16.26	5.14	6.59
楚雄	2.20	1.15	1.46	1.34
红河	14.49	7.72	2.53	1.85
保山	1.61	1.83	0.66	0.27
昭通	3.02	1.50	1.15	0.65
丽江	0.78	1.04	1.24	0.36
普洱	1.02	1.26	1.19	0.19
临沧	2.73	0.74	0.40	0.07
文山	1.00	1.39	0.59	0.79
西双版纳	0.35	0.71	0.50	0.11
大理	1.40	2.75	0.91	0.37
德宏	0.75	1.12	0.83	0.19
怒江	0.58	0.37	0.06	0.03
迪庆	0.07	0.58	0.09	0.01
贵阳	13.28	5.31	2.77	1.38
安顺	15.98	4.46	0.91	2.10
遵义	13.57	5.03	11.05	1.85
毕节	28.25	13.37	4.55	1.96
黔南	4.29	2.15	1.81	3.91
黔东南	5.73	1.97	2.12	2.91
黔西南	2.22	1.12	1.49	0.46
六盘水	23.09	12.87	2.97	0.89
铜仁	9.77	3.00	1.42	1.89

注：深绿色为排放量较大城市。

自 2002—2010 年，云贵两省大气污染物全社会排放总量表现为 SO_2 和粉尘先增后减趋势，烟尘排放时而增加时而减小。其中，SO_2 排放总量一直保持在 160 万 t 以上水平，自 2002 年开始表现为增长趋势，直至 2006 年达到排放量最大值，之后排放量逐渐减小；烟尘排放总量自 2002 年开始逐渐减小，2005 年排放总量出现较大值，仅次于2002年和2009年排放总量，自2006年始烟尘排放总量逐渐增加至2009年，2010年减少幅度明显；粉尘排放总量主要由工业排放贡献，其趋势表现为在2004年之前逐渐增加，2004年达到历史排放最大值，之后表现为减小趋势，至2010年出现历史最小排放量（图4-47）。

云南省与贵州省大气污染物排放总量历史变化趋势比较可知，贵州省近10年SO_2排放总量远大于云南省，平均每年排放总量占云贵两省的70%以上；贵州省近10年烟尘排放总量也大于云南省，排放总量占云贵两省排放总量55%～72%；贵州粉尘排放总量自2004年开始呈现逐年减少趋势，在云贵两省的占比也逐渐减小，由2003年的79%下降到2010年的49%。

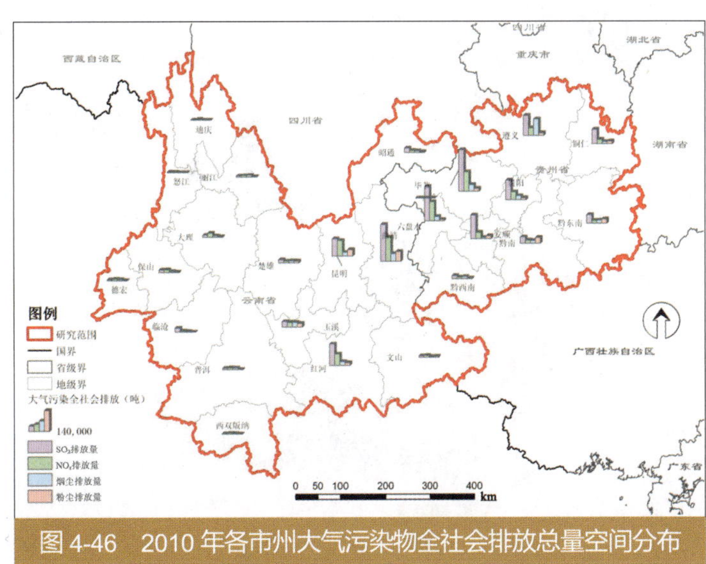

图4-46 2010年各市州大气污染物全社会排放总量空间分布

五、小结：大气环境污染的关键问题

1. 区域性酸雨污染问题仍然突出

“十一五”期间，由于污染物总量控制等措施，云贵两省酸雨污染状况有所好转。云南省受酸雨影响范围明显减少，酸雨控制区出现酸雨的城市、频率逐年下降，全省酸雨频率由2005年的13%下降到2010年的8%，降幅为36%。云南昆明、蒙自的酸雨频率呈现显著的下降趋势，个旧、楚雄酸雨频率相对较高，其他地区出现酸雨频率较低。贵州遵义、安顺和都匀酸雨频率相对较高，但均呈现显著的下降趋势，其他地区出现酸雨频率较低。

但是云贵两省的问题仍较为突出。2010年开展降水酸度监测的30个城市中（包括县级市），14个城市出现酸雨，酸雨影响范围较广。楚雄市酸雨频率最高，为52%，个旧市和安顺市酸雨频率分别达到47%和39%。昭通、楚雄、红河年均降水pH值均小于4.6，酸雨污染严重（图4-48）。

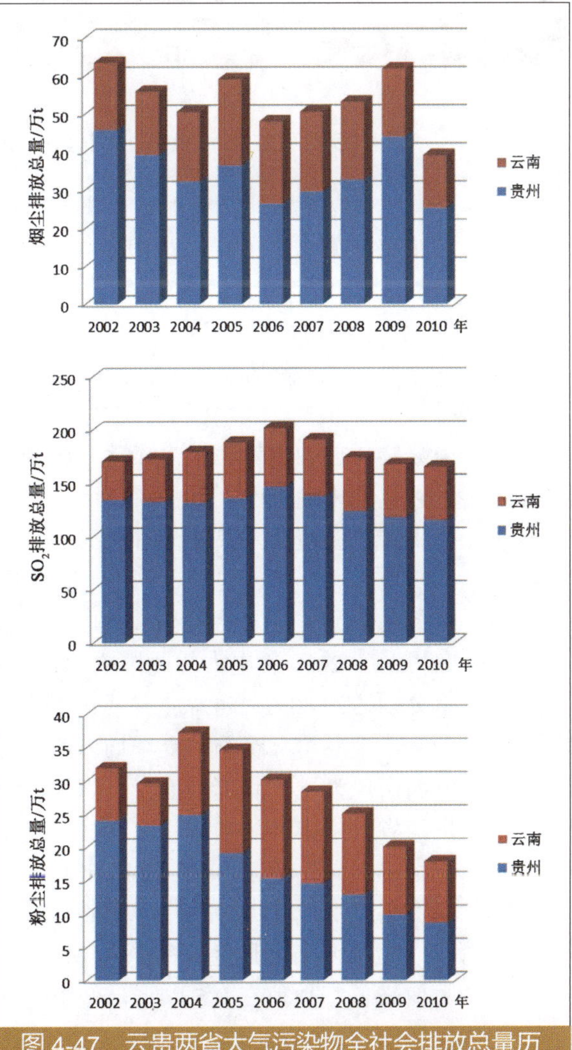

图4-47 云贵两省大气污染物全社会排放总量历史变化趋势

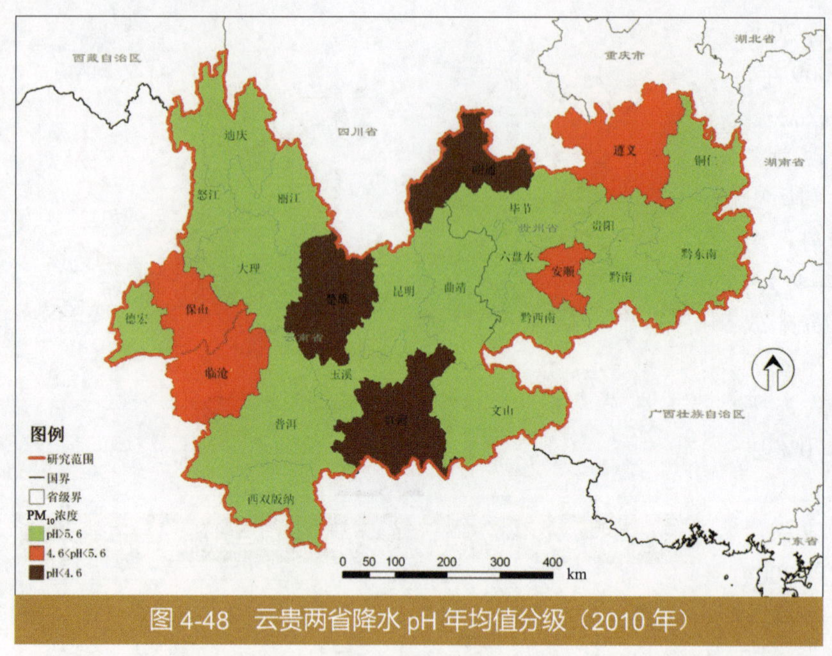

图 4-48　云贵两省降水 pH 年均值分级（2010 年）

从湿沉降量的水平分布上看，云贵两省主要以硫酸盐湿沉降为主，硝酸盐和铵盐为辅。其中云南省 2010 年湿沉降总量分别为硫酸盐 71.5 万 t、硝酸盐 23.7 万 t、铵盐 25.7 万 t。其中，云南本省贡献硫酸盐湿沉降量中的 56.7 万 t，11.9 万 t 来自贵州，2.8 万 t 来自云贵两省以外区域。贵州硫酸盐、硝酸盐以及铵盐的湿沉降量分别为 59 万 t、25 万 t 以及 19.5 万 t，其中 45.5 万 t 硫酸盐来自贵州本省，7.9 万 t 来自云南省，3.9 万 t 来自云贵以外区域。

2．结构性大气污染特征明显，污染物以本地贡献为主

受区域能源结构影响，云贵两省煤烟型污染特征明显，SO_2 和 PM_{10} 是影响区域空气质量的主要污染物。2001—2010 年，云贵两省 SO_2、粉尘排放量先增后减，烟尘排放量呈现一定波动性。2010 年云贵两省大气污染物全社会排放总量分别为 $SO_2$186.6 万 t、氮氧化物 101.3 万 t、烟尘 51.5 万 t、粉尘 37.1 万 t。其中，SO_2 排放量占全国 8%，高出云贵两省 GDP 占全国比重 1 倍以上，其余几项污染物排放量占全国同期的 4% 左右。贵州 SO_2 排放量较大，占区域总排放量的 62%。大气污染排放中，工业排放占各项污染物排放比例均超过 70%；机动车对氮氧化物排放的贡献也较为显著，达到 26%。大气污染物排放主要集中于昆明、贵阳及其周边地区，滇中经济区、黔中经济区、黔西资源富集和开发区、沿边经济带四个地区工业大气污染物排放量超过区域总量的 85%。

电力、化工、建材、钢铁、有色冶金为五大重点污染排放行业，2010 年 SO_2 及氮氧化物排放量分别占全社会排放量 81%、70%。其中，电力行业是大气污染排放贡献最大的行业，云贵两省 2010 年电力行业排放 SO_2 占两省比重分别达到 73%、41%，排放氮氧化物占两省比重分别达到 80%、54%。

云南冬季、春季、夏季均以西南风为主，秋季则以南风为主。贵州省冬季、春季，南部以西南风为主，北部则盛行东南风，夏季、秋季东南风为主导。在区域特征气象条件下，云贵两省与中南半岛的缅甸、老挝、越南以及四川、广西等省份之间存在一定的污染物跨界输送影响，界外输送影响一般在 5% ～ 10%（图 4-49）。其中，西双版纳、文山、黔西南、黔东南、昭通受云贵两省以外区域影响较大。

2010 年云贵地区四季光学厚度（AOD）空间分布显示（图 4-50），云南、贵州两省 AOD 数值较低，数值在 0.5 以下，低于周边的四川、重庆、湖北、湖南、广西及中南半岛国家，且云南的 AOD 总体低于贵州。该图表明，云南、贵州两省上空气溶胶柱浓度总体较低，气溶胶污染较轻，相对于云南，贵州气溶胶污染较重。此外，云贵地区 AOD 有明显的季节变

化特征，夏秋两季 AOD 低于春冬两季，其中春季 AOD 最高。

与周边其他省市比较，如四川、重庆、湖南、广西等，云贵两省 $PM_{2.5}$ 污染水平总体相对较轻，区域 $PM_{2.5}$ 浓度总体维持在 15 ～ 104 μg/m³，秋季和冬季存在超标风险。

贵州 $PM_{2.5}$ 浓度在四季均高于云南，差值在 10 μg/m³ 以上。从云贵两省内部来看，$PM_{2.5}$ 浓度较高地区位于黔中经济区、黔西资源与产业开发区、滇中经济区和滇北区，云南西部和南部部分地区 $PM_{2.5}$ 浓度相对

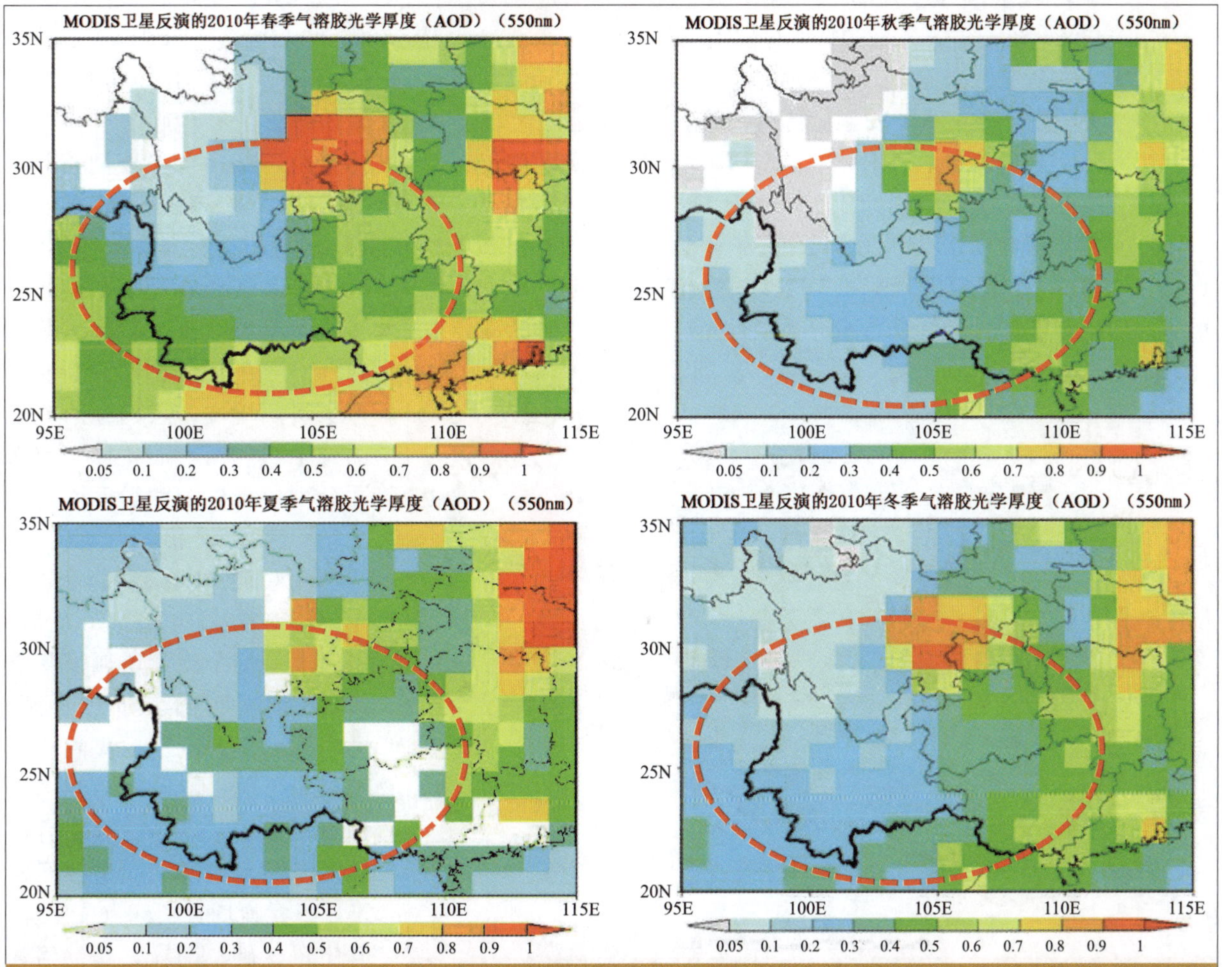

图 4-49　云贵两省 SO_2 来源构成（2010 年）

MODIS卫星反演的2010年春季气溶胶光学厚度（AOD）（550nm）

MODIS卫星反演的2010年秋季气溶胶光学厚度（AOD）（550nm）

MODIS卫星反演的2010年夏季气溶胶光学厚度（AOD）（550nm）

MODIS卫星反演的2010年冬季气溶胶光学厚度（AOD）（550nm）

图 4-50　云贵两省四季气溶胶光学厚度（AOD）空间分布（2010 年）

较小。

云贵两省四季 O_3 浓度维持在 80 ～ 120 μg/m³。由于夏季和秋季温度较高，日照充分，光化学反应较为活跃，O_3 浓度季节性变化明显，夏、秋两季存在一定超标风险；冬季和春季温度相对较低，太阳辐射相对减弱，光化学反应也相应减弱，O_3 浓度也相对较低。从 O_3 浓度空间分布可知，夏季贵州省 O_3 浓度相对较高，云南省相对较低；秋季，云南省 O_3 浓度有所上升，贵州省有所下降。

第六节　重金属污染状况及现状问题

一、重金属污染较为突出，重特大污染事件呈高发态势

云贵两省土壤重金属污染较为严重，云南省土壤中砷、镉、铅污染，贵州省土壤中镉、砷污染较为突出。根据云贵两省土壤污染状况调查结果，云贵两省土壤中汞、镉、铬、铅、砷均有不同程度超标。云南省各元素超标率分别为：铅 6%、汞 4%、镉 8%、铬 6%、砷 12%，贵州省各元素超标率分别为：铅 0.5%、汞 0.2%、镉 21%、砷 11%。

从空间来看，云南红河、文山、曲靖、昆明、大理、临沧、昭通、保山等 8 市州土壤污染较为严重；贵州安顺、黔南、黔西南和毕节四市州土壤污染较为严重（图 4-51）。

云贵两省地表水体中重金属浓度有所下降，但仍有部分河段超标。2010 年主要河流监测断面中，重金属超标断面比例为 11%，超标断面主要分布在红河流域、澜沧江流域、乌江水系和南盘江水系（图 4-52）。云南 64% 的铅超标河流断面和 86% 的砷超标断面分布在红河，18.2% 的铅超标断面和 33.3% 的汞超标断面分布在曲靖境内。铅、汞、砷最高超标断面均分布在红河，超标倍数分别为 23.4 倍、4 倍、2 倍，镉最高超标断面分布在大理，超标倍数为 15 倍。贵州铅超标河流断面均位于贵阳境内，汞超标河流断面位于黔西南，镉超标河流断面分别位于毕节和黔西南，最大超标倍数 3.2 倍。

图 4-51　云贵两省土壤重金属污染严重区分布

沉积物中重金属污染严重。云南省长江、珠江、红河、怒江水系的干流和所属部分支流，以及滇池、阳宗海、个旧湖、大屯海、星云湖、杞麓湖和北坡水库等湖泊底泥中，砷、汞、铬、铅、镉、铜、锌等均有检出，参照土壤环境质量二级标准，各元素均有超标点位出现，其中镉、砷、铅最大超标倍数分别达 379 倍、186 倍和 20 倍，

分别出现在红河流域的倘甸双河、红河流域元江的沙甸河和澜沧江流域沘江的麦杆甸。贵州省无相关监测数据。

云贵两省主要湖泊水库中，仅大屯海和阳宗海的砷超标，超标倍数分别为1.7倍和0.4倍。

重金属污染已对云贵局部地区生态环境构成威胁。贵州省土壤重金属污染已导致农作物受到不同程度的污染，局部地区粮食、蔬菜、水果等食物中镉、砷、铅等重金属含量超标或接近临界值。贵州的汞矿开发已对乌江下游的生态与环境产生较大的影响。近年来，云贵两省重金属重特大污染事件呈高发态势。如20世纪90年代云南省怒江州沘江的重金属污染，2003年云南省楚雄州重金属集体中毒事件，2007年贵阳市百花湖汞污染事故，黔南州都柳江砷污染事件，2008年云南省阳宗海砷污染事件，2011年云南省曲靖铬污染水库事件等。

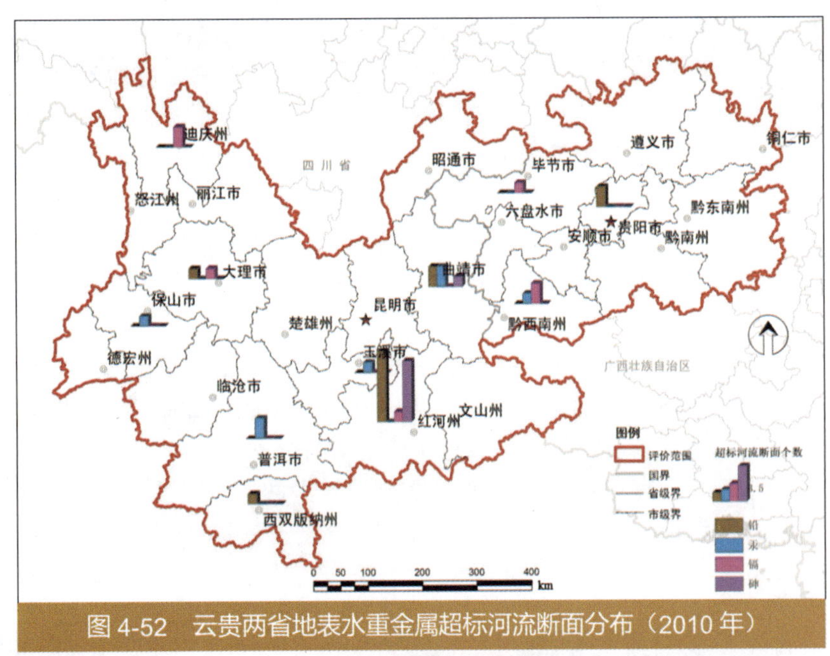

图4-52 云贵两省地表水重金属超标河流断面分布（2010年）

二、工业重金属排放量大，涉重污染源众多且分布广泛

云南省重金属排放量相对较高（图4-53）。2010年云南省汞排放量占全国总量9.4%，位列全国第3；铅排放量占3%，位列第7；砷排放量占2%，位列第6。铅、镉排放主要集中在昆明、红河和怒江等市州。贵州省废水中重金属的排放量与其COD、氨氮等常规污染物排放量占全国比重相当，汞、镉、铬、六价铅、砷排放量分别位列全国第16、24、24、23、21位。

云贵两省尚未对废气重金属排放开展监测，无法获得废气污染物中重金属产排量的实测数据，废气中重金属排放量主要根据测算方法确定。废气

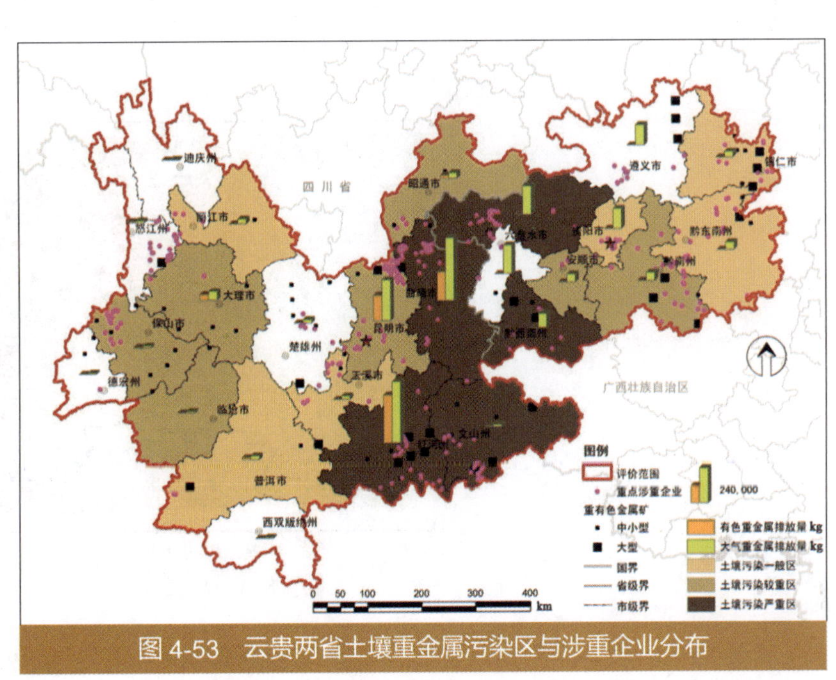

图4-53 云贵两省土壤重金属污染区与涉重企业分布

中重金属排放主要包括燃煤排放和有色金属冶炼排放两部分，燃煤排放量根据燃料煤消费量、燃料煤中重金属含量、排放因子估算，有色金属冶炼排放量根据有色冶炼产品产量和排放因子估算。其中，煤炭消费量数据来自统计年鉴、能源统计年鉴、能源专题预测数据，燃料煤中重金属含量采用文献调研数据，有色冶炼产品产量来自统计年鉴、产业专题预测数据，排放因子根据云贵两省主要行业生产工艺水平和污染控制技术等的调查确定，无生产工艺调查的采用全国平均排放水平数据。规划年新增产能全部采用该行业先进生产工艺。

云贵两省重金属排放以工业为主，两省工业废水中重金属排放超过废水中重金属排放总量的 90%，工业废气中重金属排放量分别占云贵两省废气中重金属排放的 95%、66%。2001—2010 年，云贵两省工业废水中的重金属排放量呈波段下降趋势，但云南省汞排放量在 2006 年之后逐渐上升，2010 年排放量超过 2001 年排放水平。2010 年，云贵两省废气中重金属排放量较 2007 年均有增加，增幅分别达到 23%、8%。

有色冶金、钢铁、电力是云贵两省的主要重金属排放行业。其中，2010 年有色冶金、钢铁行业废水中重金属排放量分别占云贵两省工业废水中重金属排放量的 99.4% 和 96.6%。

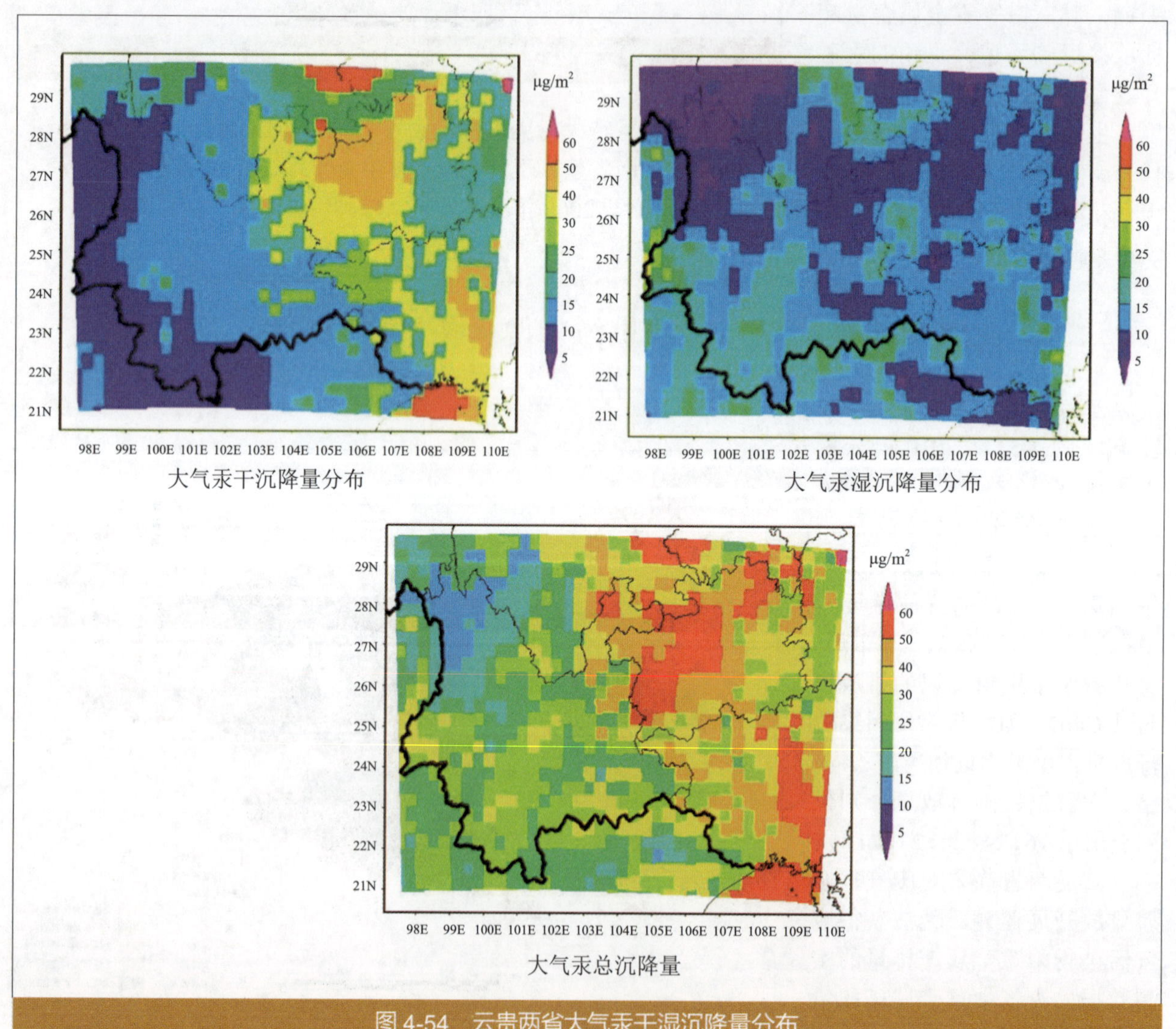

图 4-54 云贵两省大气汞干湿沉降量分布

2010年，有色、电力行业排放重金属分别占云南省工业废气中重金属排放量的59%和10%；电力行业排放重金属约占贵州省工业废气中重金属排放量的68%。

云南省工业废水中重金属排放主要集中在昆明、红河和怒江，分别占全省工业废水中重金属总排放量的41%、21%和10%。贵州省工业废水中重金属排放主要集中在毕节、黔南和黔东南，分别占全省的40%、34%和19%。

云南省工业废气中重金属排放主要集中在曲靖、红河、昆明，约占全省工业废气中重金属排放量的82%；贵州省工业废气中重金属排放以六盘水和毕节居多，分别占全省的27%和23%，遵义、黔西南和贵阳工业废气中重金属排放比例也较高。

运用区域空气质量NAQPMS模式模拟2010年大气中汞的干湿沉降和总沉降量水平分布情况（图4-54）。云贵两省大气的汞沉降量占总排放量的23.4%，其中干沉降约占61.3%。昭通、毕节、安顺和遵义等市州汞沉降影响较大，2010年汞的干沉降量超过40 $\mu g/m^2$；云贵两省大部分地区汞湿沉降量都在10 $\mu g/m^2$以下。

特有的地质环境条件使云贵两省重金属本底含量较高，矿产开发、有色冶炼等涉重企业布局分散，进一步加剧了云贵两省重金属污染。云贵两省矿产资源丰富，特有的矿产资源优势带动了有色金属、黑色金属采选冶炼及化工等相关产业发展。矿产资源开采、冶炼历史悠久，在促进当地经济发展的同时，也导致了环境污染和生态破坏，遗留了大量的历史问题。如沘江流域的铅锌矿采冶、个旧的砷矿采选、毕节的土法炼锌、万山、务川、铜仁、丹寨、松桃及兴仁滥木厂等的汞矿开采、黔南的铊矿开采等均有相当长的历史，向当地水体和土壤排放了大量重金属污染物，所遗留的大量矿渣，如不进行合理处置，将长期污染河流和土壤，并威胁地下水环境安全。

三、小结：重金属污染问题

云南省土壤中砷、镉、铅污染较为突出，土壤污染较为严重市州为红河州、文山州、曲靖市、昆明市、大理州、临沧市、昭通市、保山市；贵州省土壤中镉、砷污染较为突出，土壤污染较为严重市州为安顺市、黔南州、黔西南州和毕节市。

云南省地表水铅、砷超标较为严重，主要超标流域为红河流域、澜沧江流域和珠江流域，超标河流断面主要分布在红河、曲靖、大理。贵州省地表水存在铅、汞、镉超标，主要超标水系为乌江水系和南盘江水系，超标河流断面分布在黔西南、贵阳、毕节地区。2007—2010年，云贵两省重金属水环境质量整体有所改善，但仍有部分河流重金属超标。

云南省沉积物中重金属污染严重。贵州省无相关监测。

第五章 区域资源环境效率评价

第一节 资源环境效率评价方法

以云贵两省各市州为基本单元，评价两省及各市州全社会资源消耗效率、污染物排放效率，以及重点工业行业和农业非点源的污染物排放强度。在此基础上分析区域内资源消耗、污染物排放在全国所处水平，识别云贵两省区域内部资源环境效率的空间差异。

根据评价区整体技术层次、能效水平和污染物产生与排放水平，选取主要资源消耗与污染物排放指标，以能源、水资源、土地资源利用效率和主要污染物排放强度等指标为基础，构建区域的资源环境综合效率评价指标、工业资源环境效率评价指标和重点产业分行业资源环境效率评价指标三个层次的评价指标体系。

资源环境综合效率评价指标：综合能耗强度、用水效率、碳排放量强度、主要污染物（化学需氧量、氨氮、二氧化硫、氮氧化物、烟尘、固体废弃物、重金属）排放强度；

工业资源环境效率评价指标：工业能耗强度、工业用水效率、工业用水循环利用率、工业土地利用效率、工业碳排放强度、工业主要污染物（化学需氧量、氨氮、二氧化硫、氮氧化物、烟尘、工艺粉尘、固体废弃物、重金属）排放强度；

重点产业分行业资源环境效率评价指标：行业能耗强度、行业用水强度、行业用水循环利用率、行业资源综合利用率、行业碳排放强度、行业主要污染物（化学需氧量、氨氮、二氧化硫、氮氧化物、烟尘、工艺粉尘、固体废弃物、重金属、各行业特征污染物）排放强度。

主要数据来源为第一次全国污染普查数据（2007 年），全国资源环境效率数据来自环境统计年鉴；资源环境效率趋势数据来自环境统计数据（2000—2010 年）；水资源数据来自水资源公报（2000—2010 年）。

第二节 能源和资源利用效率特征

1. 能源利用效率

2001—2010 年，云贵两省能耗效率分别提高了 15%、45%。2010 年云贵两省万元 GDP 能耗分别达到 1.2 t 标煤 / 万元和 1.8 t 标煤 / 万元，仍为全国平均水平的 1.1 倍和 1.7 倍。其中，临沧、六盘水能耗分别为 4.8 t 标煤 / 万元、3.5 t 标煤 / 万元，能耗效率在整个云贵两省处于落后水平（图 5-1、图 5-2）。

2010 年，云贵两省能源消费弹性系数分别为 0.65、0.63，略高于同期全国 0.58 的平均水平。2001—2010 年云贵两省能源消费弹性系数呈波动中逐步下降趋势。2006 年前云南省能源消费弹性系数基本都大于 1.0，经济发展方式十分粗放；2006 年后均低于 1.0 且逐步降低，经济发展对能源的依赖度逐步下降。贵州省除 2003 年能源消费弹性系数较大（2.36）外，其他年份均小于 1（图 5-3）。

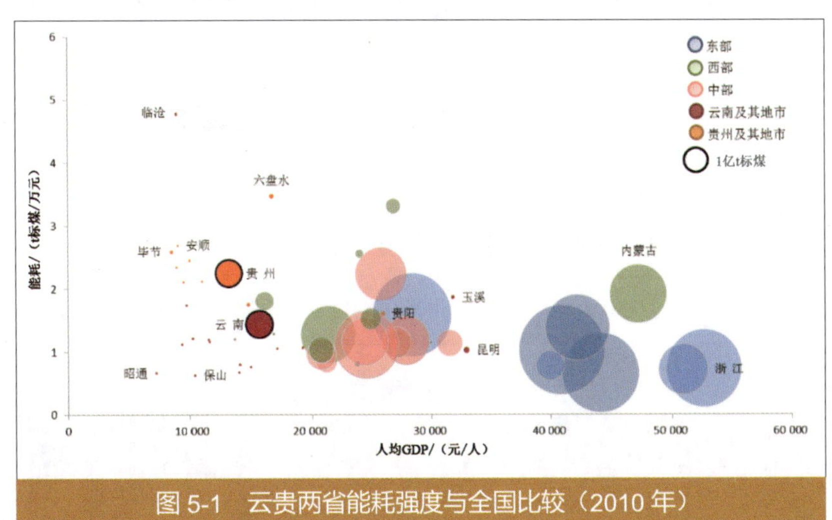

图 5-1　云贵两省能耗强度与全国比较（2010 年）

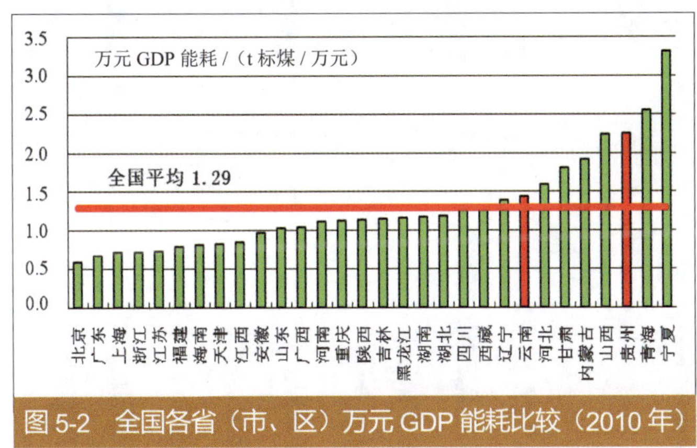

图 5-2　全国各省（市、区）万元 GDP 能耗比较（2010 年）

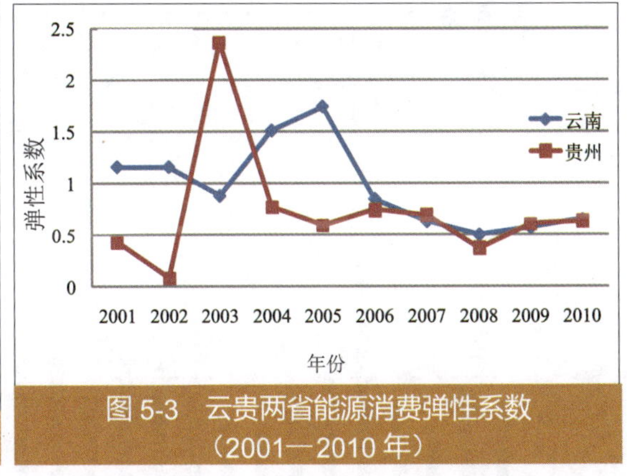

图 5-3　云贵两省能源消费弹性系数（2001—2010 年）

注：以上数据依据云南、贵州统计年鉴（2006 年、2011 年）。

2．水资源利用效率

2010 年云贵两省万元 GDP 用水量达到 204.3 m^3 和 220.6 m^3，分别为全国平均水平的 1.4 倍和 1.5 倍（图 5-4）。与 2001 年相比，云贵两省万元 GDP 用水量分别下降了 72%、73%，降幅均高于同期全国平均水平。整体来看，黔中经济区、滇中经济区用水效率水平较高，其中，昆明、玉

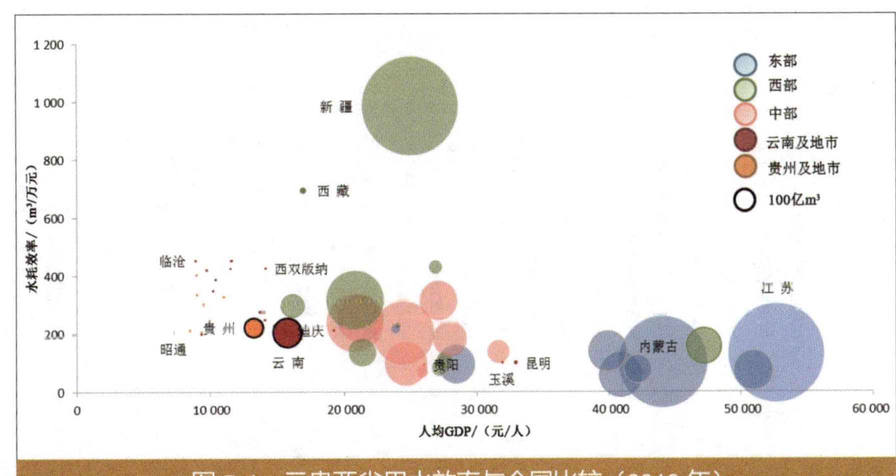

图 5-4　云贵两省用水效率与全国比较（2010 年）

溪、贵阳万元 GDP 用水量为 94 ~ 100 m^3；曲靖、六盘水、文山、昭通、毕节、红河等市州万元 GDP 用水量均小于 250 m^3；保山、临沧、思茅、铜仁、黔东南等市州用水效率水平较低。

第三节　污染物排放效率特征

1. 农业非点源排放强度

2010 年云南省农业源 COD 排放强度为 6.4 kg/ 万元农业增加值。云南省 16 个市州农

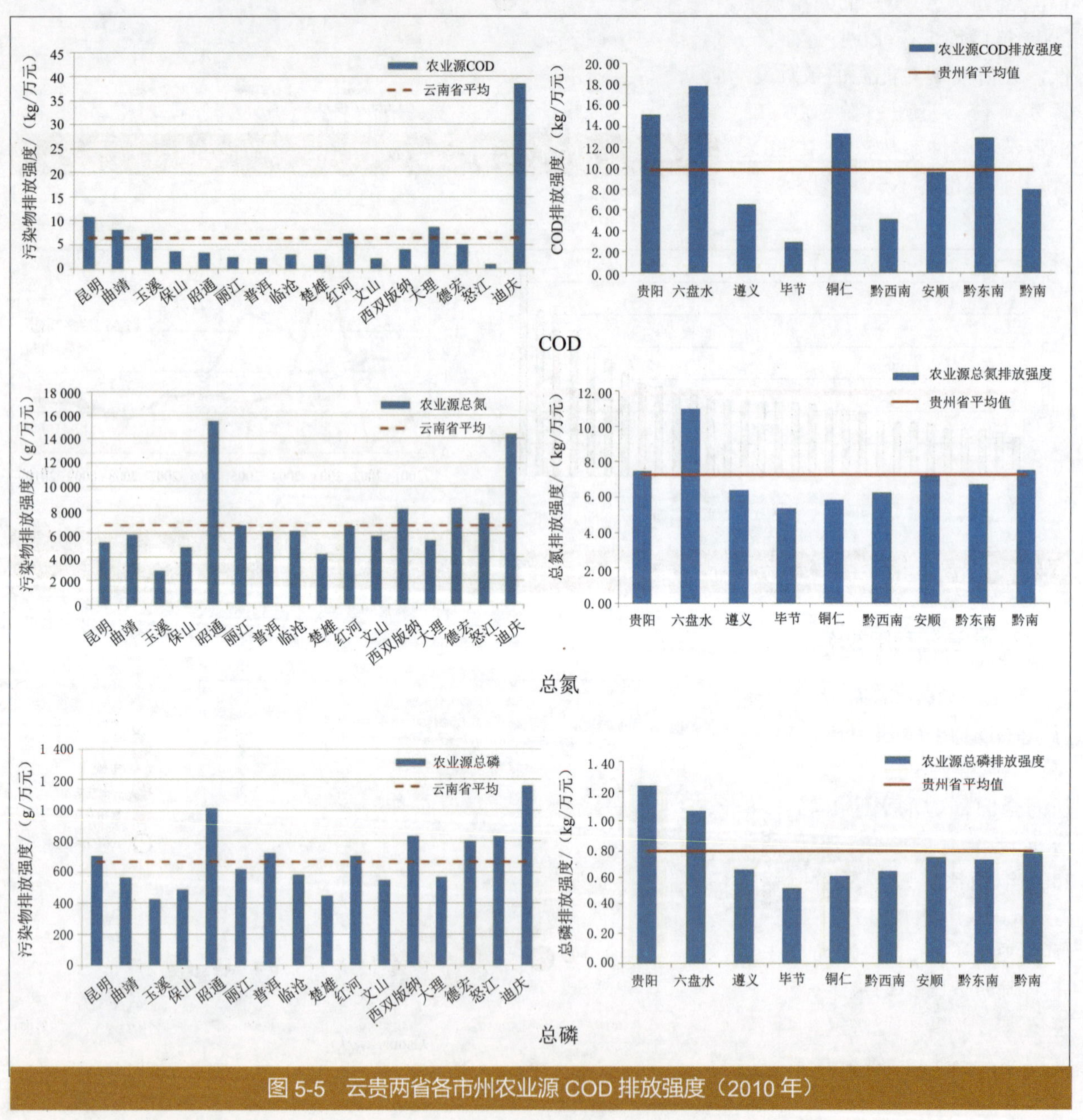

图 5-5　云贵两省各市州农业源 COD 排放强度（2010 年）

业源 COD 排放强度差异较大。其中，农业源 COD 排放强度超过全省平均水平的有 6 个市州，按从高到低分别为迪庆、昆明、大理、曲靖、红河和玉溪，最高达 38.4 kg/ 万元农业增加值（图 5-5）。

2010 年云南省农业源总氮排放强度为 6.7 kg/ 万元农业增加值。云南省 16 个市州有 6 个农业源总氮排放强度超过云南省平均水平，由高到低分别为昭通、迪庆、德宏、西双版纳、怒江和丽江，最高达 15.5 kg/ 万元农业增加值（图 5-5）。

2010 年云南省农业源总磷排放强度为 669 g/ 万元农业增加值。云南省 16 个市州有 8 个农业源总磷排放强度高于云南省平均水平，由高到低分别为迪庆、昭通、怒江、西双版纳、德宏、普洱、昆明、红河，最高达到 1.2 kg/ 万元农业增加值（图 5-5）。

2010 年贵州省农业源 COD 排放强度为 9.8 kg/ 万元农业增加值。贵州省 9 个市州农业源 COD 排放强度差异较大。其中，农业源 COD 排放强度较大的市州，按从大到小有六盘水市、贵阳市、铜仁地区、黔东南州，最高达 17.8 kg/ 万元农业增加值（图 5-5）。

2010 年贵州省农业源总氮排放强度为 7.2 kg/ 万元农业增加值。贵州省 9 个市州农业源总氮排放强度差异不大。除六盘水市较高，达到 11.0 kg/ 万元农业增加值外，其余各市州均接近或略低于省平均水平（图 5-5）。

2010 年贵州省农业源总磷排放强度为 0.8 kg/ 万元农业增加值。贵州省 9 个市州农业源总磷排放强度差异不是很大。除贵阳市和六盘水市较高，分别为 1.2 kg/ 万元和 1.0 kg/ 万元农业增加值外，其余各市州均略低于省平均水平（图 5-5）。

2. 点源污染排放强度

2001—2010 年，云贵两省 SO_2 排放强度均呈明显下降趋势，尤其是贵州省降幅达到 80.4%，云南省降低了 60%。2010 年，云贵两省万元 GDP SO_2 排放强度分别为 9.8 kg/ 万元、25.3 kg/ 万元，分别是全国平均水平的 1.7 倍和 4.5 倍。贵州安顺、毕节、六盘水、铜仁 SO_2 排放量大、排放强度高（图 5-6）。

2010 年云贵两省万元 GDP 氮氧化物排放分别为 7.2 kg/ 万元、10.7 kg/ 万元，分别为全国平均水平的 1.3 倍和 1.9 倍（图 5-7）。六盘水、毕节、安顺、曲靖等市州氮氧化物排放强度水平较低。

2001—2010 年，云贵两省万元 GDP 排放 COD 分别降低 75% 和 76%。2010 年，云贵两省 COD 排放强度分别为 7.8 kg/ 万元和 7.6 kg/ 万元，基本约为全国平均水平的 1.2 倍。昆明、玉溪万元 GDP 的 COD 排放强度分别为 2.4 kg/ 万元、4.4 kg/ 万元，仅为全国平均水平的 37% 和 69%，沿边经济区中

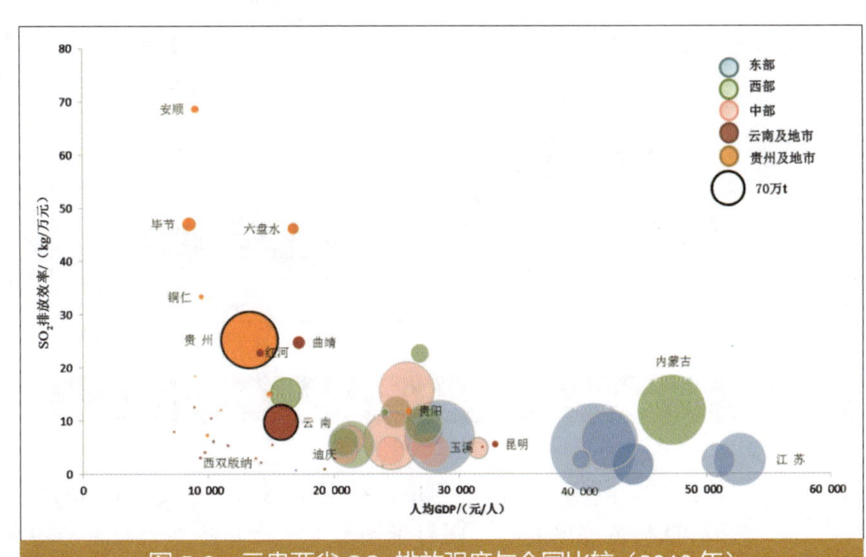

图 5-6 云贵两省 SO_2 排放强度与全国比较（2010 年）

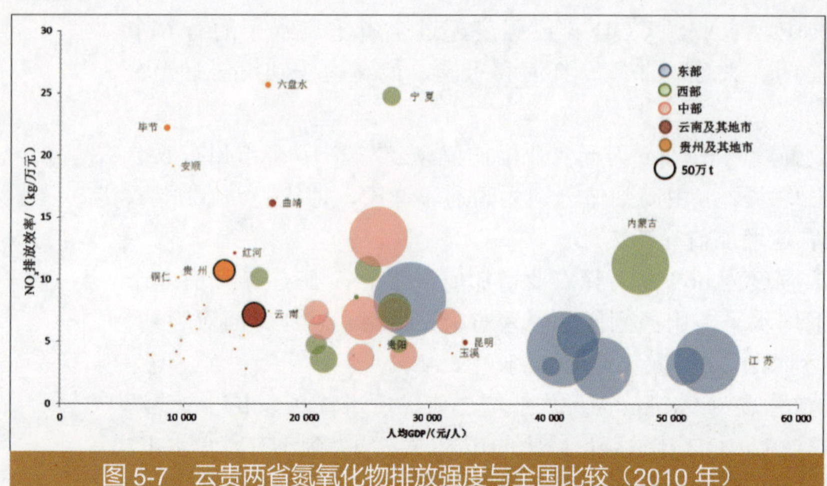

图 5-7 云贵两省氮氧化物排放强度与全国比较（2010 年）

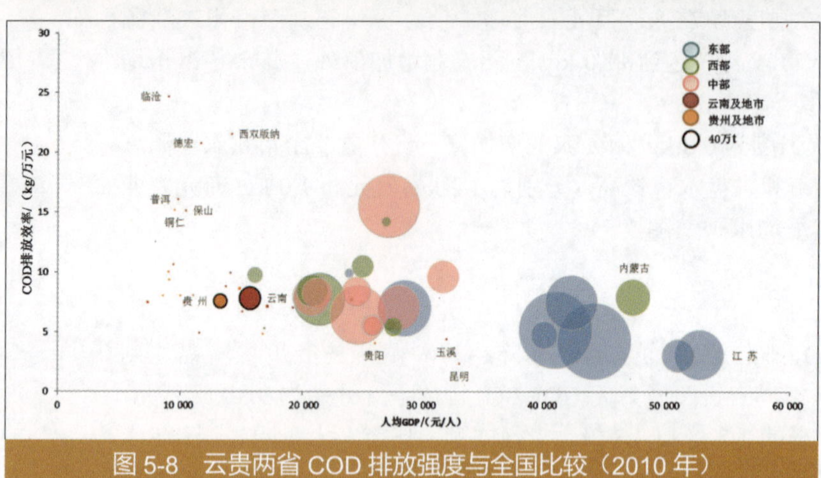

图 5-8 云贵两省 COD 排放强度与全国比较（2010 年）

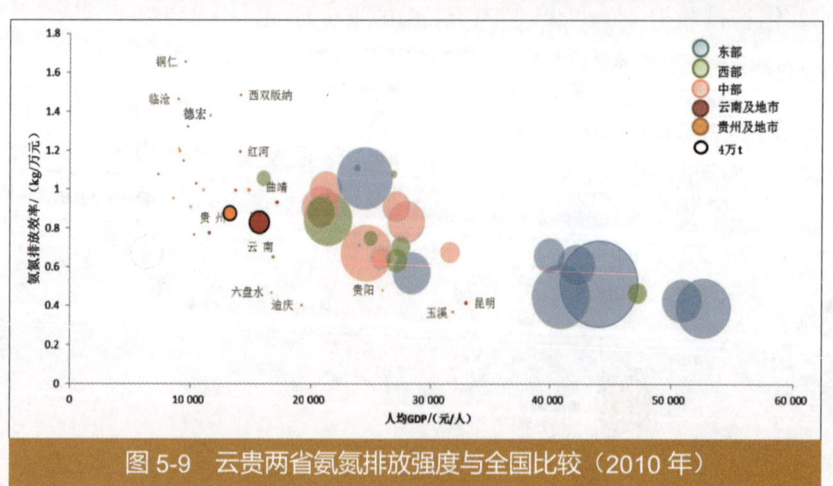

图 5-9 云贵两省氨氮排放强度与全国比较（2010 年）

临沧、西双版纳、德宏、普洱、保山等市州 COD 排放效率水平较低。贵阳、六盘水 COD 排放强度分别为 4.1 kg/ 万元、4.8 kg/ 万元，其他市州 COD 排放强度差异不大，且均高于全国平均水平（图 5-8）。

2010 年云南省氨氮排放强度为 831.0 g/ 万元，比 2003 年下降了 64%（图 5-9）。除昆明、玉溪、迪庆、丽江和怒江外，其他 11 个市州的氨氮排放强度均高于全省平均水平。其中，德宏、临沧排放强度分别为云南省平均的 1.7 倍和 1.8 倍。贵州省氨氮排放强度平均为 875.7 g/ 万元，比 2003 年下降了 73%。除贵阳和六盘水以外，其他市州氨氮排放强度均高于全国平均水平，其中，铜仁排放强度为 1 655.8 g/ 万元，分别是贵州平均、全国平均的 1.9 倍和 2.5 倍。

3. 重点行业污染排放强度

云南省 2010 年 10 个重点行业的全省平均 COD 排放强度中，食品有色、钢铁行业远高于全国平均排放强度；其余行业低于全国平均值。氨氮排放强度中食品、造纸、化工、电力行业高于全国平均排放强酸度，其余 6 个行业均低于全国平均排放强度（表 5-1）。

云南省水污染物排放总量贡献大的食品行业和化工行业都存在排污强度地区差异大的问题。其中，普洱、保山、红河、德宏、临沧、西双版纳、文山及玉溪 8 个市州食品行业 COD 排放强度超过云南省平均水平，最高达到云南省平均水平的 3.3 倍，同时，曲靖、昭通和丽江也超过全国平均水平。红河、丽江和曲靖 3 个市州化工行业氨氮排放强度超过云南省平均水平，最高达到云南省平均水平的2.2倍，同时昭通和楚雄也超过全国平均水平。红河、德宏、临沧、保山、普洱及西双版纳6个市州食品行业氨氮排放强度超过云南省平均水平，最高达到全省平均水平的3.0倍，同时曲靖、玉溪和文山也超过全国平均水平。相比之下，2010年COD排放强度尤其高的是普洱、保山、迪庆、红河、临沧的食品业；氨氮排放强度尤其高的是红河、丽江和曲靖的化工业以及红河、德宏、临沧、保山、普洱的食品业。

贵州省2010年10个重点行业的COD排放强度中，煤炭、有色、装备制造、烟草高于全国平均排放强度；其余行业COD排放强度低于全国平均排放强度（表5-1）。贵州省2010年10个重点行业的氨氮排放强度中，钢铁、建材、烟草行业高于全国平均水平排放强度，其余7个行业均低于全国平均排放强度。

表5-1　云贵两省重点行业水环境污染物排放强度（2010年）　　单位：kg/万元

行业	COD			NH_3-N		
	云南省	贵州省	全国	云南省	贵州省	全国
煤炭工业	0.72	2.10	0.97	0.01	0.05	0.10
钢铁工业	0.50	0.30	0.39	0.00	0.16	0.02
有色工业	0.63	0.52	0.46	0.00	0.00	0.16
电力工业	0.04	0.03	0.14	0.01	0.00	0.00
装备制造业	0.10	0.26	0.18	0.00	0.00	0.00
化学工业	1.42	0.57	1.98	0.34	0.19	0.29
建材工业	0.09	0.19	0.46	0.01	0.03	0.01
食品工业	26.35	8.18	12.83	8.81	0.13	0.28
烟草工业	0.02	1.33	0.02	0.00	0.02	0.00
造纸工业	18.58	0.61	27.97	0.21	0.01	0.13

贵州省水污染物排放总量贡献大的食品行业、煤炭行业和化工行业都存在排污强度地区差异大的问题。其中，黔西南、毕节、铜仁、黔东南和六盘水的食品行业COD排放强度超过贵州省平均水平，最高达到贵州省平均水平的12.8倍，同时，黔南州也超过全国平均水平。铜仁、黔南、黔东南、毕节、安顺和贵阳6个市州煤炭行业COD排放强度超过贵州省平均水平，最高达到贵州省平均水平的11.5倍，同时六盘水和遵义也超过全国平均水平。黔东南、安顺和毕节3个市州化工行业氨氮排放强度超过贵州省平均水平，最高达到全省平均水平的4.1倍，同时黔西南也超过全国平均水平。六盘水、毕节、黔东南、铜仁和黔西南5个市州的食品加工业氨氮排放强度超过贵州省平均水平，最高达到全省平均水平的2.5倍，同时黔南和安顺也超过全国平均水平。相比之下，2010年COD排放强度尤其高的是黔西南、毕节、铜仁、黔东南的食品行业以及铜仁、黔南的煤炭行业；氨氮排放强度尤其高的是黔东南、安顺和毕节的化工行业以及六盘水、毕节和黔东南的食品行业。上述行业污染物排放强度均明显高于全国平均水平，也远远高于贵州省平均水平。

云贵两省重点产业中大气污染物排放强度最大的行业是电力工业，SO_2与NO_x排放强度都非常高；其次是建材工业。除此之外，造纸及纸制品业的SO_2排放强度也较大，装备制造业和烟草工业的污染物排放强度非常小（表5-2）。

表 5-2 云贵两省重点行业大气环境污染物排放强度（2010 年） 单位：kg/ 万元

行业	SO_2			NO_x		
	云南省	贵州省	全国	云南省	贵州省	全国
煤炭工业	7.56	4.06	2.77	2.66	0.71	1.21
钢铁工业	9.19	5.68	6.26	2.47	1.31	2.38
有色工业	7.49	15.21	6.49	0.30	1.12	0.72
电力工业	32.11	75.18	40.39	22.08	34.32	27.71
装备制造业	0.12	1.00	0.17	0.04	0.15	0.08
化学工业	8.92	11.30	3.24	3.28	1.79	1.06
建材工业	19.21	37.14	16.11	25.68	23.48	11.94
食品工业	34.78	3.31	3.54	1.40	0.36	1.26
烟草工业	0.24	1.24	0.10	0.07	0.18	0.02
造纸工业	16.53	7.63	9.25	3.27	1.37	3.20

第四节 重点区域和行业资源环境效率特征

一、区域资源环境效率空间分异规律

将万元 GDP 能耗、水耗，万元 GDP 排放 COD、氨氮、SO_2、氮氧化物等六项指标进行归一化处理，综合得到区域资源环境总体效率水平（图 5-10）。结果表明，云贵两省资源环境效率水平空间分异规律明显，不同区域之间差异突出。

滇中经济区、滇西北、滇东北地区资源环境效率水平整体上相对较高，其中，迪庆氨氮、SO_2 排放效率为云贵两省最低水平，约为全国平均效率水平的 20% 和 60%；昆明水污染排放，玉溪能源利用，曲靖大气污染排放，丽江、迪庆、怒江水资源利用等效率水平相对较低。除临沧外，沿边经济带能耗和大气污染排放效率水平较高，但整体上水资源利用和水污染物排放效率水平较低，其水耗强度为云南省平均的 2.1 倍。临沧能耗效率为 4.8 t 标煤 / 万元，是云南省平均水平的 4.0 倍，万元 GDP 排放 COD、氨氮量分别为全省平均水平的 3.2 倍和 1.8 倍，是云南省资源环境效率水平较差的地区。

图 5-10 云贵两省资源环境效率水平空间差异

黔中经济区资源环境整体效率水

平不高，遵义地区相对较好。其中，六盘水、毕节、安顺三个市州的万元 GDP 能耗、万元 GDP 的 SO_2 排放和氮氧化物排放分别为贵州省平均水平的 1.5～2.0 倍、1.8～2.7 倍和 1.8～2.4 倍。铜仁、黔西地区水耗和水污染排放效率水平相对较低。

二、重点产业资源环境效率水平分析

整体来看，云贵两省重点产业的资源环境效率水平不高。与全国 2010 年平均能耗水平相比，仅云南烟草、贵州电力两个行业的万元 GDP 能耗优于全国平均水平，云南食品、建材、化工能耗强度为全国平均的 3 倍以上，贵州有色、建材、化工能耗强度为全国平均的 4 倍以上（表 5-3）。

表 5-3 云贵两省重点产业资源环境效率与全国平均水平比较（2010 年）

重点产业（全国平均水平 =1）	能耗		COD		氨氮		SO_2		氮氧化物	
	云南	贵州	云南	贵州	云南	贵州	云南	贵州	云南	贵州
煤炭	2.3	2.2	0.7	2.2	0.1	0.5	2.7	1.5	2.6	0.7
钢铁	1.7	2.3	1.3	0.8	0.1	8.4	1.5	0.9	3.1	1.3
有色	1.8	7.5	1.4	1.1	0.0	0.0	1.2	2.3	0.3	1.2
电力	1.3	0.9	0.2	0.2	1.7	0.0	0.8	1.9	22.0	34.3
装备	1.6	2.1	0.5	1.4	0.1	0.6	0.7	5.9	0.2	0.2
化工	3.7	4.1	0.7	0.3	1.2	0.7	2.8	3.5	3.3	1.8
建材	4.1	5.2	0.2	0.4	0.8	2.7	1.2	2.3	23.7	23.3
食品	4.3	2.1	2.1	0.6	31.7	0.5	9.8	0.9	1.8	0.4
烟草	0.8	2.7	0.8	54.6	2.2	29.3	2.5	12.7	0.1	0.2
造纸	2.9	1.2	0.7	0.0	1.5	0.1	1.8	0.8	3.3	1.5

注：云贵两省数据引自 2010 年污染源普查数据；全国平均数据引自 2007 年全国污染源普查数据库；能源数据引自 2010 年国家及省统计年鉴、能源统计年鉴。

云贵两省重点产业水环境污染排放效率与 2007 年全国平均效率水平相比，云南省食品（26.35 kg/ 万元），贵州省煤炭（2.1 kg/ 万元）、烟草（1.33 kg/ 万元）的 COD 排放强度为全国平均的 2 倍以上；贵州钢铁行业（165.4 g/ 万元）的氨氮排放强度为全国平均的 8.4 倍。与 2007 年全国大气污染排放效率平均水平相比，仅云南电力（32.1 kg/ 万元）、装备制造（0.1 kg/ 万元），贵州钢铁（5.7 kg/ 万元）、食品加工行业（3.3 kg/ 万元）的 SO_2 排放强度优于全国平均水平，贵州装备制造行业 SO_2 排放强度（1.0 kg/ 万元）是全国平均水平的 5.9 倍。云南有色、电力、装备制造，贵州煤炭、钢铁、食品加工、造纸行业的氮氧化物排放强度为全国平均的 30%～80%，其余重点产业均低于全国平均水平。

云南省 2010 年 10 个重点行业的全省平均 COD 排放强度中，食品行业远低于全国平均水平；煤炭、化工、烟草及造纸行业略高于全国平均水平；电力、装备制造业及建材行业高于全国平均水平。氨氮排放强度食品、烟草、电力、造纸、化工行业低于全国平均水平，其余 5 个行业均高于全国平均水平。

贵州省 2010 年 10 个重点行业的 COD 排放强度中，烟草业和煤炭工业远低于全国平均水平；有色冶金、装备工业 COD 排放强度略低于全国平均水平；造纸、电力、化工、建材工业、食品工业COD排放强度高于全国平均水平（表5-3）。贵州省2010年10个重点行业的氨氮排放强度中，有色造纸、食品加工业、煤炭、装备、化工行业高于全国平均水平，其余4个行业均低于全国平均水平。

“十一五”期间，云贵两省重点产业的资源环境效率水平整体上显著提高，但是部分行业的能耗强度、氨氮排放强度不降反升。

2010年云南食品加工、烟草和造纸行业的氨氮排放强度分别为2005年的1.9倍、5.3倍和53.7倍；造纸行业的水耗强度、COD排放强度也有所上升，分别为2005年的1.4倍和1.5倍。贵州有色和电力行业的能耗强度，钢铁行业SO_2排放强度均为2005年的0.9倍，提升幅度不明显；装备制造、烟草和造纸行业的氨氮排放效率水平快速降低，万元GDP排放氨氮量分别为2005年的1.4倍、3.2倍和26.6倍（表5-4）。

表5-4 云贵两省重点产业资源环境效率变化趋势（2010年）

重点产业	能耗		新鲜水耗		COD		氨氮		SO_2	
	云南	贵州	云南	贵州	云南	贵州	云南	贵州	云南	贵州
煤炭	0.5	0.2	0.6	0.3	0.4	0.3	—	2.3	0.3	0.3
钢铁	0.5	0.6	0.3	0.5	0.2	0.3	0.1	0.5	0.6	0.9
有色	0.7	0.9	0.7	0.4	0.2	0.2	—	0.0	0.5	0.3
电力	1.0	0.9	0.5	—	0.2	0.6	—	—	0.7	0.0
装备	0.6	0.6	0.3	0.7	0.5	0.5	0.5	1.4	0.3	0.3
化工	0.5	0.7	0.5	0.4	0.4	0.2	0.3	0.1	0.3	0.4
建材	0.6	0.4	0.7	0.3	0.6	0.8	0.3	0.5	0.3	0.4
食品	0.4	0.4	0.3	0.4	0.3	0.3	1.9	0.7	0.4	0.1
烟草	0.6	0.5	0.5	0.3	0.7	0.2	5.3	3.2	0.6	0.4
造纸	0.9	0.3	1.4	0.8	1.5	0.1	53.7	26.6	0.7	0.1

注：数据引自云贵两省环境统计数据（2005—2010年）；2005年=1。

第六章　资源环境影响预测分析

第一节　社会经济及重点产业发展情景

通过梳理国家和区域发展战略、规划，以及云贵两省、各市州相关发展规划，结合区域社会经济发展演变趋势，设定云贵两省 2015 年、2020 年社会经济与重点产业发展基础情景，作为环境影响预测与评价的基准。

一、社会经济发展情景

云贵两省各市州人口增长预期速度设定为 6‰ 左右，城镇化率以 2020 年达到 50% 作为硬约束。到 2015 年和 2020 年，云贵两省总人口将达到 8 310 万人、8 545 万人，分别比 2010 年增长 3%、6%。云南城镇化率从 2010 年的 34.8% 分别提高到 45%、50%，贵州城镇化率从 2010 年的 34% 分别提高到 40%、50%。

表 6-1　云贵两省各市州人口规模预测　　单位：万人

地区	2010 年		2015 年		2020 年	
	人口	城镇化率 /%	人口	城镇化率 /%	人口	城镇化率 /%
昆明	644	64	664	70	684	75
玉溪	231	38	238	48	245	50
曲靖	586	36	603	47	620	50
楚雄	269	32	277	55	286	55
红河	451	35	465	40	479	50
保山	251	22	260	35	268	40
昭通	522	20	539	35	555	50
丽江	125	27	129	40	133	50
普洱	255	30	262	40	270	50
临沧	243	29	252	40	260	50
文山	352	28	363	40	374	50
西双版纳	114	36	124	46	128	50
大理	346	32	367	45	378	50

地区	2010 年		2015 年		2020 年	
	人口	城镇化率 /%	人口	城镇化率 /%	人口	城镇化率 /%
德宏	121	34	130	46	134	50
怒江	54	22	55	35	57	50
迪庆	40	24	42	35	43	50
云南省	4 602	35	4 725	45	4 852	50
贵阳	433	68	500	75	514	78
安顺	258	35	266	40	274	50
遵义	613	35	631	42	649	50
毕节	705	26	729	38	751	50
黔南	324	29	334	45	344	50
黔东南	349	26	360	40	371	50
黔西南	308	28	318	37	328	50
六盘水	299	35	330	50	340	52
铜仁	310	26	321	40	333	50
贵州省	3 479	34	3 585	40	3 693	50

2015 年、2020 年，云南省 GDP 预期将分别达到 1.4 万亿元、2.3 万亿元，年均增长 10% 以上。2015 年、2020 年，贵州省 GDP 预期将分别达到 1.0 万亿元、1.8 万亿元，年均增长 12% 左右（附表 4）。

二、重点产业发展情景

预测水平年内云贵两省工业仍将保持快速增长态势，是区域经济发展的主要推动力。2015 年、2020 年，云贵两省工业总产值预期将分别达到 1.1 万亿元、1.8 万亿元，分别比 2010 年提高 1.2 倍、2.6 倍；云南第二产业比重从 2010 年的 45% 分别调整为 46%、44%，贵州第二产业比重从 2010 年的 39% 分别提高到 45%、45%。2020 年，云贵各市州工业总产值普遍比 2010 年增长 3 倍以上，个别市州工业总产值将增长 6 倍以上。

表 6-2　云贵两省重点产业发展情景与现状产值对比

重点产业（现状产值为 1）	云南		贵州	
	2015 年	2020 年	2015 年	2020 年
煤炭	4.5	12.5	3.8	9.1
钢铁	2.4	4.2	2.2	3.7
有色	2.5	4.4	2.0	3.2
电力	2.4	4.2	2.4	4.6
装备	2.3	4.0	2.1	3.6
化工	2.4	4.2	2.0	3.2
建材	2.9	5.9	2.6	4.7
食品	2.4	4.5	3.2	6.8
烟草	1.6	2.1	1.9	2.8
造纸	1.8	2.7	2.3	3.9

预测水平年内云贵两省仍将处于重化工业发展阶段，重点产业产值、主要产品产量均呈较快上升趋势（表 6-2）。其中，煤炭工业中所占比重持续提高，烟草工业所占比重将下降，云南有色冶金、钢铁、电力、化工等行业，贵州电力、食品加工、化工等行业仍将占较大比重。

三、资源环境效率情景

综合考虑云贵两省经济和生态战略地位、重点产业发展基础、技术进步、环境保护要求等因素，基础情景设定资源环境效率水平的总体原则为：2015 年资源环境效率水平应达到 2010 年国内先进水平，2020 年应力争达到 2010 年国内最优水平（表 6-3、附表 5）。

能源利用效率变化采用国家“十二五”期间节能目标，到 2015 年云贵两省单位 GDP 能耗比 2010 年下降 15%，到 2020 年单位 GDP 能耗水平比 2015 年再降低 15%。

云贵两省水资源利用效率普遍不高。综合对比水利和环保部门关于工业行业用水、排水数据，以现状云贵两省及各市州工业用水总量作为约束，确定 2015 年、2020 年重点产业单位工业产值用水量分别比现状降低 30%、60%。2015 年，单位工业产值 COD 排放强度分别比现状提高 25% ～ 70%，氨氮排放强度提高 30% ～ 80%；2020 年比 2015 年 COD 排放强度提高 30% ～ 60%，氨氮排放强度提高 40% ～ 70%。

云贵两省主要大气污染物排放强度较高，重点产业污染排放强度水平还有较大提升空间。综合考虑重点产业现状排放水平、全国平均水平与先进效率水平，确定重点产业主要污染物排放强度下降幅度。2015 年单位工业产值大气污染排放强度比现状降低 40% ～ 80%，2020 年相比 2015 年再降低 30% ～ 70%。

表 6-3 云贵两省现状与情景效率

	单位	2010 年	2015 年	2020 年
人口	万人	8 081	8 310	8 545
城镇化水平	%	34	43	50
生产总值（GDP）	亿元	11 826.3	24 000.0	40 170.0
工业生产总值	亿元	10 577.7	25 557.0	47 410.0
COD	kg/ 万元	1.9	1.9	1.9
氨氮	kg/ 万元	0.7	0.7	0.7
SO_2	kg/ 万元	0.4	0.4	0.4
氮氧化物	kg/ 万元	15.0	15.0	15.0

第二节 土地资源影响预测

一、可利用坝区土地资源将难以支撑未来城镇与工业用地需求

根据云贵两省未来人口规模、城市用地分类与规划建设用地标准、中国建筑气候区划标准等，参照人均居住用地现状，测算 2015 年和 2020 年城市居住用地需求。根据未来工业产值增长及工业投资强度指标，测算 2015 年和 2020 年工业用地需求。预测结果表明，2015 年、2020 年云贵两省新增土地需求分别为 815.7 km^2、2 887.3 km^2。其中，云南新增土地分别为

418.2 km^2 和 1 568.9 km^2，用地需求略大于贵州。

云贵两省工业用地需求扩张迅速，工业发展土地需求量占 2015 年和 2020 年总用地需求量比例分别为 69%、85%。云南省昆明、曲靖、红河，以及贵州省贵阳、六盘水、毕节、遵义等 7 个市州土地需求量占两省土地需求量的一半以上，其中曲靖和六盘水土地需求量较大，均占云南、贵州土地需求量比例的 20% 以上。

将云贵两省未来土地需求与适宜建设的可利用坝区面积对比，2015 年云贵两省土地承载力基本可以满足需求，仅迪庆、怒江、丽江和六盘水等 4 个市州土地承载力超载。2020 年，土地供需矛盾增大，云南省土地承载力利用水平超过 90%，贵州省土地承载力整体上超载。云贵两省怒江、迪庆、六盘水等 10 个市州土地资源超载，其中云南土地供需矛盾主要集中在滇西北地区，可利用坝区面积较少，土地承载力利用水平为 132%。贵州省土地供需矛盾主要集中于毕水兴地区，土地需求超过其可利用坝区面积的 1 ~ 3 倍，其中六盘水土地超载近 9 倍（图 6-1）。

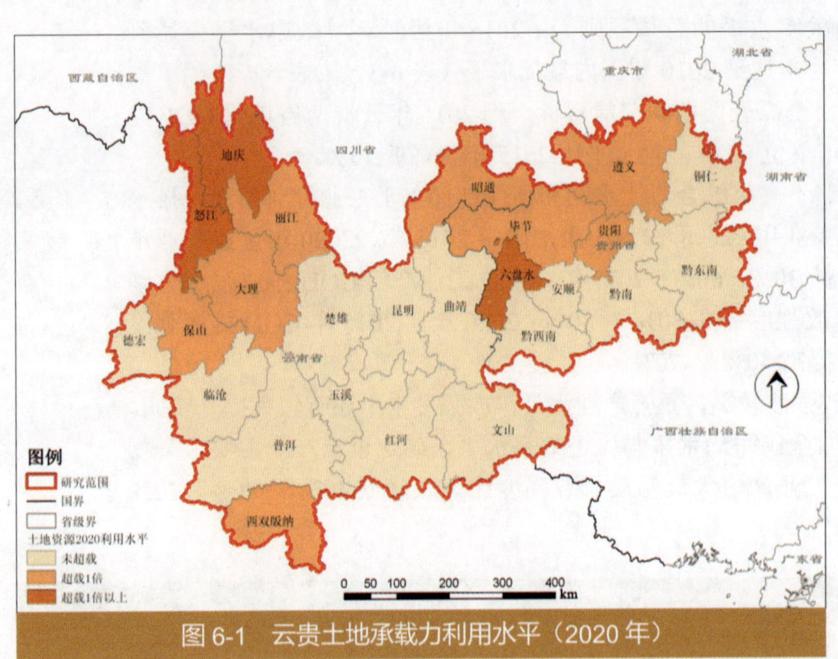

图 6-1　云贵土地承载力利用水平（2020 年）

如将可利用坝区条件放宽至坡度 25° 以下、面积在 8 km^2 以上的土地斑块，2020 年云贵两省的土地需求占坝区面积的 8%，发展空间较大，怒江、迪庆和六盘水的土地资源约束相对严格。

二、城镇工业上山与低丘缓坡开发对山地局部生态环境造成影响

云贵两省山地、丘陵多，平坝少，发展用地空间受限，又处于城镇化和工业化加速发展阶段，为了保护平坝地区的耕地，应对土地资源紧缺的难题，云南和贵州相继提出“城镇上山、工业上山”和“向山要地，开发低丘缓坡”的土地开发利用战略。

综合考虑土地利用类型、地形因素、自然灾害因素、生态制约因素及区位因素，结合可开发利用坝区分析，选取坡度在 8° ~ 15°、海拔在 2 500 m 以下，且不处于生态红线、黄线区域，山体滑坡、泥石流、地震、石漠化等高灾害风险的区域，作为云贵两省未来坝区周边山地“适宜上山区域”，其中生态环境约束较小的区域为“优先上山区域”（图 6-2）。

未来云贵两省适宜开发区域的山地面积为 4 336.7 km^2（地块面积 ≥ 0.1 km^2），其中云南昆明、楚雄、玉溪、红河及大理等 5 个市州适宜上山区域较多，丽江、文山及昭通适宜上山的土地空间较少，迪庆、怒江、西双版纳没有适宜上山的土地空间。贵州省除六盘水、毕节之外的市州均有连片的较大面积适宜开发山地区域，未来土地利用空间相对较大。

将可开发山地、低丘缓坡的生态适宜性与目前云贵两省已经开展“城镇上山、工业上

山”的综合试点工程县相比较，分析已开展的试点工程在空间选址上的合理性。进一步结合2020年云贵两省土地需求预测结果，对云贵两省“上山”战略的合理性进行分析评估。

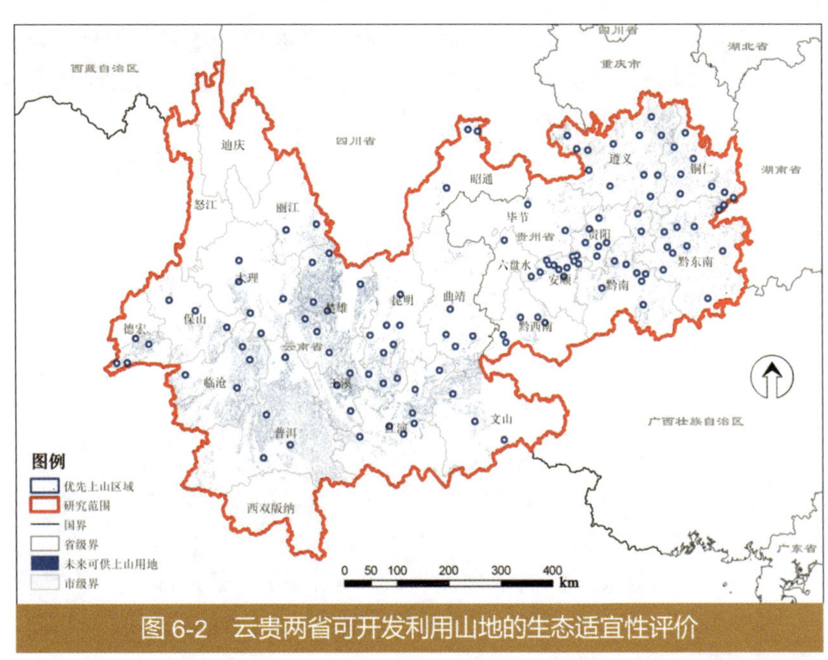

图 6-2 云贵两省可开发利用山地的生态适宜性评价

云贵两省目前已开展“城镇上山”“工业上山”的试点县有56个（图6-3），其中有27个县域范围内没有“优先上山区域”的空间布局，分别为松桃苗族自治县、彝良县、丽江纳西族自治县、金沙县、大方县、织金县、宣威市、鹤庆县、剑川县、东川区、云龙县、宾川县、富源县、大理市、永平县、马龙县、富民县、弥渡县、嵩明县、宜良县、石林彝族自治县、富宁县、沧源佤族自治县、澜沧拉祜族自治县、马关县、孟连傣族拉祜族佤族自治县、勐海县，建议以上县市应调整山地和低丘缓坡开发战略。对于部分坝区内可供开发的土地资源紧缺的地区，如云南丽江、昭通、保山、大理、迪庆州、怒江，及贵州省的贵阳、毕节、遵义、六盘水，在未来规划开展“城镇上山、工业上山”试点工程的过程中，要综合考虑生态适宜性评价结果，进行合理科学的空间布局，在其中有适宜上山的地区，尽量将其布局在“优先上山区域”，对于不覆盖“优先上山区域”的地区要根据当地实际情况，有序适度推进“上山”战略实施。

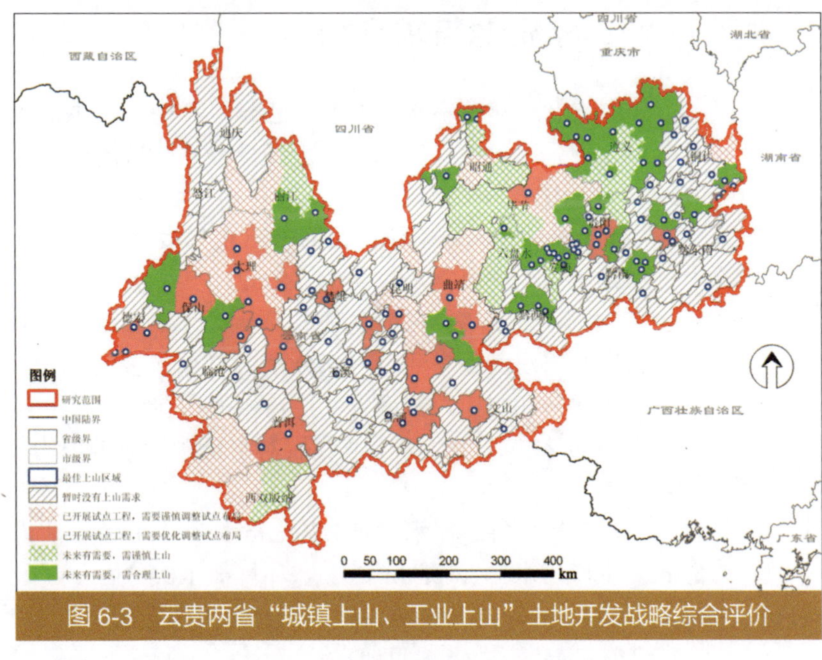

图 6-3 云贵两省“城镇上山、工业上山”土地开发战略综合评价

第三节 水资源影响预测

水资源需求预测由生活需水、生产需水和生态环境需水三部分组成，分基础情景和考虑节水措施的情景。基础情景中水资源利用效率保持现状不变，而考虑节水措施的情景则为水

资源利用效率得到提高。水资源需求预测是对河道外需水量的预测，河道外需水主要包括城乡居民生活、工业、农业和服务业等经济社会各行业的需水，以及需要通过人工供水措施满足的湖泊湿地补水等人工生态环境的需水。

采用指标预测法进行需水预测，指标包括社会经济发展指标及各用水户的需水定额指标，其中社会经济发展指标以社会经济情景为准。需水定额则是在全面分析评价目前两省及各市州实际用水效率和用水定额的基础上，对两省及各市州各类用水和节水的理论效率进行分析计算，综合考虑未来产业结构调整与优化升级以及提高水价、加强需求管理等措施对抑制用水的要求，科学分析各地各行业的节水潜力和投入产出关系，参照国内外同类地区先进科学的节水水平和技术，根据各地的水资源条件和强化节水的要求，按照用水高效、经济合理、技术可行的原则，科学合理地确定各地区和各行业的用水定额。对未来的需求预测，既要考虑缓解现状供水不足以及满足未来发展的合理的用水要求，也要充分考虑生态环境修复和保护用水要求，在强化节约用水、提高水资源循环利用水平的前提下，采用科学预测方法，综合协调平衡确定。

本次评价需水预测按照总量控制、定额管理、高效科学、合理可行、生态良好的原则，强化用水需求管理，严格控制需求过快增长。

一、水资源需求预测

云南省2015年总需水量277.57亿m^3，其中城镇生活需水11.00亿m^3，农村生活需水7.33亿m^3，生产需水253.41亿m^3，生态环境需水5.83亿m^3，分别占总需水量的3.96%、2.64%、91.30%和2.10%。与2010年相比，2015年云南省城镇居民生活用水、生态环境用水所占比例均小幅度上升，生产用水所占比例由88.66%增至91.30%。

2020年云南省总需水量265.82亿m^3，其中城镇生活需水13.57亿m^3，农村生活需水7.26亿m^3，生产需水237.25亿m^3，生态环境需水7.78亿m^3。城镇居民生活需水、农村居民生活需水、生产需水及生态环境需水分别占总需水量的5.10%、2.73%、89.24%和2.93%。整体来看，2010—2020年，云南省生产需水所占比例由88.66%增至2015年的91.31%，然后降至2020年的89.24%，2015年生产发展对水资源造成的压力要大于2020年生产发展对水资源的压力。

2015年贵州省总需水量173.70亿m^3，其中城镇生活需水10.84亿m^3，农村生活需水4.85亿m^3，生产需水157.07亿m^3，生态环境需水0.94亿m^3，分别占总需水量的6.24%、2.79%、90.43%和0.54%。与2010年相比，2015年贵州省生产需水所占比重由2010年的87.83%提高到2015年的90.43%，增长幅度较大。

2020 年，贵州省总需水量 191.19 亿 m^3，其中城镇生活需水 13.10 亿 m^3，农村生活需水 4.75 亿 m^3，生产需水 172.11 亿 m^3，生态环境需水 1.23 亿 m^3，分别占总需水量的 6.85%、2.48%、90.02% 和 0.64%。与 2015 年相比，2020 年贵州省生产需水所占比例有小幅降低，贵州省 2015 年比 2020 年生产需水对水资源造成的压力更大。

二、重点行业水资源需求分析

云贵两省未来用水需求主要集中于生产用水，占区域需水总量的比重始终超过 87%。云贵生产需水增长较快，2015 年和 2020 年相对 2010 年分别增加 91%。生态环境需水缓慢增加，2020 年约占区域总需水量 2%，比 2010 年提高了 0.5 个百分点。

云贵两省重点产业未来需水量增速快、增幅较大。2015 年和 2020 年，区域 10 个重点产业的工业需水量将分别达到 93.9 亿 m^3 和 107.5 亿 m^3，增幅分别达到了 58% 和 81%。其中，云南省重点产业需水量增幅分别达到了 75% 和 97%，贵州省重点产业需水量增幅分别为 60% 和 87%，均高于生产需水增长幅度。重点产业中用水需求较为集中。云南重点需水行业是煤炭、食品、钢铁、化工，4 个行业需水量占重点产业的 70%；贵州重点需水行业为煤炭行业，2020 年将占重点产业需水量的一半以上。曲靖、玉溪、昆明、毕节、楚雄、六盘水、黔西南和贵阳等 8 个市州重点产业新增需水量占总的新增需水量的比例超过 60%。

三、重点地区用水紧张态势趋于严重

云贵两省可开发利用水资源量为 641.3 亿 m^3，其中云南省为 481.6 m^3（表 6-4）。根据用水需求预测，2015 年和 2020 年，云南省可利用水资源利用水平均高于 50%，贵州省可利用水资源利用水平分别超载 9% 和 20%。

表 6-4 云贵两省重点地区需水预测 单位：亿 m^3

区域	2010 年	2015 年	2020 年	区域	2010 年	2015 年	2020 年
滇中经济区	50.0	110.1	104.8	黔中经济区	63.2	104.2	111.1
沿边经济带	65.9	109.4	103.7	黔西经济区	29.4	54.4	62.6
滇西北	22.7	35.9	34.6	黔北产业区	8.9	15.1	17.5
滇东北	7.8	22.2	22.7	贵州	101.5	173.7	191.2
云南	146.4	277.6	265.9	云贵两省	247.9	451.3	457.1

云贵两省未来需水量空间分布仍较集中（图 6-4）。2015 年云南滇中经济区和沿边经济带需水量均占到省内需水量的近 40%。滇东北需水量增幅最大，2020 年相对 2010 年需水量增长近 2 倍；滇中经济区用水需求增长超过 1 倍。贵州黔中经济区需水总量超过了贵州省的一半，黔北产业区所占的比例不到 10%。黔西毕水兴地区 2015 年和 2020 年需水量相对 2010 年分别增加了 85% 和 113%，是贵州省增幅最大的区域。

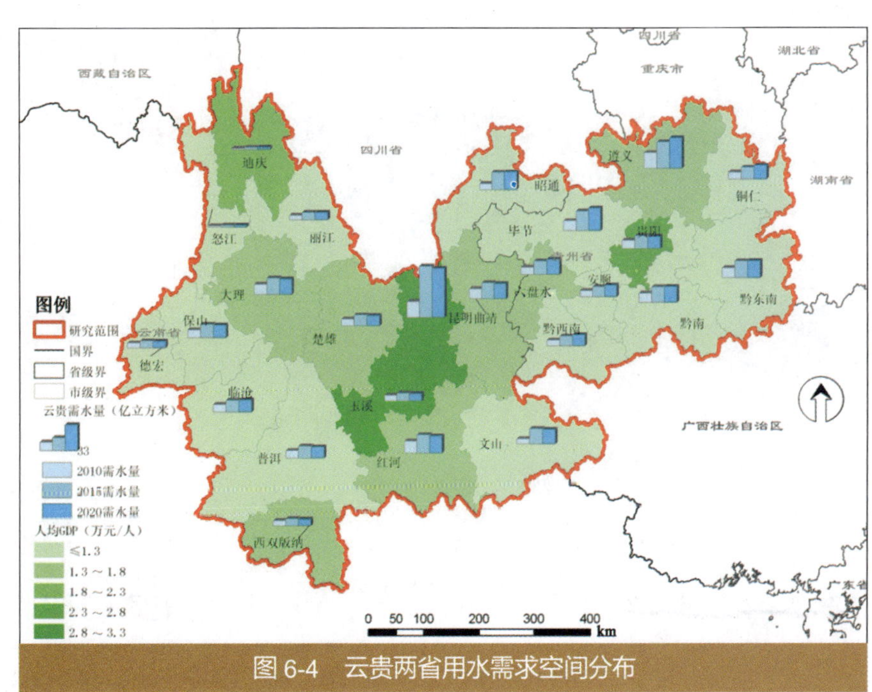

图 6-4 云贵两省用水需求空间分布

四、气候变化及人类活动加剧区域用水风险

1. 气候因素引起的水资源风险分析

通过对过去 60 年的降水分析，云贵两省近十年水资源量偏少，处于干旱，未来两省经济社会发展可能受到干旱气候条件的影响。根据过去 60 年的降水周期性及周期内不同时期水资源量的特点，预测了气候因素下枯水年的可供水量（附表 7）。对比发现，气候因素对可供水量的影响程度在 10% 以上，安顺市甚至高达 18%，六盘水、黔西南、曲靖等市州影响程度约为 15%，文山、黔东南约为 13%，其他市州气候因素对水资源的影响程度多在 11% 左右。整体来看，气候因素对区域水资源存在影响，未来两省水资源利用必须充分考虑气候因素可能带来的风险。

考虑干旱等气候条件的影响后，未来经济社会发展的水资源供需平衡也将发生变化。首先，2015 年和 2020 年达到供需平衡的市州减少，2015 年无市州供需平衡，2020 年仅有 6 各市州达到了供需平衡；而在不考虑气候因子的条件下，2015 年有 3 个市州达到了供需平衡，2020 年有 12 个市州达到了供需平衡。除此之外，如附表 8 所示所有市州的供需比均减少。

2. 人类活动对水资源影响的风险分析

（1）低丘缓坡开发情景

云贵两省山区、半山区面积广阔，平坝区面积小，极大地限制了工业的发展及城镇化的进程，工业区和新城镇的建设选址是两省发展的关键问题。自云南省委书记秦光荣提出“城镇上山”理论后，目前在云南省已经有多处“城镇上山”试点工程；同时贵州也开始开展“向山要地”的类似工程。这种发展战略对区域水资源的影响值得关注。目前“上山”工程主要在人口较为集中、经济较为发达的滇中黔中及周边地区展开。本项目根据坡度选择可能上山的地区，设定“城镇上山”与“向山要地”的土地利用变化情景，分析两个重要经济区水资源变化情况，对两地区经济发展与城镇化建设都有着极为关键的指导意义。

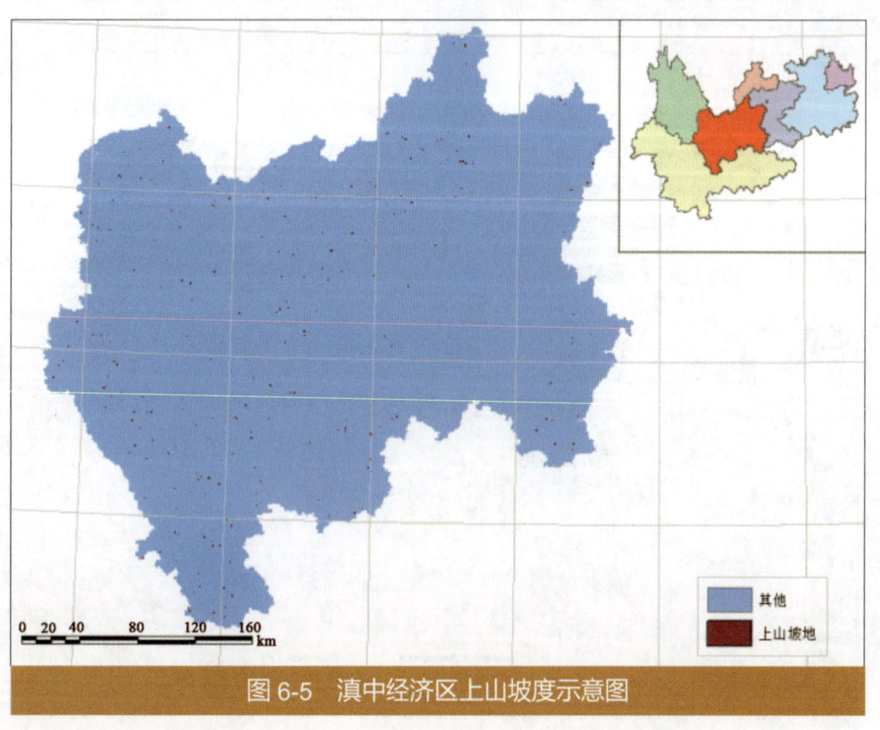

图 6-5 滇中经济区上山坡度示意图

根据云南省城镇上山的坡度分层梯度开发模式，坡度 8° 以下土地为重点保护区域，禁止新增坝区建设用地、优化提升土地利用率、恢复重构传统历史文化；坡度 8° ～ 15° 土地为重点开发区域，在

此区保护基本农田稳定、实施中低产田改造、加快城镇新区建设和鼓励工业园区发展；坡度15°～25°为调整优化区域，在此区大力发展山地农业和积极发展混农林业；25°以上为生态屏障区，此区将进行退耕还林、天然林保护、建设生物产业原料基地、综合整治水土流失。根据《云南省土地利用总体规划（2006—2020）大纲》《贵州省土地利用总体规划（2006—2020）》以及各市州未来工业投资强度与人口发展规模预测，计算城镇及工业用地需求，去除能满足的坝区面积，滇中地区2020年城市工矿居民地用地需要上山的面积为0.2%。如图6-5、图6-6所示，红色部分分别是滇中、黔中城镇上山、工业上山地区。黔中地区2020年城市工矿居民地用地需要上山的面积为3.5%。

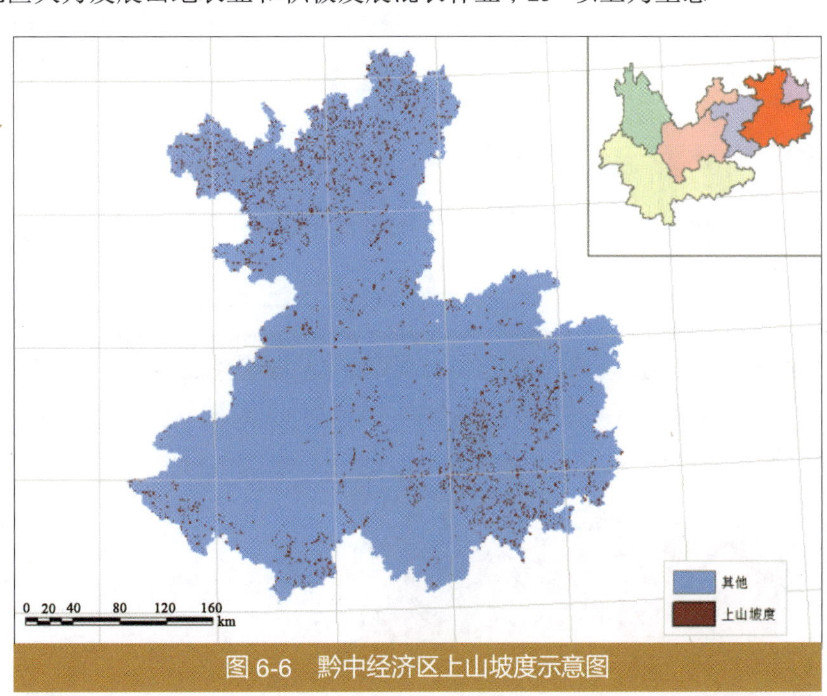

图6-6 黔中经济区上山坡度示意图

综合分析，滇中地区选择8°～8.1°为城镇上山地区，更改该部分土地利用类型为城市工矿居民点；黔中地区选择8°～9.2°为城镇上山地区，更改该部分土地利用类型为城市工矿居民点。

图6-7 滇中流域月流量模拟对比图

以更改后的土地利用为情景，在保证气象条件不变的情况下，重新搭建滇中、黔中地区的SWAT模型，模拟近10年径流量情况，对比当前2010年土地利用数据建模结果进行分析，这里以2010年的模拟结果为主要分析对象。

（2）滇中经济区径流量模拟结果对比

滇中经济区径流量模拟结果对比情况如图6-7、图6-8所示：

相比2010年土地利用数据模拟结果，MODIS以更改后的土地利用为情景模拟得到的近十年径流量在汛期有一定增加。

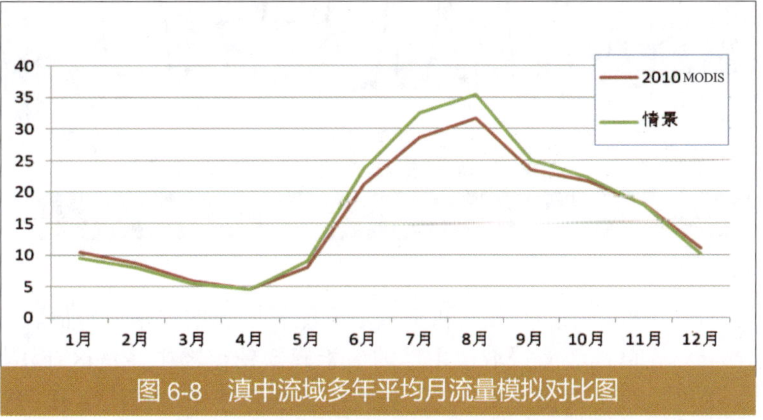

图6-8 滇中流域多年平均月流量模拟对比图

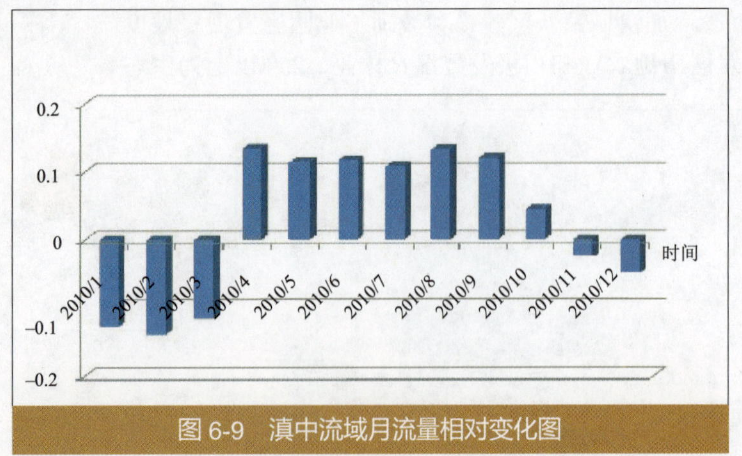

图 6-9　滇中流域月流量相对变化图

图 6-9 显示的是 2010 年各月份，分别使用情景土利用数据和真实土地利用数据模拟得到的滇中产流量之差与使用真实土地利用数据模拟结果的比率，正值表示产流量增加的比率，负值表示产流量减少的比率。部分林地、耕地、草地改变成城镇用地的情景模式使得滇中经济区在汛期的径流量明显增加，非汛期径流量明显减少。这种汛期与非汛期径流量差距进一步增大的情况，增加了滇中经济区汛期防汛工作的压力，同时，加重了非汛期水资源的供需矛盾。

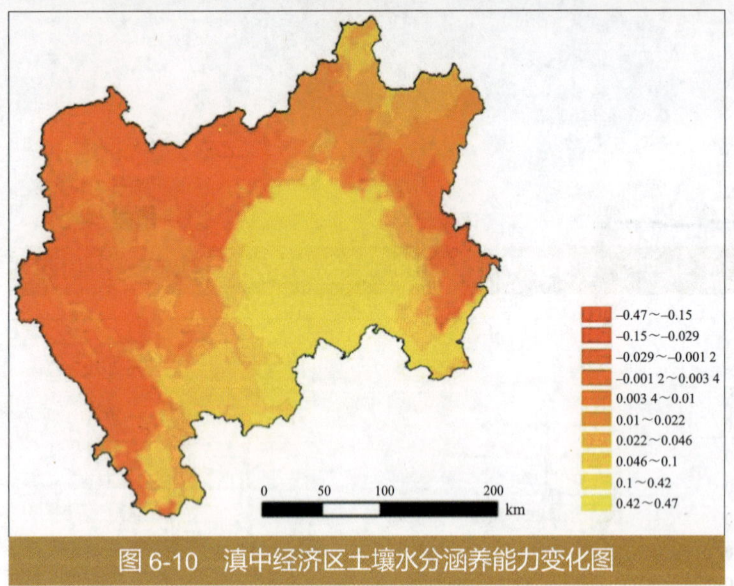

图 6-10　滇中经济区土壤水分涵养能力变化图

图 6-10 显示的是滇中经济区土壤水分涵养能力空间变化图，该变化比率是以 2010 年情景土地利用数据与真实土地利用数据建模模拟得到的土壤含水量之差与真实土地利用数据建模模拟值相比得到的，正值表示土壤水分涵养能力增加的比率，负值表示土壤水分涵养能力减少的比率。总体来讲，滇中经济区近十年土地利用的变化导致该地区西北部及东部部分地区土壤的水资源涵养能力降低，而中部与南部地区土壤水分涵养能力有少量增加。

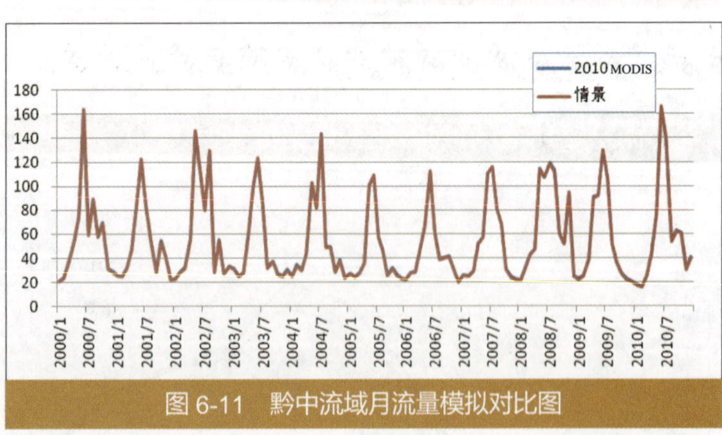

图 6-11　黔中流域月流量模拟对比图

（3）黔中经济区径流量模拟结果对比

黔中经济区径流量模拟结果对比情况如图 6-11 和图 6-12 所示：

相比 2010 年土地利用数据模拟结果，情景下模拟得到的近十年径流量变化整体不明显。

图 6-13 是 2010 年各月份，分别使用 2010 年情景土地利用和真实土地利用数据模拟计算得到的黔中地区产流量之差与使用真实土地利用数据模拟结果的比率，正值表示产流量增加的比率，负值表示产流量减少的比率。部分林地、耕地、草地改变成城镇用地的情景模式使得黔中经济区在汛期的产流量少量增加，非汛期产流量有较为明显的减少。一定程度上加重了黔中经济区非汛期水资源的供需矛盾。

图 6-14 显示的是黔中经济区土壤水分涵养能力空间变化图，该变化比率是以 2010 年情景土地利用数据与真实土地利用数据建模模拟得到的土壤含水量之差与真实土地利用数据建模模拟值相比得到的，正值表示土壤水分涵养能力增加的比率，负值表示土壤水分涵养能力减少的比率。总体来讲，黔中经济区近十年土地利用的变化导致该地区北部及东南部地区土壤的水资源涵养能力降低，而中部与西南部地区土壤水分涵养能力有少量增加。

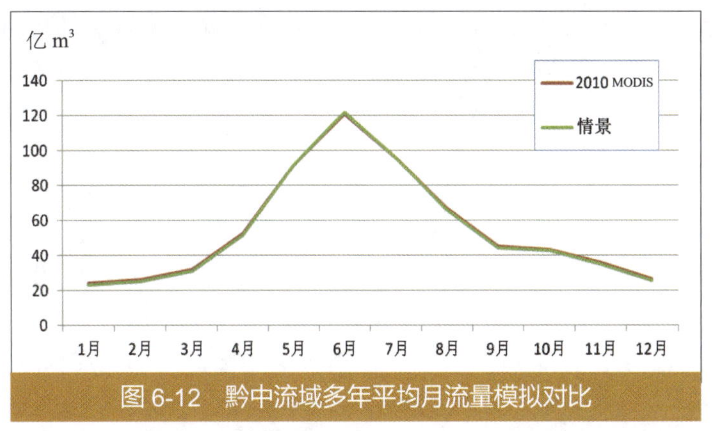

图 6-12　黔中流域多年平均月流量模拟对比

滇中、黔中地区部分林地、草地、耕地转变为城镇用地，改变了下垫面的产流情况。在汛期，地表的截留调蓄能力减弱，土壤涵养水分的能力降低，降水主要以坡面汇流形式进入河道，流量增加，而进入地下水部分减少，增加了防汛压力；非汛期时，降水少，同时来自地下水的补给量少，流量降低，增加了水资源供给压力。因此，在“城镇上山”情景下，增加了两地区汛期防汛抗洪与非汛期水资源供给的压力。在土壤的水资源涵养能力方面，“城镇上山”情景下，滇中经济区东部土壤含水量进一步减少，且西部也有减少趋势；黔中经济区北部与东南部土壤涵养能力有减少趋势。

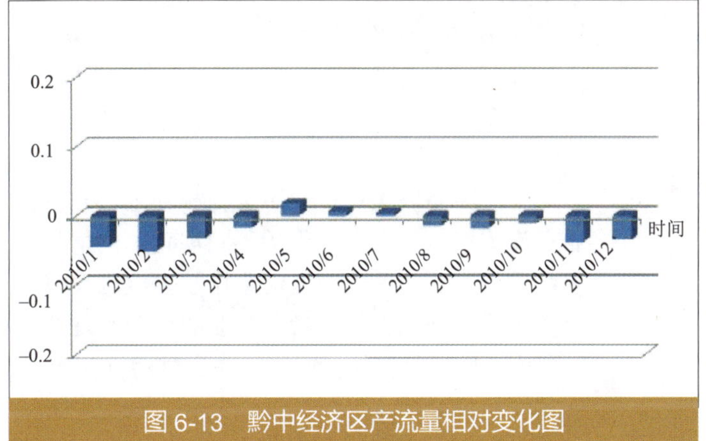

图 6-13　黔中经济区产流量相对变化图

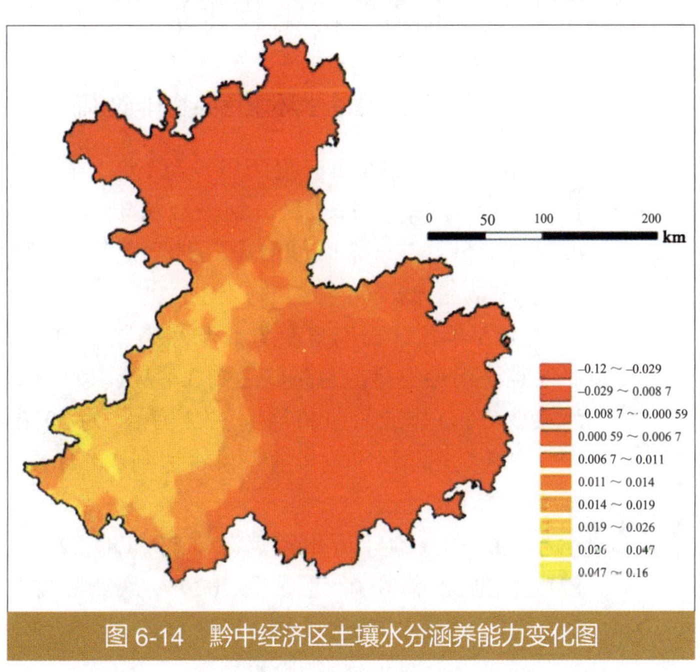

图 6-14　黔中经济区土壤水分涵养能力变化图

第四节　水环境影响预测

一、污染物排放预测方法

为了了解未来社会经济发展可能给区域水环境带来的压力，需要对废水排放量和污染物排放量进行预测。为了突出重点行业的影响分析，本专题采用如下预测策略：分别预测生活点源、工业点源、工业中重点行业点源排放量。针对产业专题给出的情景进行预测，叠加后获得排放总量，用于水环境承载状况影响预测。其中，点源预测项目为COD排放量和氨氮排放量。预测以2010年为基准年，在2010年基础上，预测2015年、2020年污染物排放。

生活污染预测中，依据云贵两省25个市州2015年和2020年人口总数和城镇化率预测值计算评价年的非农业人口数量。25个市州的人均生活用水量存在差异，大多数市州的人均生活用水水量较低。以2010年城市人均生活用水水平为基准，假设由于生活水平的提高，人均生活用水水量有所提高。因此2015、2020年，人均生活用水水平比2010年都有所提高。排水系数不随时间变化，取值为0.8。生活污水原水水质特征取各自省份的生活污水处理厂进水平均水质浓度。对城镇生活污水处理率的变化，以2010年25个市州的污水处理率为标准，结合各城市总体规划和生态市建设规划等相关文件中的目标综合确定。基本原则如下：2010年城镇生活污水处理率达到和超过80%的城市，到2015年，其城镇生活污水处理率达到90%；2010年城镇生活污水处理率未达到80%但超过65%的市州，其城镇污水处理率强制达到80%；2010年城镇生活污水处理率未达到65%但超过50%的市州，其城镇污水处理率强制达到75%；低于50%的，其城镇污水处理率强制达到60%～70%。而到2020年，在2010年城镇污水处理率达到和超过85%的城市，污水处理率提高5%，其他则提高10%～15%。生活污水处理出水水质要求原则上设定为一级B标准。

工业污染以重点行业污染预测为主，兼顾工业行业总体发展引起的污染物排放。重点行业产值依据产业专题提供的不同规划年的情景确定。同时，考虑到各行业生产技术进步等因素，重点行业的单位产值污染排放强度也在发生变化，总体呈现降低趋势，在各市各行业现状排污强度基础上，参考各行业的全国平均排污强度、区域现状平均排污强度、区域较优排污强度、区域最优排污强度、先进排污强度等标准来确定不同水平年的降低幅度。

二、水环境污染物排放

1．不同污染源的水环境污染物排放预测

2015年、2020年云贵两省点源COD排放量为63.6万t、61.3万t，较2010年分别降低17%和20%；氨氮排放量分别较现状年削减30%、25%。与2010年相比，云贵两省工业污染物排放量均有一定幅度增加，生活源排放量则大幅降低，到2020年生活COD和氨氮分别降低35%、29%（附表9、附表10）。

2015年预计云南省全省点源污染物COD排放总量将达到40.7万t，为2010年的85%；氨氮点源污染物排放总量将达到3.4万t，为2010年的72%。到2020年预计云南省全省点源污染物COD排放总量将达到37.3万t，为2010年的78%，为2015年点源污染物预测量的92%；氨氮点源污染物排放总量将达到3.4万t，为2010年的0.73倍，为2015年点源污染物预测量的1.02倍。

2015年，预计贵州省点源排放COD 22.8万t，氨氮2.1万t，分别是现状2010年点源排放量的0.8倍和0.7倍；到2020年，点源排放COD 23.9万t，氨氮2.4万t，分别是现状2010年点源排放量的0.9倍和0.8倍。

（1）生活源水污染排放量

2015年预计云南省全省生活源COD排放总量将达到22.6万t，为2010年的0.7倍；氨氮生活源排放总量将达到2.8万t，为2010年的0.7倍。到2020年预计云南省全省生活源

COD 排放总量将达到 21.4 万 t(表 6-5),为 2010 年的 0.7 倍,为 2015 年生活源预测量的 1.0 倍；氨氮生活源排放总量将达到 2.9 万 t，为 2010 年的 0.7 倍，为 2015 年生活源预测量的 1.1 倍。

2015 年贵州省城镇生活污染源合计排放 COD 13.7 万 t，氨氮 1.8 万 t，均是现状 2010 年生活污染源的 0.6 倍。到 2020 年，预计贵州省生活污染源合计排放 COD 13.3 万 t，氨氮 2.1 万 t（表 6-5），分别是现状 2010 年生活污染源的 0.6 倍和 0.7 倍。

（2）工业源水污染排放量

在基础情景中，2015 年云南省工业源 COD 排放总量将达到 18.1 万 t，为 2010 年的 1.1 倍；氨氮工业源排放总量将达到 0.6 万 t，为 2010 年的 1.1 倍。到 2020 年预计云南省全省工业源 COD 排放总量将达到 15.9 万 t，为 2010 年的 0.9 倍，为 2015 年工业源预测量的 0.8 倍；氨氮工业源排放总量将达到 0.5 万 t（表 6-5），为 2010 年的 1.0 倍，为 2015 年工业源预测量的 0.9 倍。

2015 年预计贵州省工业污染源合计排放 COD 9.1 万 t，氨氮 0.3 万 t，均是现状 2010 年工业污染源排放量的 1.5 倍；到 2020 年，排放 COD 10.7 万 t，氨氮 0.4 万 t（表 6-5），分别是现状 2010 年工业污染源排放量的 1.8 倍和 1.5 倍。在基础情景中，虽然考虑了技术进步，但由于产值增长过快，未来工业污染源排放的 COD 和氨氮总量与现状工业排污相比，均有不同程度的上涨。

云南省 2015 年工业源 COD 和氨氮都较 2010 年有小幅度增长，但由于生活源的 COD 和氨氮排放量均大于工业源，且降幅较大，因此 2015 年点源污染物排放 COD 和氨氮总量整体较 2010 年有一定幅度的减少，分别削减了 15% 和 28%。2020 年工业源 COD、氨氮以及生活源 COD 较 2015 年有减小，而生活源氨氮在 2015 年基础上有所增加，2020 年点源污染物排放 COD 总量较 2015 年削减 8%，相较 2010 年削减 22%，氨氮总量较 2015 年增加 2%，较 2010 年削减 27%（附表 9、附表 10）。

云南省未来 COD 的工业排放量占总量比例将从 2010 年的 36% 增长到 2015 年的 45%，到 2020 年将小幅度下降至 43%；未来氨氮的工业排放量占总量比例将从 2010 年的 11% 增长到 2015 年的 18%，到 2020 年将小幅度下降至 15%。

贵州省大部分市州的城镇生活污染是最主要的 COD 来源，只有遵义和铜仁的 COD 主要来源于工业污染。贵州省到 2015 年，COD 工业和生活排放量比例约为 2 ∶ 3；到 2020 年，COD 工业和生活排放量的比例约为 9 ∶ 11（附表 9、附表 10）。

贵州省除了铜仁以外，其余各市州的城镇生活污染是主要的氨氮来源，总体来看，氨氮排放量的比例基本上为，工业：生活 =15 ∶ 85；到 2020 年，贵州省所有市州的城镇生活污染是主要的氨氮来源，总体来看，氨氮工业和生活的排放量比例约为 15 ∶ 85。

表 6-5　云贵两省点源污染物排放量预测　单位：万 t

年份	云南省 COD		贵州省 COD		云南省氨氮		贵州省氨氮	
	工业	生活	工业	生活	工业	生活	工业	生活
2010	17.1	30.9	6.0	22.1	0.5	4.1	0.3	2.9
2015	18.1	22.6	9.1	13.7	0.6	2.8	0.3	1.8
2020	15.9	21.4	10.7	13.3	0.5	2.9	0.4	2.1

云贵两省水污染物排放空间分布特征与2010年相比变化不大。云南沿边经济带污染物排放量最大，其次为滇中经济区，两地区COD及氨氮排放量占云南全省排放量比例超过80%。贵州省污染物排放集中于黔中经济区，COD及氨氮排放量占全省排放量比例始终在55%以上。

2. 重点行业水环境污染物排放预测

（1）云南省

2015年云南省各市州10个重点行业排放COD和氨氮总量将分别达到14.3万t和0.5万t，分别占当年整个工业排放COD和氨氮总量的79%和78%。预计到2020年，云南省各市州10个重点行业排放COD和氨氮总量将分别达到13.1万t和0.4万t，分别占当年整个工业排放COD和氨氮总量的83%和82%。虽然有一定的减小幅度，但整体上重点行业的贡献在未来与现状没有本质区别，一直是整个工业排放COD和氨氮污染物的主要来源。

基于2010年COD和氨氮的各行业排放总量现状进行分析，2015—2020年，有色冶金、化学工业、食品工业、造纸工业呈逐渐下降趋势，主要原因是除化学工业外其余三个行业的COD及氨氮的云南省平均排放强度均高于全国平均值，通过技术进步可以带来较大的减排空间。而烟草工业、煤炭工业、电力工业、钢铁工业、装备制造业及建材工业到2015年和2020年呈逐渐上升趋势，主要原因是这些行业的COD及氨氮的云南省平均排放强度基本上相当于全国平均水平，技术进步带来的减排空间不足以弥补行业发展带来的新增污染量。

云南省10个重点行业的COD和氨氮排放总量在2015年和2020年较2010年整体呈减小的趋势。到2015年及2020年，COD都呈现逐渐减小趋势；而10个重点行业的氨氮排放总量在2015年较2010年有所增加，到2020年又较2010年有所减少。

（2）贵州省

2015年贵州省重点行业污染源合计排放COD 8.2万t，氨氮0.3万t，分别占当年工业排放量的90%和74%，是现状2010年重点行业污染源排放量的1.5倍和1.2倍；到2020年，合计排放COD 8.2万t，氨氮0.3万t，分别占当年工业排放量的77%和81%，为现状2010年重点行业污染源排放量的1.5倍和1.3倍。虽然有一定波动，但总体上看，重点行业的贡献在未来与现状没有本质区别，一直占据着相当可观的比例。

与现状相比，贵州省10个重点行业不论是COD还是氨氮排放量都比现状重点行业的排放量有一定程度的增加。主要是由于各城市重点行业发展速度较高，随着技术进步带来的排污强度降低不能完全抵消规模增大的影响。

贵州省COD排放量的增幅高于氨氮增幅。对重点行业的COD排放而言，远期2020年与近期2015年相比已经开始有所回落；但是重点行业的氨氮排放总量，远期2020年比近期2015年仍有所增加。2015年贵州省重点行业中COD排放量贡献大的主要集中在食品加工、煤炭和化工上，分别占10个行业排放总量的63%、24%和5%；重点行业中氨氮排放量贡献大的主要集中在化工、钢铁和食品加工上，分别占10个行业排放总量的30%、26%和22%。

综合分析对预测水平年水环境影响较大的重点产业和市州。2015年及2020年影响云南省水环境的市州和行业包括临沧、保山、德宏、普洱、曲靖、文山等6个市州的食品加工业以及红河、曲靖、昆明和楚雄的化工行业；对贵州省水污染贡献大的分别是遵义和铜仁的食品加工业，毕节和六盘水的煤炭工业以及黔西南、黔东南和安顺的化工行业。

第五节　大气环境影响预测

一、大气污染物排放预测方法

大气污染物排放强度的设定主要依据国家“十二五”减排方案中云贵两省的减排方案及各市州的污染物减排方案，经济总量产值源于产业基础情景预测方案。其中，各省的大气污染物排放强度设定基于国家“十二五”减排方案中省级单位的排放数据，各市州的大气污染物排放强度设定依据各市州的减排方案（表 6-6）。

与全国相比，云贵两省 SO_2 排放强度在 2010—2020 年均高于全国水平，是全国大气环境效率较差的省市之一，特别是 2010 年，两省的大气污染物排放强度与全国水平相差较大，贵州省 SO_2 排放强度甚至达到全国水平的近 5 倍。但随着云贵两省经济的大力发展和“十二五”减排方案的落实，其大气污染物排放强度将逐渐减小，到 2015 年将逐渐逼近全国水平，到了 2020 年，云南的大气污染物排放强度将与全国水平基本持平，贵州的 NO_x 排放强度达到全国平均水平，SO_2 排放强度与全国平均水平仍有差距。

云贵两省各市州中，大气污染物排放强度差异较大，随着经济发展和减排措施落实，情景年各市州大气污染物排放强度均将有所减小。总体来看，贵州省各市州排放强度明显高于云南省各市州，贵州省排放强度高于全国水平的市州数量也远多于云南省，到了情景年，贵州各市州的大气污染物排放强度大幅度减小，但大部分市州仍然高于全国水平。2010 年，云南省有过半市州大气污染物排放强度高于全国水平，其中，曲靖和红河的污染物排放强度是全国水平的 2 ～ 4 倍，怒江和临沧的排放强度也较高，排放强度较小的市州主要位于云南省中部、西部和南部污染物排放总量较小的部分市州。到了情景年，云南省各市州大气污染物排放强度均有所减小，除曲靖、红河、怒江、临沧、德宏，其他市州的大气污染物排放强度均低于全国水平。

表 6-6　情景水平年云贵两省各市州大气污染物排放强度假设　　单位：kg/ 万元

	2010 年		2015 年		2020 年	
	SO_2	NO_x	SO_2	NO_x	SO_2	NO_x
全国	5.65	5.67	3.67	3.59	2.39	2.28
云南	9.75	7.20	4.83	3.50	2.88	2.05
昆明	5.54	4.96	1.33	1.16	0.78	0.67
玉溪	5.01	4.11	2.77	2.19	1.68	1.28
曲靖	24.77	16.16	10.78	7.40	5.79	4.18
楚雄	5.51	2.83	2.67	1.32	1.62	0.77
红河	22.82	12.16	11.04	5.73	6.48	3.27
保山	6.17	7.01	2.68	3.02	1.67	1.86
昭通	7.94	3.94	3.17	1.50	1.89	0.85
丽江	5.45	7.24	2.61	3.47	1.48	1.97
普洱	4.13	5.10	2.05	2.53	1.27	1.57
临沧	12.60	3.39	6.11	1.65	3.46	0.93
文山	3.04	4.22	0.77	1.06	0.48	0.65

	2010年		2015年		2020年	
	SO_2	NO_x	SO_2	NO_x	SO_2	NO_x
西双版纳	2.19	4.44	1.19	2.41	0.74	1.50
大理	2.96	5.81	1.40	2.75	0.87	1.71
德宏	5.32	7.96	2.83	4.25	1.75	2.64
怒江	10.51	6.81	5.78	3.75	3.59	2.33
迪庆	0.92	7.55	0.40	3.32	0.23	1.89
贵州	25.25	10.71	10.62	4.45	5.51	2.28
贵阳	11.84	4.73	6.15	2.29	3.54	1.22
安顺	68.58	19.14	18.41	5.29	5.16	1.53
遵义	14.93	5.53	9.57	3.48	4.76	1.73
毕节	47.00	22.25	12.95	6.53	4.43	2.38
黔南	12.02	6.02	6.01	2.20	3.41	1.02
黔东南	18.31	6.29	10.96	4.56	6.22	2.59
黔西南	7.23	3.65	6.15	2.86	3.06	1.42
六盘水	46.09	25.69	15.82	7.93	6.46	2.92
铜仁	33.23	10.20	13.48	3.03	6.01	0.99

注：深绿色区域数值代表高于全国水平。

重点产业大气污染物排放强度的设定主要基于2010年云贵两省重点行业污普数据和重点产业产值数据。情景年重点产业产值数据源于产业专题的重点产业发展基础情景设计，2015年重点产业的大气污染物排放量按照情景年相对于2010年的总削减比例折算，2020年亦按照相对于2015年的总削减比例折算（表6-7、表6-8）。

总体来看，云贵两省重点产业中大气污染物排放强度最大的行业是电力工业，其次是建材工业，造纸及纸制品业的SO_2排放强度也较大，装备制造业和烟草工业的污染物排放强度非常小。到了情景年，各行业的污染物排放强度均大幅度下降，但大气污染物排放强度的行业排序未发生变化。电力行业的大气污染物排放强度依然最高，建材行业仍然位居第二，造纸及纸制品业的SO_2排放强度依然相对较大。在贵州省，除电力工业、建材工业和造纸及纸制品业，有色冶金和化工行业的污染物排放强度也较大。

表6-7 情景水平年云南省重点产业大气污染物排放强度 单位：kg/万元

	2010年		2015年		2020年	
	SO_2	NO_x	SO_2	NO_x	SO_2	NO_x
煤炭工业	7.63	2.66	1.63	0.56	0.56	0.19
钢铁行业	9.22	2.47	3.76	0.99	2.00	0.52
有色冶金	7.53	0.30	2.94	0.12	1.58	0.06
电力工业	32.16	22.08	12.97	8.74	7.12	4.71
装备制造行业	0.12	0.04	0.05	0.02	0.03	0.01
化工行业	8.99	3.28	3.65	1.31	1.97	0.69
建材工业	19.26	25.68	6.32	8.27	3.01	3.86
食品加工产业	8.46	1.40	3.32	0.54	1.73	0.28
烟草工业	0.24	0.07	0.15	0.04	0.10	0.03
造纸及纸制品业	16.56	3.27	9.09	1.76	5.71	1.09

表 6-8　情景水平年贵州省重点产业大气污染物排放强度　　单位：kg/ 万元

	2010 年		2015 年		2020 年	
	SO_2	NO_x	SO_2	NO_x	SO_2	NO_x
煤炭工业	4.06	0.71	0.99	0.17	0.37	0.06
钢铁行业	5.70	1.31	2.32	0.53	1.27	0.29
有色冶金	14.74	1.12	6.82	0.51	3.89	0.29
电力工业	75.21	34.32	28.70	12.93	13.68	6.09
装备制造行业	0.95	0.15	0.41	0.06	0.22	0.04
化工行业	11.35	1.79	5.17	0.81	2.95	0.45
建材工业	37.38	23.48	13.40	8.31	6.64	4.07
食品加工产业	3.32	0.36	0.95	0.10	0.41	0.04
烟草工业	0.89	0.18	0.43	0.09	0.27	0.05
造纸及纸制品业	11.02	1.37	4.47	0.55	2.38	0.29

注：深绿色区域数值代表排放强度较大值。

二、大气污染物排放量预测

1. 全社会大气环境污染物排放量预测

根据云贵两省经济情景预测和各市州大气污染物排放强度假设，计算得到云贵两省情景年大气污染物排放总量预测结果（附表 11）。与 2010 年相比，2015 年云贵两省的大气污染物排放总量均有所减小，2020 年更低于 2015 年。其中，SO_2 排放总量从 186.6 万 t 下降至 2015 年的 169.6 万 t，到 2020 年为 150.4 万 t；NO_x 排放总量从 101.3 万 t 下降至 2015 年的 91.1 万 t，2020 年为 80.3 万 t。2010 年贵州省 SO_2 排放量远大于云南省，情景年亦是，但贵州省情景年污染物排放量减小的幅度大于云南省，SO_2 排放量从 2010 年的 116.2 万 t 减小到 2015 年的 89.0 万 t，2020 年为 42.2 万 t，各阶段减幅达到了近 50%（图 6-15）。

在各评价子区域中，情景预测结果显示（图 6-16），除滇东北区和滇西北及西南区的大气污染物排放量与 2010 年基本持平，其他五个区域的大气污染物排放量均在情景年有所减少；此外，各区域大气污染物排放量排序在情景年未发生较大变化，依然以黔中经济区、滇中经济区、黔西资源富集和开发区、沿边经济带为主要排放区域。其中黔西资源富集和开发区的减幅最大，SO_2 排放量从 2010 年的 53.6 万 t 减至 2015 年的 42.5 万 t，到 2020 年，减至 33.0 万 t，NO_x 排放量从 2010 年的 27.4 万 t 减至 2015 年的 21.2 万 t，到 2020 年，减

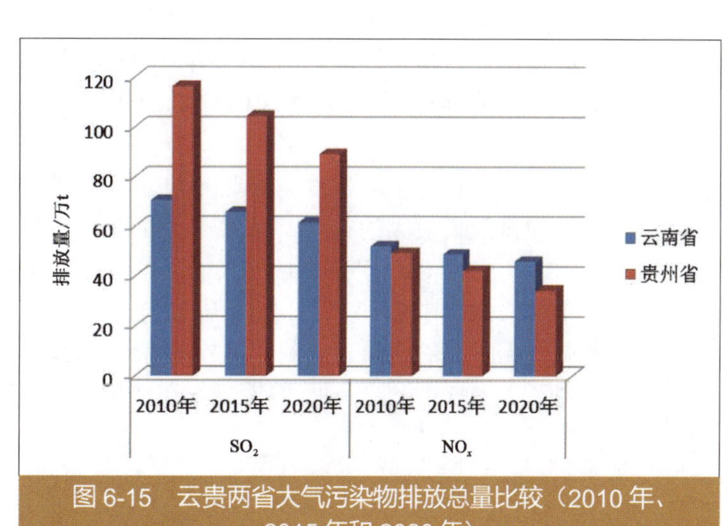

图 6-15　云贵两省大气污染物排放总量比较（2010 年、2015 年和 2020 年）

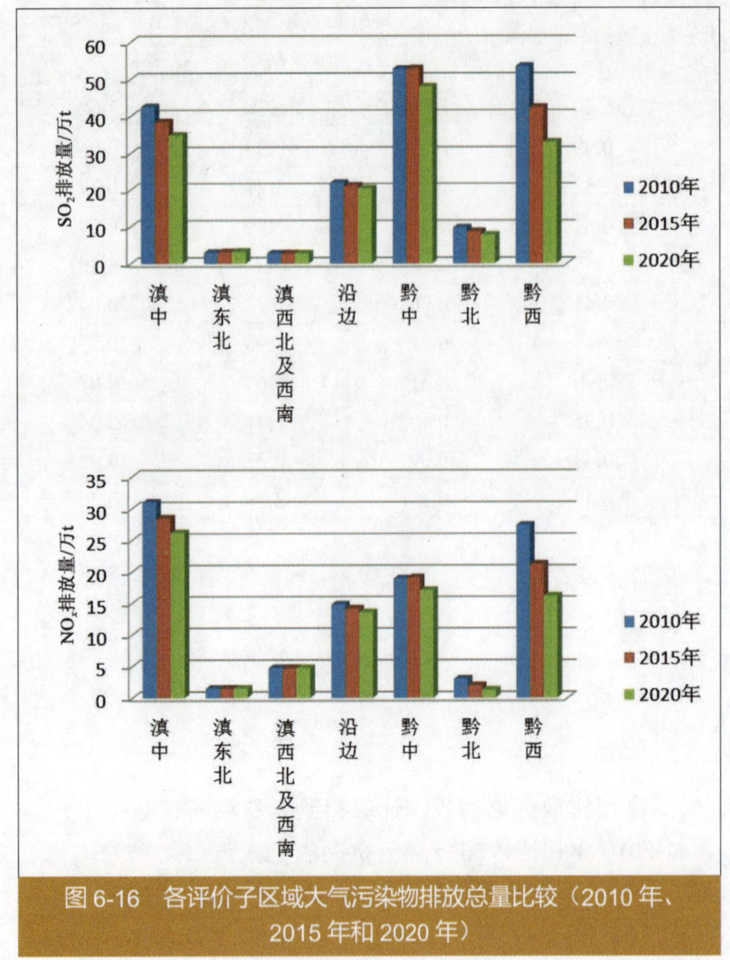

图 6-16 各评价子区域大气污染物排放总量比较（2010 年、2015 年和 2020 年）

至 16.1 万 t。

滇东北和滇西北地区大气污染物排放量与 2010 年基本持平，其他区域大气污染物排放量均有所减少，其中黔西地区降低幅度最大。云南滇中、沿边经济区仍为省内大气污染物主要排放区域，排放量占云南省比例超过 85%。贵州省黔中、黔西地区排放量均超过全省 90%。与现状大气污染排放空间分布相似，预测年内污染排放较大的市州仍为昆明、曲靖、红河、贵阳、遵义、毕节和六盘水 7 个市州，云南西双版纳、丽江、迪庆、怒江等 4 个市州的污染排放量较小，2020 年 SO_2 和氮氧化物排放量均不足 1 万 t。

2. 重点行业大气环境污染物排放量预测

根据云贵两省重点产业发展情景设计和重点产业大气污染物排放强度假设，计算得到云贵两省情景年重点产业大气污染物排放量预测结果。总体来看，与 2010 年相比，情景年云贵两省重点产业的大气污染物排放量均有所减小，2020 年更低于 2015 年，贵州省重点产业的减排幅度大于云南省。其中，云南重点产业的 SO_2 排放量由 2010 年的 63.30 万 t 减小到 2015 年的 60.8 万 t，到 2020 年，减至 58.4 万 t，NO_x 排放量由 2010 年的 32.7 万 t 减小到 2015 年的 30.8 万 t，到 2020 年，减至 29.0 万 t；贵州重点产业的 SO_2 排放量由 2010 年的 94.37 万 t 减小到 2015 年的 86.3 万 t，到 2020 年，减至 78.9 万 t，NO_x 排放量由 2010 年的 39.0 万 t 减小到 2015 年的 35.2 万 t，到 2020 年，减至 31.7 万 t。

就云南省而言，各重点行业到情景年的排放量排序未发生变化，电力工业依然是大气污染物排放量最大的行业，虽然电力工业到情景年排放量也有所减小，但其排放贡献仍然达到了 40.7%（SO_2）和 54.1%（NO_x）。情景年第二大 SO_2 排放行业依然是有色冶金，在情景年的排放贡献达到了 13.4%。钢铁行业、化工行业、建材行业在情景年 SO_2 排放贡献也占有较为显著的比重。建材工业在情景年的 NO_x 排放量依然仅次于电力工业，其排放贡献达到了 24.2%；化工行业、钢铁行业在情景年的 NO_x 排放量也不容忽视，其排放贡献也在 5% 以上（表 6-9）。

表 6-9　云南省重点产业大气污染物排放量预测						单位：万 t
	SO_2 排放量			NO_x 排放量		
	2010 年	2015 年	2020 年	2010 年	2015 年	2020 年
煤炭工业	3.47	3.34	3.20	1.21	1.14	1.08
钢铁行业	8.23	7.90	7.59	2.21	2.08	1.96
有色冶金	8.45	8.11	7.79	0.34	0.32	0.30
电力工业	25.76	24.74	23.76	17.69	16.67	15.70
装备制造行业	0.05	0.05	0.04	0.02	0.02	0.01
化工行业	6.81	6.54	6.28	2.49	2.34	2.21
建材工业	5.95	5.71	5.48	7.93	7.47	7.04
食品加工产业	3.46	3.32	3.19	0.57	0.54	0.51
烟草工业	0.25	0.24	0.23	0.08	0.07	0.07
造纸及纸制品业	0.86	0.83	0.79	0.17	0.16	0.15
合计	63.30	60.78	58.36	32.70	30.81	29.04

注：深绿色区域数值代表大气污染物排放量较大。

对于贵州省，各重点行业到情景年的排放量排序也未发生变化，大气污染物排放的行业依然主要集中于电力工业、建材行业和化工行业。到情景年，第一大排放行业依然是电力工业，排放量虽有所减少，但其排放贡献未发生大的变化，SO_2 的排放贡献达到 73%，NO_x 排放贡献达到 80%。建材行业是第二大排放行业，情景年 SO_2 的排放贡献为 8%，NO_x 排放贡献为 13%。化工行业在情景年 SO_2 排放量依然较为显著，其排放贡献也达到了 8%。此外，有色冶金、煤炭工业、钢铁行业的大气污染物排放贡献也不容忽视（表 6-10）。

表 6-10　贵州省重点产业大气污染物排放量预测						单位：万 t
	SO_2 排放量			NO_x 排放量		
	2010 年	2015 年	2020 年	2010 年	2015 年	2020 年
煤炭工业	2.93	2.68	2.45	0.51	0.46	0.42
钢铁行业	2.36	2.16	1.97	0.54	0.49	0.44
有色冶金	3.52	3.22	2.94	0.27	0.24	0.22
电力工业	68.67	62.77	57.38	31.33	28.28	25.53
装备制造行业	0.32	0.30	0.27	0.05	0.05	0.04
化工行业	7.06	6.46	5.90	1.12	1.01	0.91
建材工业	7.84	7.17	6.55	4.92	4.44	4.01
食品加工产业	1.21	1.11	1.02	0.13	0.12	0.11
烟草工业	0.19	0.17	0.16	0.04	0.03	0.03
造纸及纸制品业	0.26	0.24	0.22	0.03	0.03	0.03
合计	94.37	86.27	78.86	38.95	35.16	31.73

大气污染物排放仍主要集中于电力、化工、建材、钢铁和有色等五个行业，排放 SO_2 占工业排放量比重超过 91%，氮氧化物超过 96%。其中，电力行业排放 SO_2、氮氧化物量最大，2020 年其对云贵两省排放 SO_2 污染负荷比分别达到 41% 和 73%，排放氮氧化物污染负荷比分别达到 54% 和 80%。

3．大气环境质量预测

运用 NAQPMS 模式进行情景设计，对未来发展情景下的大气污染发展态势进行了模拟。

在情景设计中，2015 年云贵两省 SO_2 排放量为 169.8 万 t，2020 年降至 150.4 万 t；2015 年云贵两省 NO_x 排放量为 91.1 万 t，到 2020 年降至 80.3 万 t。情景年污染物排放量总体呈下降的趋势。

空气质量模式模拟的结果（图 6-17）表明，云南大部分地区 SO_2 均处于国家二级标准范围之内，情景年没有出现超标的现象；情景年贵州的中部和北部大部分地区 SO_2 超过二级标准，处于红色警戒范围之内。随着污染物排放量的降低，2020 年云南西北部和贵州西部，SO_2 浓度明显降低。情景年 NO_x 浓度只有零星的地区超标，且范围均在贵州的中北部地区。2015 年云南东部的 NO_2 浓度较 2010 年有明显降低，2020 年贵州西部的 NO_x 浓度也因排放量的降低而降低。2015 年贵州东部地区 PM_{10} 浓度较现状年略有增加，而云南东部和贵州西部 PM_{10} 浓度较之现状年有明显下降，至 2020 年降至更低水平，空气质量优良，情景年贵州西部仍有部分城市出现超标现象。情景年，云贵两省 $PM_{2.5}$ 浓度总体较高，六盘水和安顺的 $PM_{2.5}$ 浓度 2020 年较之 2015 年有所降低，昭通、遵义、黔东南和黔西南情景年 $PM_{2.5}$ 浓度处于严重超标，$PM_{2.5}$ 污染形势不容乐观。

图 6-18 是西南地区情景年 SO_2、NO_x、PM_{10} 和 $PM_{2.5}$ 浓度与 2010 年的差值水平分布图，可以看出，与 2010 年相比，2015 年和 2020 年遵义市和黔东南州 SO_2 浓度上升较大，而毕节市、安顺市则呈现持续下降趋势。NO_x 浓度变化与 SO_2 相比更加平缓，除遵义市、毕节市以及安顺市部分区域时间区间内增幅超过 20 μg/m^3 以外，大部分市州增减都在 ±20 μg/m^3 范围内。PM_{10} 和 $PM_{2.5}$ 浓度变化情况基本相同，与 SO_2 和 NO_x 的变化趋势也基本一致，较为明显不同在于黔东南州颗粒物浓度显著增长。

站点预测结果（表 6-11）表明，2015 年与 2010 年相比贵州省大部分地区 SO_2 浓度均呈现下降趋势，但遵义、黔东南以及黔西南市的浓度有所升高，特别是遵义将超过国家二级标准（60 μg/m^3），年均浓度达到 144 μg/m^3。NO_x 与 SO_2 类似，但未来均不超标。2020 年与 2010 年相比许多地区均大幅度下降，贵阳下降近 15% 左右。

表 6-11　云贵两省各市州 SO_2 及 NO_x 的现状及未来浓度分布　　单位：μg/m^3

地区	SO_2				NO_x			
	观测 2010 年	模拟 2010 年	模拟 2015 年	模拟 2020 年	观测 2010 年	模拟 2010 年	模拟 2015 年	模拟 2020 年
昆明	37.0	38.38	35.93	33.61	42.0	24.67	23.29	22.02
玉溪	58.0	13.77	13.33	12.92	24.0	6.77	6.26	5.78
曲靖	47.0	33.10	27.51	22.68	26.0	16.03	14.23	12.59
楚雄	50.0	12.58	12.22	11.87	14.0	15.04	14.66	14.31
红河	39.0	24.77	23.07	21.46	11.0	11.10	9.99	8.97
保山	23.0	15.10	15.10	15.10	23.0	21.44	21.36	22.28
昭通	82.0	33.94	36.06	38.28	21.0	14.95	14.94	14.94
丽江	4.0	5.15	5.15	5.15	22.0	6.11	6.11	6.11
普洱	12.0	8.99	8.99	8.99	12.0	13.95	13.95	13.95
临沧	15.0	11.13	11.12	11.11	7.0	3.65	3.65	3.65
文山	14.0	12.78	12.78	12.78	11.0	7.06	6.97	6.89

地区	SO_2				NO_x			
	观测 2010 年	模拟 2010 年	模拟 2015 年	模拟 2020 年	观测 2010 年	模拟 2010 年	模拟 2015 年	模拟 2020 年
西双版纳	19.0	8.29	8.29	8.29	19.0	13.33	13.33	13.33
大理	22.0	16.99	15.81	14.79	12.0	6.31	6.83	7.38
德宏	12.0	11.13	11.06	10.99	9.0	7.64	7.64	7.64
怒江	15.0	14.62	14.62	14.62	9.0	9.71	9.68	9.65
迪庆	19.0	11.78	11.78	11.78	11.0	9.23	9.23	9.23
贵阳	58.0	94.32	85.62	77.56	27.0	29.63	24.47	20.02
安顺	58.0	53.01	24.15	7.86	9.0	19.13	9.10	3.28
遵义	79.0	95.39	144.34	144.34	28.0	27.33	40.38	40.38
毕节	45.0	56.38	34.38	19.24	17.0	21.35	14.20	8.97
黔南	43.0	43.08	49.61	49.61	15.0	13.39	10.35	7.87
黔东南	29.0	24.18	49.23	49.23	22.0	8.46	15.74	15.74
黔西南	44.0	27.05	38.50	38.50	21.0	14.26	25.30	25.30
六盘水	49.0	43.46	33.79	25.84	32.0	18.95	12.78	8.22
铜仁	13.0	32.58	28.37	24.60	9.0	13.67	7.80	3.95

三、能源需求大幅增加，可基本实现节能目标

2015 年、2020 年云南终端能源需求将达 14 207 万 t 标煤、17 618 万 t 标煤，分别是 2010 年的 1.6 倍和 2.0 倍。贵州终端能源需求将达到 13 196 万 t 标煤、17 284 万 t 标煤，分别为 2010 年的 1.6 倍、2.1 倍。“十二五”期间，云贵两省在能源需求增速较快，年均增速均超过 10%，主要是受第二产业能源需求大幅增长的影响。从能源需求分部门结构看，云贵两省终端能源消费需求仍以第二产业为主，2020 年二产能源需求比重将可超过 75%。

云贵两省重点产业能源需求量持续上升。2015 年、2020 年云南省重点产业能源需求将分别达到 10 602 万 t 标煤、12 801 万 t 标煤，是 2010 年的 1.7 倍、2.0 倍。贵州省 2015 年、2020 年重点产业能源需求将分别达到 9 661 万 t 标煤、12 727 万 t 标煤，是 2010 年的 1.9 倍、2.5 倍。钢铁、化工、建材、有色、煤炭、电力等六大行业占重点产业能源需求总量的比重超过 97%。

未来能源需求较高的市州主要包括昆明、曲靖、红河、玉溪、六盘水、毕节、贵阳、黔南、遵义等 9 个市州（见图 6-19），预计 2015 年和 2020 年能源需求量将占云贵两省的 75% 以上。“十二五”期间，云南省昆明、曲靖能源需求增长较快，2015 年能源需求量分别是其 2010 年的 2.3 倍、2.0 倍；2015 年，贵州省黔南、贵阳能源需求量将分别达到其 2010 年的 1.8 倍、1.6 倍。

根据云贵两省“十二五”规划，2015 年万元 GDP 能耗要比 2010 年下降 15%，云贵两省应分别达到 1.2 t 标煤 / 万元（2005 年可比价，等价热值，下同）、1.9 t 标煤 / 万元。国家“十二五”规划提出 2020 年万元 GDP 二氧化碳排放应比 2005 年下降 40% ～ 45%。预计云贵两省 2020 年单位 GDP 能耗将分别下降至 0.96 t 标煤 / 万元、1.55 t 标煤 / 万元。

预测结果表明，2015 年云贵两省单位 GDP 能耗将分别下降至 1.2 t 标煤 / 万元、1.6 t 标煤 / 万元，2020 年继续下降到 0.94 t 标煤 / 万元和 1.20 t 标煤 / 万元，均可实现国家节能目标。但是，云南省曲靖、楚雄、红河、保山、昭通等 5 个市州，以及贵州省贵阳、遵义、毕节等

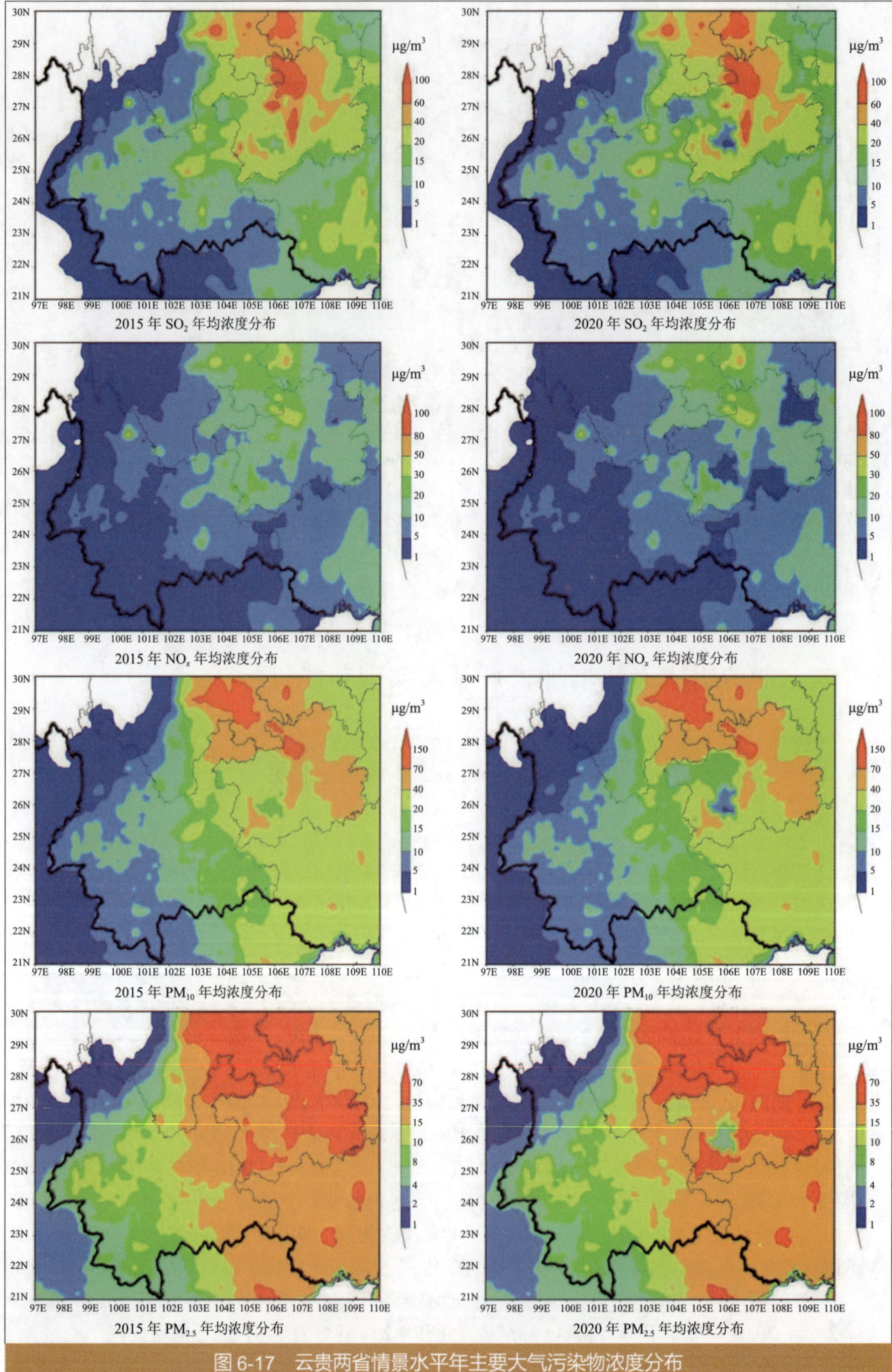

图 6-17　云贵两省情景水平年主要大气污染物浓度分布

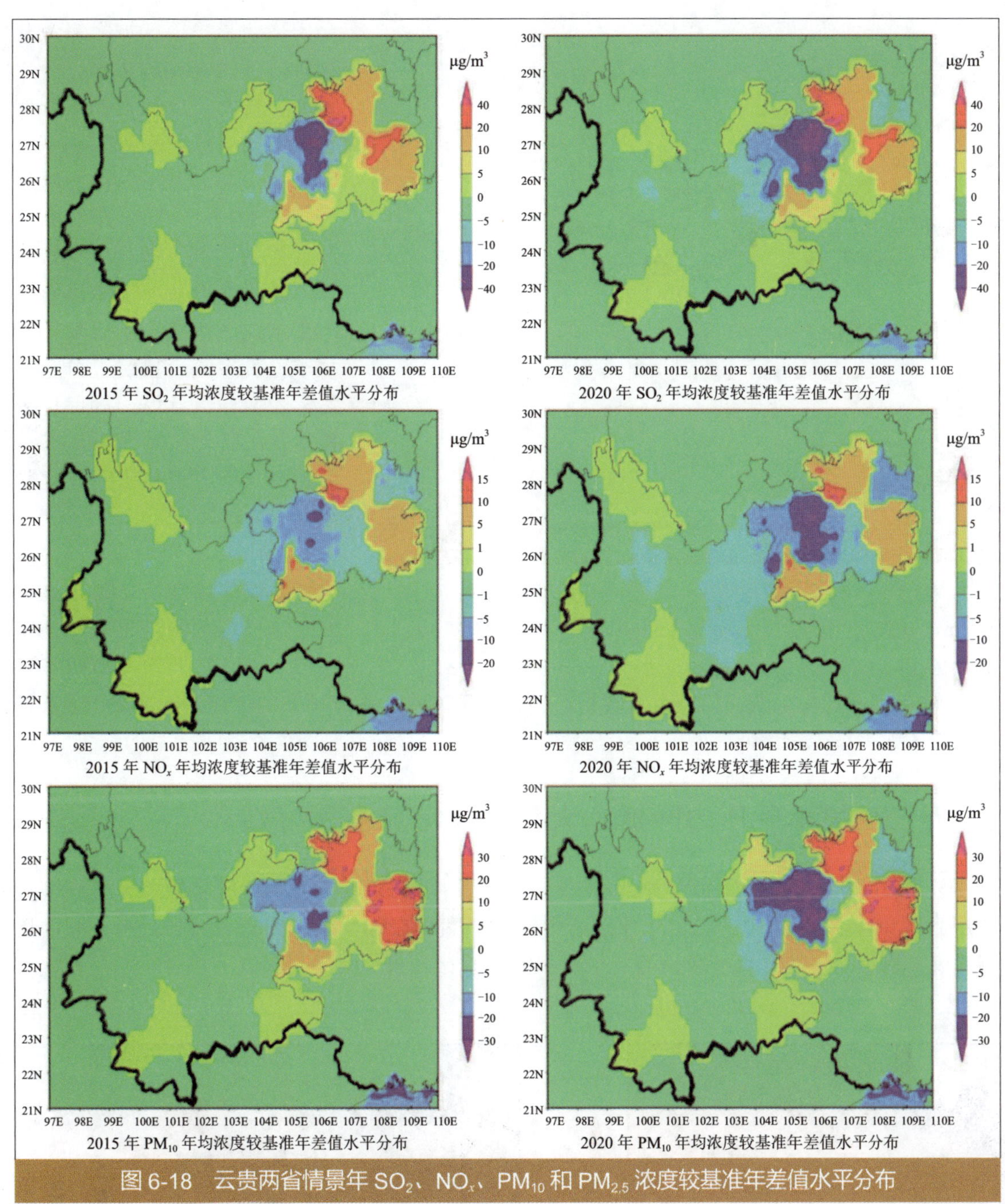

图 6-18 云贵两省情景年 SO_2、NO_x、PM_{10} 和 $PM_{2.5}$ 浓度较基准年差值水平分布

3 个市州重化工业增长过快，万元 GDP 能耗预测值较高，实现“十二五”节能目标值的难度较大。

四、酸雨问题依然严重，重点区域光化学烟雾、灰霾污染不容忽视

2010 年云贵两省酸雨较为严重，未来电力工业规模还将进一步扩大，致酸前体物浓度不

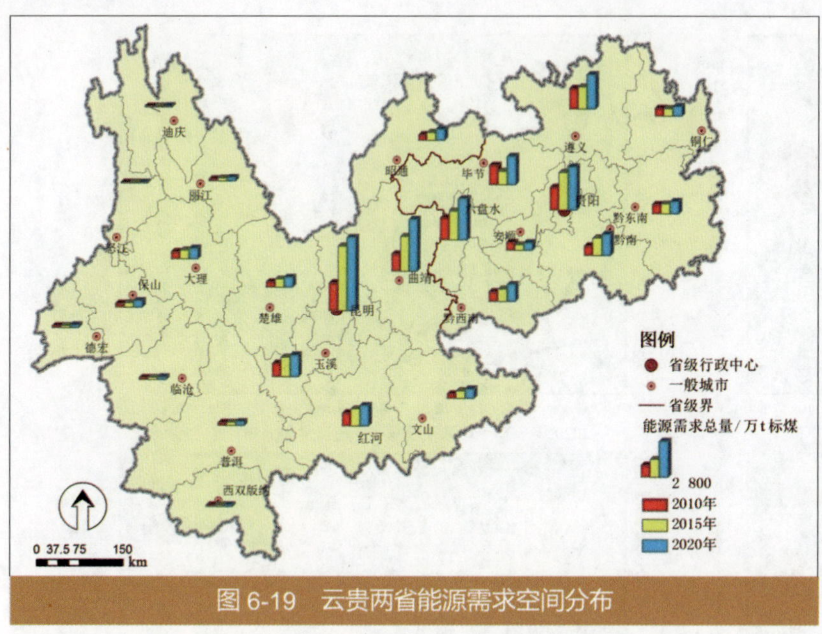

图 6-19 云贵两省能源需求空间分布

会出现明显下降，加之氮氧化物等酸性污染物的贡献，可以预计云贵两省区域性的酸雨问题仍将难以得到有效控制。

2010 年云贵两省 O_3 浓度维持在 80 ～ 120 μg/m³。随着产业发展、机动车排放增加，大气氧化性增强，O_3 浓度有进一步增加的趋势。由于夏季和秋季温度较高，日照充分，光化学反应较为活跃，因此，云贵两省在夏季和秋季存在 O_3 浓度超标风险，可能出现光化学烟雾污染问题。

2010 年云贵两省 $PM_{2.5}$ 卫星资料反演浓度为 0.02 ～ 0.03 mg/m³，已接近国家环境质量二级标准的限值 0.035 mg/m³。2020 年模拟预测结果表明，云贵两省 $PM_{2.5}$ 浓度仍将维持较高水平（图 6-20），昭通、遵义、黔东南和黔西南等市州年均 $PM_{2.5}$ 浓度严重超标，灰霾污染不容忽视。相比之下，六盘水、毕节的年均 $PM_{2.5}$ 浓度较 2010 年有较大幅度下降。

五、环境承载压力降低，大气常规污染有所好转

云贵两省 2015 年、2020 年排放 SO_2、氮氧化物均未超过其大气环境容量，大气环境承载压力逐步降低（表 6-12）。滇东北及黔中地区仍然存在 SO_2 超载问题，其中云南昭通，贵州遵义、黔西南、黔东南和黔南等 5 个市州的 SO_2 排放量始终超出大气环境容量，昭通、遵

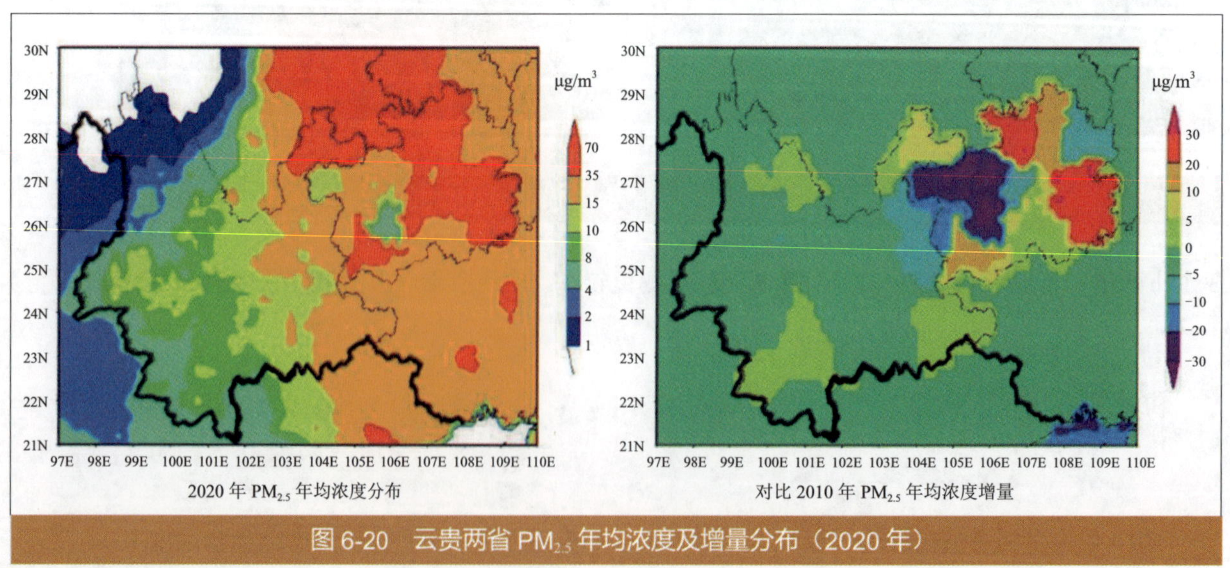

图 6-20 云贵两省 $PM_{2.5}$ 年均浓度及增量分布（2020 年）

表 6-12　云贵两省大气承载力利用水平预测　单位：%

区域	2010 年		2015 年		2020 年	
	SO_2	氮氧化物	SO_2	氮氧化物	SO_2	氮氧化物
云贵两省	91	72	82	65	73	57
云南省	79	74	73	70	69	66
滇中经济区	91	96	82	88	75	81
沿边经济带	62	59	59	56	57	54
滇西北产业区	56	56	56	56	56	56
滇东北产业区	152	36	159	36	167	36
贵州省	100	70	89	60	76	49
黔中经济区	101	68	101	69	92	62
黔西经济区	98	77	78	60	61	45
黔北产业区	99	42	89	28	79	18

义超载比例均超过 60%。对于氮氧化物而言，滇中地区容量利用率较高，已接近饱和状态，其他地区容量利用率均较低，还有一定的容量承载空间。2015 年、2020 年昆明氮氧化物排放超过大气环境承载力的比例分别达到 50%、39%。

运用区域空气质量 NAQPMS 模式，模拟云贵两省预测年空气污染物浓度分布（图 6-21）。结果表明，云贵两省空气质量整体有所好转，常规污染物浓度超标范围均有所减少，但贵州西部地区仍有部分市州大气污染物浓度升高，甚至局部出现超标。

从具体污染物指标来看，云南省各市州年均 SO_2 浓度均处于国家二级标准范围之内，预测年没有出现超标的现象；2015 年贵州中部和北部大部分地区处于红色警戒范围之内，年均 SO_2 浓度最高超过国家二级标准 58.3%。2020 年云南西北部和贵州西部，年均 SO_2 浓度明显降低，超标范围减少。贵州中北部地区年均氮氧化物浓度出现超标。2015 年云南东部的年均氮氧化物浓度较 2010 年降低超过 30%，2020 年贵州西部的年均氮氧化物浓度较 2010 年降低超过 50%。2015 年贵州东部地区年均 PM_{10} 浓度较现状年略有增加，云南东部和贵州西部年均 PM_{10} 浓度较现状年有明显下降，至 2020 年降至更低水平，空气质量优良，但黔中地区仍有部分城市大气环境超标。

第六节　重金属污染趋势变化与影响预测

一、废水中重金属排放可以基本满足允许排放量要求

为了在国家重金属总量减排任务部署的基础上，兼顾水环境条件差异，结合云贵两省重金属排放现状、河流断面水质重金属检出情况和超标现状，以及“十二五”期间云贵两省重点防控区重金属减排要求，基于水质预测了云贵两省重金属 2015 年最大允许排放量，方法框架如图 6-22 所示。该方法兼顾了目标总量和容量总量。2020 年的重金属允许排放量沿用 2015 年的要求。

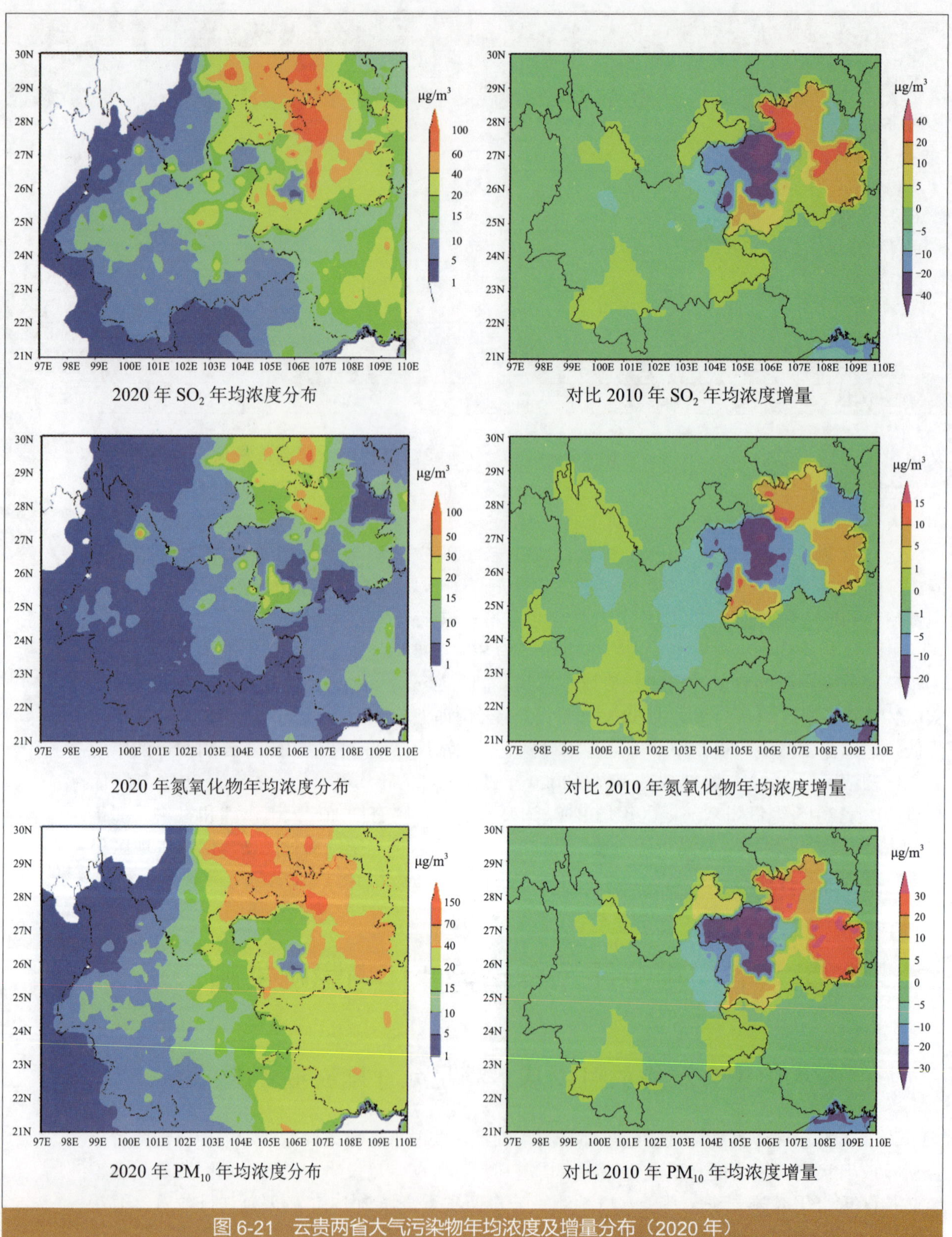

图 6-21 云贵两省大气污染物年均浓度及增量分布（2020 年）

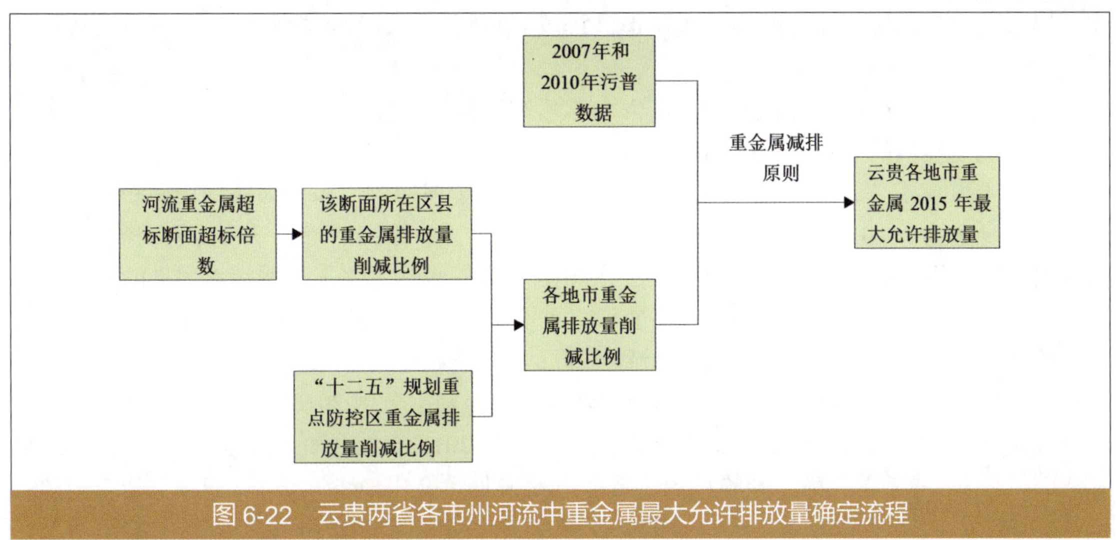

图 6-22　云贵两省各市州河流中重金属最大允许排放量确定流程

综合考虑云贵两省重金属排放现状、河流断面水质重金属污染现状，以及国家重金属污染综合防治“十二五”规划要求，确定云贵两省 2015 年各市州工业废水中主要重金属的最大允许排放量（图 6-23）。其中，昆明、红河、文山、怒江、曲靖，黔西南、黔南等市州重金属允许排放量相对较大。

2015 年，云南省工业废水中铅、汞、镉、铬、砷排放量分别控制为 16.0 t、0.1 t、2.2 t、0.07 t、10.9 t，贵州省工业废水中铅、汞、镉、铬、砷排放量分别控制为 1.2 t、0.01 t、0.1 t、0.5 t、1.0 t。与 2010 年相比，云南省铅、汞、镉、铬、砷排放量削减比例分别为 23%、21%、21%、8%、19%，贵州省削减比例应分别达到 47%、7%、61%、46%、46%。

2015 年，云南省汞、镉、铬、铅、砷的排放强度要分别降低至 2010 年的 34%、33%、26%、35%、32%，贵州省 2015 年汞、镉、铬、铅的排放强度要分别降低至 2010 年的 39%、14%、25%、25%。2020 年，保证云贵两省重金属的排放效率不降低。由于云贵两省重金属排放强度总体上高于全国平均排放强度，近年来大部分市州涉重行业排放强度年均降幅基本在 30% 以下，可以通过技术进步提高行业的排放效率水平实现。但是，黔西南州的镉排放强度年均降幅需达到 50% 以上，仅靠技术进步实现重金属排放量控制的难度很大。

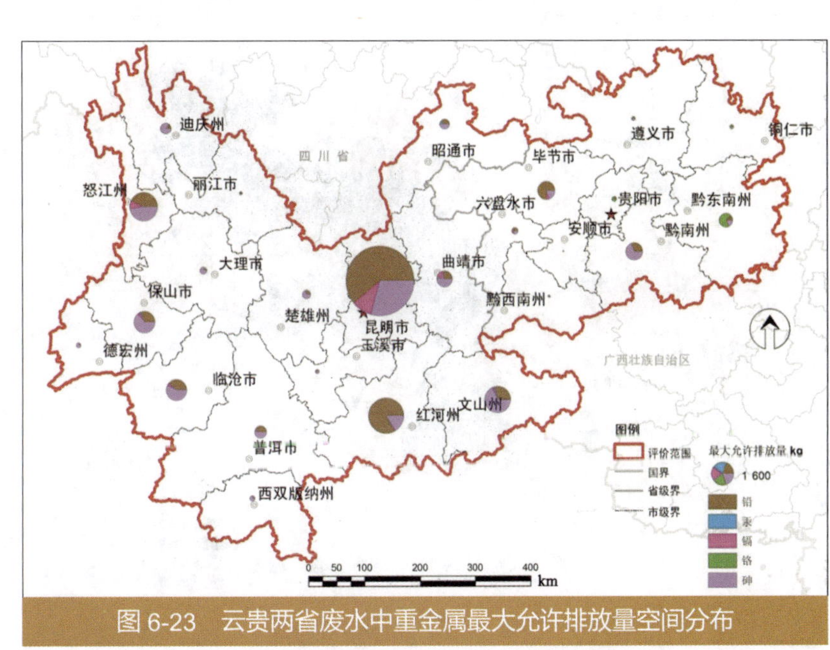

图 6-23　云贵两省废水中重金属最大允许排放量空间分布

红河、文山、大理、黔西南、黔南的有色行业仅靠提高环境效率实现对镉、铅的排放量控制存在一定难度，需要考虑对其规模加以适当约束。尤其是黔西南州，长期受有色冶炼累积影响导致湾塘河供电所断面汞、镉指标严重超标，需要严格控制该地区排放汞和镉的冶炼行业的规模直到该地区河流重金属达标。

其余市州必须严格执行环境效率准入和落后产能淘汰制度，通过技术进步、加强末端治理控制实现重金属的减排。在提高环境效率的过程中，部分市州由于现状水平过低，需要予以特别关注和监督。到 2015 年，怒江州兰坪县的有色金属冶炼，需要大幅降低镉和铅的排放强度，至少达到 2010 年云南省平均水平；文山州马关县的铅锌冶炼、锑冶炼和铜冶炼行业，需要大幅降低铅和镉的排放强度，直至好于 2010 年全国平均水平；昆明市嵩明县的皮革制造业、昆明经济技术开发区的电力行业和官渡区的金属表面处理及热处理加工业，需要大幅降低铬的排放强度，达到 2010 年云南省最优水平；黔南州独山县和三都县的铅锌冶炼和锑冶炼行业，需要大幅降低汞、镉、铅和砷的排放强度，直至好于全国 2010 年的平均水平。

设定 2020 年云贵两省的重金属排放量仍然按照 2015 年的允许排放量来控制，则云南省 2020 年铅、汞、镉、铬、砷的排放强度要分别降低至 2010 年的 22%、19%、22%、16%、41%，贵州省 2020 年铅、汞、镉、铬的排放强度要分别降低至 2010 年的 25%、20%、12%、24%。同样地，黔西南州年均降幅超过 50%，仅靠技术进步实现难度较大，仍需严格控制其有色行业的规模直到该地区水体中镉达标，其余市州（州）涉重行业通过技术进步基本可以实现重金属减排任务。

二、废气中重金属排放量增长较快，局部实现总量不增目标难度大

2020 年，大气重金属排放量仍将主要集中于红河、昆明、曲靖、六盘水、毕节、遵义等市州，铅、汞、镉、砷等重金属排放量均超过 200 t，其中，铅排放量占重金属排放总量比例达 80%（图 6-24）。

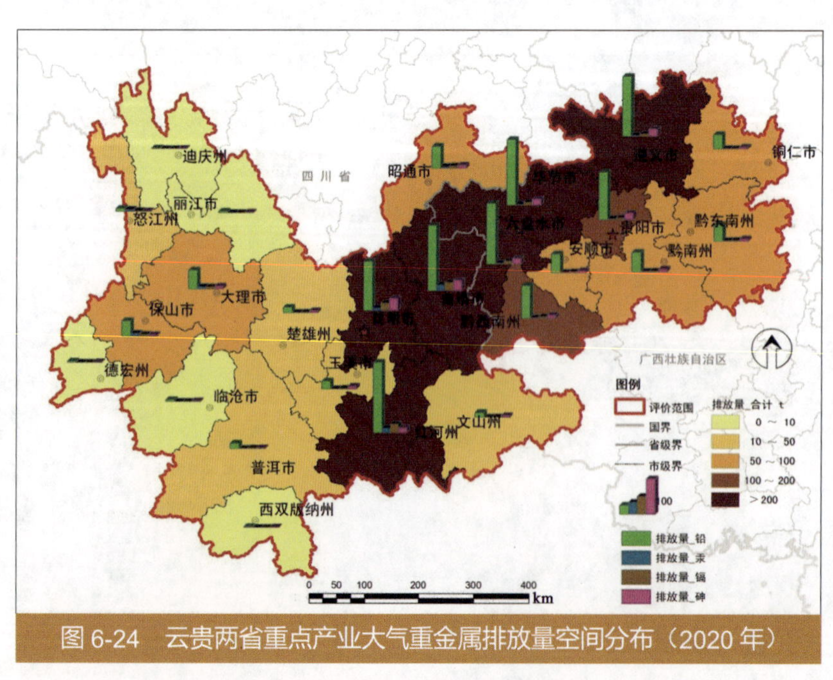

图 6-24 云贵两省重点产业大气重金属排放量空间分布（2020 年）

部分市州大气重金属排放量增幅较快，发生重金属污染风险的可能性增大。云南省昭通、保山、大理、怒江等 4 个市州的铅、汞、镉、砷等重金属排放量和占全省排放比重均较 2007 年有所增加。其中，2020 年保山的汞排放量达 2007 年的 5 倍以上，占全省汞排放量比重由 2% 上升至 10% 以上。贵州省六盘水的铅、汞、砷以及黔西南、黔南的铅、汞、镉、砷等重金属排放均较 2007 年有所增加。其中，六盘水重点产业废气中铅、镉、砷排放量约为 2007 年的 1.5 倍，占全省比重由不到 20% 升至 30% 左右。

分析 2015 年和 2020 年大气中汞的沉降量分布情况（图 6-25）。与 2010 年相比，2015 年和 2020 年云贵两省大气中汞沉降量分别降低 13%。云贵两省汞沉降仍以干沉降为主，占总沉降量的 62% 左右。红河、昆明、昭通、贵阳、遵义等市州大气中汞沉降量仍较高，占区域总沉降量的 27% 以上。

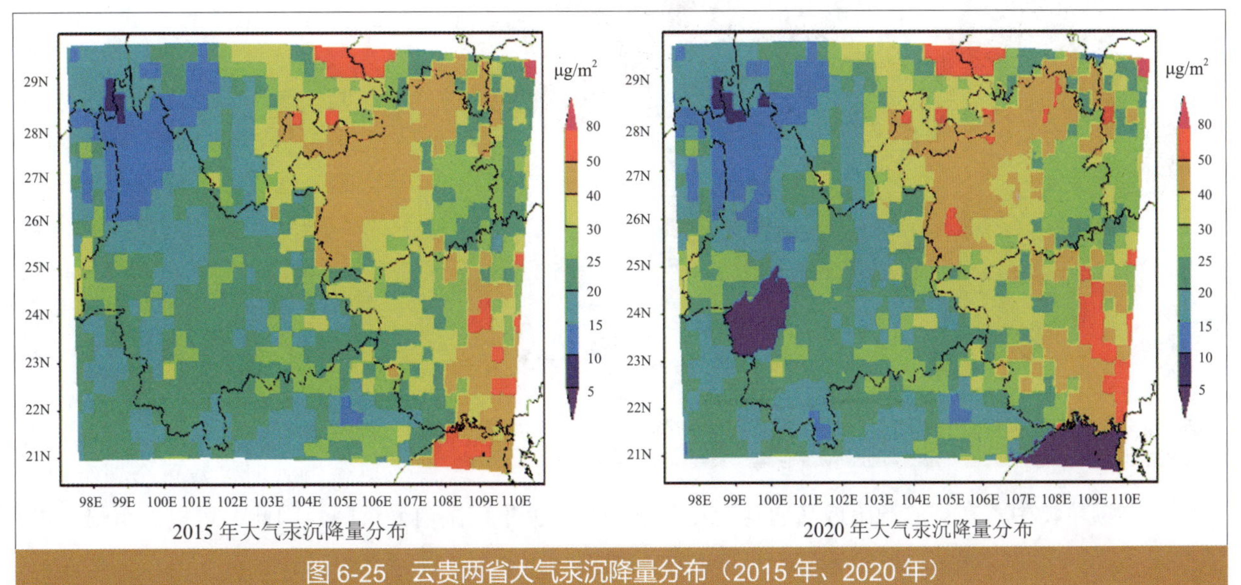

图 6-25　云贵两省大气汞沉降量分布（2015 年、2020 年）

在确保新增产能均采用先进工艺，并加快淘汰落后产能的前提下，2015 年云南省有色冶金行业（铅冶炼、锌冶炼、铜冶炼）单位产品重金属排放系数应降低到 2007 年的 30% ～ 70%，云南、贵州两省电力行业（火力发电）单位发电量铅、镉、砷等排放系数应降低到 2007 年的 40% 左右，汞排放系数应降低到 2007 年的 20% ～ 30%，才能满足重点行业废气中重金属排放总量不增加。2020 年云贵两省有色冶金行业（铅冶炼、锌冶炼、铜冶炼）、电力行业（火力发电）单位产品重金属排放系数须在 2015 年水平上继续降低 15% ～ 35%。

三、局部地区土壤重金属累积性风险加大，重点地区风险水平高

云贵两省的有色冶金行业废气重金属排放量有所下降，过去受有色金属冶炼大气沉降影响的区域土壤重金属累积速度变缓，具体涉及云南红河、曲靖以及贵州毕节、六盘水等市州。但是，由于有色冶金行业规模扩张明显，通过自身淘汰落后产能腾让出的总量难以抵消新增产能的排放量，如保山市有色冶金废气重金属排放明显增加，土壤累积污染风险区面积有所扩大。由于生产、生活等用煤量的增加，燃煤重金属排放总量持续增加，造成云贵两省土壤重金属累积性影响范围增大。受火力发电等燃煤排放影响，云南昭通、贵州六盘水等市州，土壤重金属累积范围增加明显。

综合考虑涉重行业产值占比、废气排放占比、危废堆存占比、废水允许排放量占比、重金属大气沉降等因素，识别云贵两省重金属污染风险水平较高的区域（图 6-26）。云南省重金属污染高风险市州仍为昆明、红河，较高风险市州为曲靖、文山。贵州省重金属污染高风险市州为黔南、毕节，较高风险市州包括铜仁、贵阳、黔东南。与 2010 年相比，云南省曲靖重金属污染风险水平略有降低。

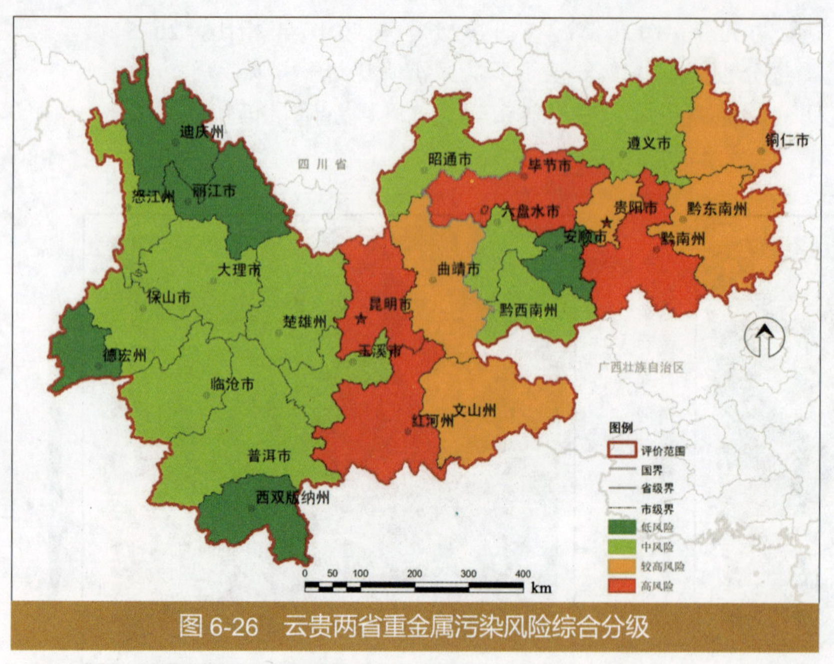

图 6-26 云贵两省重金属污染风险综合分级

根据相关研究，许多工业发达国家，大气沉降对土壤重金属累积贡献率在各种外源输入因子中排首位，云贵两省有色冶金和电力行业较为发达，大气重金属排放量较多，重金属随大气沉降进入土壤，应该是影响区域性土壤环境的重要因素。受反应机理、模型研究、参数率定、课题时间等条件限制，本次研究仅对大气汞沉降进行了模拟，未进行其他重金属沉降模拟和土壤累积污染定量预测。由于通常情况下，除汞等重金属能随大气进行远距离传输外，多数重金属吸附在颗粒物中，在排放源附近（通常为几公里到几十公里范围内）沉降，因此，可根据市州（州）大气中重金属的排放量情况，定性判断土壤累积污染的风险情况。

通过产业规模的合理控制和产业内部结构优化，云贵两省的有色冶金行业废气重金属排放量有所下降，则云贵两省过去受有色金属冶炼大气沉降影响的区域土壤重金属累积速度变缓，但累积程度依然较大。由于生产、生活等用煤量的增加，燃煤重金属排放总量增加，导致云贵两省土壤重金属区域累积性范围增大。

各市州中，受有色冶金行业废气重金属排放量下降影响，云南省红河、曲靖以及贵州省的毕节、六盘水，土壤重金属累积速度变缓明显；由于有色冶金行业规模扩张明显，本市州通过淘汰落后产能腾让出的总量难以抵消新增产能的排放量，保山市有色冶金废气重金属排放明显增加，存在较大的土壤累积污染风险；受火力发电等燃煤排放影响，云南省的昭通及贵州省的六盘水，土壤重金属累积范围增加明显。受周边市州（州）废气汞排放量增加及大气扩散因素影响，黔西南土壤汞累积速度增加。

四、重金属综合污染风险水平基本稳定

根据涉重行业产值占全省比重、废水重金属允许排放量占全省比重、大气重金属排放量占全省比重、含重金属危险废物贮存量占全省比重等，对云贵两省各市州（州）重金属污染风险等级进行综合划分。重金属污染风险高、较高、中、低分别对应重金属污染的范围和程度的高、较高、中、低。

2015 年，云南省涉重行业产值主要在昆明、红河、曲靖、楚雄等，贵州省涉重行业产值主要在贵阳、黔南、黔西南、遵义等。2020 年两省涉重行业产值占比较大的市州基本相同，云南省大理和贵州省毕节、黔南占比较 2015 年有所下降。

2015 年，云南省废水重金属允许排放量占比较大的市州（州）主要为昆明、红河等，贵州省废水重金属允许排放量占比较大的市州（州）主要为毕节、黔南、黔东南等。2020 年与

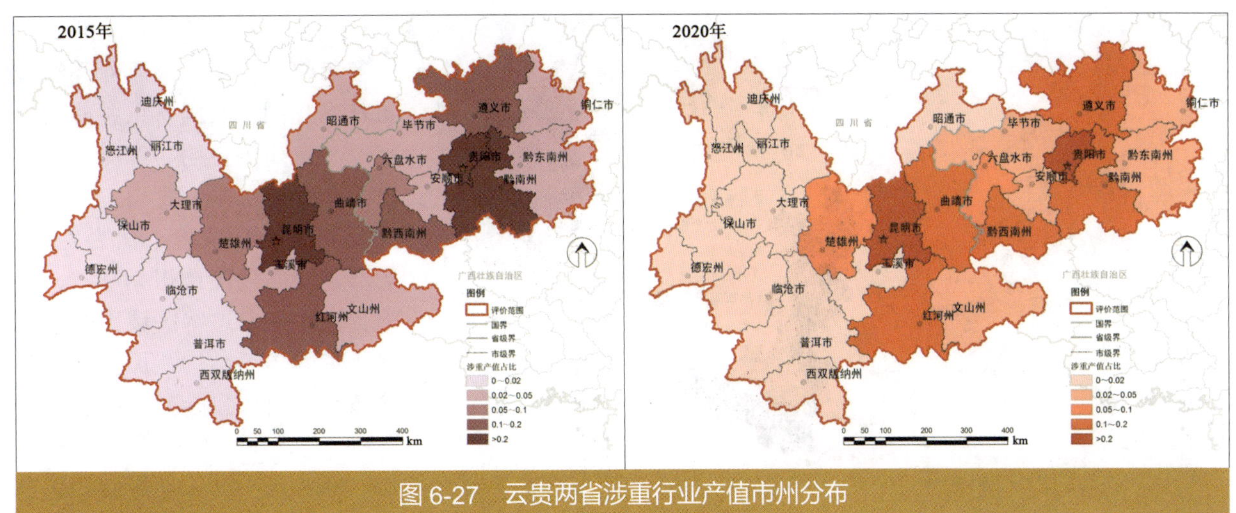

图 6-27　云贵两省涉重行业产值市州分布

2015 年要求相同。

2015 年，云南省大气重金属排放量较多的市州主要为红河、曲靖、昆明等，贵州省大气重金属排放量较多的市州主要为六盘水、毕节、贵阳、遵义等。2020 年两省大气重金属排放量占比较大的市州基本相同，云南省的保山占比较 2015 年有所提升，贵州省的黔西南占比较 2015 年有所下降。

云南省现状含重金属危险废物贮存量较多的市州主要为文山、曲靖、楚雄等，贵州省含重金属危险废物贮存量较多的市州主要为铜仁、黔东南、黔西南等。

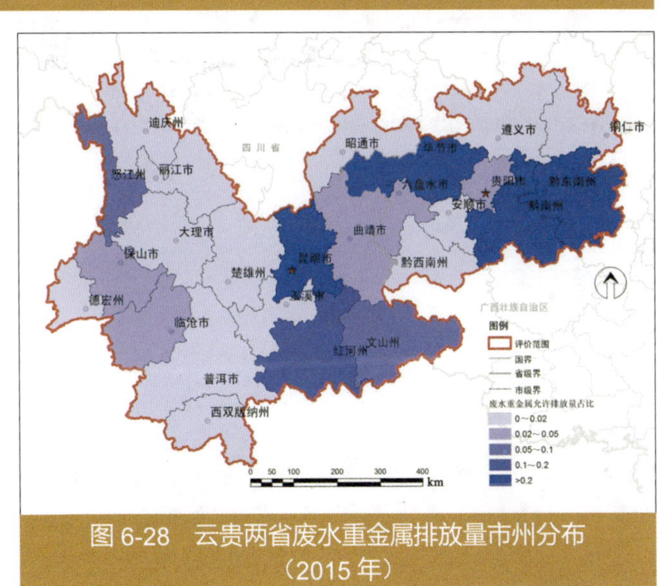

图 6-28　云贵两省废水重金属排放量市州分布（2015 年）

图 6-29　云贵两省大气重金属排放量市州分布

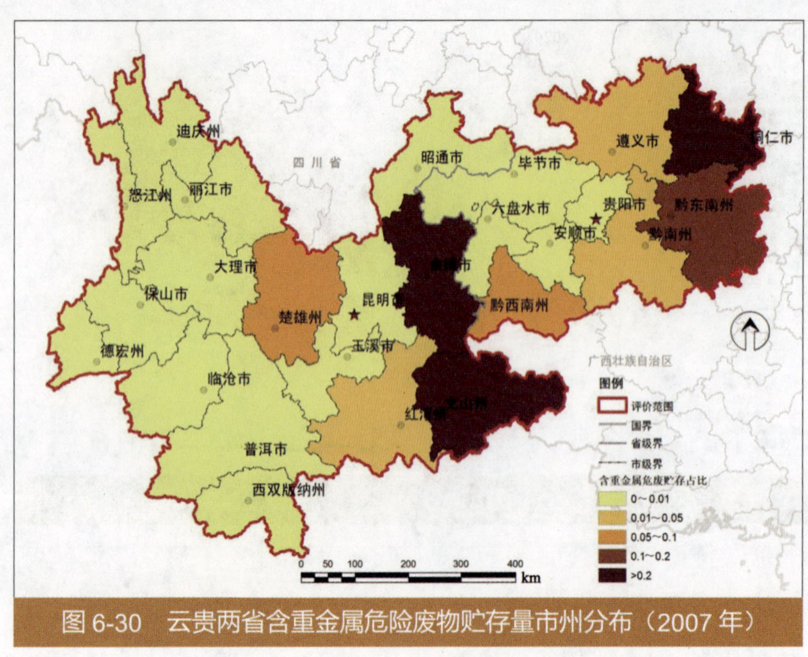

图 6-30 云贵两省含重金属危险废物贮存量市州分布（2007 年）

综合来看，2015 年和 2020 年各市州重金属污染风险等级分布基本相同，云南省重金属污染高风险市州为昆明、红河，较高风险市州为曲靖、文山。贵州省重金属污染高风险市州为黔南、毕节，较高风险市州为铜仁、贵阳、黔东南。这些区域需要重点优化空间布局结构，加强环境监管和治理，防范重金属污染风险。

第七章　区域资源环境承载力分析

第一节　承载力分析方法

一、生态控制分区

生态控制分区是在生态现状调查、生态系统敏感性与生态系统服务功能重要性评价的基础上，结合自然灾害风险评价、重点行业及土地利用生态风险评价结果，考虑重点产业对区域生态环境的影响，分析区域空间分布规律，形成生态控制分区方案，为地区重点产业的合理布局提供依据。

生态红线区划定的目的是为地区重点产业的合理布局提供依据，因此在划定的过程中既考虑了生态系统本身的敏感性和服务功能在空间分布上的差异性，也将自然环境给产业发展带来的风险作为重要因素加以引入。因此，这里的生态红线区是针对产业区的发展，为保证产业和生态环境的共同安全而必须加以严格管理和维护的区域，包括生态系统敏感性极高区域、具有重要或特殊生态系统服务功能价值的区域和自然生态风险极高的区域，严禁不符合生态环境功能定位的建设开发活动在生态红线区内开展。

对于允许开发的区域进行了进一步分级，划分了生态黄线区和可开发利用区。生态黄线区是重要性级别仅次于生态红线区的区域，其生态系统敏感性、生态系统服务功能和生态风险方面的重要性比红线区低，但是仍在生态环境保护中发挥重要的作用。开发利用这些区域，应该有目的性地限制对于环境影响较大的开发活动进入，或者在能够补偿产业所造成的生态环境影响的前提下有条件地批准开发建设活动。可开发利用区是推荐未来产业进行布局的区域，在这些区域发展产业对生态环境功能的损害相对较小，是生态成本相对较低的区

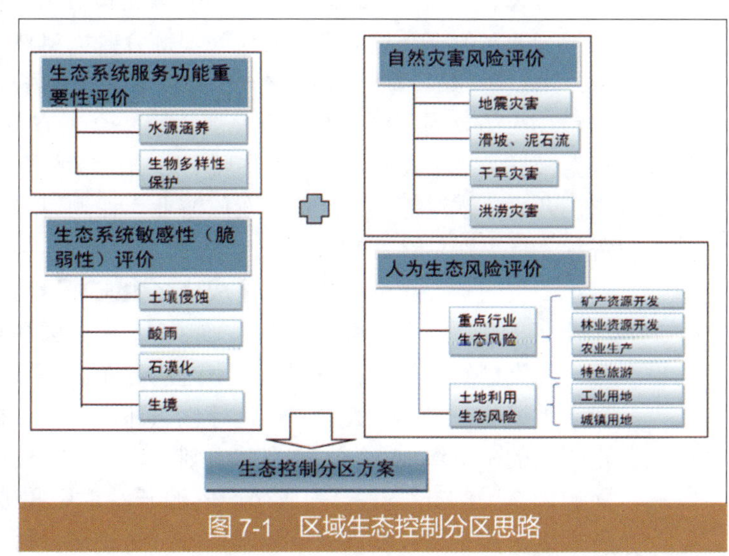

图 7-1　区域生态控制分区思路

域，建议产业区选址或者进一步空间扩展时首先考虑这些区域。具体划分思路如图 7-1 所示。

1. 区域生态敏感性特征评价

生态环境敏感性是指生态系统对区域中各种自然和人类活动干扰的敏感程度，它反映的是区域生态系统在遇到干扰时，发生生态环境问题的难易程度和可能性的大小，也就是在同样的干扰强度或外力作用下，各类生态系统出现区域生态环境问题的可能性的大小。一般可通过生态系统的组成、结构变化和功能发挥等具体变化表现出来。例如在生态系统组成、结构方面，由于人类不合理的活动或自然干扰，造成生态系统组成二级结构的组成上发生变化，正常的生态功能发挥受到影响；或由于开荒、采伐、建设、采矿等使生态系统某一结构缺失，生态系统不完整，生态功能丧失。而其发生的根源则是各种生态过程在时间、空间上的相互耦合关系。在自然状况下，各种生态过程维持着一种相对稳定的耦合关系，保证了生态系统的相对平衡，而当外界干扰超过一定限度时，这种耦合关系将被打破，某些生态过程会趁机膨胀，导致严重的生态环境问题。所以，生态环境敏感性评价实质就是具体的生态过程在自然状况下潜在能力的大小，并用其来表征外界干扰可能造成的后果。

生态环境敏感性评价应明确区域可能发生的主要生态环境问题类型与可能性大小。评价过程中应根据主要生态环境问题的形成机制，分析研究区生态环境敏感性的区域分异规律，明确特定生态环境问题可能发生的地区范围与可能程度。

2. 区域生态服务功能重要性综合评价

生态系统服务功能是指生态系统与生态过程所形成及所维持的人类赖以生存的自然环境条件与效用。生态系统服务功能重要性评价的目的是要明确回答区域各类生态系统的服务功能及其对区域可持续发展的作用与重要性，并依据其重要性分级，明确其空间分布。生态系统服务功能重要性评价是针对区域典型生态系统，评价生态系统服务功能的综合特征，是评价区域典型生态系统服务功能的能力。

3. 区域生态风险评价

考虑云贵两省生态系统本身的敏感性和生态服务功能的空间差异，同时引入产业发展可能带来的对生态环境的灾害与风险。综合区域自然灾害风险评价及重点行业生态风险评价结果，重点考虑战略规划对地区产生的中长期、累积性、胁迫性生态风险，采用专家打分法赋权重。应用单因子结果经加权叠加生成综合生态风险值，用自然分类法实现生态风险分区，根据云贵两省相关规划，对生态环境影响比较大的有煤炭开采、有色金属开采、生物质应用、磷矿开采、水泥等建材行业以及旅游业。课题组对这些重点产业的空间布局和主要生态影响进行分析识别（附表 12）。

云贵两省矿产资源的开采造成诸多生态环境问题。矿产资源的开发和利用，对自然环境的破坏和扰动巨大，引发了占用土地、水土流失和石漠化等诸多生态环境问题和次生地质灾害。各类型的小矿山、小矿坑、小选厂遍布山林坡地，造成开矿区塌陷、植被破坏，从而出现土地退化、水土流失、石漠化等生态环境问题。据统计，云南省受到地质灾害危害的有一定规模的矿山约 150 个，小型矿山则有数千个。贵州省因采矿活动引发的地质灾害破坏土地面积为 7 928 hm^2，占贵州省矿产资源开发占用和破坏土地总面积的 24.97%。未来，随着两省规划矿产资源开发规模的急剧扩张，生物多样性损失、水土流失和石漠化等诸多生态环境问题以及矿山地质灾害将进一步加剧。

二、土地资源承载力计算方法

土地是承载人类生存与发展各项活动的基础资源。土地资源的开发程度，是反映区域经济社会发展规模和水平的重要标志。对重点产业发展来说，土地资源是不可或缺的空间场所。分析区域土地资源利用现状及演变特征，摸清土地资源数量、布局、结构和开发利用中存在的问题，判断区域土地利用变化的驱动力，探究影响区域土地利用变化的主导经济社会因素，有利于合理开发、利用和保护区域土地资源。

1. 数据来源及预处理

土地利用遥感监测数据是土地资源评价研究的基础数据，通过遥感解译，对云贵两省土地利用布局和结构及其变化趋势进行分析。

（1）数据来源中国 HJ-A/B 环境一号卫星，监测尺度为 30 m×30 m。

数据坐标投影信息：地理坐标系统：GCS—WGS 84；大地基准面：D—WGS—1984；投影方式：Albers 椭球体；单位：m。

（2）遥感数据处理。遥感数据处理包括几何纠正、镶嵌和裁剪。

几何纠正：2007 年的北京一号小卫星影像已做过正射校正，可作为一幅标准地图，为 2010 年环境一号卫星影像的精校正做参考。具体步骤如下：①选取地面控制点：在两期遥感影像上选择明显的、清晰的定位标志，并使控制点均匀地分布在整幅图像内；②多项式模型：由于数据量较大，考虑计算速度，本次校正选用的是二次多项式校正模型；③重采样：对 2010 年的原始影像按一定规则进行重采样，采用双线性内插法进行亮度值的插值计算。由此得到经过几何校正的 2010 年遥感影像。

镶嵌：根据影像的投影和坐标系统进行镶嵌，得到整个云贵两省的遥感影像图。

裁剪：利用 2010 年研究区边界对两期影像进行裁剪，得到研究区域影像。

（3）遥感数据解译。

2. 土地资源承载力计算方法

根据云贵两省 DEM 数据、2010 年现状土地利用数据，筛选坡度平缓，高程适中，以及适宜的土地利用类型作为评价区可利用土地资源。通过测算分析，云贵两省具有经济开发规模的坝区面积以坡度 8°以下、面积大于 8 km^2 为宜（图 7-2）。将坝区斑块选在 8 km^2 以上时，坝区总面积平缓变化。分析结果表明，云南省坝区面积为 3.4 万 km^2，贵州省坝区面积为 2.0 万 km^2，分别占云、贵国土面积的 9%、12%，主要集中在滇中和黔中区域（图 7-3、附表 15）。

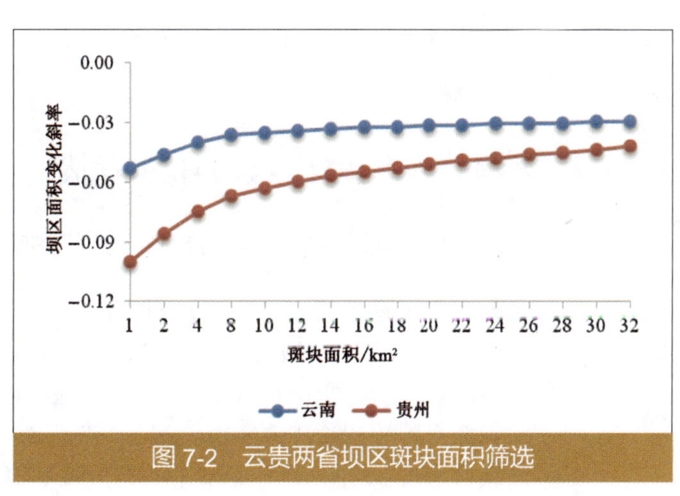

图 7-2 云贵两省坝区斑块面积筛选

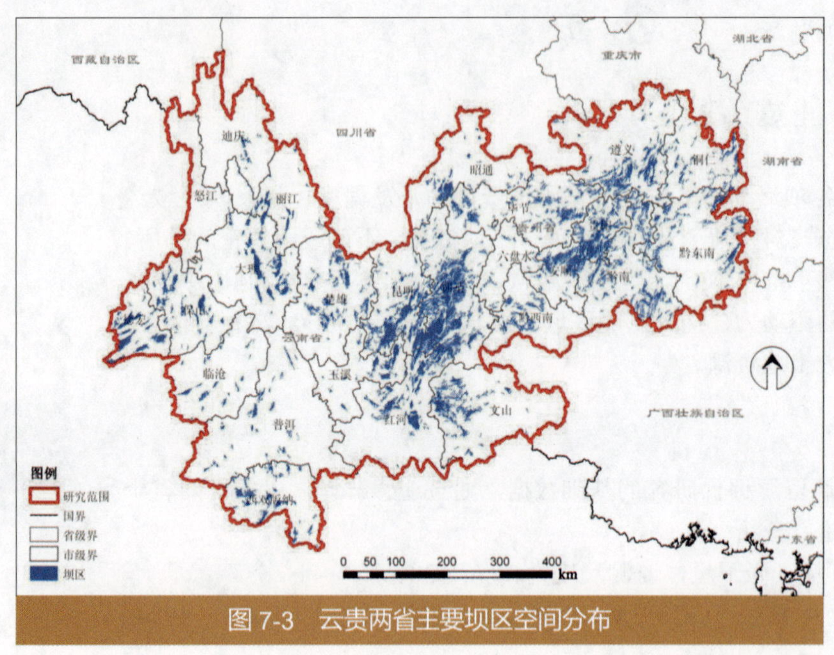

图 7-3　云贵两省主要坝区空间分布

三、水资源承载力计算方法

水资源承载力是指某一区域（国家、地区、流域）的水资源在一定发展阶段下，以可预见性的技术、经济和社会发展及水资源的动态变化为前提，保证水资源的可持续发展，并在维护生态良性循环发展的条件下，经过合理优化配置，维系该区域人口、经济、生态环境协调发展的最大支撑能力。

以可利用水资源量为约束的水资源承载力体现的是本地自产水资源对社会经济发展的承载水平，该承载力的分析为后续研究水资源配置方案提供决策支持。

以云贵两省各市州可供水资源量为约束条件，评价 2010 年、2015 年和 2020 年云贵两省各市州在水资源承载力所面临的压力，即评价当地自产水资源对产业组提出的 2015 年及 2020 年社会经济发展情景的支持程度。以水资源承载压力指数 P 开展评价：

$$P = \frac{C_{需水量}}{W_{可供水资源量}}$$

其中$W_{可供水资源量}$是多年可供生产的可利用水资源量，$C_{需水量}$是该市州在评价年份充分考虑节水措施下的需水量。该指数数值越大，说明本地自产水资源的承载力面临的压力越大。该值大于 1 时，说明仅凭当地自产水资源已无法满足社会经济发展需求。该值小于 0.8 时，说明本地水资源尚可支持社会经济发展需要，存在继续建设水利工程提高本地水资源利用量的空间。该值处于 0.8 ～ 1 时，说明本地水资源的开发利用处于临界状态，应对水利工程建设进行充分论证。

四、水环境承载力计算方法

1. 地表水质与陆域污染控制单元之间的响应关系

云南省下辖地级市 8 个（分别为昆明市、曲靖市、玉溪市、保山市、昭通市、丽江市、普洱市和临沧市）、少数民族自治州 8 个（分别为楚雄彝族自治州、大理白族自治州、红河哈尼族彝族自治州、文山壮族苗族自治州、西双版纳傣族自治州、德宏傣族景颇族自治州、怒江傈僳族自治州和迪庆藏族自治州）。其下管辖的市辖区 13 个、县级市 11 个、县 76 个、少数民族自治县 29 个，共计 129 个。贵州省下辖地级市 6 个（分别为贵阳市、六盘水市、遵义市、铜仁市、毕节市和安顺市）、少数民族自治州 3 个（分别为黔西南布依族苗族州、黔东南苗族侗族州和黔南布依族苗族州）。其下管辖的市辖区 13 个、县级市 7 个、县 56 个、少数民族自治县 11 个，特区 1 个，共计 88 个。归纳各市州及其对应的纳污河流及湖库见附表 13。

2．水环境承载力核算方法

采用地表水体的“污染物同化能力”（water body pollutant assimilative capacity）、“背景污染物负荷”（background pollutant load）、“可利用的污染物同化能力”（available pollutant assimilative capacity）等一系列概念为基础来分析和评价区域的地表水环境承载状况，并将可利用的污染物同化能力作为区域地表水环境可用承载力的核算指标。其中，水体的污染物同化能力是指该水体最大允许容纳的某污染物的量。参考美国俄亥俄州 2008 年发布的水质标准文档（OAC Chapter 3745-1），对于河流水体而言，确定污染物同化能力的计算方法如下：河流各河段对某种污染物的同化能力值等于河段末端断面该种污染物质的水质浓度标准值乘以

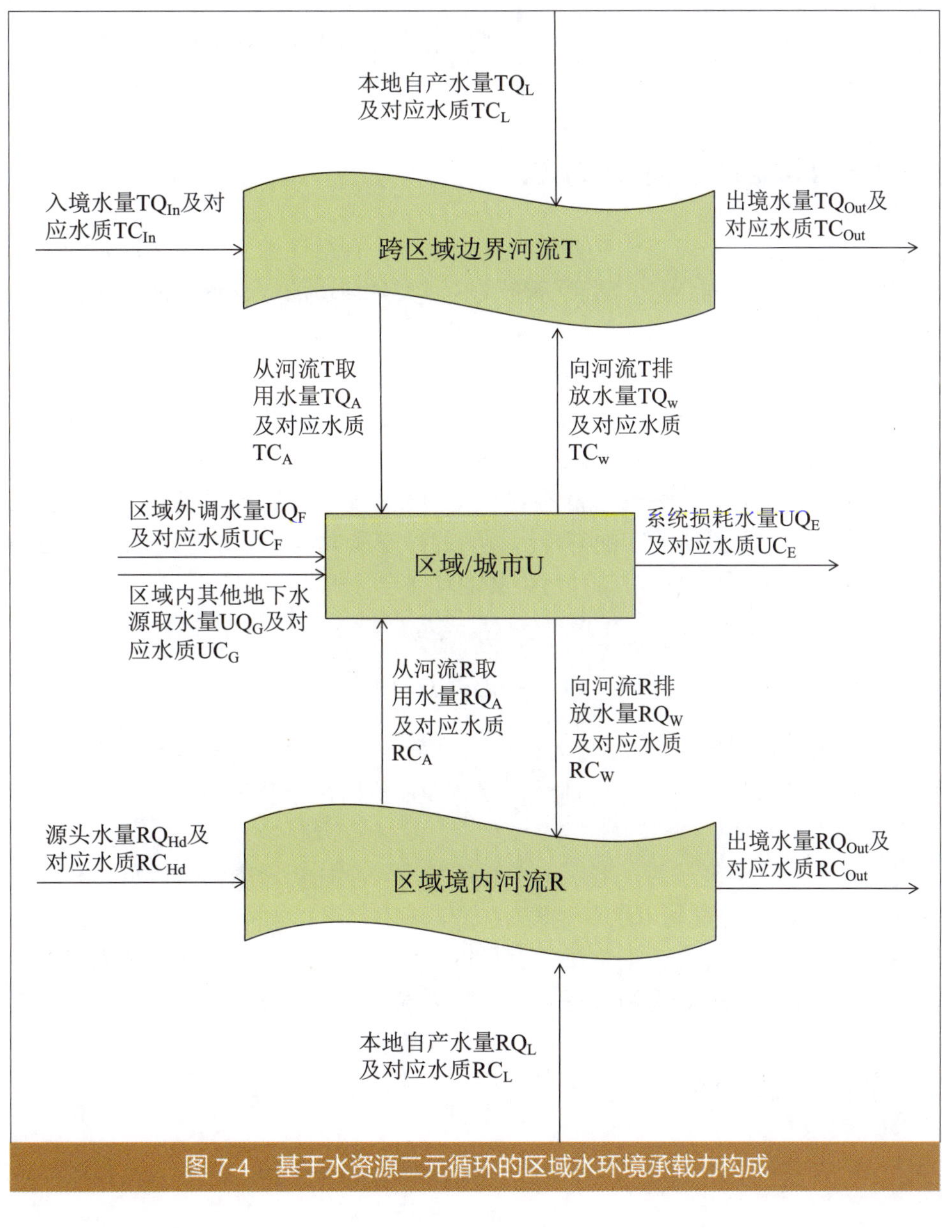

图 7-4 基于水资源二元循环的区域水环境承载力构成

通过该断面的水量。水量的确定要反映该河段对污染物同化作用中水文条件的特征。水体的可利用的污染物同化能力则是指用其污染物同化能力值减去其背景污染物负荷值。某河段的背景污染负荷值是指来自该河段上游所有污染物负荷的总和。根据以上基本概念，结合云贵地区 25 个市州的水资源禀赋特征、用水排水特征，可以确定区域内地表水体的污染物同化能力与区域内水资源的自然－社会二元循环之间的关系，也可以确定在水循环过程中区域对河流同化能力的实际利用情况，如图 7-4 所示。

根据图 7-4，可以将区域内可利用的水体同化能力分解为以下几个部分分别核算：①跨区域边界河流入境水量利用中形成的可利用的污染物同化能力；②跨区域边界河流在境内自产水量利用中形成的可利用的污染物同化能力；③本区域内河流在境内自产水量利用中形成的可利用的污染物同化能力；④区域外调水量利用中形成的可利用的污染物同化能力；⑤区域内其他水源取水利用中形成的可利用的污染物同化能力，包括由地下水抽取使用后污水排入地表水环境形成的同化能力。

根据区域水体可利用的同化能力和实例利用的水体同化能力之间的大小关系，就可以判断区域水环境承载状况。

五、大气环境容量计算方法

根据云贵两省经济社会发展水平和大气环境禀赋，评估该地区大气环境各污染物环境容量及其利用状况和空间分布特征，进而评价该区域大气环境的综合承载能力并分析其空间分布特征。

运用区域空气质量模式，综合考虑大气环流、局地气象条件、典型地形特征、下垫面类型特征、跨界污染输送等因素，采用区域空气质量模式方法测算云贵两省各污染物大气环境容量。综合考虑污染物在大气中所造成的污染程度，以及污染物平流扩散、化学转化、干湿沉降净化等因素，分别计算大气环境静态容量和动态容量。静态容量指在一定环境质量目标下，一个区域内各环节要素所能容纳某种污染物的静态最大量（最大负荷量）；动态容量指该区域内各要素在一个确定时段内对该种污染物的动态自净能力。

$$Q=Q_{静}+Q_{动}$$

$$Q_{动}=F+D_{湿}+D_{干}+T$$

式中，Q 为大气环境容量；$Q_{静}$为大气静态容量；$Q_{动}$为大气动态容量；F 为评价区污染物净输出量；$D_{湿}$为评价区污染物湿沉降量；$D_{干}$为评价区污染物干沉降量；T 为评价区污染物化学反应转化量。

从云贵两省和评价子区域两个层面上，利用基准年全社会污染物排放总量和环境容量数据，计算基准年大气环境容量利用水平（排放总量 / 环境容量），分析基准年大气环境承载状况。利用预测得到的情景年全社会污染物排放总量数据和环境容量，计算情景年大气环境容量利用率（排放总量 / 环境容量），分析和评估情景年大气环境承载力利用水平的变化趋势。

六、综合承载力分析方法

资源环境综合承载力是度量某个区域可持续发展能力的量化指标之一，它是社会经济与资源环境之间的重要连接，可为该区域今后的社会经济发展和环境资源保护提供重要参考依据。在对环境容纳污染物能力和资源供给能力定量分析的基础上，为了衡量比较云贵两省不同市州和重点区域的资源环境综合承载力，本研究计算了其承载力的相对值。

1．资源环境综合承载力

资源环境综合承载力包括生态控制区、土地资源、水资源、水环境和大气环境五个方面，其中水环境和大气环境的承载力分别由多项指标共同表征，且彼此具有不同的物理意义与量纲。在进行综合分析之前，首先应将各项污染物的环境容量进行去量纲、标准化。

$$E'_{ij}=\frac{E_{ij}-\{E_i\}_{\min}}{\{E_i\}_{\max}-\{E_i\}_{\min}}$$

其中 E'_{ij} 为城市 j 单要素承载力标准化值；E_{ij} 为城市 j 资源环境单要素承载力值；E_i 为要素 i 的数据序列；$\{E_i\}$min 为区域中各城市的要素 i 最小值，$\{E_i\}$max 为区域中各城市的要素 i 最大值；i 为资源环境要素索引，j 为城市索引。

将水环境、大气环境不同污染物标准化后的指标值等权重求均值，分别作为水环境、大气环境的环境承载力。具体说来，水环境将 COD 与氨氮的环境容量标准化后取均值，大气环境将 SO_2、NO_x 和烟粉尘环境容量标准化后取均值。

本研究认为土地、水资源、水环境与大气环境四项承载力对综合承载力贡献相同，即取其均值作为云贵两省各市州资源环境综合承载力。

$$REC_j=\sum_{i=1}^{n}w_iE'_{ij}$$

其中，REC_j 表示城市 j 的综合承载力值；E'_{ij} 为城市 j 单要素承载力标准化值；w_i 为权重。

2．资源环境综合承载力利用水平

资源环境综合承载力利用水平可用于量化人类活动对区域环境系统的影响程度，以人类生活生产活动所利用的自然资源和所排放的污染物对资源承载力和环境容量的平均占用率来表征。

资源环境综合承载力利用水平同样需评估土地、水资源、水环境和大气环境四个方面。在测算了云贵两省环境容量、现状排放量和未来排放量后，可计算每项污染物环境容量利用率即污染物排放量 / 环境容量。分别取水环境、大气环境各项污染物环境容量利用率均值，作为该项环境的环境承载力利用水平；进而取土地、水资源、水环境和大气环境四项资源环境承载利用率作为综合承载力利用水平的结果。对云贵两省各市州做相同计算，得到各市州资源环境承载力及其利用水平结果，大于 1 表示该区域综合承载力超载，反之则表示未超载。

$$R_j=\frac{1}{n}\times\sum_{i=1}^{n}\frac{U_{ij}}{E_{ij}}-1$$

其中 R_j 表示城市 j 的资源环境综合承载力利用水平；U_{ij} 表示城市 j 资源要素利用量或环境要素污染排放量；E'_{ij} 表示城市 j 资源环境单要素承载力值；n 为资源环境要素个数。

第二节　生态功能控制约束

一、区域生态敏感性综合分区

每个生态环境问题的敏感性往往由许多因子综合影响而成，对每个因子赋值，最后得出总值。根据值所在的范围而将敏感性分为极敏感、高度敏感、中度敏感、轻度敏感以及不敏感 5 个级别。根据区域生态系统特征和生态环境主要影响因子，选择的生态环境敏感性评价内容主要包括土壤侵蚀敏感性、酸雨敏感性、石漠化敏感性等。区域生态敏感性综合评价结果如图 7-5 所示。其中，生态极敏感区域面积占云贵两省国土面积 9%，生态中、高度敏感区域占两省国土面积的 45%。云南省生态极敏感区域主要分布于滇东北、滇西北；贵州省中度以上生态敏感区域主要集中在黔西、黔北和黔东南。

图 7-5　云贵两省生态敏感性综合分区

云贵两省土壤侵蚀以轻度侵蚀为主，极度敏感区域占国土面积的 26%。云南省土壤侵蚀敏感性以轻度为主，占全省国土面积的 58%，高度敏感区域面积占全省 20%，极度敏感区域分布面积较小。贵州省土壤侵蚀轻度敏感区域占全省国土面积的 52%；高度敏感区域占全省 26%，主要分布在毕节、六盘水和铜仁；极敏感区域占全省国土面积的 5%，主要分布在毕节市、六盘水市、遵义市和黔南州。

云贵两省属于酸雨极度敏感区，酸雨极敏感区占区域面积的 54%，中度以上酸雨敏感区占区域面积的 95%。云南西部以极度敏感区为主，中部为高度敏感区；贵州以高度、中度敏感区为主，其中高度敏感区在全省均有分布，范围较广。

云南石漠化极敏感和高度敏感区域面积占全省国土面积的 11%，以滇东南和滇东地区分布最广。贵州省石漠化敏感区域占全省国土面积的 66%，主要分布在贵州西部、中部地区，石漠化极敏感区域占全省国土面积的 4%，主要分布在毕节市、六盘水市和遵义市。

云贵两省生境极敏感区主要分布在云南三江并流区、西双版纳地区，贵州亦有零星分布，基本涵盖了区域现有的森林生态系统类型和珍稀野生动植物类型的国家级自然保护区区域，不敏感区主要分布在贵州中东部地区。

二、区域生态系统服务功能重要性分区

根据区域生态系统的特点，选择生物多样性保护、水源涵养等因素进行生态系统服务功能重要性分区。按照一定的分区原则和指标，将区域划分成不同的单元，将其分为极重要、重要、比较重要、不重要 4 个等级，以反映生态系统服务功能的区域分异规律（图 7-6）。云

贵两省生态系统中最重要的功能单元主要包括《全国主体功能区划规划》划定的“川滇森林及生物多样性生态功能区”和“桂黔滇喀斯特石漠化防治生态功能区”，以及位于云贵高原中部山地的珠江源水源涵养重要区。

云贵两省生态服务功能极重要区域分别占两省国土面积的6%、13%；中等重要区域分别占云贵两省国土面积的50%、33%。云贵生态服务功能重要区域主要分布于滇西北、滇中和黔西地区。

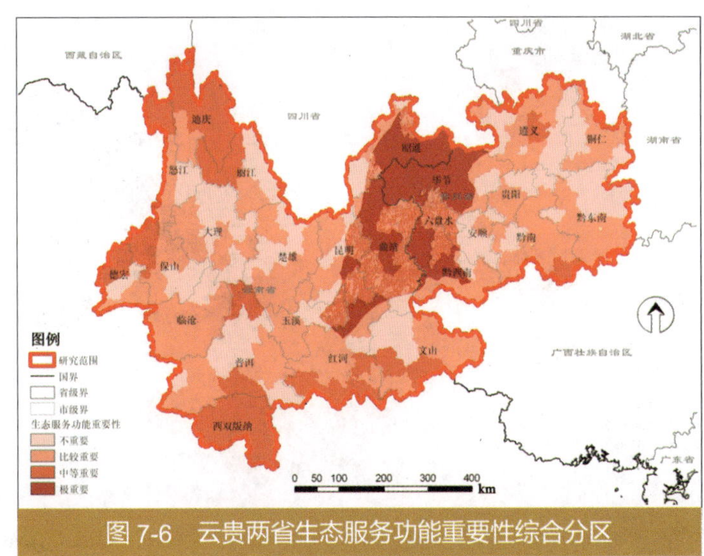

图 7-6　云贵两省生态服务功能重要性综合分区

云南省生物多样性保护极重要、中等重要区域面积约占全省国土面积的45%，主要分布在滇西北、滇西南、西双版纳州、文山州东南部、德宏州的边境地带，以及哀牢山、无量山的部分地区。贵州省生物多样性保护极重要、中等重要区域面积占全省国土面积的33%，多分布于远离中心城镇的边缘区域或自然保护区，主要集中在贵州北部、东南部、西部及南部等区域。

云南省水源涵养重要区域占全省国土面积的15%，主要分布在云南东部地区，包含昭通市、曲靖市、昆明市、玉溪市和红河州；其中，水源涵养极重要区域主要分布在滇西北怒江、金沙江、澜沧江的上游地区，滇西北—曲靖市一带的珠江源区，滇中的金沙江流域与红河流域，以及珠江流域的分水岭地带。贵州省水源涵养重要区域占全省国土面积的21%，主要分布在贵州西部，包含毕节市、六盘水市和黔西南州。其中，水源涵养极重要区域主要分布在毕节市、安顺市普定县、六盘水和黔西南州的安龙县、普安县、晴隆县、兴仁县、兴义县、贞丰县等地区。

三、区域生态风险综合分区

云贵两省自然环境复杂，自然灾害种类多，包括干旱、地震、滑坡、泥石流、暴雨洪灾等，灾害发生频率较高，破坏性强。云贵两省自然灾害一级风险区域占两省国土面积的17%，二级风险区域占国土面积31%。其中，云南省自然灾害一级风险区域占全省国土面积的比例为25%，二级风险区域比例为44%。风险较高的区域包括云南迪庆州横断山脉南段、云南小江地震—滑坡—泥石流带、元谋、澜沧江河谷地区、滇西泸水—保山—盈江等（图7-7），主要影响因素为地震—滑坡—泥石流带集中、受季节性气候影响易引发干旱。

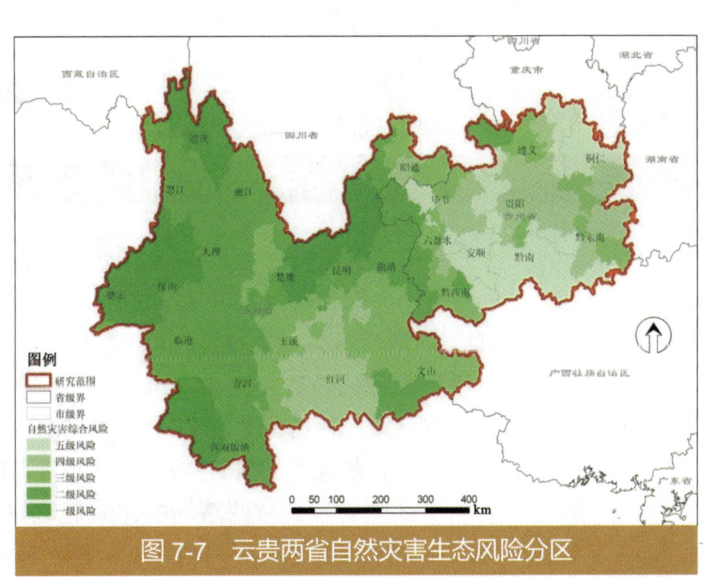

图 7-7　云贵两省自然灾害生态风险分区

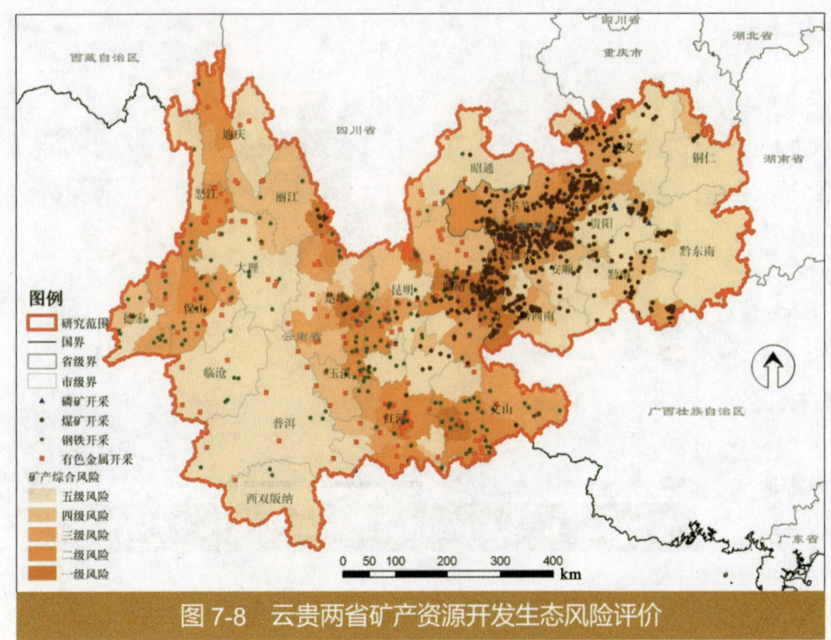

图 7-8 云贵两省矿产资源开发生态风险评价

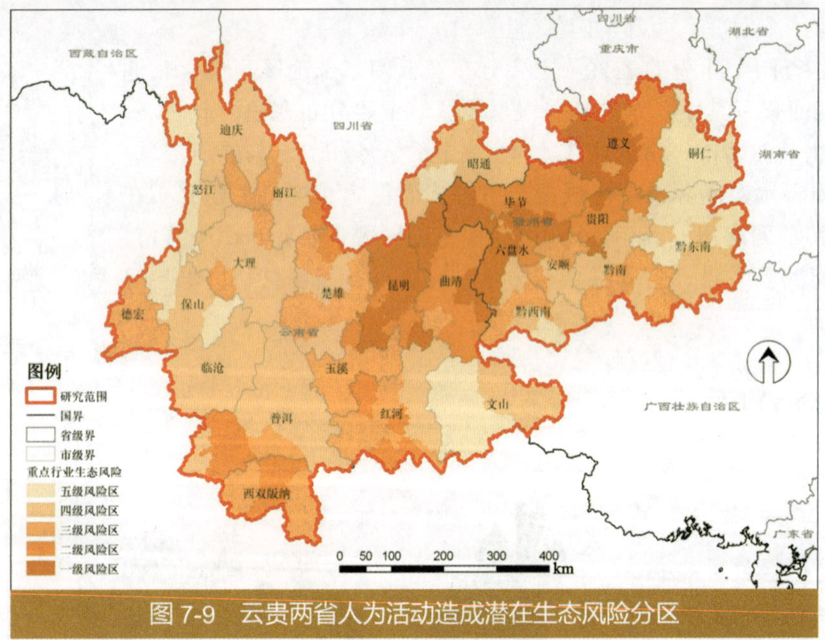

图 7-9 云贵两省人为活动造成潜在生态风险分区

相比之下，贵州一级、二级自然灾害风险区域较少。

矿产资源开发和利用，对自然环境的破坏和扰动巨大，可导致占用耕地、破坏植被、引发水土流失和石漠化等诸多生态环境问题，引发塌陷、滑坡、泥石流等多种次生地质灾害。结合云贵两省生态敏感性及坡度因素，分析云贵两省矿产资源开发的生态风险（图 7-8）。结果表明，矿产开发风险高值区与主要资源富集区吻合，重点风险区主要包括黔西北—黔西—黔西南一线的煤矿开采密集带，滇中“昆曲玉”铁矿聚集区、“三江”有色金属基地，滇东南个旧大型金属矿等地区，这些区域采矿业密集，分别与黔西喀斯特生态脆弱区、滇西北生物多样性保护区、桂西石灰岩地区重合，人为干扰导致的生态风险较高。

以行政县（市）为基本单元，综合考虑矿产资源开发、林业资源开发、农业生产、特色旅游、工业用地、城镇用地等六类人为活动造成的潜在生态风险。采用专家打分法确定以上人为活动风险权重，划定云贵两省主要生产活动造成人为生态风险的区域等级（图 7-9）。结果表明，云贵两省重点产业活动的一级生态风险区面积分别占两省国土面积的 7%、21%；二级风险区面积分别占两省国土面积的 13%、23%。产业活动产生生态风险较高的区域主要包括滇中经济区、黔中经济区、黔西资源富集和开发区。

综合自然灾害风险、人为活动风险划定云贵两省综合生态风险分区（图 7-10）。云贵综合生态风险重点监控区分别占两省国土面积的 14%、34%；适度规避区分别占两省国土面积的 38%、29%；生态风险一般管理区分别占两省国土面积的 48%、37%。云贵两省综合生态风险较高的地区主要包括黔西喀斯特生态脆弱区、滇中经济区、黔中经济区、黔北产业区、禄劝—会泽自然风险区、黔南山地盆谷石漠化重点治理区、红河河谷生态破坏严重区以及滇西南西双版纳天然林区。

四、生态控制分区方案

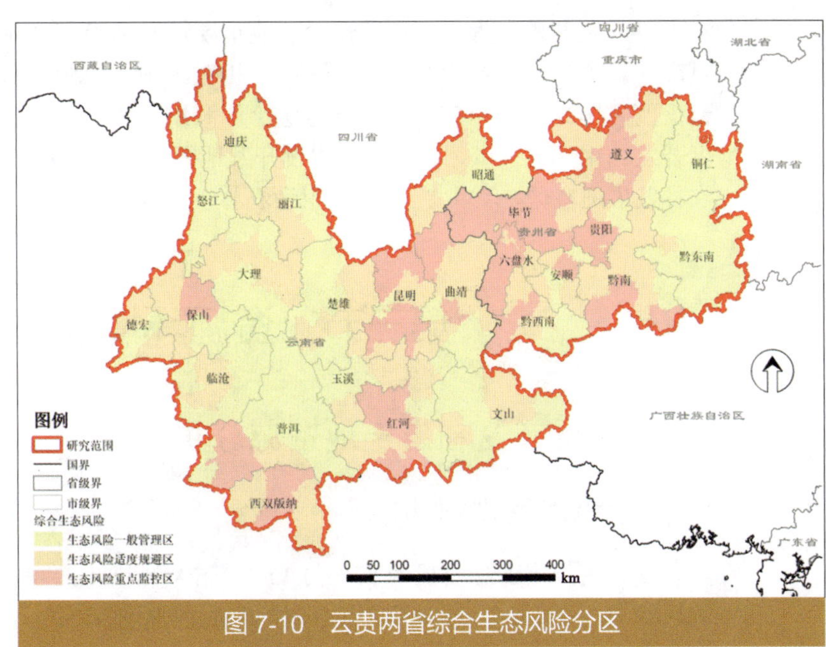

图 7-10　云贵两省综合生态风险分区

基于区域生态安全保障，综合考虑生态系统功能维持、重要生态服务功能单元保护、自然灾害及人为风险规避等因素，划分云贵两省生态红线区、生态黄线区和可开发利用区（图 7-11）。

生态红线区是以生态敏感性评价极敏感地区和生态服务功能重要性评价极重要地区为基础，结合自然保护区、森林公园等保护地区的要求划定的空间区域，是保障生态安全的最基本保障，是区域发展建设中不可逾越的生态底线。云贵两省生态红线区约占整个区域国土面积的 15%，重点包括黔西喀斯特生态红线区、滇西南及滇南生物多样性保护重要区、滇中经济区生态红线区、滇西北生物多样性保护重要区等区域。生态红线区以“控制风险、限制开发”为管理目标，严禁不符合生态环境功能定位的建设开发活动在生态红线区内开展（附表 14）。

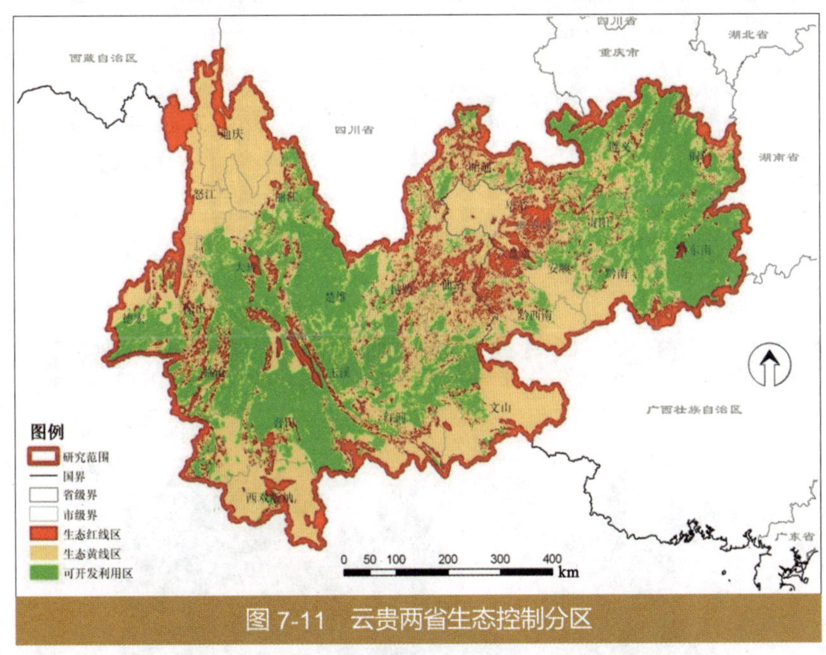

图 7-11　云贵两省生态控制分区

生态黄线区的重要性仅次于生态红线区，包括生态较为敏感同时具有较重要生态服务功能，以及具有较大建设限制性因素的地区。云贵两省生态黄线区占整个区域国土面积的 50%，主要分布在黔西喀斯特生态脆弱区、黔南山地盆谷石漠化重点治理区、滇西北“三江”并流区、滇东南西双版纳天然林区、红河河谷生态破坏严重区等主要区域。生态黄线区应以“减轻风险、控制开发”为管理目标，限制环境影响较大的开发活动准入，或者在能够补偿生态环境影响的前提下有条件地开展开发建设活动。生态黄线区内应重点加强生态保护与建设，恢复和提高水源涵养、土壤保持、生物多样性保护功能。

可开发利用区为生态敏感性、功能重要性和风险程度相对不高的地区，是开发建设和重点产业发展生态成本相对较低的区域，相对集中于滇中、黔中、黔北等城镇化密集地区，占云贵两省国土面积的35%。综合考虑土地利用供需情况、坡度因子等的土地利用适宜性，将可开发利用区进一步划分为现状建设开发地区、坝区可开发利用地区、上山开发生态适宜区、农林发展适宜区，其中93%的面积为农林发展适宜区，坝区可开发利用地区仅占2%。

第三节　资源环境承载力分析

一、可开发利用土地资源分析

1．土地利用现状基本特征

云贵两省国土总面积为57.6万km²，占全国国土面积的5.9%；其中云南省39.4万km²，贵州省18.2万km²。云贵两省各市州国土面积见图7-12。

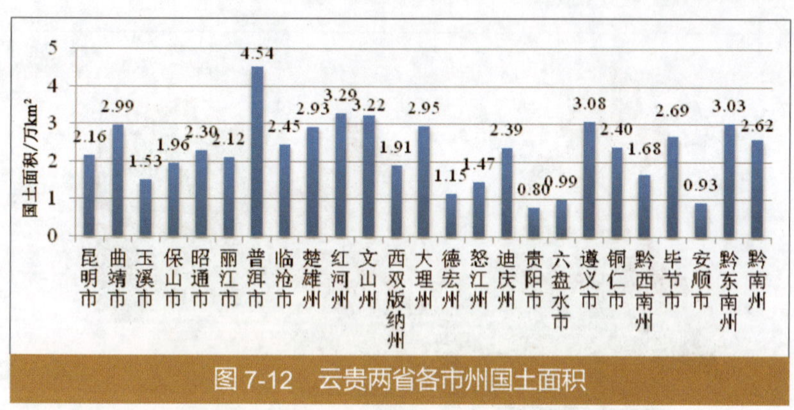

图7-12　云贵两省各市州国土面积

图7-13　云贵两省土地利用

云贵两省国土面积大部分被森林、灌木和耕地覆盖（图7-13、表7-1），比例分别为42%、26%和25%。云南省灌木面积比例稍高，占国土面积的31%，贵州省耕地面积比例稍高，占国土面积的32%，见图7-13。云南省森林主要分布于普洱市、迪庆州、红河州、文山州和大理州，占云南省森林总面积的44%；灌木主要分布于普洱市、楚雄州、曲靖市、文山州和临沧市，占云南省灌木总面积的52%。贵州省森林主要分布于黔东南州、遵义市、黔南州、铜仁市，占贵州省森林总面积的73%；灌木主要分布于毕节市、遵义市和黔南州，占贵州省灌木总面积的57%。

根据2010年遥感影像数据解译得到的结果云贵两省的耕地面积分别为81 264.5 km²和58 214.4 km²。云南省耕地主要分布于曲靖市、普洱市、红河州、昭通市和文山州，占云南省总耕地面积的49%；贵州省耕地主要分布于毕节市、遵义市、黔南州、黔西南州和铜仁市，占贵州省总耕地面积的 71%。怒江州、迪庆州耕地面积稀少，分别为 756.9 km^2 和 926.5 km^2，仅占云南省总耕地面积的 2%。

云贵两省的人工表面面积分别为 3 688.1 km^2 和 1 647.1 km^2。云南省人工表面主要集中于昆明市、大理州、曲靖市、红河州和普洱市，占云南省人工表面总面积的 57.8%；贵州省人工表面集中于贵阳市、遵义市、安顺市和黔南州，占贵州省人工表面总面积的 71.2%。

表 7-1 云贵两省用地结构（2010 年） 单位：%

市州	森林	灌木	草地	湿地	耕地	人工表面	裸露地
云南省	40.0	30.8	5.4	0.8	21.3	1.0	0.9
昆明市	27.8	37.7	6.2	2.3	22.7	3.1	0.1
曲靖市	20.8	44.2	2.2	0.4	30.8	1.4	0.0
玉溪市	35.3	36.9	8.7	2.5	15.1	1.5	0.1
保山市	44.6	32.0	4.2	0.5	17.9	0.7	0.1
昭通市	46.8	13.3	4.5	0.6	33.7	1.0	0.1
丽江市	44.8	20.6	7.9	0.9	24.0	1.1	0.7
普洱市	42.0	34.3	4.0	0.5	18.5	0.7	0.1
临沧市	41.4	35.9	4.1	0.5	17.5	0.6	0.0
楚雄州	27.0	47.4	10.6	0.6	13.9	0.5	0.0
红河州	37.8	25.8	10.1	0.6	24.6	1.0	0.1
文山州	38.1	36.5	0.9	0.5	23.4	0.5	0.1
西双版纳州	50.6	12.6	1.4	0.4	34.3	0.6	0.1
大理州	36.7	29.8	4.7	1.4	25.8	1.6	0.1
德宏州	47.9	26.7	0.7	0.7	22.9	1.0	0.2
怒江州	56.7	24.5	5.6	0.3	5.2	0.1	7.6
迪庆州	60.7	17.7	9.3	0.3	4.0	0.3	7.6
贵州省	45.6	14.7	4.2	0.5	32.2	0.9	1.9
贵阳市	37.9	11.8	0.9	1.2	42.9	4.7	0.5
六盘水市	32.2	17.8	5.6	0.2	41.9	0.9	1.3
遵义市	50.6	14.4	1.3	0.3	32.2	0.8	0.4
铜仁市	55.7	10.0	4.4	0.3	27.8	0.2	1.6
黔西南州	31.7	15.5	9.0	0.6	39.3	0.7	3.2
毕节市	27.4	23.3	4.7	0.5	42.3	0.3	1.4
安顺市	24.8	18.9	6.6	0.6	41.9	2.7	4.5
黔东南州	71.5	6.9	2.8	0.5	16.5	0.4	1.4
黔南州	45.9	15.7	5.3	0.4	28.2	0.9	3.6
云贵	41.8	25.6	5.0	0.7	24.8	0.9	1.2

2. 可利用土地资源

云南省东部、贵州省全部地处云贵高原，云贵高原是典型的喀斯特地形，石灰岩广布，到处都有溶洞、石钟乳、石笋、石柱、地下暗河、峰林等。云贵两省海拔高度主要分布于 1 000 ～ 2 000 m，占国土面积的 61%；其次分布于 0 ～ 1 000 m，占国土面积的 23%；海拔在 2 000 ～ 3 000 m 的占国土面积 15%，3 000 m 以上占 1%。云贵两省高海拔地区集中在云南省西北部迪庆州、怒江州和丽江州。

云贵两省坡度较大的地区仍然分布在云南省西北部的迪庆州和怒江州，昆明市与四川省交界处，以及云南中部楚雄州、玉溪市、普洱市和红河州一线，贵州省六盘水市、黔西南州（图7-14）。

云贵两省地处高海拔、坡度变化大的云贵高原地区，适合人类工业发展、城镇建设和农业种养活动的平坝地区尤为稀少，研究区内相对平缓（坡度≤ 8°）的地区（图7-15）。坡度平缓的地区集中在昆明及昆明周边各市、贵阳及贵阳周边各市，即滇中、黔中地区。但从图中可以看出滇中地区海拔较高，坡度缓和，而黔中地区无论海拔还是坡度均比较缓和，适合人类活动。

基于生态功能控制分区，剔除坝区内的生态红线区及黄线区区域，以及已建成用地、不适合开发的土地利用类型（水域、耕地、林地、草原和草甸，见图7-16），得到云贵两省未来可开发利用的坝区面积及分布（图7-16）。结果表明，云贵两省可开发利用坝区面积分别

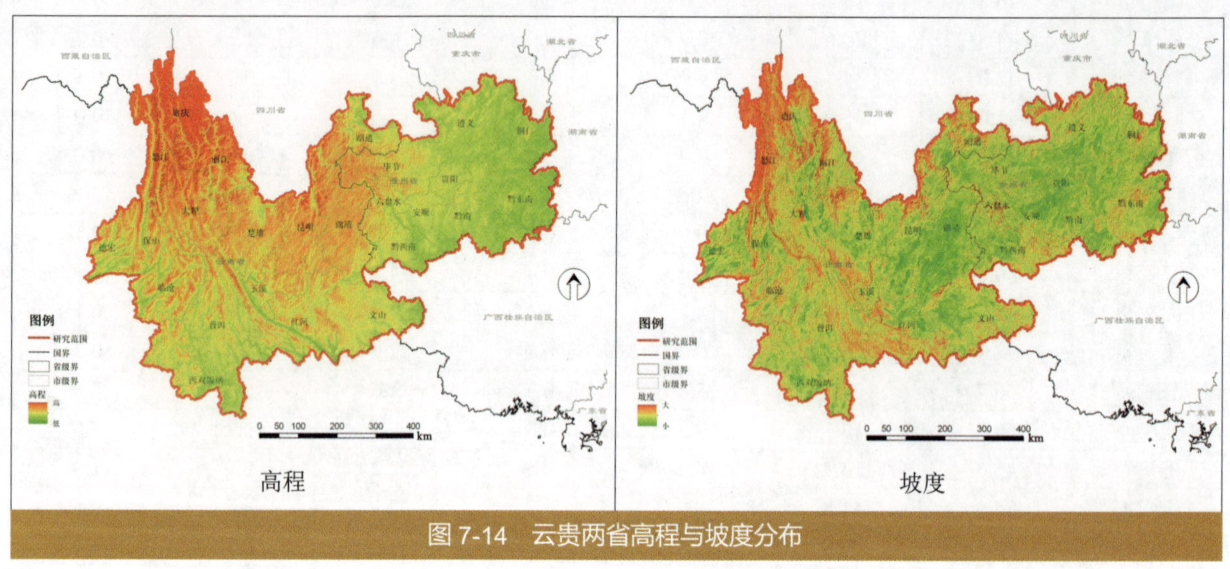

图7-14 云贵两省高程与坡度分布

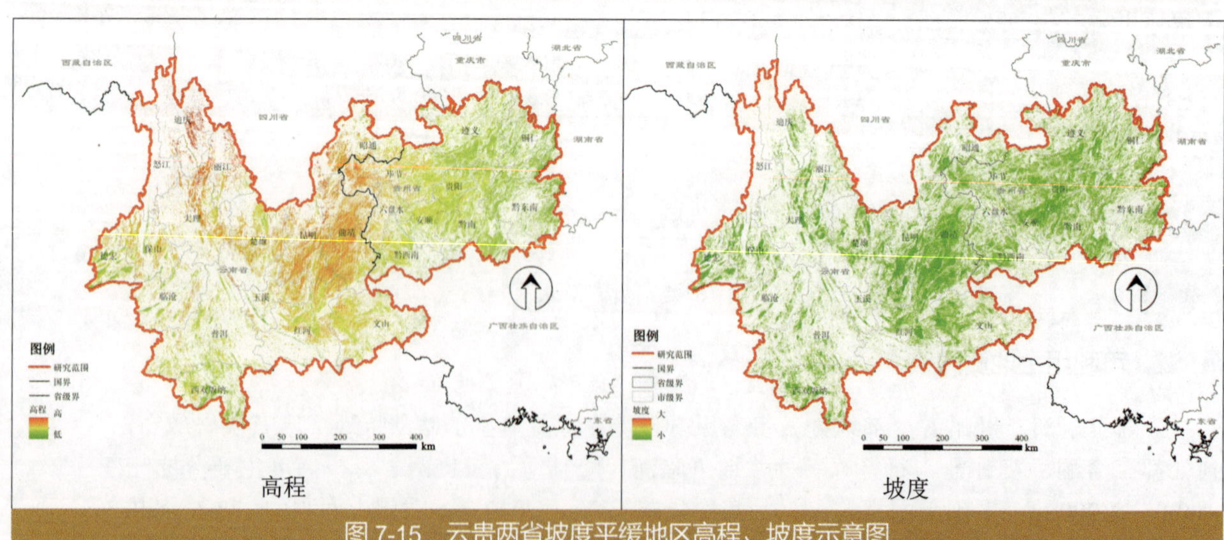

图7-15 云贵两省坡度平缓地区高程、坡度示意图

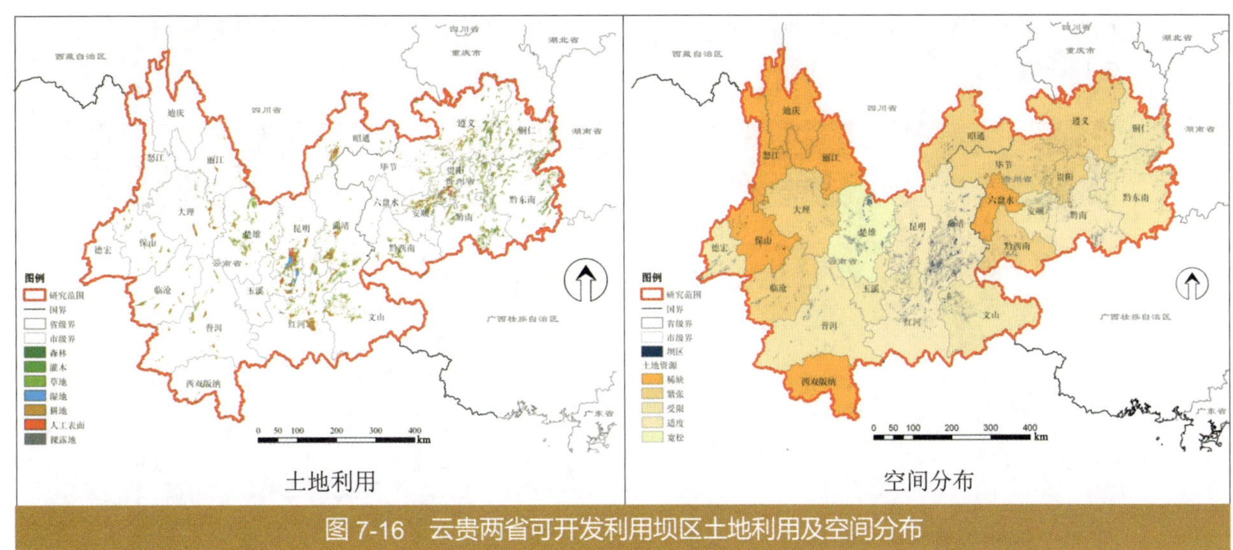

图 7-16　云贵两省可开发利用坝区土地利用及空间分布

为 2 575.1 km²、1 011.0 km²，均约占两省国土面积的 1%。云南省可开发利用坝区主要集中在沿边经济带和滇中经济区，分别占全省可开发利用坝区面积的 48.3% 和 39.3%，其中，普洱、楚雄和临沧占全省比例达 23.9%、23.3% 和 14.3%。贵州省可开发利用坝区主要分布在黔中经济区，约占全省可开发利用坝区面积的 74.5%；黔东南、遵义、黔南和铜仁占全省比例达 22.7%、22%、21.7% 和 14%。怒江、迪庆、西双版纳和六盘水可开发利用土地资源仍然相对紧缺。

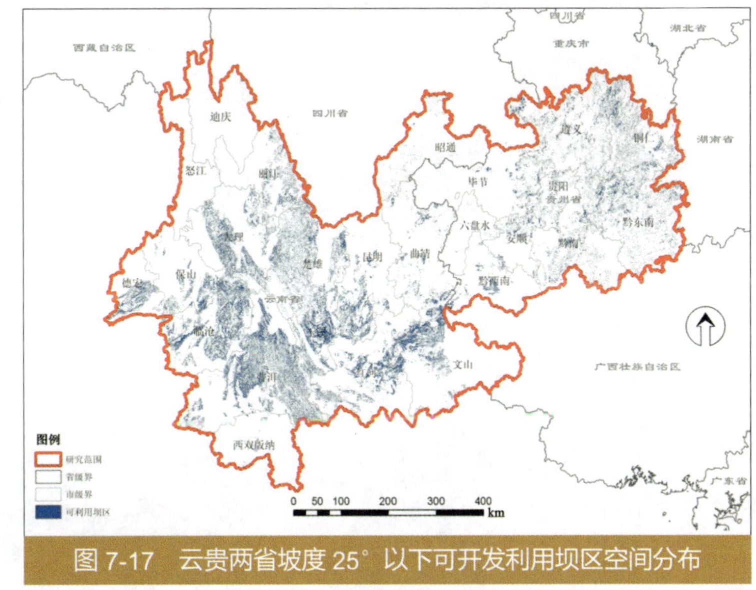

图 7-17　云贵两省坡度 25° 以下可开发利用坝区空间分布

如考虑坡度在 25° 以下、面积在 8 km² 以上的土地斑块均可作为坝区，则云贵两省坝区面积增加至 44.6 万 km²，其中云南省 29.2 万 km²，贵州省 15.4 万 km²。在考虑生态约束及不适宜开发的土地利用类型后，两省可开发利用坝区面积为 4.7 万 km²，其中云南省 3.7 万 km²，贵州省 1 万 km²（图 7-17）。

二、水资源承载力分析

1. 可利用水资源量空间分布

现有技术经济条件下，考虑调水后的供水量与考虑节水措施的需水量之间的供需平衡，云贵两省水资源可利用总量分别约为 481.8 亿 m³、159.7 亿 m³。云贵两省可利用水资源量空间上分布不均衡，云南省可开发利用水资源量集中在沿边经济带和滇西北，分别占全省可开发水资源量的 55% 和 26%。贵州省可开发利用水资源量集中在黔中经济区，占贵州省总量的

61%。云南玉溪、昭通和昆明以及贵州安顺、六盘水和贵阳可开发利用水资源量相对紧张（图7-18，表7-2）。

表 7-2 云贵两省各市州可利用水资源量 单位：亿 m^3

市州	可开发利用水资源量	市州	可开发利用水资源量
昆明	14.0	贵阳	7.9
曲靖	28.4	六盘水	7.3
玉溪	9.4	遵义	28.7
昭通	27.5	安顺	7.1
楚雄	13.6	铜仁	19.2
红河	45.7	黔西南	12.0
文山	34.4	毕节	23.6
普洱	67.0	黔东南	32.2
西双版纳	22.2	黔南	21.7
大理	21.4	贵州省	159.7
保山	34.8		
德宏	30.5		
丽江	17.5		
怒江	51.0		
迪庆	27.5		
临沧	36.9		
云南省	481.6		
合计	641.3		

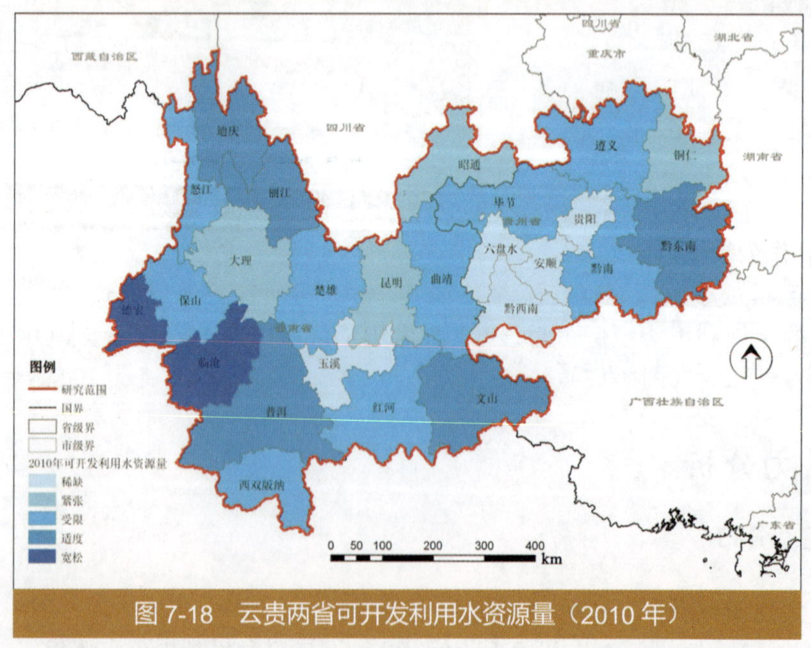

图 7-18 云贵两省可开发利用水资源量（2010 年）

2. 水资源承载力利用水平

相比于2010年现状，2015年和2020年云南省及各市州水资源承载力压力指数均有明显的增加，其中2015年云南省增加0.2左右，贵州省增加0.5左右，两省比较而言贵州省的经济社会发展对当地自产水资源造成的压力更大（表7-3）。从各个市州来看，云南省的昆明市在现状、2015年和2020年的水资源承载力压力指数最大，当地自产水资源已经远远不能满足未来经济社会发展的需求。其他市州中，水资源承载力压力指数在未来超过1的主要有玉溪、楚雄、大理、丽

表 7-3　以可利用水资源量为约束的水资源承载力压力

市州	水资源承载力压力			市州	水资源承载力压力		
	2010 年	2015 年	2020 年		2010 年	2015 年	2020 年
昆明	1.5	4.7	4.5	迪庆	0.1	0.1	0.1
曲靖	0.5	0.7	0.7	临沧	0.0	0.1	0.1
玉溪	0.8	1.1	1.0	云南省	0.3	0.5	0.4
昭通	0.4	0.6	0.6	贵阳	1.3	2.1	2.0
楚雄	0.6	1.6	1.7	六盘水	1.3	2.3	2.7
红河	0.1	0.2	0.2	遵义	0.7	1.2	1.4
文山	0.3	0.5	0.4	安顺	1.1	1.8	2.1
普洱	0.1	0.2	0.2	铜仁	0.5	0.8	0.9
西双版纳	0.4	0.6	0.6	黔西南	0.6	1.0	1.2
大理	0.7	1.1	1.0	毕节	0.5	1.1	1.2
保山	0.2	0.6	0.5	黔东南	0.4	0.7	0.7
德宏	0.2	0.3	0.3	黔南	0.5	0.9	0.9
丽江	0.7	1.2	1.1	贵州省	0.6	1.1	1.1
怒江	0.1	0.2	0.2	云贵	0.4	0.6	0.6

江、贵阳、遵义市、安顺市、毕节、六盘水和黔西南。水资源承载力压力指数超过 1 的各个市州在未来调水的必要性很大；水资源承载力压力指数在 0.8 ～ 1.0 的主要有黔南州和铜仁，本地水资源的开发利用处于临界状态，应对水利工程建设进行充分论证；两省的其他市州水资源承载力压力指数均小于 0.8，当地的水资源尚可支持社会经济发展需要，存在继续建设水利工程提高本地水资源利用量的空间，需加强水利工程建设。

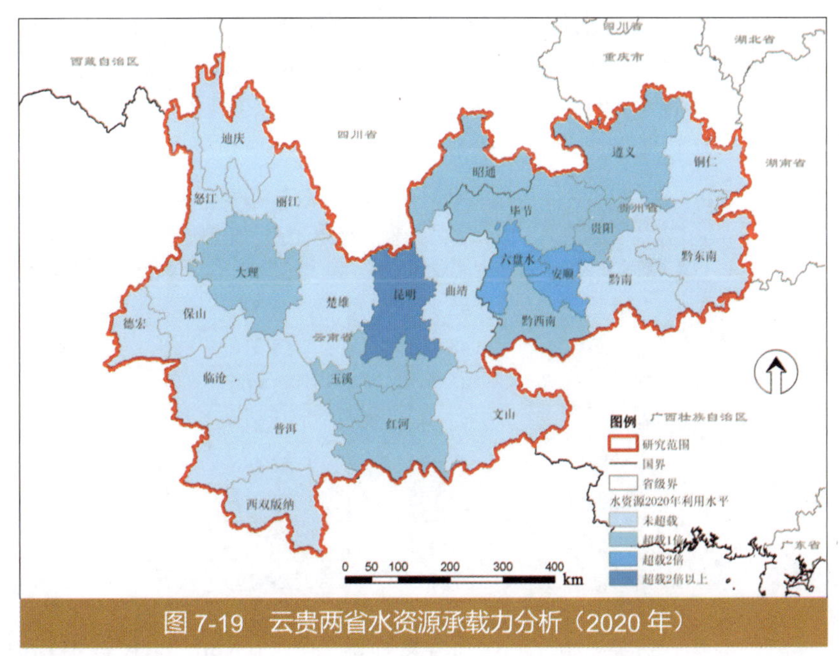

图 7-19　云贵两省水资源承载力分析（2020 年）

2015 年和 2020 年，云南沿边经济带、滇东北、滇西北地区和贵州省黔北地区可利用水资源利用水平均未超载；但是云南省滇中地区和贵州省的黔中、黔西经济区 2015 年、2020 年可利用水资源量利用水平均超载（表 7-4）。云南昆明、玉溪、楚雄、丽江、大理等 5 个市州，以及贵州贵阳、六盘水、遵义、安顺、黔西南、毕节等 6 个市州未来十年持续缺水，其中昆明水资源需求超过可开发利用水资源供给的 3 倍以上，水资源承载能力严重不足（图 7-19）。

表 7-4 云贵两省水资源承载力利用水平变化 单位：%

区域	2010 年	2015 年	2020 年
云贵两省	39	70	71
云南省	30	58	55
滇中经济区	77	169	160
沿边经济带	24	40	38
滇西北产业区	19	31	30
滇东北产业区	28	81	83
贵州省	64	109	120
黔中经济区	65	107	114
黔西经济区	69	127	146
黔北产业区	46	79	91

三、水环境承载力分析

1. 水环境承载力分析

采用多年平均最枯月流量为水文设计条件，以云贵目前执行的水环境功能区划中的水质类别要求作为水质目标，计算获得云贵主要流域水系 COD 和氨氮的可利用环境容量（表 7-5）。其中，云南省可利用的地表水 COD、氨氮环境容量分别为 26.3 万 t、2.9 万 t；贵州省地表水 COD、氨氮环境容量分别为 16.0 万 t、1.5 万 t。其中，澜沧江流域和乌江流域的水体环境承载能力相对较高。

表 7-5 云贵地表水系多年平均最枯月条件下的可利用环境容量 单位：t/a

云南水系	COD	氨氮	贵州水系	COD	氨氮
长江	45 847	5 547	乌江	77 193	7 094
珠江	43 812	5 310	沅水	31 746	3 126
红河	46 792	5 900	赤水—綦江	12 725	1 182
澜沧江	74 596	7 316	北盘江	15 447	1 313
怒江	27 472	2 448	南盘江	3 877	329
伊洛瓦底江	24 109	2 768	红水河	5 768	577
			柳江	13 061	1 306
合计	262 628	29 290	合计	159 817	14 927

综合考虑 COD 和氨氮环境承载力约束，等权重求均值后将云贵两省各市州河流水体环境承载力条件划分为五个等级（图 7-20）。

云南省沿边经济带水环境承载力空间相对宽松，COD 和氨氮承载力分别占云南省总量的 57% 和 59%；滇中经济区内部水环境承载力条件差异较大，其中，昆明水环境承载力空间等级为紧张，楚雄、玉溪为稀缺，曲靖为适度。贵州省黔中经济区水环境承载力相对宽松，COD 和氨氮承载力均占贵州省总量的 69%。云南丽江、怒江、玉溪、楚雄和迪庆，以及贵州六盘水、黔西南和安顺，河流水体环境承载力相对稀缺。

综合考虑水体功能定位、水体环境质量现状，以及污染排放入河折减系数等因素，兼顾

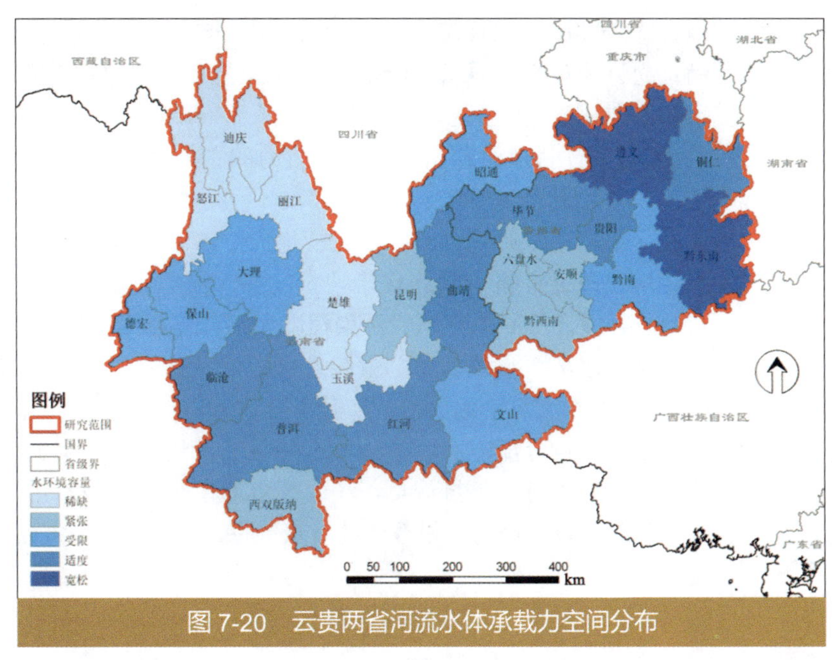

图 7-20　云贵两省河流水体承载力空间分布

境内自产水水质和外调水水质要求，基于水体环境容量测算云贵两省 COD 和氨氮的环境承载力，确定 2015 年和 2020 年 COD 和氨氮的允许排放量。建议云南省 2015 年 COD 和氨氮允许排放量分别控制在 43.4 万 t、3.9 万 t 以内，2020 年控制在 42.1 万 t、3.7 万 t；建议贵州省 2015 年 COD 和氨氮允许排放量分别控制在 27.2 万 t、3.0 万 t，2020 年污染排放量维持在 2015 年水平。

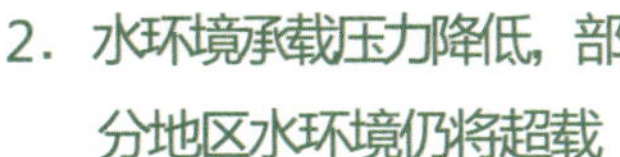

2．水环境承载压力降低，部分地区水环境仍将超载

与总量减排目标值相比较，2015 年云贵两省均能完成 COD、氨氮减排任务。但云南昆明、曲靖、玉溪、昭通、丽江、楚雄和迪庆 7 个市州，以及贵州六盘水、遵义、铜仁和黔南州 4 个市州实现 COD 总量减排任务难度较大；云南玉溪、昭通、丽江和楚雄 4 个市州，以及贵州贵阳和六盘水实现氨氮排放总量削减目标难度较大，预测污染排放量与目标值的差距均接近 30%。如到 2020 年，仍然执行当前目标总量管理模式，上述市州进一步削减水污染物排放总量的难度依然存在。

根据云贵两省多年水文条件，考虑河流水质达到相应河段的水质功能区划目标，兼顾境内自产水水质、外调水水质要求，测算云南 COD 水体承载力为 42 万～44 万 t，氨氮水体承载力为 3.7 万～4.0 万 t；贵州省 COD 水体环境承载力为 27.2 万 t，氨氮水体承载力为 3.0 万 t。

比较而言，2015 年和 2020 年云贵两省 COD 和氨氮预测排放量均可控制在允许排放量范

表 7-6　云贵两省水环境承载力利用水平变化　　单位：%

区域	2010 年		2015 年		2020 年	
	COD	氨氮	COD	氨氮	COD	氨氮
云贵两省	93	104	90	79	88	87
云南省	99	121	94	86	89	92
滇中经济区	152	243	109	89	117	98
沿边经济带	90	85	89	86	80	91
滇西北产业区	66	103	82	78	77	76
滇东北产业区	88	121	96	82	82	92
贵州省	84	86	84	71	88	81
黔中经济区	72	76	82	72	85	78
黔西经济区	107	107	97	72	97	84
黔北产业区	100	103	71	65	82	87

围内（表 7-6），水环境承载压力较 2010 年有所降低。除滇中经济区之外，评价子区域均能满足允许排放量的要求。但是，有 44% 的市州 COD 和氨氮排放量超出允许排放量。2020 年水体 COD 超载的地区包括昆明、曲靖、玉溪、丽江和迪庆，六盘水、遵义，其中，昆明和六盘水 COD 排放量超出水环境承载力的 38% 和 41%。曲靖、红河、六盘水和黔西南的氨氮排放量分别超载 6%、2%、13% 和 6%。其中，滇中调水工程实施后，曲靖水环境承载力将进一步下降，水质超标风险还可能增大；黔中调水工程实施后，水资源调出区遵义局部地区水环境质量达标将受到一定影响。昆明市滇池—普渡河流域水质仍将存在一定的超标现象，滇池、异龙湖等高原湖泊的污染程度和富营养化水平均有所降低但仍无法实现稳定达标。

比较水环境承载力和总量减排目标值，总体上看云南省氨氮控制应进一步收紧，贵州省 COD、氨氮控制可小幅放松。如基于容量总量控制，则云贵两省均需调整现有“十二五”COD、氨氮总量减排分配方案，水环境不超载的市州可适当增加排放量，超载水平低的市州按环境承载力削减现有污染排放量，超载严重的市州大幅削减污染排放量、逐步降低水环境超载倍数，实现总量减排与质量改善的有机关联，保证水质达标率逐步提高。

四、大气环境承载力分析

1. 大气环境承载力分析

综合考虑大气污染物平流扩散、化学转化、干湿沉降净化、区域内外污染传输影响等因素，基于中尺度环境空气质量模式测算云贵两省 SO_2、氮氧化物环境容量。结果表明，云南省大气 SO_2、氮氧化物环境容量分别为 89.6 万 t、69.9 万 t；贵州省 SO_2、氮氧化物环境容量分别为 116.8 万 t、70.0 万 t（表 7-7）。

表 7-7 云贵两省大气环境承载力 单位：万 t/a

城市	SO_2 容量	氮氧化物容量	粉尘容量
昆明	13.19	6.48	6.88
曲靖	25.44	16.87	9.83
玉溪	4.95	5.65	2.79
保山	3.78	2.91	1.63
昭通	1.99	4.14	4.72
丽江	1.52	1.43	2.25
普洱	1.89	1.84	2.06
临沧	2.96	1.71	0.97
楚雄	3.16	3.18	3.05
红河	16.85	7.76	8.20
文山	5.87	6.74	5.89
西双版纳	1.54	1.40	1.08
大理	1.89	5.89	2.85
德宏	2.67	2.78	1.15
怒江	1.02	0.40	0.17
迪庆	0.65	0.67	0.12

城市	SO_2 容量	氮氧化物容量	粉尘容量
云南省	89.38	69.87	53.63
贵阳	13.73	5.52	3.42
六盘水	23.27	13.21	3.49
遵义	11.34	8.42	5.10
安顺	16.63	5.93	4.40
铜仁	9.87	7.08	4.41
黔西南	2.83	5.09	5.64
毕节	28.45	17.13	6.35
黔东南	6.55	5.03	4.61
黔南	3.92	2.72	6.38
贵州省	116.60	70.13	43.81
云贵两省合计	205.98	140.00	97.44

综合考虑 SO_2 和氮氧化物环境容量，采用内梅罗指数法计算云贵两省各市州大气环境容量条件（图 7-21）。云南省滇中经济区、沿边经济带大气环境容量相对宽松，大气 SO_2 环境容量分别占全省总量的 52%、46%，氮氧化物容量分别占全省总量的 40%、36%。贵州省黔中经济区、黔西地区的大气环境容量相对宽松，大气 SO_2 环境容量分别占全省总量的 45%、39%，氮氧化物容量分别占全省总量的 47%、51%。云南省迪庆、怒江和西双版纳，以及贵州黔南地区大气环境容量相对较小。

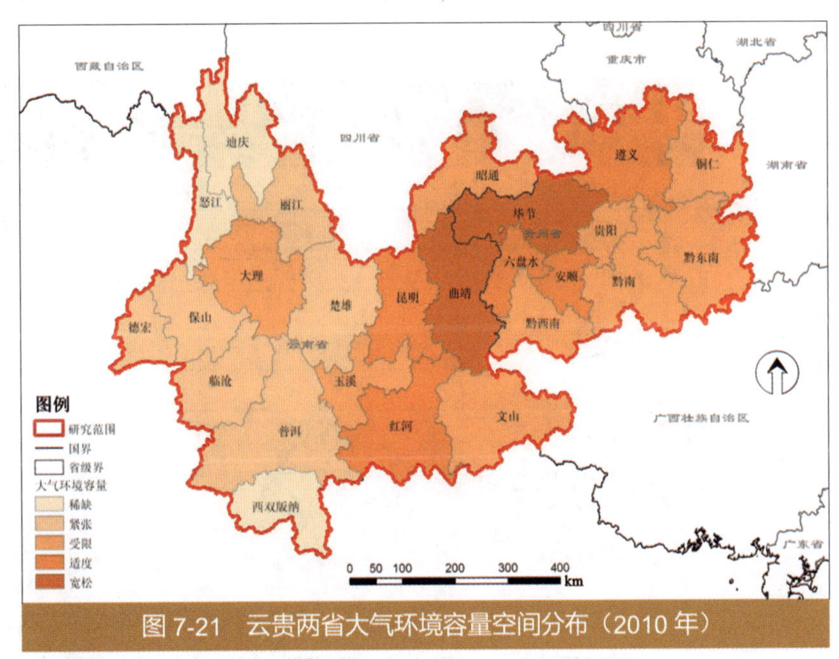

图 7-21　云贵两省大气环境容量空间分布（2010 年）

2．大气环境承载力利用水平

云贵两省 2010 年污染物总排放量分别为 SO_2 186.59 万 t、氮氧化物 101.26 万 t，粉尘 88.54 万 t。与各污染物容量相比较，SO_2 剩余 19.39 万 t 的排放空间，氮氧化物剩余 38.74 万 t 的排放空间，粉尘剩余 8.90 万 t 的排放空间。SO_2 容量利用率为 91%，已达到饱和；氮氧化物容量利用率为 72%，处于合理利用等级；粉尘容量利用率为 91%，也已达到饱和（表 7-8）。

云贵两省分开来看，云南省 2010 年 SO_2 排放量为 70.41 万 t，剩余 18.97 万 t 的排放空间，其容量利用率为 0.79，已接近饱和；贵州省 2010 年 SO_2 排放量为 116.18 万 t，已接近其容量，仅剩余 0.42 万 t 排放空间，容量利用率为 1.00，已达到饱和水平。云南省 2010 年氮氧化物排放量为 51.98 万 t，剩余 17.89 万 t 排放空间，其容量利用率为 0.74，处于合理利用水平；贵州省 2010 年氮氧化物排放量为 49.28 万 t，剩余 20.85 万 t 排放空间，其容量利用率为 0.70，亦处于合理利用水平。云南省 2010 年粉尘排放量 42.09 万 t，低于其容量 11.54 万 t，其容量利用率为 0.78，处于合理利用水平；贵州省 2010 年粉尘排放量为 46.45 万 t，超过其容量 2.64 万 t，其容量利用率为 1.06，已达到饱和状态（表 7-8）。

云贵两省七个区域的 SO_2 容量现状利用率均比较高，其中滇东北容量利用率为 152%，达到了超饱和的水平；黔中（101%）、黔西（98%）、滇中（91%）和黔北（84%）均已经达到了饱和状态；云南沿边经济带（62%）、滇西北（56%）的环境容量利用处于合理水平。对于氮氧化物而言，滇中（96%）的容量利用率较高，已经达到饱和水平；黔西（77%）、黔中（69%）、云南沿边经济带（59%）和滇西北（57%）容量利用较为合理；而黔北和滇东北的容量利用率较低，处于优良水平，还有较大的排放空间。对烟尘和粉尘而言，黔中（129%）和滇中（120%）的容量利用率较高，已经达到了超饱和水平；黔西的容量利用率为 0.80，已基本达到饱和水平；黔北、滇西北的容量利用较为合理；滇东北和云南沿边经济带的容量利用率处于优良水平，有较大的排放空间（表 7-8）。

表 7-8　云贵两省大气污染物承载力利用水平（2010 年）　单位：%

地区	SO_2	氮氧化物	粉尘
滇中经济区	91	96	120
滇东北产业区	152	36	38
滇西北产业区	56	57	57
沿边经济带	62	59	48
云南省	79	74	78
黔中经济区	101	69	129
黔北产业区	84	42	75
黔西经济区	98	77	80
贵州省	100	70	106
云贵两省	91	72	91

第四节　区域资源环境综合承载力及利用水平评估

一、资源环境综合承载力及空间特征

综合考虑云贵两省可开发利用的土地资源、水资源，以及河流水体承载力、大气环境容量等四项指标，归一化后采用等权重均值来表征区域资源环境综合承载力（图 7-22）。

从整个云贵两省来看，云南滇中经济区（除玉溪外）、黔中经济区、沿边经济带（除西双版纳外）资源环境承载能力适度。其中，云南曲靖、红河，贵州黔东南等 3 个市州综合承载能力相对较为宽松，云南昆明、楚雄，贵州遵义等 3 个市州综合承载能力适度。受可开发利用水资源和水体承载力制约，玉溪、安顺综合承载能力相对较低；受土地、生态和大气环境容量制约，西双版纳综合承载能力相对较低。滇西北、滇东北、黔南地区资源环境综合承载能力较低。其中，云南怒江、迪庆、昭通，贵州黔西南、六盘水5个市州的资源环境综合承载能力相对较低。而怒江、迪庆土地资源和水体承载力、大气环境容量则均较为紧张，黔西南可利用水资源和大气环境容量受限，六盘水水土资源支撑能力有限。

从人均承载力来看，滇中经济区、黔中经济区资源环境约束趋紧，昆明、贵阳、遵义、毕节等重点城市人均资源环境承载能力较为紧张，曲靖、黔南综合承载能力受限，但楚雄、玉溪、安顺资源环境可承载空间相对放宽（图7-23）。滇西北地区的迪庆、怒江2个市州人口较少、经济规模较小，资源环境相对承载能力上升，但大理人均资源环境可承载空间明显降低。滇东北昭通、沿边经济区中的西双版纳2个市州人均资源环境综合承载能力下降。

图7-22　云贵两省资源环境综合承载力分级（2010年）

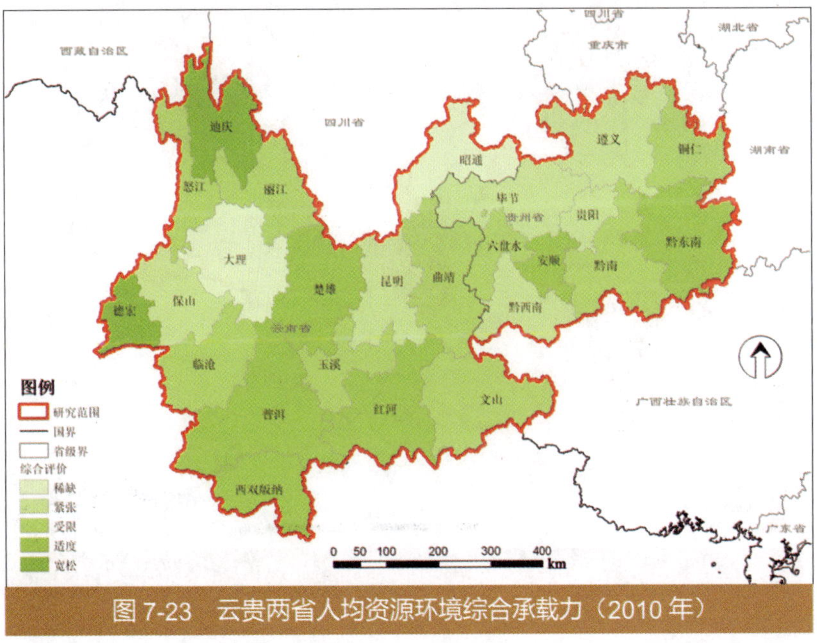

图7-23　云贵两省人均资源环境综合承载力（2010年）

二、资源环境承载力现状利用水平

2010年云贵两省的土地利用情况均未超载，但滇东北、滇西北和黔中经济区的土地资源情况相对紧张，个别市州土地资源稀缺，主要包括云南的怒江、迪庆、丽江、昭通、西双版纳和大理，贵州的遵义、六盘水和贵阳。

2010年云南省全省河道外用水量149亿m^3，贵州全省用水总量为101.5亿m^3，两省用水均未超过可利用水资源量，但局部用水差异较大。云南省的沿边经济带、滇中经济区用水量达到全省的79%，贵州省黔中经济区用水量达到全省的62%。个别市州出现供需不平衡，昆明市实际用水量超过可开发利用量的49%，贵阳、六盘水、安顺分别超过其可利用水资源量的33%、26%和10%。

2010 年，云南省 COD 点源排放量为 48.0 万 t，COD 面源排放量为 7.1 万 t，与水环境承载力基本持平；氨氮点源排放量为 4.7 万 t，超出水环境承载力 21%。2010 年，贵州省 COD 点源排放量为 28.1 万 t，COD 面源排放量为 6.1 万 t，氨氮点源排放量为 3.2 万 t，均未超载。滇中、滇东北、黔西和黔北地区水环境承载力现状利用水平超过 100%。COD 排放超载较严重的市州包括云南省的玉溪、曲靖、昆明、楚雄、大理、红河和文山，贵州省的六盘水、毕节、黔西南和铜仁。氨氮排放量超载较严重的市州包括云南省的昆明、曲靖、楚雄、玉溪、大理、红河、昭通以及文山，贵州省的六盘水、毕节、铜仁和黔西南。

2010 年云南省大气污染物排放量分别为 SO_2 70.41 万 t、氮氧化物 51.98 万 t，粉尘 42.09 万 t，整体上均未超出其大气环境容量；贵州省大气污染物排放量分别为 SO_2 116.18 万 t、氮氧化物 49.28 万 t，粉尘 46.45 万 t，其中，SO_2 和粉尘排放量超出大气环境容量，粉尘排放量超载约 6%。云贵两省各市州大气环境容量利用水平有较大差异，滇中、滇东北、黔中和黔西的部分市州大气污染物排放超载。在云南昭通、贵州遵义和黔南州 SO_2 排放分别超载 51%、20% 和 9%；昆明、红河氮氧化物排放均超载，其中昆明超载 62%；云南玉溪、曲靖，贵州遵义、贵阳、六盘水和黔东南粉尘排放量分别超出环境容量 104%、19%、153%、21%、11% 和 9%。

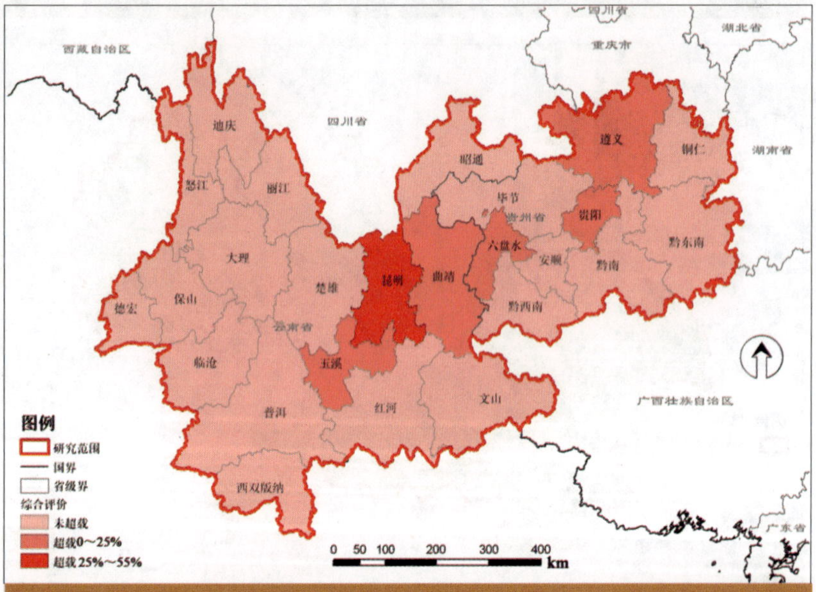

2010 年云贵两省资源环境综合承载力利用水平均未超载（图 7-24、附表 16）。其中，云贵两省资源环境综合承载力的利用水平分别为 75%、84%。在云贵两省内部，各市州资源环境综合承载力利用水平差别较大。综合承载力利用过度的地区主要在滇中经济区、黔中经济区的部分市州。其中，昆明、玉溪、曲靖超载水平分别为 72%、26% 和 9%。贵州六盘水、贵阳和遵义的资源环境综合承载力利用水平分别超载了 10%、9% 和 18%。

图 7-24 云贵两省资源环境综合承载力利用水平空间分布（2010 年）

三、资源环境综合承载力利用水平预测

综合预测水平年土地资源、水资源、水环境承载力、大气环境容量的利用情况，2015 年和 2020 年云贵两省综合承载力利用水平分别为 78% 和 79%，较 2010 年有小幅增加（表 7-9、附表 16）。受水土资源占用量增加与水和大气污染减排的综合影响，云南省资源环境综合承载力利用水平总体基本维持稳定，2015 年、2020 年分别为 73%、74%，均略低于 2010 年现状水平。由于水土资源需求量的大幅增加，贵州省资源环境综合承载压力增大，2015 年和 2020 年综合承载力利用水平达到 91% 和 92%，较 2010 年水平有较大幅度提高，已接近资源环境承载能力的上限。

表 7-9　云贵两省资源环境综合承载力利用水平变化　　单位：%			
区域	2010 年	2015 年	2020 年
云贵两省	77.6	78.4	78.6
云南省	75.2	72.8	73.6
滇中经济区	118.5	104.2	105.2
沿边经济带	62.2	66.7	67.6
滇西北产业区	65.1	66.6	73.0
滇东北产业区	95.5	121.2	126.0
贵州省	84.4	90.9	92.2
黔中经济区	86.2	93.3	95.7
黔西经济区	87.8	97.8	108.4
黔北产业区	80.9	78.3	83.9

分析云贵两省 2020 年资源环境综合承载力利用水平的空间特征（图 7-25），滇中及滇东北资源环境压力相对较高，经济发展明显超出区域承载能力。其中，昆明水资源开发超载 3 倍以上，水环境及大气环境均呈超载状态，是滇中地区资源环境压力过大的主要原因。昭通水资源、大气环境和土地资源利用水平均超过 100%，其中水资源利用过载 60%。毕水兴地区水资源和土地资源利用分别超载 50% 和 40%，其中六盘水土地资源过载 8.8 倍，六盘水、黔西南、毕节的水资源开发利用均呈过载状态。综合来看，水资源和土地资源是云贵两省未来发展的主要制约因素。

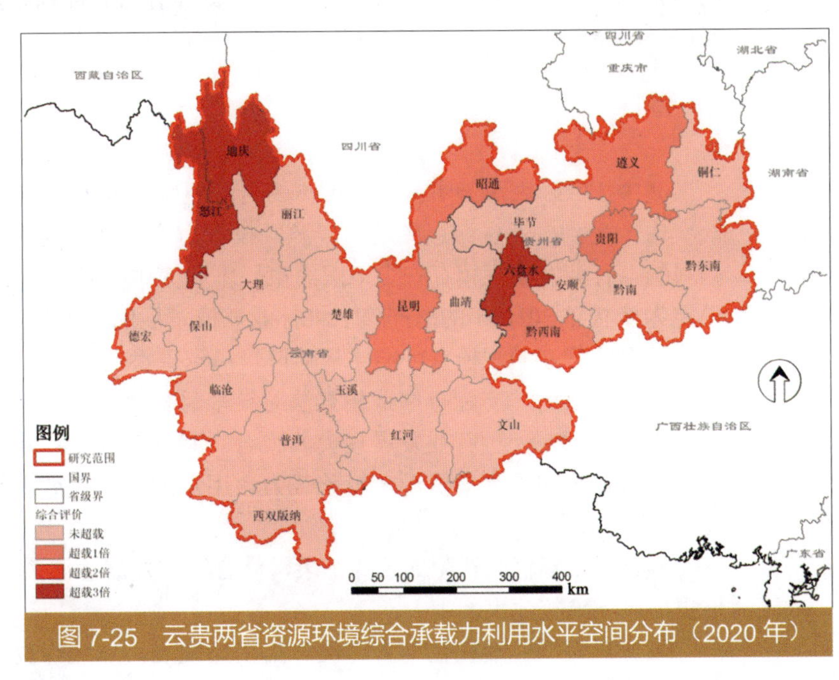

图 7-25　云贵两省资源环境综合承载力利用水平空间分布（2020 年）

第五节　资源环境承载力约束下产业结构调控模型

综合考虑经济效益最大化、资源利用最小化和污染物排放最小化等多个目标，构建资源环境承载力约束下区域产业发展的调控模型，对 2020 年云贵地区各市州重点产业发展的规模和结构进行优化分析。

多目标优化模型的目标函数可以分为两类，一类是效益类目标，即云贵两省各市州重点产业的总产值，要求目标值最大；另一类可称为损害类目标，即云贵两省各市州重点行业水土资源的利用量、水环境和大气环境污染物的排放量等，这类目标要求目标值最小。重点行业2020年资源消耗或污染物排放的强度，在综合考虑各市州资源环境效率现状及未来技术进步空间后确定。

$$\begin{cases} \max Z_{ci} = \sum_{i=1}^{10} OV_{ci} \quad c = 1,\ldots,25 \\ \min Z_{czk} = \sum_{i=1}^{10} OV_{ci} \times P_{cik} \quad c = 1,\ldots,25 \end{cases}$$

如上式所示，OV_{ci} 表示 c 市州第 i 个重点行业2020年的总产值；P_{cik} 表示预计该重点行业在2020年资源消耗或污染物排放的强度，综合考虑各市州资源环境效率现状及未来技术进步空间后确定；k 表示资源或污染物的种类。

模型的约束条件包括承载力占用上限约束以及行业发展规模约束。资源环境承载力占用约束是指云贵地区各市州重点行业未来发展所消耗的资源总量和排放的污染物总量不超过其资源环境承载力。

$$\sum_{i=1}^{10} OV_{ci} \times P_{cik} \leqslant ECC_{ck} \quad c = 1,\ldots,25$$

其中 ECC_{ck} 表示云贵两省各市州的资源环境承载力。

由于受到自然资源、劳动力资源、投资力度、产品需求、城市行业发展均衡需求等条件的限制，行业发展规模存在上下限约束。本研究中将各市州2020年重点行业发展规模的下限设定为现状年2010年的总产值；将行业规模发展的上限设定为规划值的1.2倍，即认为经过调控后某些行业的规模有可能比基础情景得到更大的发展。

采用改进的非支配排序遗传算法对该多目标优化模型进行求解，计算结果是一组解，每个解对应的都是一种行业发展规模的组合。其优势在于，从解集可以直观地掌握和比较不同的经济效益增加带来的资源环境承载力占用量的增加，或者是减少承载力占用量需要付出的经济效益代价。

根据多目标优化模型的计算结果，结合地方发展意愿，对2020年云贵地区重点产业的发展提出以下调控建议。

推进煤炭产业规模化、集约化和集团化发展，加大煤炭资源整合力度，着力推进国家大型煤炭基地建设。按照煤炭采选清洁生产标准的要求，进一步提高煤矿采掘的机械化程度，大型煤矿采掘机械化程度达到95%以上，中型煤矿达到80%以上，小型煤矿机械化、半机械化程度达到40%。大型煤矿和部分中型煤矿执行清洁生产的一级标准。逐步提高煤层气、煤矸石等伴生资源的开发与综合利用水平。提高洗精煤产量和煤炭洗选比例。推进清洁用煤、节约用煤和高效用煤。云南煤炭产能整体上保持稳定，贵州煤炭产能适度增长。控制贵州六盘水、遵义煤炭产能过快增长。将贵州赤水河上游怀仁市所属乡镇划定为煤炭开采控制区，严格控制区内煤炭开采规模，禁止新上煤炭洗选项目。

充分发挥云贵地区电力行业“水火互济”的优势，提高水电开发质量和效益，优化发展火电。关停20万kW以下小火电机组并建设相应替代容量的大型高效环保火电机组。新增火力发电项目采用循环流化床等先进工艺，煤耗控制在272 g标煤/kWh，推广高效除尘、脱硫、脱硝设备安装使用。大力发展清洁能源，积极发展风电和生物质能发电。控制贵州电力行业规模适度增长，防止产能盲目过快扩张对大气环境和污染减排造成严重负面影响。经测算，建议贵州2020年火电装机容量控制在3 200万kWh以内，约为2010年规模的1.5倍。不建议昆明、遵义及黔南新建火电厂。

优化发展传统建材行业，云贵地区水泥行业规模原则上不再增加，新建企业以淘汰已有落后产能为前提，基本实现等量置换。积极开发生产特色天然石材、建筑卫生陶瓷、固体废弃物资源化利用的新型建筑材料。控制贵州建材行业规模适度增长，建议2020年行业工业产值规模控制在760亿元以内，约为2010年行业产能规模的3.6倍。

大力调整优化钢铁行业产品结构，重点发展高端精品钢材，控制焦炭、粗钢等产能进一步扩张。淘汰落后产能，提高产业集中度。鼓励和支持企业采用先进工艺技术装备，提高生产设备大型化水平，提高精料比，推广清洁生产技术和节能减排措施，提高资源综合利用效率，实现吨钢取新水5 m^3以下，废水回用率80%以上，固废综合利用率达到93%以上。支持昆明、楚雄、六盘水和贵阳改造提升钢铁行业，建设以服务西南地区为导向的钢铁工业基地。在滇西边境地区布局“三头在外、封闭运行”的钢铁产业。

优化有色冶金行业内部结构，发展现代先进有色金属精加工。淘汰铅冶炼中烧结锅－鼓风炉等落后工艺，淘汰锌冶炼中电炉、韦氏炉、竖罐等落后工艺。新增铅冶炼项目应采用卡尔多法、艾萨法、闪速炼铅法等高效、低耗、低污染的工艺，铅、镉、砷排放系数分别控制在0.171 kg/t、0.045 kg/t、0.002 kg/t。新增锌冶炼项目鼓励采用湿法冶炼等重金属排放强度较低的工艺，铅、镉、砷排放系数分别控制在0.025 kg/t、0.005 kg/t、0.001 kg/t。铅锌冶炼除汞率达到0.85。对铅锌铜等重有色金属冶炼项目进行脱硫。依托云南有色金属矿资源，明确区内分工，建设滇中铜、铝、钛深加工、稀贵金属精制聚集区，滇南锡、铝、铅锌深加工聚集区以及滇东北铅锌综合利用聚集区。依托铝土矿资源，推动贵州铝工业结构调整和优化升级，引导以铝、钛为主的有色金属行业向贵阳、遵义集聚，建设贵阳铝深加工、遵义铝钛深加工基地。推动黔东南、六盘水、安顺、铜仁等地发展铝加工。适当调整红河、文山等地的铅锌冶炼、锑冶炼规模，适度控制黔西南有色行业发展，确保重金属新增污染在可控范围内。

全面提升石化行业发展升级，形成园区化、集约化石化基地。谨慎论证、适时推进云南大型炼化项目建设，落实国家能源安全战略，提高石化行业竞争力。优先在曲靖、楚雄等资源环境综合承载水平较高的地区布局炼油及后续石化项目。适度发展煤炭深加工，稳妥推进现代煤化工升级示范工程，支持云南昭通、曲靖、红河和贵州毕节、六盘水集中建设新型煤化工基地，避免煤化工项目遍地开花。引导贵州煤化工行业布局向黔中经济区安顺、黔东南等地适度倾斜。大力发展精细磷化工，控制磷系复合肥产能规模，延长下游产业链，提高产品附加值；有序开发利用磷矿资源，着力提升现有矿山装置及其配套能力，加强磷石膏、磷渣等固体废弃物资源的综合利用，整合提升昆明、玉溪磷化工基地。适度调整昆明、曲靖、昭通、红河、临沧等地化工行业规模。

以发展精深加工、特色食品为导向推进食品行业的优化升级，适当控制昆明、曲靖、玉溪、丽江、楚雄、毕节等市州的食品行业规模，推进保山、德宏、普洱、临沧等市州制糖业技术进步和深加工水平。建议2020年云南省食品行业工业产值规模控制在1 000亿元以内，约为2010年规模的2.5倍。

优化造纸原料结构和产品结构，进一步淘汰落后造纸产能。重点淘汰昆明、曲靖、临沧、玉溪、遵义等市州规模以下造纸企业，在楚雄、保山等市州加大对小造纸和落后工艺的淘汰力度，强化污染综合治理，提高造纸行业的规模、技术与污染治理准入门槛。建议2020年云南省造纸行业工业产值规模控制在80亿元以内，约为2010年规模的1.6倍。

不断壮大装备制造业。依托云南内燃机、电力装备、大型数控机床、大型铁路养护机械等优势产品和企业，积极发展高端装备制造业，加快提升行业整体竞争力，形成以昆明为核心，曲靖、大理、玉溪为重点的特色装备制造基地。依托贵州航空、航天工业基地，支持安顺民用航空产业国家高技术产业基地建设；围绕西南地区能矿产业发展，大力发展能矿产业装备，重点建设贵阳、遵义、六盘水能矿产业装备基地；推动汽车及汽车零部件生产企业资源整合，建设贵阳、遵义、安顺汽车工业基地。重点打造以贵阳为核心，遵义、安顺、凯里、都匀为配套功能区的黔中特色装备制造业基地。

稳步发展烟草行业。发挥云贵烟草品牌优势，推进烟草行业结构调整、技术改造和资源整合，巩固卷烟等传统产品的国内市场优势地位，积极拓展国际市场。优化烟草行业区域布局，重点建设滇中、滇东北烟草种植基地。

第八章

重点区域和行业优化发展调控建议与对策机制

第一节　重点区域和行业优化发展战略方向

云贵两省生态脆弱区域分布较广，水资源分布时空不均衡，土地刚性约束较为突出，环境质量现状与环境容量资源地区差异大，局部地区资源环境超载严重，面临加快社会经济发展与转变发展方式的双重压力，必须协调好产业结构重型化与资源环境承载之间的矛盾，保护好区域良好人居环境，遏制局部生态环境恶化。

为了维持云贵两省重要生态功能，保证环境质量不恶化，局部地区有所改善，保障重点产业发展空间，必须统筹考虑经济社会发展和资源环境综合承载能力，促进产业结构升级转型，大力推进国土空间的精细化管理，不断优化区域生产力空间布局，合理控制“二高一资”行业产能无序扩张，实施“保底线、优空间、调结构、提效率”的战略对策，以生态环境保护优化经济发展，提升区域资源环境对产业发展的支撑能力，促进云贵两省经济与环境协调发展，实现全面建成小康社会目标。

按照“农业提效、服务业提速、工业提升”的总体思路，构建协调发展、相对均衡的现代产业体系。大力推进农业结构调整，做大做强特色农业，建立健全农业服务体系。重点推进能源、化工、装备制造、有色、钢铁等传统产业优化升级。积极发展特色轻工业，做强做优特色食品工业，培育龙头企业，打造知名品牌。依托国家级产业园区，加快培育生物医药、生物技术服务、光电子、新材料、新能源、高端装备制造等战略新兴产业。加快发展物流、会展等现代服务业，积极培育发展地方金融机构。推动文化和旅游产业跨越式发展，建设一批文化产业基地和区域特色文化产业群。

立足资源和区位优势，明确主要城市职能分工，按照“滇中统筹、黔中带动；滇东北、黔北提升；黔西北、三州地区跨越；沿边经济带拓展，毕水兴地区优化”的总体思路，构建特色鲜明、优势互补、分工有序、协调发展的区域经济发展格局。

第二节　区域重点产业优化发展的调控原则

坚持“维持区域生态功能，合理优化利用发展空间，兼顾目标总量与容量总量控制，大力提高资源环境效率”四条原则，在确保云贵两省社会经济整体发展不突破生态环境底线的基础上，不断扩展和优化重点区域和产业发展的生态空间、资源空间、容量空间、效率空间，推进生态环境重点区域保护，实现云贵两省经济社会与生态环境保护的协调同步发展。

一、维持区域生态功能不退化，保护生物多样性不降低

推进云贵两省生态保护与建设，继续实施天然林资源保护、长江－珠江防护林体系建设、小流域综合治理、草山草坡治理等生态建设工程。加强水源地和湿地保护，增加造林和抚育任务。突出抓好水土流失和石漠化综合治理，开展坡耕地水土流失综合治理，对生态位置重要的陡坡耕地继续实施退耕还林还草。加强对国家级自然保护区、国家级风景名胜区、森林公园、地质公园、世界自然遗产地的保护和建设，加强以西双版纳热带雨林季雨林生物多样性保护重要区、横断山生物多样性保护重要区、武陵山山地生物多样性保护重要区为重点的生物多样性保护，确保西南喀斯特地区土壤保持重要区、川滇干热河谷土壤保持重要区、珠江源水源涵养重要区等重要生态功能区得到有效保护，确保其生态系统功能不退化。到2020年，云贵两省江河上游水土流失面积明显减少，石漠化得到有效控制，森林覆盖率达到50%以上，生态安全屏障作用不断巩固。

工业化和城镇化发展须避让具有重要生态服务功能、生态敏感脆弱、生态风险较高的区域，不断完善和保护区域生态系统格局。滇西北生物多样性重要区、滇西南及滇南生物多样性保护重要区、黔西喀斯特和滇中经济区中的生态红线区等区域应以“控制风险、严禁开发”为原则，严控在生态红线控制区内建设工业项目；生态红线控制区内已建工业企业，原则上应逐步搬迁。黔西喀斯特生态脆弱区、黔南山地盆谷石漠化重点治理区、滇西北“三江”并流区、滇西南西双版纳天然林区、红河河谷生态破坏严重区等区域以“减轻风险、控制开发”为原则，实施控制性开发，限制对于环境有较大影响的开发活动准入。加强生态保护与建设，恢复和提高水源涵养、土壤保持、生物多样性保护功能。

控制和减缓云贵两省未来重点产业发展可能带来的潜在生态风险。重点加强黔西毕水兴能源资源富集区、遵义和曲靖煤炭开采，黔南州煤炭和磷矿开采，楚雄、怒江、红河有色矿采选等管理和环境保护，整体规划、集约开采、提高准入，控制矿产资源开发活动发展可能带来的生态风险、水土流失和环境污染等问题。维持橡胶、烟草等种植面积不扩大，适度发展浆纸林种植规模，强化浆纸林征地、种植经营管理，禁止在25°以上陡坡地开垦种植，在大面积浆纸林中要保留生态通道，逐步减轻农林业资源开发活动对天然林产生的影响。科学适度开发生态旅游资源，在保护中开发，在开发中保护，重视昆明、贵阳、大理、丽江、西双版纳、普洱和迪庆等市州发展旅游业可能造成的潜在生态破坏和环境污染。

二、合理优化利用发展空间，保障水土资源不超载

严格实行用水总量控制，按照确保农业用水零增长或负增长，第二产业、第三产业及生活用水适度增长的原则制定用水总量控制方案。以未来水资源可供给量为水资源总量红线。2015年，云贵两省用水总量红线分别为193.7亿m^3和154.5亿m^3，2020年云贵两省用水总量红线分别为241.1亿m^3和194.5亿m^3。严格水资源规划管理和水资源论证、严格取水许可与用水指标管理、严格水资源有偿使用、严格地下水管理和保护、强化多水源统一调度。推

进农田水利工程建设，大力发展节水灌溉技术，建立节水灌溉制度，重视农田灌溉用水的管理，提高农业用水的利用率，保证未来农业用水总量不增加。控制居民生活用水定额，合理设定阶梯化水价指导居民节约用水。2015 年、2020 年云南省城镇居民生活用水定额分别控制在 137 L/d 和 144 L/d；贵州省均应控制在 196 L/d。2015 年、2020 年云南省农村居民生活用水定额分别控制在 78 L/d 和 86 L/d；贵州省分别控制在 68 L/d 和 76 L/d。

有序推进水电水能开发，以流域开发规划环境评价为前置条件，合理安排金沙江、澜沧江等干流水电开发规模和时序，严格控制二级及以下支流小水电开发，切实保护好产卵场、渔业资源保护区等重要生境，保留一定长度的自然河道，保障生态基流需求。

合理开发土地资源，积极推进云贵两省土地利用结构和空间布局优化。加强城镇及农村地区的土地节约和集约利用，提高单位土地经济产出。制定产业节约集约用地标准，提高供地门槛，限制“占地大，产出低”的项目进入。促进产业向园区集中发展，原则上在国家级开发区和省级园区以外不再布局工业项目。

妥善解决好“城镇上山、工业上山”与生态环境保护的关系。对于可利用坡地资源量较大、生态环境不敏感、自然风险水平较低的地区，应与林地保护利用规划充分衔接，科学规划、合理推进低丘缓坡规模化开发，加强生态修复和生态补偿，控制对更大范围生态环境造成负面影响。云南富民县、东川区、宜良县、富宁县、马关县、弥勒县、沧源佤族自治县、孟连傣族自治县、勐海县、纳西族自治县、大理市、剑川县、永平县、彝良县等地区不宜大规模推进“城镇上山、工业上山”，须根据当地实际情况，统筹城镇和产业空间布局。云南丽江、昭通、保山、大理、迪庆、怒江，及贵州贵阳、毕节、遵义、六盘水等市州，未来产业用地需求较大，坝区内可开发利用土地资源紧缺，应进一步论证“城镇上山、工业上山”的可行性和生态适宜性，优化和调整城镇新增建设用地和重点产业用地的空间布局。

三、兼顾目标总量管理与容量总量管理制定污染物削减计划

云贵两省整体来看环境质量现状较好，但局部地区污染排放已超出环境容量。须正确认识环境容量资源的空间差异和环境承载条件的区域差异，明确环境质量控制目标，兼顾目标总量和容量总量两种污染控制管理模式，合理制定未来污染物削减方案，优化既有的省内减排量分配方案，保证云贵两省环境质量不恶化，局部地区得以改善。

根据水环境承载条件、现状水环境质量状况、未来云贵两省发展需求，结合既定的“十二五”总量管理要求，确保流域水质达标率稳步提高，建议 2015 年云南省点源 COD 和氨氮排放量分别控制在 43.4 万 t（相当于减排责任书中承诺总量）、3.9 万 t（比减排责任书中总量收紧 7.5%），2020 年分别控制在 42.1 万 t、3.7 万 t。建议 2015 年贵州省点源 COD 和氨氮排放量分别控制在 27.2 万 t（比减排责任书中总量放宽 10.7%）、3.0 万 t（比减排责任书中总量放宽 9.1%），2020 年维持 2015 年控制目标量。上述控制量可以保证从全省总量来看，2015 年云南省 COD、贵州省 COD、贵州省氨氮不超载，云南省氨氮超载比例低于 5%；2020 年两省 COD、氨氮均不超载。面源削减任务按照国家“十二五”减排相关要求执行。

云贵两省内部各市州间的总量分配方案需要做出调整，以保证存在超载情况的市州超载倍数有所下降。按照水环境质量改善要求，昆明、玉溪、楚雄、红河、大理、毕节等 6 个市州应进一步严格控制 COD 排放量，在“十二五”总量目标控制的基础上再削减 1% ～ 7%。32% 的市州应在“十二五”总量控制的基础上进一步削减氨氮排放量，其中昆明、曲靖、红

河、大理等4个市州应进一步削减13%～19%，玉溪、楚雄、文山、毕节等4市州应进一步削减2%～8%；云南的普洱、临沧、西双版纳和贵州的贵阳、遵义、安顺、黔东南等市州，则可以适当放松总量指标的约束；其余市州则仍按政府承诺的“十二五”减排要求执行。加快污水厂和配套管网建设，稳步提高城镇污水收集和集中处理率。2015年云贵两省各市州城镇污水处理率应至少达到65%，平均城镇污水集中处理率提高到80%以上，2020年平均城镇污水集中处理率达到85%以上，其中，昆明、贵阳城镇污水集中处理率应达到95%以上，玉溪、丽江、安顺、铜仁等4个市州应达到90%以上。2015年云贵两省城镇污水处理规模至少应分别增加到329万m^3/d和202万m^3/d，比2010年增加65%以上。2020年，两省城镇污水处理规模至少应分别增加到423万m^3/d和281万m^3/d，在2015年基础上进一步增加30%～40%。云贵两省污水处理厂出水水质至少达到《城镇污水处理厂污染物排放标准》一级B标准；新建污水厂统一按照一级要求，昆明、玉溪、楚雄、大理、丽江、六盘水等经济基础相对较好、涉及敏感水域的地区应达到一级A要求。2015年，云南省污水处理厂再生水利用率达到15%以上；贵州省不低于10%。所有污水处理厂污泥必须进行安全处置，污泥含水量超过60%以上不得出厂，未实现污泥安全处置的相应扣减其主要污染物减排量。

2020年云贵两省SO_2的排放量应分别控制在63万t、97万t，在2010年现状基础上削减14%；氮氧化物的排放量应分别控制在46万t、40万t，在2010年现状基础上削减15%。实现云贵两省大气环境质量总体保持优良，各大气环境功能区达到相应的空气质量标准等级。

严格控制大气污染物新增排放量。新建排放SO_2、氮氧化物、工业烟粉尘、挥发性有机物的项目，实行污染物排放减量替代，实现增产减污；对于昆明、贵阳等大气污染重点控制区，以及遵义、黔南（瓮—福地区）、昭通，曲靖、玉溪、六盘水、毕节等大气环境质量超标的城市，新建项目实行区域内现役源1.5～2倍削减量替代。

综合控制机动车氮氧化物排放。严格执行老旧机动车淘汰制度，加快提升车用燃油品质，积极推广节能与新能源汽车。全面推行机动车环保标志管理，严格控制无有效环保标志车辆上路行驶，到2015年基本淘汰2005年以前注册运营的“黄标车”。实施国家第四阶段机动车排放标准，在昆明、贵阳等有条件的重点城市逐步实施国家第五阶段排放标准。

依据水环境功能区目标，确定云南省汞、镉、铬、铅、砷等5种重金属污染物在废水中的最大允许排放量应分别控制在0.1 t（比国家重金属污染综合防治“十二五”规划要求放宽124%）、2.2 t（收紧41%）、0.1 t（收紧86%）、16.0 t（收紧29%）、10.9 t（收紧38%）。贵州省将汞、镉、铬、铅、砷在废水中的排放量分别控制在0.01 t（比国家“十二五”防控要求收紧68%）、0.1 t（收紧5%）、0.5 t（放宽100%）、1.2 t（放宽164%）、1.0 t（放宽73%）。

为保证水质重金属污染物达标，云贵两省需在“十二五”规划要求的基础上进一步削减废水中重金属污染物排放总量的市州共占70%市州。其中，昆明铬、砷，曲靖汞、镉、铅，玉溪镉、铬、铅、砷，昭通镉、铅、砷，普洱汞、镉、铅，楚雄镉、铅，大理汞、镉、铅，怒江铅，贵阳铅、砷，安顺铬，黔西南铅、砷，黔东南镉等废水重金属污染物排放应进一步削减50%以上。普洱和楚雄铬，贵阳镉、铬，六盘水汞，遵义镉、铅，安顺汞、镉、铅、砷，以及黔东南汞等废水重金属污染物应基本实现零排放。

云贵两省废气中重金属污染物排放总量控制应达到国家“十二五”目标要求，2015年重点防控区废气重金属污染物排放总量较2007年削减15%，一般防控区废气重金属污染物排放量相对2007年不增加。

云贵两省应确保有色冶炼行业涉众企业数量明显减少，向曲靖、楚雄、贵阳、遵义等行业基地集中。重点控制红河、文山、大理、黔西南、黔南等地铅、镉等重金属污染。严格落实等量置换原则，大力淘汰落后产能，确保新增产能采用先进工艺，控制云贵两省有色冶金、电力、建材等重点行业废气重金属污染物排放总量不增加。重点防控区采用 1.5 ～ 2 倍置换原则控制废气重金属排放。推进对矿产资源开采区和污灌区的重金属污染控制，适时开展重点污染矿区土壤修复，遏制重特大重金属污染事件频发的势头。

四、大力提高资源环境效率，保障环境准入要求

云贵两省资源环境效率整体水平较低，单位 GDP 能源、水资源消耗量，以及主要污染物排放强度均高于全国平均水平，其中，滇中经济区、黔中经济区等主要资源重化工承载区，以及沿边经济区等地区效率水平亟待提高。

2015 年、2020 年云贵两省万元 GDP 用水量应在 2010 年的基础上分别降低 30% 和 45%。云南省 2015 年、2020 年万元 GDP 用水量应分别达到 143 m^3/ 万元和 113 m^3/ 万元，贵州省应分别达到 154 m^3/ 万元和 121 m^3/ 万元。万元工业增加值用水量也应在 2010 年基础上减少 30% 和 45%，云南省 2015 年、2020 年万元工业增加值用水量应分别达到 70 m^3/ 万元和 55 m^3/ 万元，贵州省应分别达到 163 m^3/ 万元和 128 m^3/ 万元。在滇中、黔中及黔西等工业集中的经济区，万元 GDP 用水量及万元工业增加值用水量还应适当进一步降低，重点提升煤炭、钢铁、化工、电力、食品、有色等行业的水资源效率。

2015 年云贵两省万元 GDP 能耗应在现有基础上下降 15%，分别达到 1.22 t 标煤 / 万元和 1.91 t 标煤 / 万元。2020 年云贵两省万元 GDP 能耗应在现有基础上下降 40% ～ 45%。重点提升黔中经济区、黔西资源富集区以及安顺、红河的钢铁、化工、建材、有色、电力等高耗能行业的能源效率水平。实行单位产品能耗限额管理，通过发展精深加工产品、延长产业链提高工业能效。

逐步降低主要污染物排放强度（表 8-1）。重点提升沿边经济带和黔中经济区化工、造纸、饮料制造、农副食品加工等行业的 COD 和氨氮排放强度。着力提高滇中经济区、黔西资源富集区、黔北能源化工产业地区以及红河的电力、化工、非金属制造、石油等能源行业脱硫脱硝技术水平，降低大气污染物的排放强度。大力控制滇中地区、黔中地区、红河、怒江和毕节有色矿采选、有色冶炼、黑色金属冶炼等行业铅、镉、铬等重金属排放强度。2015 年云南省废水中汞、镉、铬、铅、砷的排放强度要分别降低至 2010 年的 34%、33%、26%、35%、32%，贵州省废水中汞、镉、铬、铅的排放强度要分别降低至 2010 年的 39%、14%、25%、25%。2020 年废水中重金属排放强度进一步降低，缩小不同市州同类行业排放强度的差距。2020 年云贵两省火力发电行业单位发电量铅、镉、砷排放系数应降低到 2007 年的 40% 左右，汞排放系数应降低到 2007 年的 20% 左右。提高建材行业协同除汞效率。

提高行业资源环境效率准入门槛，全面推行清洁生产和循环经济措施，严格控制新、改、扩建项目资源利用率和污染物排放强度，制定废弃物资源化再利用优惠政策，鼓励共伴生矿、尾矿及大宗产业废物综合利用。国家审批项目的资源环境效率达到建设同期国际先进水平，省级审批项目应至少达到国内先进水平。省级以上重点产业聚集区应分批逐步通过国家生态工业园区、循环经济示范区认证。严格按照国家产业政策，加大化工、钢铁、造纸、水泥等行业落后产能的淘汰力度。确保到 2020 年使云贵两省整体资源环境效率达到国内较优水平。

表 8-1 云贵两省重点产业资源环境效率目标参考值（2020 年）

地区	重点产业	单位产值污染物排放强度				单位产值废水重金属排放强度 / (kg/ 亿元)			
		COD/ (kg/ 万元)	氨氮 / (g/ 万元)	SO_2/ (kg/ 万元)	氮氧化物 / (kg/ 万元)	汞	镉	铬	铅
云南	烟草	0.02	0.7	0.1	0.02				
	煤炭	0.2	3.0	0.5	0.2				
	电力	0.02	2.5	8.8	6.3	0.000 1	0.005	0.02	0.03
	钢铁	0.2	4.1	1.9	0.3				3.1
	有色	0.2	1.1	1.3	0.03	0.02	0.46	0.13	2.86
	化工	0.2	69.9	1.1	0.2	0.01	0.002		0.001
	装备	0.04	0.4	0.0	0.01				
	食品	5.0	70.8	1.4	0.1				
	建材	0.02	11.2	4.6	3.6	0.003	0.03		0.32
	造纸	6.0	60.9	3.4	0.9				
贵州	烟草	0.02	0.4	0.2	0.1				
	煤炭	0.4	11.1	0.5	0.1				
	电力	0.01	0.03	17.2	7.5				
	钢铁	0.1	1.5	1.1	0.1			1.45	
	有色	0.1	0.3	3.6	0.1	0.03	0.08	0.1	0.96
	化工	0.1	54.0	3.1	0.4	0.03		0.02	
	装备	0.04	0.4	0.1	0.01			0.07	0.05
	食品	2.1	44.4	1.6	0.1				
	建材	0.02	6.2	3.5	4.3			0.02	
	造纸	1.3	34.5	1.7	0.3				

五、推进生态环境重点区域保护

综合考虑生态、土地、水环境与大气环境保护、重金属污染防治的要求，划定云贵两省生态环境重点保护区域，共 112 个（图 8-1、附表 17）。其中，自然保护区、重要生态功能区 23 个，主要分布于滇西北、沿边经济带，黔西南地区主要为喀斯特地貌防治重要生态功能区；水环境容量重点保护区 14 个，主要分布于滇西北、滇中和黔西地区；大气环境重点保护区 9 个，分布较为分散；重金属重点防控区 21 个，零星分布；综合型生态环境重点保护区 45 个，主要分布于云南滇中、滇西北和滇东北和沿边经济带，贵州分布较为分散。滇中地区主要为水环境与大气环境综合型重点保护区；滇西北和滇东南主要为水环境与自然保护区综合型重点保护区。

分区推进生态敏感区域保护。加强滇西北生物多样性保护和自然保护区建设，适度控制水电和矿产开发活动。加强黔西喀斯特地貌地区石漠化治理，实施退耕还林工程，推进以缓坡耕地改造为主的土地整理工作。加强黔南石漠化重点治理，营造水土保持林、水源涵养林及北盘江沿江防护林带，对板庚一带石漠化严重地区进行综合治理，整合或关停部分小矿区，保护盆地中的耕地。

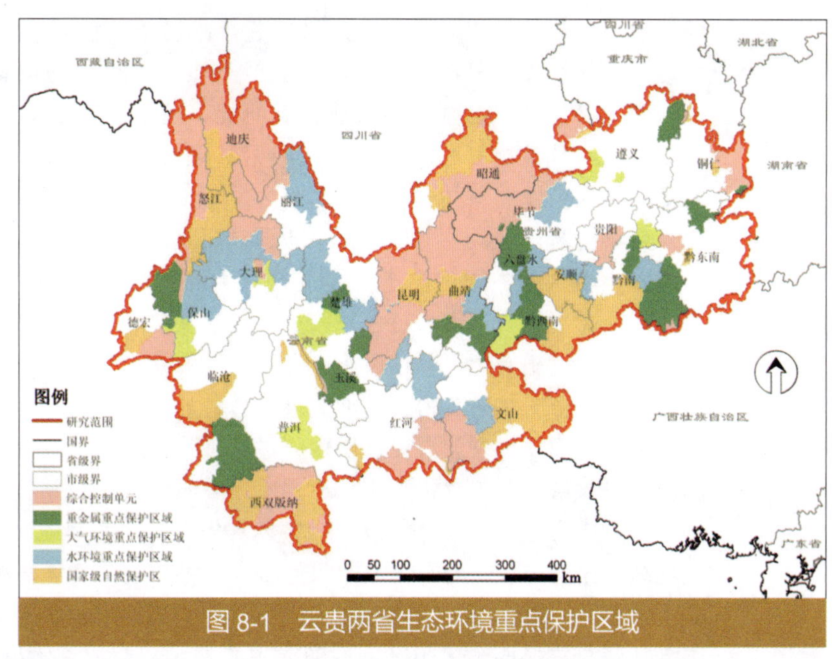

图 8-1 云贵两省生态环境重点保护区域

滇中、滇西北、黔西以及黔北地区的水环境容量限制性与控制性利用单元，应严格实施重点产业准入标准，淘汰落后产能，不断降低工业排污强度，确保完成总量控制目标。水环境超载较重区域，应合理限制重点产业发展规模，综合考虑排放总量贡献和环境效率调整行业结构，逐步减缓水环境压力。有条件置换、共用水环境承载力的区域，应从承载力利用最大化的角度出发优化重点产业布局，谋求整体发展空间的扩大。优先开展滇池、南盘江、牛栏江、异龙湖、洱海、抚仙湖、乌江、赤水河、三岔河、清水江等流域水污染防治工作。滇池流域内除产业集聚区外原则上不再布局新的工业项目，原有工业企业要逐步搬迁；实行更为严格的排放标准，保证在“十二五”末期，入草海通量减少 50% 以上。

加强云贵两省省会城市及其周边的大气环境污染综合治理和总量控制，力争在完成“十二五”减排方案要求的基础上，进一步削减污染排放总量。所有城市中心区全部建成烟尘控制区。滇西北地区工业发展相对落后，大气污染物排放量较小，须控制排放总量不增加。

适当调整重金属重点防控区内有色、化工等涉重行业的规模，控制火力发电行业的燃煤大气重金属排放，推广高效、除尘脱硫设备使用，提高重金属协同去除率。严格执行环境效率准入和落后产能淘汰制度，不断降低涉重行业重金属排放强度，通过技术进步、加强末端治理等手段实现 2015 年重点防控区内重金属排放总量较 2007 年降低 15% 的目标。控制含重金属危险废物的排放和贮存，对重金属尾矿库、有色冶炼废渣、化工废渣等进行安全处置，避免重金属通过渗透、风化淋滤进入土壤和水体。

六、加快构建现代产业体系

立足云贵两省产业发展基础、资源优势和生态环境条件，按照“农业提效、服务业提速、工业提升”的总体思路，促进三次产业互动、协调发展，构建相对均衡的现代产业体系。

农业提效以提高特色农业资源利用效率为导向，加快推进云贵两省农业结构调整，加大特色农业发展支持力度，建设一批特色农副产品生产基地，加快发展科技农业，从市场信息化、组织规模化、标准化、机械化、多元化等多视角培育农产品产业的发展，大力推进农业产业化进程。切实加强耕地资源保护，确保基本农田面积，稳定粮食生产。扩大经济作物种植规模，立足不同区域特色，做大做强传统优势产业。以市场为导向，突出资源优势，积极培育提升烟草、橡胶、花卉和医药等特色农业，积极发展特色养殖业。建立政策引导机制，支持引导云贵两省农业产业化服务体系、技术支撑体系发展；大力培育龙头企业，支持产业化生产基地建设。在特色优势农产品主产区创建一批区域特色鲜明、带动辐射效应突出的现代农业生产基地。大力发展外向型农业，建立一批境外农产品生产基地。以云贵两省宝贵的生物多样性资源为基础，以加强科技农业基础研究、应用研究为手段，实施种苗培育工程，促进区域农业生产结构调整，建立科技农业成果转化机制，完善成果推广和应用培训体系，不断提升云贵两省农业发展科技含量，促进区域传统农业向现代高效农业转变。

服务业提速围绕区域工农业发展需求和城乡居民消费需求，加快发展生产性服务业，大力提升消费性服务业，构建现代服务业体系，促使服务业成为拉动云贵两省经济发展的重要力量。充分发挥云贵两省特色民族文化、历史文化、地域文化和自然资源优势，开发完善旅游设施、交通设施等配套基础设施，开发同时注意对自然资源的保护，实现可持续发展；加大自然资源与民俗文化融合力度，加快推进特色旅游资源开发，提高旅游产品附加值；加强旅游产业的品牌建设，推进旅游业优质化服务，促进观光旅游向休闲度假旅游方式转变；丰富旅游产品，推进旅游产业国际化进程，加强旅游业发展对产业结构调整的促进作用。加快提升昆明区域性金融中心地位，提升区域金融整体实力。依托西南地区交通枢纽和交通网络节点，推进物流网络与平台建设。提升物流业服务水平，结合全国物流示范城市建设试点，加快培育和引进一批大型现代物流企业，推动云贵两省传统物流企业向现代物流企业转型。完善商贸服务网络，加快推进昆明、贵阳区域性商业中心建设，构建省、市、州（市）、县、乡、农村多个层级的市场网络体系，建设一批现代化城市商业购物中心，促进商贸服务业快速发展。

工业提升以新型工业化为导向，加快推进资源加工类产业优化升级，积极发展特色轻工业，壮大装备制造业，大力培育战略性新兴产业，促进传统产业新型化，新兴产业规模化，形成轻、重工业部门相对均衡的产业体系。

1. 优化资源加工类产业

做大做强能源产业。有序推进云贵两省煤炭资源开发，强化资源集约开发，促进煤炭开采企业兼并重组，重点发展大型企业集团，加快大型煤炭基地建设。积极发展新型清洁能源，重点推进云贵两省风能、太阳能、生物质能、地热、浅层地温能等新能源开发利用。积极参与页岩气战略能源资源的前期勘探、开发利用论证，争取国家试点示范项目。

提升冶金工业。加快调整钢铁工业，进一步淘汰落后产能，提高钢铁工业产业集中度。大力支持六盘水等地调整钢材品种结构，延长产业链，推进钢材深加工。支持贵州铜仁、黔东南等地实施金属锰节能减排技术改造，推进锰矿资源整合，延长产业链，发展金属锰深加工。加强有色金属矿产资源勘探开发，重点推进云南国家重要的铜、铅锌等接续区建设，以及贵州铜、铅锌、银、金、镍等资源矿产开发相关基础建设。

优化发展化学工业。支持云南石化产业加快发展，建设区域性园区化石化基地，优先在曲靖、楚雄等周边地区布局炼油后续石化项目。支持云南省延伸磷化工、盐化工产业链。按照基地化，规模化，一体化的要求，推进贵州煤化工转型升级，支持贵州发展氯碱化工、橡胶加工和磷化工。支持贵州磷矿资源整合。推进贵州发展非金属精细化工，形成安顺、铜仁精细碳酸钡生产和研发基地。支持云南逐步提高橡胶原料本地加工转化率。

2. 不断壮大装备制造业

立足区域及周边国家资源开发和工业化发展需求，发挥云贵两省科研院所和国防科技工业优势，促进地方科研单位和军工科研院所合作，加快发展装备制造业。

云南应按照扩大总量、提升质量的总体思路，以昆明、曲靖、大理、玉溪、红河等地区为重点，围绕汽车及内燃机、电力装备、机械基础件及零部件、大型数控机床、大型铁路养护机械、重化矿冶设备、自动化物流成套设备、新型农业机械和生物资源加工专用装备等领域，做强做大特色优势产品，提高装备制造业整体竞争力。

贵州应充分利用航空、航天、电子三大军工基地的人才、技术优势和产业基础，依托重大项目，促进装备制造业加快发展，打造西南地区装备业大省。围绕区域能矿产业发展，大力发展能矿产业装备制造业。依托区域航天工业基础，大力发展以航天高新技术产品为重点的航天装备产业。以遵义轻卡、微型面包、特种车等汽车生产基地，毕节载货汽车、农用车生产基地和贵阳、安顺客车、微型车、特种车生产基地为龙头，以区域汽车零部件配套生产企业为基础，大力发展汽车及汽车零部件装备。

3．积极发展特色轻工业

稳步发展烟酒业。发挥云贵烟酒品牌优势，推进烟酒工业结构调整、技术改造和资源整合，巩固白酒、卷烟等传统产品的国内市场优势地位，积极拓展国际市场，稳步发展啤酒、果酒、保健酒生产规模，支持贵州加快发展名优白酒产业。

巩固提升制糖产业。立足云贵两省资源优势，加快推进制糖业技术进步，积极发展深加工，提高蔗渣、糖蜜等综合利用水平，支持制糖业加快产品结构调整，扩大终端型高附加值产品，提高制糖业整体竞争力。

加快发展特色食品业。立足云贵两省特色农业资源、生物资源优势，加快发展特色食品工业。云南应以发展精深加工为导向，进一步提高食品工业装备水平和联合重组，重点发展果蔬、食用菌、咖啡、核桃、乳制品、肉制品、木本油脂等加工业；贵州应充分发挥食品工业品牌优势，进一步扩大优势产品生产规模，不断提高产品档次，重点发展辣椒制品、肉制品、马铃薯制品、核桃乳、植物油、调味品和精制茶等特色食品业。

4．培育战略新兴产业

立足西南地区及周边国家市场需求和技术基础，按照国家发展战略性新兴产业战略部署，以国家级产业园区为依托，加快培育具有区域比较优势、特色鲜明的战略性新兴产业。

云南应立足省情和科技产业基础，切实贯彻落实国家桥头堡战略，坚持服务区域市场与辐射周边国家并重，充分发挥国家专项资金的政策支持，围绕生物医药、生物技术服务、光电子、新材料、新能源、高端装备制造等领域，加快培育战略性新兴产业。以昆明光电子产业基地建设为载体，加快发展光伏、半导体照明、红外及微光夜视产业链。以实施生物医药、生物质能应用示范、绿色食品保健品、生物化工产品开发等工程为依托，加快推进区域特色生物资源开发。以延伸有色金属和稀贵金属产业链为导向，重点发展基础金属特种新材料、战略金属新材料、新能源材料和化工新材料。以服务区域及周边国家装备升级为目标，大力发展大型重型精密复合数控机床、轨道交通大型成套养护和隧道工程设备、空港自动化物流成套设备、重化矿冶成套装备、高端电力装备、金融电子装备等高端装备。

贵州应立足自身产业基础和技术基础，以服务国内市场为导向，围绕新材料、电子及新一代信息技术、生物技术、新能源汽车等领域，加快发展战略性新兴产业。支持发展新一代信息技术，重点发展电子元器件、软件、混合集成电路等产业。促进金属及其合金材料、电子功能材料产业加快发展，推进贵阳、遵义新材料产业基地建设进程。加快发展生物产业，支持贵阳、遵义、安顺、黔南等地加快培育生物医药、生物育种产业。依托贵州汽车工业基础，加快发展新能源汽车产业。

第三节　优化区域生产力布局

统筹考虑云贵两省资源禀赋、产业基础和资源环境承载能力，充分发挥比较优势，优化区域资源配置，强化区域分工和经济联系，统筹布局一批优势产业基地，引导云贵两省产业发展合理分工、有序布局（图 8-2）。

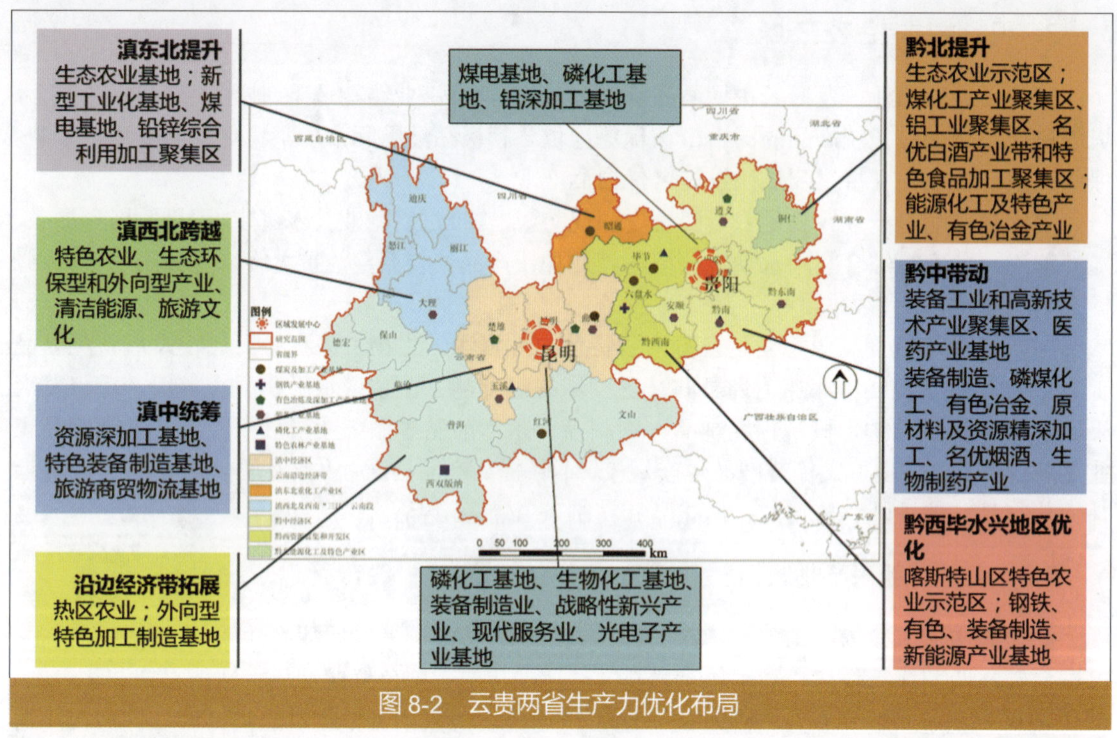

图 8-2　云贵两省生产力优化布局

云南省应按照“一圈、一带、七通道”的布局模式，大力推进滇中城市经济圈一体化建设，提升滇中城市经济圈的辐射带动能力，将滇中地区培育成为云南省经济发展的重要增长极；完善跨境交通、口岸和边境通道等基础设施，规划一批边境合作区，加快形成沿边开放经济带；加快推进四条对外辐射通道、三条对内联系通道建设，培育桥头堡功能；努力构建滇中经济区、沿边经济带、滇东北和滇西北四大板块区域特色鲜明、优势互补、分工有序、协调发展的区域经济格局。

滇中地区应以资本和技术密集型产业布局为主要导向，加快传统优势产业优化升级，大力培育战略性新兴产业，使之成为以化工、有色冶炼加工、生物为重点的区域性资源深加工基地，承接产业转移基地和出口加工基地，以及全国重要的旅游、文化、能源和商贸物流基地，促进形成滇中综合产业区。

统筹规划滇中及其周边市州发展定位，发挥各自优势，避免无序竞争、低水平重复建设。根据水土资源承载条件，大力推进昆明市产业结构战略性调整，支持昆明发展装备制造业、战略性新兴产业和现代服务业，做大做强昆明光电子产业基地；逐步引导资源型产业向楚雄、曲靖、玉溪等周边城市转移，充分发挥昆明面向东南亚和南亚、服务广阔腹地的西南地区重要中心城市作用。加快曲靖煤电基地、新能源基地、有色金属及新材料基地建设，推进传统产业升级改造。加快玉溪装备制造业、特色轻工业发展，进一步提升休闲旅游业和商贸服务业。加快楚雄冶金化工基地、绿色产业基地、民族文化旅游产业基地建设。引导滇中经济区的化工、食品等行业向沿边经济区布局转移。

沿边开放经济带应以外向型产业布局和特色产业发展为主要导向。以边境经济合作区、跨境经济合作区建设为重点，完善跨境交通、口岸和边境通道等基础设施。重点发展外向型加工制造业，积极发展保税物流、跨境旅游，加快发展热区农业、生物、轻工等产业，促进形成以绿色经济为主，与缅甸、泰国、越南等周边国家优势互补的外向型产业区。

滇东北地区应以清洁载能型和劳动密集型产业布局为主要导向。重点加快发展生态农业、能源、矿产、商贸物流、旅游等产业，促进形成滇东北新型工业化基地。

滇西北地区应以生态环保型和外向型产业布局为主要导向。重点加快发展特色农业、生物、旅游文化、清洁能源、矿产、轻工和出口加工等产业，努力建成全国重要的旅游目的地。

贵州省应按照“黔中带动、黔北提升、两翼跨越、协调推进”的原则，充分发挥黔中经济区辐射带动作用，加快建设黔北经济协作区，积极推动黔西毕水兴能源资源富集区可持续发展，大力支持黔东南州、黔南州、黔西南州等“三州”民族地区跨越发展，形成全省中、西、北各具产业发展重点的工业化战略布局。

黔中经济区应加快推进贵阳—安顺经济一体化发展，加快建设贵阳—遵义、贵阳—安顺工业走廊和贵阳—都匀凯里特色产业带，重点发展装备制造、磷煤化工、有色冶金、资源精深加工、名优烟酒、生物制药等优势产业，培育战略性新兴产业和现代服务业，建设形成装备工业和高新技术产业聚集区、原材料及资源深加工产业聚集区、名优烟酒基地和医药产业基地。依托贵州赤水河流域资源和产业基础，适度拓展名优白酒生产规模，建设全国重要的白酒生产基地。依托国家级产业园区，大力培育一批新材料、生物医药、生物技术开发服务基地。进一步加强与重庆、四川等周边省区的经济联系，不断完善优势互补、产业错位发展格局。

黔西毕水兴能源资源富集区，应以毕节、六盘水、兴义为节点城市，充分发挥能源矿产资源优势，建设我国南方重要的战略资源支撑基地。重点发展钢铁有色、汽车及装备制造、新能源等产业，适当控制煤炭行业的过快增长，深入推进毕节试验区建设。

黔北能源化工及特色产业区，以遵义、铜仁为节点城市，以黔北、黔东北为腹地，重点发展能源、有色冶金、新材料、名优白酒、特色食品等优势产业，建设能源和煤化工产业聚集区、铝工业聚集区、名优白酒产业带和特色食品加工聚集区。

优化云南农业区域布局，集中力量建设一批特色化、产业化、区域化的农产品产业基地和产业带，促进优势特色农产品生产向适宜区域集中。积极推进云南水稻、玉米、麦类三大粮食基地和生猪、肉牛、肉羊、奶源、家禽、水产养殖六大养殖基地建设。重点建设滇中、滇东北烟草、花卉、中药材、马铃薯种植基地，滇西南甘蔗、茶叶、咖啡、药材、热带水果种植基地，滇西北药材种植基地等特色农业基地。以西双版纳为中心，辐射红河、临沧、德宏、普洱等市州建设橡胶产业集群，改造中低产胶园。结合农业生态示范区建设，进一步完善贵州农业区域布局，重点建设北部地区粮、畜、茶生产基地，南部地区面向珠三角地区的蔬菜、精品水果生产基地，西北部地区以草食畜牧业和马铃薯为重点的生产基地。建设贵阳、遵义、毕节等山区现代农业示范区和铜仁、黔东南、黔南生态农业示范区、安顺山地农业机械示范区以及黔西南、六盘水喀斯特山区特色农业示范区。根据生态环境保护的需要，在贵州赤水河流域依法划定禁止建设规模化畜禽养殖场的区域。

结合国家“西电东输”电源点建设，支持贵州六枝、织金、安顺三期、清江、黔北“上大压小”等一批大型坑口电厂和路口电厂建设，形成国家重要的煤电外输基地。昆明、遵义以及黔南不建议新建火电厂。

立足西南地区区内需求，支持昆明、楚雄、六盘水、贵阳改造提升钢铁工业，调整钢材品种结构，建设以服务西南地区为导向的钢铁工业基地。在滇西边境地区布局“三头在外、封闭运行”的钢铁产业。推动贵阳特殊钢有限责任公司新特材料循环经济基地建设，提高特钢、优钢及制品的市场竞争力。积极推进昆钢搬迁改造和贵阳城市钢厂搬迁项目建设。

依托云南有色金属矿资源，明确区内分工，形成滇中铜、铝、钛冶炼及深加工、稀贵金属精制聚集区；滇南锡、铝、铅锌深加工聚集区以及滇东北铅锌综合利用加工聚集区。依托铝土矿资源，推动贵州铝工业结构调整和优化升级，引导以铝、钛为主的有色金属行业向贵阳、遵义集聚，建设贵阳铝深加工、遵义铝钛深加工基地。支持建设贵州清镇—黔西—织金煤电铝示范基地。推动黔东南、六盘水、安顺、铜仁等地发展铝加工。

依托资源优势，推进云贵煤化工转型升级和集中布局，支持云南昭通、曲靖、红河和贵州毕节、六盘水建设新型煤化工基地。引导贵州煤化工行业布局向黔中经济区安顺、黔东南等地适度倾斜。提高云南磷化工技术工艺水平和资源循环利用，重点调整提升昆明、玉溪磷化工基地。支持贵州建设织金—息烽—开阳—翁安—福泉磷煤化工产业带。依托西南地区生物资源优势，加快发展生物化工，建设昆明、昭通、曲靖、楚雄生物化工基地。贵州赤水河上游重点水资源保护区内原则上不允许新建化工类企业。

依托云南内燃机、电力装备、大型数控机床、大型铁路养护机械等优势产品和企业，积极发展高端装备制造业，加快提升行业整体竞争力，形成以昆明为核心，曲靖、大理、玉溪为重点的特色装备制造基地。依托贵州航空、航天工业基地，支持安顺民用航空产业国家高技术产业基地建设；围绕西南地区能矿产业发展，大力发展能矿产业装备，重点建设贵阳、遵义、六盘水能矿产业装备基地；推动汽车及汽车零部件生产企业资源整合，建设贵阳、遵义、安顺汽车工业基地。重点打造以贵阳为核心，遵义、安顺、凯里、都匀为配套功能区的黔中特色装备制造业基地。

第四节　深化重点产业结构调整

重化工产业规模扩张将对云贵两省造成新一轮的资源环境压力。在大力提高资源环境效率的前提下，通过淘汰落后、整合升级仍无法满足环境要求，与生态矛盾较为突出的重点产业，须适度控制产业发展规模，避免新项目盲目上马。依据区域产业发展优势、技术水平特点以及资源环境基础条件，深化重点产业结构调整，淘汰落后产能，加快推进经济发展方式转变，保证经济又好又快增长。

以经济效益最大化、资源利用最小化和污染物排放最小化为目标，以资源环境承载力为约束条件，对云贵两省重点产业发展的规模和结构进行优化分析，结合地方发展意愿，提出以下调控建议。

推进煤炭产业规模化、集约化和集团化发展，加大煤炭资源整合力度，着力推进国家大型煤炭基地建设。按照煤炭采选清洁生产标准的要求，进一步提高煤矿采掘的机械化程度，大型煤矿采掘机械化程度达到95%以上，中型煤矿达到80%以上，小型煤矿机械化、半机械化程度达到40%。大型煤矿和部分中型煤矿执行清洁生产的一级标准。逐步提高煤层气、煤矸石等伴生资源的开发与综合利用水平。提高洗精煤产量和煤炭洗选比例。推进清洁用煤、节约用煤和高效用煤。云南煤炭产能整体上保持稳定，贵州煤炭产能适度增长。控制贵州六盘水、遵义煤炭产能过快增长。将贵州赤水河上游怀仁市所属乡镇划定为煤炭开采控制区，严格控制区内煤炭开采规模，禁止新上煤炭洗选项目。

充分发挥云贵两省电力行业“水火互济”的优势，提高水电开发质量和效益，优化发展火电。关停20万kW以下小火电机组并建设相应替代容量的大型高效环保火电机组。新增火力发电项目采用循环流化床等先进工艺，煤耗控制在272 g标煤/kWh，推广高效除尘、脱硫、脱硝设备安装使用。大力发展清洁能源，积极发展风电和生物质能发电。控制贵州电力行业规模适度增长，防止产能盲目过快扩张对大气环境和污染减排造成严重负面影响。经测算，建议贵州2020年火电装机容量控制在3 200万kWh以内，约为2010年规模的1.5倍。

优化发展传统建材行业，云贵两省水泥行业规模原则上不再增加，新建企业以淘汰已有落后产能为前提，基本实现等量置换。积极开发生产特色天然石材、建筑卫生陶瓷、固体废弃物资源化利用的新型建筑材料。控制贵州建材行业规模适度增长，建议2020年行业工业产值规模控制在760亿元以内，约为2010年行业产能规模的3.6倍。

大力调整优化钢铁行业产品结构，重点发展高端精品钢材，控制焦炭、粗钢等产能进一步扩张。淘汰落后产能，提高产业集中度。鼓励和支持企业采用先进工艺技术装备，提高生产设备大型化水平，提高精料比，推广清洁生产技术和节能减排措施，提高资源综合利用效率，实现吨钢取新水5立方米以下，废水回用率80%以上，固废综合利用率达到93%以上。

优化有色冶金行业内部结构，发展现代先进有色金属精加工。淘汰铅冶炼中烧结锅—鼓风炉等落后工艺，淘汰锌冶炼中电炉、韦氏炉、竖罐等落后工艺。新增铅冶炼项目应采用卡尔多法、艾萨法、闪速炼铅法等高效、低耗、低污染的工艺，铅、镉、砷排放系数分别控制在0.171 kg/t、0.045 kg/t、0.002 kg/t。新增锌冶炼项目鼓励采用湿法冶炼等重金属排放强度较低的工艺，铅、镉、砷排放系数分别控制在0.025 kg/t、0.005 kg/t、0.001 kg/t。铅锌冶炼除汞率达到0.85。对铅锌铜等重有色金属冶炼项目进行脱硫。适当调整红河、文山等地的铅锌冶炼、锑冶炼规模，适度控制黔西南有色行业发展，确保重金属新增污染在可控范围内。

全面提升石化行业发展升级，形成园区化、集约化石化基地。适时推进配套大型炼化项目建设，提高石化行业竞争力。适度发展煤炭深加工，集中建设国际先进煤化工基地，稳妥推进现代煤化工升级示范工程建设，避免煤化工项目遍地开花。大力发展精细磷化工，控制磷系复合肥产能规模，延长下游产业链，提高产品附加值；有序开发利用磷矿资源，着力提升现有矿山装置及其配套能力，加强磷石膏、磷渣等固体废弃物资源的综合利用。适度调整昆明、曲靖、昭通、红河、临沧等地化工行业规模。

以发展精深加工、特色食品为导向推进食品行业的优化升级，适当控制昆明、曲靖、玉溪、丽江、楚雄、毕节等市州的食品行业规模，推进保山、德宏、普洱、临沧等市州制糖业技术进步和深加工水平。经测算，建议2020年云南省食品行业工业产值规模控制在1 000亿元以内，约为2010年规模的2.5倍。

优化造纸原料结构和产品结构，进一步淘汰落后造纸产能。重点淘汰昆明、曲靖、临沧、玉溪、遵义等市州规模以下造纸企业，在楚雄、保山等市州加大对小造纸和落后工艺的淘汰力度，强化污染综合治理，提高造纸行业的规模、技术与污染治理准入门槛。建议2020年云南省造纸行业工业产值规模控制在80亿元以内，约为2010年规模的1.6倍。

第五节 重点区域和行业与资源环境协调发展的对策机制

一、加快重点区域和行业发展保障机制

1. 实施全面建成小康目标的差别化引导

针对我国区域条件与发展水平差异和云贵两省发展相对落后的现实，建议国家对云贵两省实施差别化引导，在国家全面小康总体目标框架下，因地制宜确定区域性全面小康目标，适度调整云贵等落后地区的经济发展指标要求，促进云贵两省经济社会协调可持续发展，确保国家全面建成小康社会目标顺利实现。

国家投入优先确保生态建设、民生建设、产业转型等三大领域。制定国家支持下的生态文明建设规划，实施生态建设重大工程，加大对口支援和扶持环境基础建设，构建生态文明的社会经济发展格局和现代产业体系；进一步加大“三农”投入，从生态文明建设角度落实惠农政策。

进一步完善我国现行对口支援政策，引导东部发达地区对云贵等落后地区全面实现小康进行全方位支援，重点加强人力资源培训、职业教育等社会事业领域的交流与合作，着力提升云贵两省人力资源素质；不断深化经济合作，通过产业转移、技术转移，提高云贵两省自我发展能力。

考虑到贵州省发展条件和能力的特殊性，建议将贵州全省作为国家级贫困省对待，对贵州省经济社会发展给予更特殊的支持。

国家设立云贵两省生物战略资源研发中心，加大对生物资源开发的基础研究，全面加强云贵两省生物战略新兴产业的培育。

2. 建立针对云贵两省的特殊财税政策

云贵两省经济发展落后，财政自给能力低、自我积累能力差，仅靠自身难以完全满足加快经济社会发展的实际需求。结合国家财税体制改革，建议对现行中央与地方财政分配关系进行适当调整，适当提高云贵两省财政自给能力。

建议国家进一步加大对云南、贵州财政转移支付力度，建立对云贵两省财政转移支付增长机制，支持云贵两省提高基本公共服务能力，促进两省城乡、区域基本公共服务均等化。中央财政用于节能环保、新能源、教育、人才、医疗、社会保障、扶贫开发等方面已有的专项转移支付，重点向云贵两省倾斜。中央财政加大对云贵两省国家级经济技术开发区、高新技术产业开发区和边境经济合作区基础设施建设项目贷款的贴息支持力度。

推进资源税改革，适当提高部分黑色金属矿原矿、有色金属矿原矿和其他非金属矿原矿

的税率标准，增加资源产地地方财政收入。研究完善水电税收政策、电煤价格机制。适时适度提高“西电东送”价格与地方分成比例。

3．加大对云贵两省金融创新支持力度

为落实国家区域经济发展总体战略，切实推进云南、贵州经济社会发展，建议国家制定配套引导政策，大力推进云贵两省金融创新，增强两省融资能力。加强财政政策和金融政策的有效衔接，鼓励政策性金融机构加大对云贵两省金融服务力度，探索利用政策性金融手段支持云贵两省发展。

设立区域性发展银行。为了进一步提升云贵两省金融服务水平，结合国家桥头堡意见中对昆明市金融服务的功能定位，建议在昆明市设立针对云贵两省的区域性发展银行，构筑云贵两省金融服务高地。

创设区域性产业投资基金。借鉴国家已经批准试点的相关产业投资基金的成功经验，建议设立针对云贵两省的产业投资基金，重点支持云贵两省传统产业升级和战略性新兴产业发展，支持云贵两省战略性新兴产业的技术创新、高新技术开发以及区域内的基础设施建设。

支持云贵两省金融机构发展。加快地方金融机构发展，支持做大做强一批地方商业银行和投资机构，增强地方金融机构竞争力。深化农村信用社改革，培育农村资金互助社等新型农村金融机构。抓紧制定并实施对偏远地区新设农村金融机构费用补贴等办法，逐步消除基础金融服务空白乡镇。加大对云贵两省金融机构支持力度，增加再贷款、再贴现限额，对当地法人金融机构实施较低的存款准备金率。支持国内外金融机构到云贵两省设立机构和开办业务。

加大对云贵两省重大项目的金融支持。推动国内金融机制对云贵两省符合国家政策的重大基础设施建设项目提供信贷支持，重点支持云贵两省交通、能源、水利、市政公用及电网改造等基础设施和重点产业项目建设。

国家设立云贵两省生物多样性保护基金，引导全社会资本进入生物多样性保护和生态恢复领域。

4．制定优惠投资引导政策

以提升云贵两省公共服务能力、改善民生为导向，统筹安排国家各部门专项资金，加大对云贵两省公益性项目的资金支持力度，增强云贵两省自我发展能力。

加大资金支持力度。建立针对云贵两省的资金投入增长机制，国家各部门确定专项资金，适当资金投入增速，切实解决云贵两省公益性项目建设资金需求。对于中央安排的公益性建设项目，建议适度削减地方政府配套资金，取消部分落后市州的市级配套资金。

扩大资金支持领域。国家有关部门专项建设资金要进一步巩固对云贵两省路、铁路、民航、水利、市政公用等建设项目的支持，提高投资补助标准和资本金注入比例。在此基础上，研究制定对云贵两省城市综合改造、环保设施和生态建设等领域的支持办法。加大现有投资中企业技术改造和产业结构调整专项对西部特色优势产业发展的支持力度。

5．实行差别化产业引导政策

在严格准入基础上，研究制定相关差别化产业政策，进一步落实国家对云贵两省产业发展差别化引导的政策导向。对于有资源优势的农副产品加工业、有色冶金等资源类加工业，

建议大幅度减少增值税，引导相关产业在云贵两省集聚发展；对于云南省烟草产业，建议国家从税收方面给予支持。对于装备制造业和生物产业、新能源、新材料等战略性新兴产业，建议大幅度减少增值税和企业所得税，并在产品研发环节提供政策支持。对于金融服务业、物流业、旅游业等现代服务业，建议在“营改增”框架内安排更低档税率。

实行有差别的产业政策，制定云贵两省鼓励类产业目录，促进特色优势产业发展。支持在云贵两省优先布局建设能源资源加工转化利用项目，增强经济增长内生动力和自我发展能力。加大中央地质勘查基金、国土资源调查评价资金对西部地区的投入力度，鼓励和引导多元资金投入。鼓励外资参与提高矿山尾矿利用率和矿山生态环境恢复治理新技术开发应用项目。

6．创新和完善城镇化发展的体制机制

坚持大中小城市和小城镇协调发展，促进城镇化和新农村建设良性互动，加强城镇化管理，不断提升城镇化的质量和水平。加强城市规划和建设，增强中心城市辐射带动作用，培育中小城市和特色鲜明的小城镇。以特色产业为依托，建设一批交通枢纽型、旅游景观型、绿色产业型、工矿园区型、商贸集散型、移民安置型等特色鲜明的小城镇，形成层次分明、结构合理、互动并进的城镇化发展格局。

把加快城镇化与引导非农产业和农村人口向城镇有序转移、限制开发地区人口向重点开发地区有序转移结合起来，突出抓好一批推进城乡统筹的综合示范试点，探索符合云贵两省实际的人口城镇化模式。

二、区域社会经济与生态环境协调发展对策措施

1．统筹区域发展及重大项目布局规划，切实发挥环评作用

分别研究制定滇中经济区、黔中经济区区域统筹机制、项目审批机制、评估机制和一体化协调机制，促进两个经济区生产力要素合理配置，避免低水平重复建设。

综合考虑全国资源型产业及炼化产能总体规模和空间发展战略，以及云贵两省各市州社会经济发展水平、产业发展定位和资源环境承载能力的差异，编制区域资源型产业及重化产业发展规划，统筹安排区域内生态环境影响较大的重化项目；滇中产业新区需打破行政区域限制，统筹制定该区域流域水污染防治、大气污染防治、循环经济发展、生态建设等规划；加快推进金沙江、乌江、红河、沅水、南盘江等重点流域水系污染防治规划编制工作。

切实发挥规划环评作用。全面推进重点区域、重化工基地，以及“两高一资”重点产业的规划环境影响评价，尽快启动滇中经济区、黔中经济区两个重点区域战略环境评价。省级以上产业集聚区规划应与规划环评同时展开，未通过规划环评的产业园区禁止开工建设。强化和落实规划环评中跟踪监测与后续评价要求。

坚持“先节水后调水”的原则，科学论证调水工程对水资源调出区和调入区的生态环境影响。有序推进水电开发，干流开发水利水电工程应以流域规划环评为前置条件，严格控制支流小水电的无序开发。

对于国民经济和社会发展规划、城市总体规划以及新城和重点区域规划的编制、重大建设项目的布局，应当进行水资源论证，并做好地质灾害危险性评价、水土流失评价和环境质

量影响评价，制定防治措施。在水资源紧缺区域，新建及改建工业项目未达到用水定额的实施一票否决制度，原则上不予批准立项或建设。

加强项目环境影响评价管理。严格控制污染物新增排放量。把污染物排放总量作为环评审批的前置条件，以总量定项目。对未通过环评审查的投资项目，有关部门不得审批、核准、批准开工建设，不得发放生产许可证、安全生产许可证、排污许可证，金融机构不得提供任何形式的新增授信支持。针对“扩权强县”环评审批权限下放后市、县二级环境影响评价管理，建立和完善有效的监督监管机制。

2. 强化重要生态功能区监管，保护生态系统功能

生态红线区以“控制风险、限制开发”为管理目标，严禁不符合生态环境功能定位的建设开发活动在生态红线区内开展，现有工业企业逐步迁出。提高自然保护区管护能力，推动自然保护区间的生态廊道体系建设。加强对保存较完整、具有重要生态系统服务功能和具有保护价值的自然生态系统的考察和调查，积极申报各类新的保护区域，扩展受保护地面积。生态黄线区以“减轻风险、控制开发”为管理目标，限制生态黄线区的开发活动类型和强度，严格准入条件。

全面加强并有序推进云贵两省112个生态环境重点区域的环境保护工作，将其作为国家及省级财政转移支付重点地区，优先增加环保投入。

产业布局、城镇建设优先考虑可开发利用坝区，以“规避风险、适度发展”为管理目标，加强生态环境保护与建设。在推进坝区低丘缓坡荒滩等未利用土地的开发利用过程中，将地质灾害和水土流失防治、生态环境保护前置，做好地质灾害危险性评价、水土流失评价和环境影响评价。确需改变林地用途的，应依法办理占用征收林地手续。

根据各地实际条件，有序推进“城镇上山、工业上山”“向山要地，开发低丘缓坡”战略实施。妥善处理好耕地、林地保护与开发建设的关系，禁止调整国家和省级公益林保护范围。

制定区域生态安全保障对策，在云南西南西双版纳热带雨林季雨林区、云南西北横断山区、贵州东北武陵山区、黔南石灰岩区等生物多样性保护优先区域设立专项保护规划纲要和行动计划。实施濒危动植物和极小种群物种保护，提高有潜质和保护价值较大的保护区级别。

继续对云贵两省退耕还林给予政策倾斜和支持，加快治理水土流失和石漠化。实施云南迪庆藏族自治州“两江”（金沙江、澜沧江）流域生态安全屏障保护与建设规划；全面启动石漠化重点县（市、区）的综合治理，实施人工造林种草、封山育林育草；实施哈尼梯田生态环境保护与建设工程。全面推进贵州石漠化综合治理，大力实施78个县石漠化综合治理工程，打造国家级石漠化综合治理示范区。加强水土流失小流域综合治理，增强区域水土保持能力。

确保云贵两省自然保护区面积总体上不减少，国家级和省级自然保护区范围原则上不调整。2015年前完成县级自然保护区的划界工作。

3. 加强环境基础信息能力建设，支持环境管理决策

强化区域性生态环境监测体系，建立云贵两省生态环境基础数据库。逐步统一生态环境监测指标、监测点位、监测方法，建立环保、农业、水利等多部门协调的环境监测机制。完善重点污染源在线监测系统。在九大高原湖泊周边开展城市径流、农业面源监测治理工作。对电力、钢铁、有色、化工、建材等重点行业实行大气污染全防全控，积极建立$PM_{2.5}$、TVOC、苯、甲苯、二甲苯等特征污染物的监测网络。

开展云贵两省生态调查，建立生态长期观测站。积极开展生物资源生态系统调查、生态环境及物种变化的监测、生物资源（特别是乡土物种和濒危物种）的调查和研究，加强物种资源库、生态监测网络体系建设。

将重金属纳入环境常规监测体系，定期监测重点产业集聚区周边生物、土壤和大气污染情况。

确定云贵两省及其各市州各行业用水总量指标，建立覆盖全口径用水区域的用水总量控制指标体系。

继续实行中心城市和县级城镇集中式饮用水源地水质定期监测和信息发布制度，逐步开展乡镇和农村饮用水源地水质监测工作，积极推动全指标监测。

4. 确保环境保护投入，加强环境保护能力建设

省市两级财政优先保证环保投入。到2015年，确保云贵两省环保投入总量翻一番；目前环保投入占GDP比重低于全国平均的地区2015年达到2%左右。增加政府环保投资占财政收入比重，确保政府环保投入增长幅度高于同期财政收入增幅。到2020年云贵两省环保投入达到GDP的2%以上。

加强云贵两省环境保护能力建设，加大对市、县二级环保部门投入，在人员编制、业务办公用房、各类标准化建设、监察监测能力建设等方面予以倾斜。加大对云贵两省农村环境综合整治支持力度。

加强石漠化综合整治技术、面源污染控制技术、湖泊污染生态修复技术、湖滨带生态修复技术、喀斯特地区土壤污染修复治理技术等基础研究，开展科技示范工程研究，加大对科技成果和适用技术的推广应用，组织制定相应设计与实施规范。

大力促进污水处理产业化发展，污水处理厂要向投资主体多元化、运营主体企业化、运营管理市场化方向发展和过渡。在少数民族聚集、农村居住相对分散地区，积极探索农村污水处理新模式，推广试点新开发的污水分散处理技术，加强对农村非点源控制。

加强大气环境基础设施建设，所有新建能源、重化工项目必须同步配套脱硫、脱硝设备，已有项目逐步改建。通过能源结构调整等方式重点削减现有低架源和面源。

5. 创新环境保护体制机制，探索新的环境经济政策

运用经济手段加大落后产能淘汰力度。清理纠正对高污染、高耗能行业的电价、地价及税费等方面的优惠政策，控制资源型初级产品大规模出口，逐步实施差别水价，提高相应企业的信贷风险等级。建立落后产能退出机制，安排专项资金并积极争取中央财政通过以奖代补、以奖促治，淘汰落后产能，建立完善对高污染、高耗能行业及落后产能企业的环境保护监督性监测制度。

逐步完善生态补偿、生态修复、生态开发性保护相结合的新机制，研究按照生态服务功能价值进行补偿的可行性。按照“谁开发谁保护、谁受益谁补偿”的原则，逐步在森林、草原、湿地、流域和矿产资源开发领域建立健全生态补偿机制。全面启动国家级公益林生态效益补偿工作，并逐步提高补偿标准。按照核减超载牲畜数量、核定草地禁牧休牧面积的办法，开展草原生态补偿。加快研究开展对云贵两省国际重要湿地、以滇池为重点的九大高原湖泊、红枫湖、百花湖、赤水河等重点流域的生态补偿。推进区域内部、上游下游之间社会经济发展和水环境保护的统筹协调，通过国家财政转移支付，对大江大河源头水质保护进行补偿。

设立专项生态补偿资金用于解决历史遗留的尾矿尾渣污染问题。

按照目标总量与容量总量相结合的原则，对云贵两省污染物排放总量指标实行差别化政策。

支持探索水电站、水库等重大能源和水利基础设施建设涉及的淹没区及生态修复整体绿化的用地方式改革。支持建立耕地保护补偿机制，充分调动基层政府和农民保护耕地积极性，鼓励通过市场化的耕地占补平衡模式合理有序地开发利用土地资源。

完善生物多样性保护和生物资源管理协作机制。进一步完善生物多样性保护联席会议制度，加强部门间和上下级之间信息互通和行动协调，建立重大生物多样性事件应急处理机制。

继续完善用水总量控制和水权交易制度，在贵州开展水权交易试点。积极探索排污权交易，支持企业集团内统筹解决或通过排污权交易获取排污总量指标。

建立资源型企业可持续发展准备金制度，资源型企业按规定提取用于环境保护、生态恢复等方面的专项资金，准予税前扣除。矿产资源所在地政府对企业提取的准备金按一定比例统筹使用，专项用于环境综合治理和解决因资源开发带来的社会问题。

6. 强化资源管理和可持续开发利用

落实保护耕地基本国策，统筹土地资源的保护和合理利用，加强土地用途管理，严格建设项目用地标准，提高土地集约利用效率。建立节约集约利用土地指标体系和价格评估体系，提高生态用地占用成本，研究制定生态用地占用补偿分级制度，提高占用等生态敏感性高的土地门槛。对工业园区开展土地利用考核评价。

在严格实行用水总量控制的基础上，实施最严格的水资源管理制度，严格规划管理和水资源论证，严格控制流域和区域取用水总量，严格实施取水许可制度，严格水资源有偿使用。进一步加大水价改革力度，完善水价定价体系建设，通过市场配置水资源，充分反映水资源在环境中的价值。通过调水工程供给的水资源的价格，应包含取水区及调水工程沿线进行生态补偿所需费用。制定行业用水定额标准，积极推行阶梯式水价，制定合理的超额用水水价和附加的污水处理费价格，实行污染企业取水限额制度。对已有工业企业用水效率进行定期评估，对用水效率低于定额指标的企业限期进行节水工艺改造，经整改后仍未达标的适当削减下一年度用水指标。在云贵局部缺水较重区域，对再生水进行水价补贴，推动城市污水的再生利用。

加快资源性产品价格改革，健全矿产资源有偿使用制度，建立和完善反映市场供求关系和资源稀缺程度以及环境损害成本的生产要素和资源价格形成机制。制定实施脱硝电价，提高现行的脱硫电价。抓紧完善可再生能源发电定价政策。积极推行发电企业竞价上网、电力用户和发电企业直接交易等定价机制，将云贵两省作为实施发电企业与电力用户直接交易试点的电力价格改革试点省。

7. 建立环境风险预警和应急体系，保障区域生态安全

建立云贵两省综合应急响应系统，对于地震、暴雨、干旱、泥石流等突发性自然风险以及水污染、大气污染等突发性污染事故，及时进行预报预警，制定紧急预案处理措施，提前防护，减少损失。

建立完善的干旱预测系统，对极端干旱事件可能影响的时空范围及程度做出及时准确的预测。建立战略性应急备用水源，提高极端干旱条件下的水资源供给能力。建立极端干旱期

的水资源配置方案，确定极端干旱条件不同生产生活部门的水资源供给次序，使灾害的损失降至最低。对现有蓄水工程进行除险加固，保证其汛期储水能力，保证干旱期内生产生活的必要供水。

主要参考文献

[1] Alcamo J. Environmental futures：the practice of environmental scenario analysis [M]. Elsevier，2008，12.

[2] An JL，H Ueda，et al. Simulations of monthly mean nitrate concentrations in precipitation over East Asia [J]. Atmospheric Environment，2002，36(26)：4159-4171.

[3] Arrow K，Bolin B，Costanza R，et al. Economic growth，carrying capacity，and theenvironment[J]. Ecological Economics，1995，15 (2)：91-95.

[4] Bejarano A C，Michel J. Large-scale risk assessment of polycyclic aromatic hydrocarbons inshoreline sediments from Saudi Arabia：environmental legacy after twelve years of the Gulf waroil spill [J]. Environmental Pollution，2009，158(5)：1561-1569.

[5] Blumberg A F，Goodrich D M. Modeling of wind-induced destratification in Chesapeake Bay [J]. Estuaries，1990，13：236-249.

[6] Blumberg A F，Khan L A，John J P S. Three-dimensional hydrodynamic model of New York Harbor region [J]. Journal of Hydraulic Engineering，1999，125：799-816.

[7] Bruce K H. An examination of ecological risk assessment and management practices [J].Environ Intern，2006，32(8)：983-995.

[8] Buehrs T. Environmental space as a basis for legitimating global governance of environmentallimits [J]. Global Environmental Politics，2009，9(4)：111-135.

[9] Cairns G，Wright G，Bradfield R，et al. Exploring e-government futures through the application of scenario planning[J]. Technological Forecasting and Social Change，2004，71(3)：217-238.

[10] Caschili S，De Montis A，Ganciu A，et al. The Strategic Environment Assessment bibliographic network：A quantitative literature review analysis [J]. 2014，47：14-28.

[11] Dalal-Clayton B，Sadler B. Strategic environmental assessment：asourcebook and referenceguide to international experience [M]. 2005，London：Earthscan.

[12] Ding J，Zhao J，Zhang Z. Water resources carrying capacity analysis in strategic environment alassessment [J]. 2011 International Conference on Multimedia Technology，1877-1880.

[13] Duinker P N，Greig L A. Scenario analysis in environmental impact assessment：improving explorations of the future [J]. Environmental Impact Assessment Review，2007，27：206-219.

[14] Fujiwara O，Gnanendran S K，Ohgaki S. River quality management under stochastic streamflow [J]. Journal of environmental engineering，1986，112(2)：180-198.

[15] Gardiner J L. Sustainable development for river catchment [J]. Water and Environment Journal，1994，

8：308-319.

[16] Ge C，Wang C，Liu R. Ecological suitability analysis of land for construction in strategic environmental assessment [J]. Enuivonmental Science and Technology，2009，32(4)：186-189.

[17] Geng H，Park Y，et al. Elevated nitrogen-containing particles observed in Asian dust aerosol samples collected at the marine boundary layer of the Bohai Sea and the Yellow Sea[J].Atmospheric Chemistry and Physics，2009，9(18)：6933-6947.

[18] Gesamp. Environmental capacity：an approach to marine pollution prevention[R]. Vienna：IAEA，1986.

[19] Hao J M，Wang S X，et al. B. J. Designation of sulfur dioxide and Acid Rain Pollution Control Zones and its impacts on energy industry in China[J]. Journal of Chemical Engineering of Japan，2001，34：1108-1113.

[20] Harris N，Hooper A. Rediscovering the ‘spatial’ in public policy and planning：an examination of the spatial content of sectoral policy documents [J]. Planning Theory & Practice，2004，5(2)：147-169.

[21] Hong Kong Environmental Protection Department. Hong Kong 2030：planning vision and strategy strategic environmental assessment (Final report) [R/OL]. Hong Kong，2007. http：//www.epd.gov.hk/epd/SEA/big5/file/FinalSEAReport.pdf.

[22] Kahen Geol. Energy technology transfer：a proposal for the strategic assessment of environmental impacts within developing countries [J]. Energy and Environment，1997，8(2)：115-131.

[23] Kerachian R，Karamouz M. Waste-load allocation model for seasonal river water quality management：application of sequential dynamic genetic algorithms [J]. ScientiaIranica，2005，12(2)：117-130.

[24] Kim K H，Hong Y J，Pal R，et al. Investigation of carbonyl compounds in air from variousindustrial emission sources [J]. Chemosphere，2008，70(5)：807-820.

[25] Li Q，Guo F，Mo C，et al. A study of distribution of environmental mercury in Guizhou Province [J]. Ecologic Science，2013，32(2)：235-240.

[26] Li W，Hu M. An overview of the environmental finance policies in China：retrofitting an integrated mechanism for environmental management [J]. Frontiers of Environmental Science & Engineering，2014，8(3)：316-328.

[27] Li W，Liu Y，Yang Z. Preliminary Strategic Environmental Assessment of the Great Western Development Strategy：Safeguarding Ecological Security for a New Western China [J]. Environmental Management，2012，49(2)：483-501.

[28] Li W，Xie Y，Hao F. Applying an improved rapid impact assessment matrix method to strategic environmental assessment of urban planning in China [J]. Environmental Impact Assessment Review，2014，46：13-24.

[29] Lin L，Liu Y，Chen J，et al. Comparative analysis of environmental carrying capacity of the Bohai Sea Rim Area in China[J]. Journal of Environmental Monitoring. 2011，13：3178-3184.

[30] Liu Y，Chen J，He W，et al. Application of an uncertainty analysis approach to strategic environmental assessment for urban planning [J]. Environmental Science & Technology，2010，44(8)：3136-3141.

[31] Mosadeghi R，Warnken J，Tomlinson R，et al. Uncertainty analysis in the application of multi-criteria decision-making methods in Australian strategic environmental decisions [J]. Journal of Environmental

Planning and Management，2012，56(8)：1097-1124.

[32] Okadera T，Watanabe M，Xu K. Analysis of water demand and water pollutant discharge using a regional input-output table：An application to the City of Chongqing，upstream of the Three Gorges Dam in China [J]. Ecological Economics，2006，58(2)：221-237.

[33] Progressive Architecture Engineering. Four township recreational carrying capacity study：Pine Lake，Upper Crooked Lake，Gull Lake，Sherman Lake[R]. 2001.http：//www.kbs.msu.edu/ftwrc/publications/carryingcapacity.pdf.

[34] Ravetz J. Integrated assessment for sustainability appraisal in cities and regions [J].Environmental impact assessment review，2000，20(1)：31-64.

[35] Rijsberman M A，van de Ven F H M. Different approaches to assessment of design and management of sustainable urban water systems [J]. Environmental Impact Assessment Review，2000，20 (3)：333-345.

[36] Riki Therivel. Strategic environmental assessment [M]. London：Earth Sean Publication Ltd，1992.

[37] Rockstr.m J.，Steffen W，Noone K.，et al. A safe operating space for humanity [J]. Nature(Lond.)，2009，461(7263)：472-475.

[38] Schultink G. Environmental indices and public policy：a system perspective on impact assessment and development planning [J]. International Journal of Environmental Studies. 1999，56：237-258.

[39] Seidl I，Tisdell CA. Carrying capacity reconsidered：from Malthus' population theory to cultural carrying capacity [J]. Ecological Economics. 1999，31(3)：395-408.

[40] Song G，Zhou L，Zhang L. Institutional design for strategic environmental assessment on urban economic and social development planning in China [J]. Environmental Impact Assessment Review，2011，31(6)：582-586.

[41] Tang J，Xu X，Ba J，et al. Trends of the precipitation acidity over China during 1992-2006[J]. Chinese Sci Bul，2010，5：1-9.

[42] Therivel R，Maria R. The practice of strategic environmental assessment [M]. London：Earthscan Publication Ltd，1996.

[43] Tamosaitiene J，Kaplinski O. Strategic environmental assessment (SEA) of socio-economics systems：a system review. Technological and Economic Development of Economy，2013，19(4)：661-674.

[44] Tian L，Zhang X，Li H，et al. Case studies of strategic environmental assessment on urban or regional comprehensive plans in China [J]. Applied Mechanics and Materials，2012，253-255：1102-1106.

[45] Uematsu M，Wang Z F，et al. Atmospheric input of mineral dust to the western North Pacific region based on direct measurements and a regional chemical transport model [J]. Geophysical Research Letters，2003，30(6).

[46] Victor D，Agamuthu P. Policy trends of strategic environmental assessment in Asia [J]. Environmental Science & Policy，2014，41：63-76.

[47] Walz A，Lardelli C，Behrendt H，et al. Participatory scenario analysis for integrated regional modelling [J]. Landscape and Urban Planning，2007，81(1-2): 114-131.

[48] Wang Z，Maeda T，Hayashi M，et al. A nested air quality prediction modeling system for urban and regional scales，application for high-ozone episode in Taiwan [J]. Water Air Soil Pollution，2001，130：391-396.

[49] Wang Z，Ueda H，Huang M. A deflation module for use in modeling long-range transport of yellow sand over East Asia [J]. Journal of Geophysical Research，2000，104 (26)：947-960.

[50] Xiong Y，Zhang K. Climate change effect on runoff modulus in Guizhou Province [J]. Geography and Geo-information Science，2011，27(3)：82-85，108.

[51] Zhang J，Yu Z G，et al. Dynamics of inorganic nutrient species in the Bohai seawaters [J].Journal of Marine Systems，2004，44(3-4)：189-212.

[52] Zhao N，Liu Y，Chen J. Regional industrial production's spatial distribution and water pollution control：A plant-level aggregation method for the case of a small region in China [J]. Science of the Total Environment，2009，407(17)：4946-4953.

[53] Zhou C，Chen X，Liu X，et al. Assessment of karst regional ecosystem service functions based on land use change：acase study in Guizhou，China [J]. Chinese Journal of Applied and Environmental Biology，2011，17(2)：174-179.

[54] Zhou J，Liu Y，Chen J. Accounting for uncertainty in evaluating water quality impacts of urban development plan [J]. Environmental Impact Assessment Review，2010，30：219-228.

[55] Zhu Y，Drake S，Lü H，et al. Analysis of temporal and spatial differences in eco-environmental carrying capacity related to water in the Haihe River Basins [J]. Water Resources Management，2010，24 (6)：1089-1105.

[56] Zhu Z，Bai H，Xu H，et al. An inquiry into the potential of scenario analysis for dealing with uncertainty in strategic environmental assessment in China [J]. Environmental Impact Assessment Review，2011，31(6)：538-548.

[57] Zou B，An H. Research on problem of water resources security in Guizhou and its strategic solutions [J]. Research of Agricultural Modernization，2012，33(5)：529-534.

[58] 陈晨，唐晓龙，杨永宏，等 . 云南省钢铁行业 SO_2 排放系数核算研究 [J]. 城市环境与城市生态，2012，25(5)：43-46.

[59] 陈吉宁，刘毅，梁宏君 . 大连市城市发展规划 (2003—2020) 环境影响评价 [M]. 北京：中国环境科学出版社，2008.

[60] 陈吉宁，刘毅，张天柱，等 . 环渤海沿海地区重点产业发展战略环境评价研究 [M]. 北京：中国环境出版社，2013.

[61] 陈敏鹏，陈吉宁，赖斯芸 . 中国农业和农村污染的清单分析与空间特征 [J]. 中国环境科学，2006，26(6)：751-755.

[62] 陈守煜 . 区域水资源可持续利用评价理论模型与方法 [J]. 中国工程科学，2001，3(2)：33-38.

[63] 程声通 . 环境系统分析教程 [M]. 北京：化学工业出版社，2006.

[64] 崔凤军，杨永慎 . 产业结构对城市生态环境的影响评价 [J]. 中国环境科学，1998，18(2)：166-169.

[65] 崔凤军 . 城市水环境承载力及其实证研究 [J]. 自然资源学报，1998，13(l)：58-62.

[66] 杜鹃，骆华松，胡志丁 . 云南省水资源承载力评价 [J]. 水资源与水工程学报，2010，21(1)：46-50.

[67] 段飞舟，任景明 . 区域生态风险评价及其在战略环评中的应用 [J]. 环境工程技术学报，2011，1(1)：72-74.

[68] 樊杰 . 国家汶川地震灾后重建规划：资源环境承载能力评价 [M]. 北京：科学出版社，2009.

[69] 樊杰 . 京津冀都市圈区域综合规划研究 [M]. 北京：科学出版社，2008.

[70] 范学忠，李玉辉，角媛梅 . 昆明市生态红线区非生态用地转变前后生态效益分析 [J]. 水土保持研

究，2008，15(4)：179-188.

[71] 符娜 . 土地利用规划的生态红线区的划分方法研究 [D]. 北京：北京师范大学，2008.

[72] 付毅，许学工 . 区域生态风险评价 [J]. 地球科学进展，2001，16(2)：267-271.

[73] 高梦滔 . 西部工业化与工业园区发展研究 [M]. 北京：人民出版社，2011.

[74] 高鹏飞 . 基于情景分析方法的流域水污染控制决策支持系统研究 [D]. 哈尔滨：哈尔滨工业大学，2007.

[75] 顾晨洁，李海涛 . 基于资源环境承载力的区域产业适宜规模初探 [J]. 国土与自然资源研究，2010(02)：8 -10.

[76] 国家环境保护总局，中国科学院生态环境研究中心 . 中国生态功能区划 [R]. 北京：2007.

[77] 韩保新，等 . 北部湾经济区沿海重点产业发展战略环境评价研究 [M]. 北京：中国环境出版社，2013.

[78] 郝明途，林天佳，刘焱 . 我国 $PM_{2.5}$ 的污染状况和污染特征 [J]. 环境科学与管理，2006，31(2)：58-67.

[79] 黄宝荣，欧阳志云，张智慧，等 . 中国省级行政区生态环境可持续性评价 [J]. 生态学报，2008，28(1)：327-337.

[80] 黄沈发，等 . 海峡西岸经济区重点产业发展战略环境评价研究 [M]. 北京：中国环境出版社，2013.

[81] 黄杏元，马劲松，汤勤 . 地理信息系统概论 . 北京：高等教育出版社，2001.

[82] 惠泱河，蒋晓辉，黄强，等 . 二元模式下水资源承载力系统动态仿真模型研究 [J]. 地理研究，2001，20(2)：191-198.

[83] 贾海峰，刘雪华 . 环境遥感原理与应用 [M]. 北京：清华大学出版社，2006.

[84] 贾嵘，蒋晓辉，薛惠峰，等 . 缺水地区水资源承载力模型研究 [J]. 兰州大学学报：自然科学版，2000，36(2)：114-121.

[85] 蒋洪强，等 . 2011—2020 年非常规性污染物排放清单分析与预测研究报告 [M]. 北京：中国环境科学出版社，2011.

[86] 金凤君，等 . 五大区域重点产业发展战略环境评价研究 [M]. 北京：中国环境出版社，2013.

[87] 景跃军，陈英姿 . 关于资源承载力的研究综述及思考 [J]. 中国人口 · 资源与环境，2006，16(5)：11-14.

[88] 李倩，刘毅，许开鹏，等 . 基于生态空间约束的云贵地区可利用坝区面积与空间分布 [J]. 中国环境科学，2013，33(12)：2215-2219.

[89] 李天威，周卫峰，谢慧，等 . 规划环境影响评价管理若干问题探析 [J]. 环境保护，2007，22：22-25.

[90] 李占杰，鱼京善，信达 . 1951—2010 年贵阳市气温变化特征分析 [J]. 南水北调与水利科技，2011，9(5)：31-35.

[91] 李中杰，郑一新，张大为，等 . 滇池流域近 20 年社会经济发展对水环境的影响 [J]. 湖泊科学，2012，24(6)：875-882.

[92] 梁淑轩，孙汉文 . 中国工业废水污染状况及影响因素分析 [J]. 环境科学与技术，2007，30(5)：43-47.

[93] 林凡 . 试述产业集群对生态环境的影响——以福州寿山石产业为例 [J]. 福建教育学院学报，2009，1：56-60.

[94] 刘斌涛，陶和平，孔博，等 . 云南省水资源时空分布格局及综合评价 [J]. 自然资源学报，2014，29(3)：454-465.

[95] 刘海艳，唐晓龙，杨永宏，等 . 云南省火电行业 SO_2 产排污系数核算研究 [J]. 环境科学学报，2012，32(9)：2319-2323.

[96] 刘鹤，金凤君，刘毅，等 . 中国石化产业空间组织的评价与优化 [J]. 地理学报，2011，66(10)：1332-1342.

[97] 刘小丽，任景明，任意 . 石化产业布局亟须转危为安 [J]. 环境保护，2009，21：65-67.

[98] 刘毅，陈吉宁，何炜琪 . 城市总体规划环境影响评价方法 [J]. 环境科学学报，2008，28(6)：1249-1255.

[99] 刘毅，江涟，陈吉宁 . 国际大都市区可持续发展实践经验概述 [J]. 中国人口 . 资源与环境，2008，18(1)：75-78.

[100] 刘毅，李天威，陈吉宁，等 . 生态适宜的城市发展空间分析方法与案例研究 [J]. 中国环境科学，2007，27(1)：34-38.

[101] 鲁连胜 . 论环渤海地域经济、资源与生态环境的关系 [J]. 贵州环保科技，1998，4(2)：46-48.

[102] 陆大道 . 中国区域发展的理论与实践 [M]. 北京：科学出版社，2003.

[103] 陆大道 . 大渤海地区整体综合开发与治理：辽宁资源开发与工业交通布局研究 [M]. 北京：中国计划出版社，1990.

[104] 陆大道 . 中国工业布局的理论与实践 [M]. 北京：科学出版社，1990.

[105] 陆大道 . 中国环渤海地区持续发展战略研究 [M]. 北京：科学出版社，1995.

[106] 陆军，迟妍妍，许开鹏，等 . 云贵地区生态环境空间管控方法与对策 [J]. 环境保护，2013(9)：32-35.

[107] 罗道成，刘俊峰 . 我国生态安全现状分析及保护对策研究 [J]. 中国安全科学学报，2007，17(3)：10-15.

[108] 马丽，金凤君，刘毅 . 中国经济与环境污染耦合度格局及工业结构解析 [J]. 地理学报，2012，67(10)：1299-1307.

[109] 马小明，张立勋，戴大军 . 产业结构调整规划的环境影响评价方法及案例 [J]. 北京大学学报：自然科学版，2003，39(4)：565-571.

[110] 毛汉英，余丹林 . 环渤海地区区域承载力研究 [J]. 地理学报，2005，56(3)：363-371.

[111] 孟凡生，王业耀，李天威，等 . 战略环境评价在内蒙古“十一五”规划中的应用以水环境为例 [J]. 环境保护科学，2008，34(1)：68-70.

[112] 欧志丹，程声通，贾海峰 . 情景分析方法在赣江流域水污染控制规划中的应用 [J]. 上海环境科学，2003，22(8)：568-588.

[113] 彭羽，刘雪华，张爽，等 . 顺义区生态敏感性评价及其与城市发展的关系 [J]. 中国人口、资源与环境，2007，17(3)：445-447.

[114] 钱纳里 . 工业化和经济增长的比较研究 [M]. 吴奇，王松宝等，译 . 上海：上海人民出版社，1995.

[115] 钱正英 . 中国水资源战略研究中几个问题的认识 [J]. 河海大学学报，2001，29(3)：1-7.

[116] 曲常胜，毕军，黄蕾，等 . 我国区域环境风险动态综合评价研究 [J]. 北京大学学报 (自然科学版)，2010，46(3)：477-482.

[117] 曲常胜，毕军，葛怡，等 . 基于风险系统理论的区域环境风险优化管理 [J]. 环境科学与技术，2009，32(11)：1003-6504.

[118] 全国节约用水办公室 . 全国水资源规划纲要及其研究 [M]. 南京 : 河海大学出版社，2003.

[119] 任佳 . 桥头堡建设中的云南产业结构调整与发展 [M]. 云南人民出版社，2011.

[120] 任景明，等 . 完善我国环境影响评价制度的对策建议 [J]. 环境与可持续发展，2009，34(6) : 45-46.

[121] 任景明，等 . 区域开发生态风险平价理论与方法研究 [M]. 北京 : 中国环境出版社，2013.

[122] 任丽军，尚金城 . 山东省产业政策战略环境评价 [J]. 城市环境与城市生态，2005，18(1) : 27-29.

[123] 邵龙义 . 都市大气环境中可吸入颗粒物的研究 [J]. 环境保护，2000，1 : 24-26.

[124] 史静，张乃明 . 云南设施土壤重金属分布特征及污染评价 [J]. 云南农业大学学报，2010，25(6) : 862-867.

[125] 水利部，国家发展和改革委员会 . 中国水资源及其开发利用调查评价 (简要报告)[R]. 2004.

[126] 水利部水资源司，全国节水用水办公室 . 全国节水型社会建设试点经验资料汇编 [M]. 中国水利水电出版社，2002.

[127] 孙昊 . 基于 NLO 和 SD 模型的城市污水再生利用规划研究 [D]. 北京 : 清华大学环境科学与工程系，2006.

[128] 孙莉，吕斌，周兰兰 . 中国城市承载力区域差异研究 [J]. 城市发展研究，2009，3(6) : 7-11.

[129] 唐剑武，郭怀成，叶文虎 . 环境承载力及其在环境规划中的初步应用 [J]. 中国环境科学，1997，17(1) : 7-9.

[130] 唐剑武，叶文虎 . 环境承载力的本质及定量化初步研究 [J]. 中国环境科学，1998，18 (3) : 227-230.

[131] 田贺忠，曲益萍 . 2005 年中国燃煤大气砷排放清单 [J]. 环境科学，2009，30(4) : 956-962.

[132] 田修源，赵永涛 . 贵州省县域经济空间差异研究 [J]. 长江流域资源与环境，2013，22(1) : 27-31.

[133] 童绍玉，陈永森 . 云南坝子研究 [M]. 昆明 : 云南大学出版社，2007.

[134] 汪党献，王浩，马静 . 中国区域发展的水资源支撑能力 [J]. 水利学报，2000，(11) : 21-26.

[135] 王根绪，程国栋，钱鞠 . 生态安全价研究中的若干问题 [J]. 应用生态学报，2003，14(9) : 1551-1556.

[136] 王海鹤，董泽琴，邹凤钗，等 . 贵州省赤水河中段水质研究 [J]. 长江流域资源与环境，2010，19(Z1) : 85-89.

[137] 王浩，秦大庸，王建华 . 西北内陆干旱区水资源承载能力研究 [J]. 自然资源学报，2004，19(3) : 151-159.

[138] 王浩，王建华，陈明 . 我国北方地区节水型社会建设的实践探索 [J]. 中国水利，2002(10) : 140-144.

[139] 王其藩 . 系统动力学 [M]. 北京 : 清华大学出版社，1994.

[140] 王宇，邵孝侯，翟亚明 . 贵州岩溶区农业水土环境存在的问题及对策探讨 [J]. 贵州农业科学，2009，37(1) : 168-170.

[141] 魏文龙，曾思育，杜鹏飞，等 . 一种兼顾目标总量和容量总量的水污染物排放限值确定方法 [J]. 中国环境科学，2014，34(1) : 136-142.

[142] 吴莎 . 贵州省河流污染特征及影响因素分析 [J]. 地球与环境，2010，38(2) : 230-234.

[143] 肖细元，陈同斌，廖晓勇，等 . 中国主要含砷矿产资源的区域分布与砷污染问题 [J]. 地理研究，2008，27(1) : 201-212.

[144] 肖扬，毛娃强 . 区域景观生态风险空间分析 [J]. 中国环境科学，2006，26(5) : 623-626.

[145] 谢丹，刘小丽，刘毅，等．云贵可持续发展定位挑战与对策 [J]. 环境影响评价，2014，4：29-31.
[146] 谢元博，李巍，郝芳华．基于区域环境风险评价的产业布局规划优化研究 [J]. 中国环境科学，2013，33(3)：560-568.
[147] 熊德琪，陈守煜，任洁．水环境污染系统规划的模糊非线性规划模型 [J]. 水利学报，1994，(12)：22-30.
[148] 徐鹤，等．中国战略环境评价的理论与实践 [M]. 北京：科学出版社，2010.
[149] 徐中民．情景基础的水资源承载力多目标分析理论及应用 [J]. 冰川冻土，1999，21(2)：99-106.
[150] 许旭，金凤君，刘鹤．产业发展的资源环境效率研究进展 [J]. 地理科学进展，2010，29(12)：1509-1517.
[151] 杨三明，等．成渝经济区重点产业发展战略环境评价研究 [M]. 北京：中国环境出版社，2013.
[152] 杨威，王成金，金凤君，等．中国工业能源消费强度的影响因素研究——基于省域工业数据的实证分析 [J]. 自然资源学报，2013，28(1)：81-91.
[153] 杨永宏，等．战略环评的探索与实践——云南省大理市城市发展战略环评研究 [M]. 北京：中国环境科学出版社，2010.
[154] 杨子生，赵乔贵．基于第二次全国土地调查的云南省坝区县、半山半坝县和山区县的划分 [J]. 自然资源学报，2014，29(4)：564-574.
[155] 姚晓磊，鱼京善，孙文超．气候变化对黔中地区未来水资源影响分析及其适应策略 [J]. 环境保护，2013(9)：55-57.
[156] 殷贺，王仰麟，蔡佳亮，等．区域生态风险评价研究进展 [J]. 生态学杂志，2009，28(5)：969-975.
[157] 张惠远，刘桂环，郝海广．中国西部环境政策回顾及建议 [J]. 中国人口 · 资源与环境，2013，23(10)：44-51.
[158] 张建江，杨胜元，王林．贵州土壤环境污染现状及其防治建议 [J]. 贵州地质，2008，25(4)：292-296.
[159] 张明泉，等．中国燃煤大气排放汞量的估算与评述 [J]. AMBIO- 人类环境杂志，2002，31(6)：482-485.
[160] 张文忠．产业发展和规划的理论与实践 [M]. 北京：科学出版社，2009.
[161] 张学才，郭瑞雪．情景分析方法综述 [J]. 理论月刊，2005(08)：125-126.
[162] 赵广洲．云南高原湖泊流域可持续发展条件与对策研究 [M]. 北京：科学出版社，2011.
[163] 赵景柱．景观生态空间格局动态度量指标体系 [J]. 生态学报，1990，10(2)：182-186.
[164] 赵楠，刘毅，陈吉宁，等．流域水污染防治的比较研究淮河与莱茵河、多瑙河 [J]. 环境科学与管理，2009，9：10-12.
[165] 中国水利水电科学研究院．水资源承载能力评价方法及其应用研究 [M]. 北京：清华大学出版社，2007.
[166] 朱洪利，潘丽君，李巍，等．十年来云贵两省水资源利用与经济发展脱钩关系研究 [J]. 南水北调与水利科技，2013，11(10)：1-5.
[167] 朱一中，夏军，谈戈．关于水资源承载力理论与方法的研究 [J]. 地理科学进展，2002，21(3)：180-188.
[168] 周能福，等．黄河中上游能源化工区重点产业发展 [M]. 北京：中国环境出版社，2013.
[169] 周跃．云南省气候变化影响评估报告 [M]. 北京：气象出版社，2011.
[170] 宗蓓华．战略预测中的情景分析法 [J]. 预测方法研究，1994，2：50-55.

[171] 曾琳，张天柱，曾思育，等 . 资源环境承载力约束下云贵地区的产业结构调整 [J]. 环境保护，2013，9 : 43-45.
[172] 曾思育，杜鹏飞，陈吉宁 . 流域污染负荷模型的比较研究 [J]. 水科学进展，2006，17(1) : 108-112.
[173] 左其亭 . 城市水资源承载能力——理论、方法、应用 [M]. 北京 : 化学工业出版社，2005.
[174] 邹海明，李粉茹，官楠，等 . 大气中 TSP 和降尘对土壤重金属累积的影响 [J]. 中国农学通报，2006，22(5) : 393-395.

附 表

附表 1 主要资料和数据清单

区域	主要地方规划及相关文件
云南省	云南“十二五”规划战略研究（上、中、下）、云南省公路水路交通运输“十二五”发展规划（送审稿）、云南省土地利用总体规划（2006—2020 年）说明、云南省矿产资源总体规划（2008—2015）、云南省商务发展第十二个五年规划纲要、云南省重金属污染综合防治“十二五”规划（征求意见稿）、云南省能源产业发展规划、云南电力工业发展“十二五”及中长期电网规划、云南省生物产业发展规划、云南省有色产业发展规划、云南省烟草产业发展规划、云南省装备产业发展规划、云南省石油和化工产业发展规划、云南省黑色金属产业发展规划、云南省低碳发展规划纲要（2011—2020）、滇西北生物多样性保护规划纲要（2008—2020）、三峡库区及其上游水污染防治规划、昆明市“十二五”工业发展和信息化规划纲要、昆明市工业重点产业“十二五”发展规划和振兴行动计划汇编（征求意见稿）、云南省昆明都市型现代农业产业规划（2009—2020）、滇池流域水污染防治规划（2011—2015 年）（简本讨论稿）、昆明市矿产资源规划（2008—2015 年）（送审稿）、昆明市土地利用总体规划（文本）、昆明“十二五”节能减排及太阳能产业发展规划、昆明市重点产业“十二五”规划、昆明市农村环境污染防治规划（征求意见稿）、昆明市“十二五”综合交通发展规划及 10 个子规划、昆明市发展低碳经济总体规划（2011—2020 年）、昆明市“十二五”循环经济发展规划（2011—2015）、昆明市工业产业布局规划（2010—2020）、玉溪市城市总体规划（2011—2030）文本 · 说明书（征求意见稿）、玉溪市综合交通运输“十二五”规划、玉溪环保局县区饮用水源地规划、玉溪三湖“十二五”规划简本、玉溪“十二五”水资源利用及配置规划、楚雄州“十二五”重点行业规划、楚雄州“十二五”节能规划、楚雄州工业和信息化发展规划（正式稿）、楚雄州国民经济和社会发展第十二个五年规划纲要（楚政发［2011］10 号）、楚雄交通规划（初稿）、西双版纳州“十二五”新型工业化和信息化发展规划、西双版纳“十二五”重点行业规划、红河州“十二五”重点行业规划、文山州“十二五”规划成果汇编（上、中、下）、文山州“十二五”工业和信息化发展规划纲要、普洱市重点产业“十二五”规划、丽江市工业和信息化发展“十二五”规划纲要、丽江市第十二个五年农业发展规划（2011—2015）、丽江市“十二五”时期畜牧业发展规划、丽江市“十二五”节能规划（2011—2015）、玉溪市“十二五”现代农业发展规划、普洱市“十二五”能源发展规划、普洱市重点产业“十二五”规划、普洱市环境保护“十二五”规划（2011—2015）、曲靖市重金属污染综合防治规划技术方案、怒江州“十二五”能源规划（2010—2015）、怒江傈僳族自治州国民经济和社会发展第十二个五年规划、昭通市国民经济和社会发展“十二五”规划、昭通市“十二五”重点产业规划、迪庆藏族自治州“十二五”环境保护规划（2011—2015）、迪庆州“十二五”综合交通规划（2010—2015）、迪庆州“十二五”重点产业规划。

贵州省	贵州省工业十大产业振兴规划、贵州省国土资源厅落实国家“十二五”规划纲要及实施西部大开发有关情况、贵州省土地利用总体规划（2006—2020年）、贵州省矿产资源总体规划（2008—2015年）、贵州省“十二五”综合交通运输发展专项规划、贵州省“十二五”发展循环经济和节能减排专项规划、贵州省“十二五”城镇化发展专项规划、贵州省“十二五”能源发展专项规划、贵州省“十二五”水利发展专项规划、贵阳市水土保持规划（2010—2030年）（图册）、贵阳市“十二五”水利发展规划（报批稿）、贵阳市水土保持规划（2010—2030年）（文本）、贵阳市城市总体规划（2009—2020）、贵阳市“十二五”工业和信息化发展规划、贵阳市重点产业“十二五”规划、遵义市矿产资源总体规划（2010—2015）、遵义城市总体规划（2008—2030）、遵义市国民经济和社会发展第十二个五年规划纲要、遵义市工业发展“十二五”规划、黔南州国民经济和社会发展第十二个五年规划纲要、安顺市土地利用总体规划（2006—2020）、安顺市林业发展“十二五”规划（征求意见稿）、安顺市水利发展“十二五”规划、安顺市水土保持生态环境建设“十二五”规划、安顺市“十二五”工业发展专项规划、毕节地区国民经济和社会发展第十二个五年规划纲要、毕节市环境保护“十二五”规划、毕节试验区生态建设总体规划、六盘水市国民经济和社会发展“十二五”规划汇编、六盘水市土地利用总体规划（2006—2020）、六盘水市土地利用总体规划大纲说明（2006—2020）、六盘水市重金属污染综合防治规划（2011—2015）、六盘水市“十二五”环境保护与生态建设规划。
	主要资源环境资料
云南省	云南省环境统计年度报表（2001—2010）、云南省及各市州环境状况公报（2001—2011）、楚雄州及所辖县市气候概况·近三年气象资料、楚雄州水保、楚雄州水资源基本情况报告、楚雄州环境统计公报（2005—2010）、楚雄州水资源公报（2005—2010）、楚雄州重点流域水环境综合整治、曲靖市水资源公报、西双版纳傣族自治州水资源公报（2006—2010）、西双版纳环境状况公报（2007—2011）、西双版纳环境质量报告书（2001—2007）、红河州水资源公报（2000—2010）、红河州环境统计总和年报（2001—2010）、文山壮族苗族自治州水资源公报（2006—2010）、文山州年度环境统计报表（2000—2010）、丽江地区环境质量报告书简本（2001—2011）、丽江市水资源公报（2010）、临沧市年度环境统计报表 - 综合年报（2000—2011）、玉溪市环境质量报告书2001—2010年度、玉溪市水资源公报（2004—2010）、普洱市2010年规模以上企业工业企业用水情况、普洱市水资源公报（2007—2010）、普洱市环境质量报告书（2006—2010）、迪庆州环境质量报告书（2007—2011）、迪庆州水资源公报（2006—2011）。
贵州省	贵州省及各市州环境状况公报（2001—2011）、贵州省水资源公报（2009—2010）、贵州省水资源综合规划——水资源及其开发利用现状调查评价报告、贵阳市水资源公报（2000—2001）、贵阳市“十二五”主要污染物总量削减目标责任书、2000—2011年遵义市中心城区环境空气及酸雨数据统计表、遵义市“十二五”主要污染物总量削减目标责任书、黔南州环境质量报告书（2006—2010）、安顺市水资源公报（2008—2010）、安顺市环境质量年报概要（2000—2002、2010）、安顺市环境质量监测报告书（2003—2009）、毕节地区水资源公报（2001—2006）、六盘水市环境质量公报（1998—2011）。
	主要污染源数据
云南省	云南省及各市州污染源普查数据（2007、2010）、西双版纳傣族自治州区域污染排放量汇总表2010年、文山污染普查情况表、西双版纳州重点水污染源清单及排放监测数据、德宏州2007－2011年国控污染源监测资料、临沧市重点水污染源清单及排放监测数据（2001—2011）。
贵州省	贵州省及各市州污染源普查数据（2007、2010）、贵阳市全国第一次污染源普查技术报告（工业源、农业源、生活源、集中式污染治理措施）、全国土壤污染状况调查——遵义市土壤样品监测报告、遵义各地区工业污染排放及处理利用情况（2008—2010）、黔南州各地区工业污染排放及处理利用情况（2002—2010）、安顺市国控污染源企业基础信息表（2006—2011）、安顺市各地区工业污染排放及处理利用情况（2005—2010）、六盘水市土壤污染状况调查报告。
	研究报告
云南省	云南省国民经济和社会发展报告（2012）、临沧市“十二五”重大课题调研报告汇编。

贵州省	推进贵州工业领域能源节约问题研究、贵州省“十二五”规划前期课题研究成果汇编（一一四）、安顺市“十二五”规划前期重点课题研究成果汇编。
	主要地方社会经济资料
云南省	云南省2010年国民经济和社会发展统计公报、云南工业经济信息资料（2008）、云南省16个市州近十年国民经济和社会发展统计公报、楚雄州国民经济和社会发展报告、临沧市国民经济和社会发展第十二个五年规划文件汇编。
贵州省	贵州省工业强省战略资料汇编、2011年贵州省国民经济和社会发展统计公报、贵州省总能耗能行业及主要耗能产品能源消费情况、贵阳市国民经济和社会发展报告（2010—2011）、贵阳市2011年磷煤化工产业发展情况、遵义市经济及重点产业发展简介、黔南州第一次经济普查主要数据公报、安顺市矿产资源概况、安顺市第一次经济普查资料汇编。
	主要地方年鉴
云南省	云南省及各市州统计年鉴（2001—2011）、云南能源统计年鉴（2011）、云南经济普查年鉴（2008）。
贵州省	贵州省统计年鉴（1991—2011）、贵州省各市州统计年鉴（2001—2011）、贵阳市经济普查年鉴（2008）、遵义市经济普查年鉴（2004、2008）。
	主要功能区划
云南省	云南省生态功能区划（简本）、云南省饮用水水源保护区划分报告、楚雄州水源地保护区划报告。
贵州省	贵州省生态功能区划、贵州省水功能区划图、梵净山自然保护区总体规划功能区划图、贵州宽阔水国家级自然保护区功能区划图、贵州省遵义市自然保护区分布图、毕节地区地表水域环境功能区划类、黔西县环境空气质量功能区。

附表2　云贵两省集中式饮用水源地

省	市	饮用水源地
云南省	昆明市	松华坝水库、自卫村水库、宝象河水库、云龙水库、车木河水库
	曲靖市	潇湘水库、西河水库、独木水库、偏桥水库
	玉溪市	飞井海水库
	保山市	龙泉门、龙王塘、北庙水库
	昭通市	大龙洞、渔洞水库
	丽江市	黑龙潭、三束河
	普洱市	洗马河水库、信房水库、纳贺岁库
	临沧市	博尚水库、中山水库
	楚雄州	九龙甸水库
	红河州	东山水厂、五里冲水库、兴龙水库、牛坝荒水库、白云水库、南洞
	文山州	暮底河
	景洪市	澜沧江
	大理州	洱海
	德宏州	勐板河水库、姐勒水库、勐卯水库怒
	怒江泸水	玛布河
	香格里拉	龙潭河、桑那水库
贵州省	贵阳市	阿哈水库、南明河、南门河、红枫湖
	遵义市	南郊水库、北郊水库
	六盘水市	玉舍水库、窑上水库
	安顺市	夜郎湖水库、水对沉水厂
	凯里市	普舍寨水厂、金泉湖水厂、龙井水厂

省	市	饮用水源地
贵州省	兴义市	兴西湖
	铜仁市	鹭鸶岩、桐梓坳
	毕节市	倒天河水库、利民水库
	都匀市	茶园水库

附表 3 云南省河流国控断面水质现状评价

序号	水系	河流	断面	断面性质	地区	水质目标	水质现状	是否达标
1	长江水系	金沙江干流	大湾子	入境	楚雄州	Ⅲ	Ⅲ	是
2		金沙江干流	铁路桥	出境	水富县	Ⅲ	Ⅰ	是
3		横江	横江桥	出境	水富县	Ⅲ	Ⅰ	是
4		螳螂川	富民大桥		富民县	Ⅴ	劣Ⅴ	否
5	珠江水系	南盘江	花山水库出口	源头	曲靖市	Ⅳ	Ⅰ	是
6	红河水系	元江	龙脖渡口		红河州	Ⅲ	劣Ⅴ	否
7			河口县医院	出国境	红河州	Ⅲ	劣Ⅴ	否
8		南溪河	蚂蝗堡桥	出境	红河州	Ⅲ	Ⅲ	是
9			中越桥	出国境	红河州	Ⅲ	Ⅱ	是
10	澜沧江水系	澜沧江干流	勐罕渡口		西双版纳州	Ⅲ	Ⅱ	是
11			州水文站		西双版纳州	Ⅲ	Ⅱ	是
12			关累码头	出国境	西双版纳州	Ⅲ	Ⅱ	是
13	怒江水系	怒江	红旗桥		保山市	Ⅲ	Ⅱ	是
14		南宛江	跌撒大桥	出国境	德宏州	Ⅲ	Ⅱ	是
15		大盈江	汇流	出国境	德宏州	Ⅲ	Ⅱ	是
16		瑞丽江	姐告桥	出国境	德宏州	Ⅲ	Ⅰ	是

附表 4 云贵两省各市州经济总量、三产结构现状与预测

地区	2010 年				2015 年				2020 年			
	GDP/亿元	第一产业 /%	第二产业 /%	第三产业 /%	GDP/亿元	第一产业 /%	第二产业 /%	第三产业 /%	GDP/亿元	第一产业 /%	第二产业 /%	第三产业 /%
昆明	2 120	6	45	49	8 400	4	48	48	13 528	4	47	49
玉溪	736	10	62	28	1 300	8	62	31	2 094	6	60	34
曲靖	1 006	18	52	29	2 000	15	52	33	3 221	10	50	40
楚雄	405	22	43	35	815	7	58	35	1 313	6	55	44
红河	635	18	52	31	1 240	12	55	34	1 997	10	53	37
保山	261	30	31	39	600	20	40	40	966	15	45	40
昭通	380	20	46	34	1 000	11	56	33	1 762	10	56	34
丽江	144	18	38	44	300	13	47	40	529	10	47	43
普洱	248	30	34	37	500	25	38	37	805	20	40	40
临沧	217	33	35	32	447	25	44	31	788	20	45	35
文山	330	22	37	41	1 300	16	45	39	2 094	10	50	40
西双版纳	160	27	30	43	294	23	32	45	473	20	35	45

地区	2010年				2015年				2020年			
	GDP/亿元	第一产业/%	第二产业/%	第三产业/%	GDP/亿元	第一产业/%	第二产业/%	第三产业/%	GDP/亿元	第一产业/%	第二产业/%	第三产业/%
大理	474	23	40	37	1 000	19	40	41	1 611	15	43	42
德宏	141	27	34	40	264	19	44	37	425	15	47	38
怒江	55	12	36	52	100	12	40	48	161	10	45	45
迪庆	77	9	39	52	175	6	51	43	308	5	50	50
云南省	7 220	15	45	40	14 000	12	46	42	22 547	10	44	46
贵阳	1 122	5	41	54	2 000	5	40	55	3 221	4	40	56
安顺	233	17	38	45	490	11	45	44	986	10	45	45
遵义	909	15	42	43	2 000	10	50	40	4 023	8	50	42
毕节	601	21	43	36	1 500	13	49	38	3 017	10	50	40
黔南	357	20	40	40	800	10	50	40	1 410	8	50	42
黔东南	313	24	30	46	700	20	35	45	1 234	15	43	42
黔西南	307	18	36	46	660	11	47	42	1 327	10	50	40
六盘水	501	6	61	34	1 200	4	67	29	2 414	4	65	31
铜仁	294	33	26	41	650	20	40	40	1 307	15	45	40
贵州省	4 602	14	39	47	10 000	10	45	45	17 623	8	45	47

附表5　云贵两省重点行业现状与情景效率总表 -1

项目	单位	2010年	2015年	2020年
人口	万人	8 081	8 310	8 545
城镇化水平	%	34	43	50
生产总值（GDP）	亿元	10 399.8	24 000.0	40 170.0
工业生产总值	亿元	10 577.7	25 557.0	47 410.0
COD 排放效率	kg/ 万元	1.9	0.7	0.4
氨氮排放效率	kg/ 万元	0.07	0.03	0.072
SO_2 排放效率	kg/ 万元	15.0	5.75	2.88
NO_x 排放效率	kg/ 万元	6.8	2.6	1.3

附表5　云贵两省重点行业现状与情景效率总表 -2

行业	2010年					2015年					2020年				
	产值/亿元	工业排放效率/(kg/万元)				产值/亿元	工业排放效率/(kg/万元)				产值/亿元	工业排放效率/(kg/万元)			
		COD	氨氮	SO_2	NO_x		COD	氨氮	SO_2	NO_x		COD	氨氮	SO_2	NO_x
煤炭	1 182.4	1.6	0.04	5.4	1.5	4 757.0	0.4	0.01	1.26	0.3	12 254.0	0.1	0.003	0.47	0.1
钢铁	1 311.2	0.4	0.05	8.1	2.5	3 031.0	0.1	0.02	3.32	0.8	5 336.0	0.1	0.011	1.85	0.6
有色	1 360.5	0.6	0.000 5	8.8	0.4	3 229.0	0.3	0.00	3.51	0.2	5 683.0	0.1	0.000	1.94	0.1
电力	1 715.7	0.03	0.003	55.0	28.6	4 094.0	0.0	0.00	21.38	11.0	7 529.0	0.0	0.001	10.90	5.6
装备	826.3	0.2	0.001	0.5	0.2	1 630.0	0.0	0.00	0.21	0.0	2 791.0	0.0	0.000	0.13	0.0
化工	1 388.8	1.0	0.3	10.0	2.6	3 040.0	0.4	0.12	4.28	1.1	5 186.0	0.2	0.062	2.40	0.6
建材	520.6	0.1	0.02	26.5	23.5	1 438.0	0.0	0.01	8.95	8.3	2 808.0	0.0	0.003	4.36	3.9

行业	2010 年					2015 年					2020 年				
	产值/亿元	工业排放效率/(kg/万元)				产值/亿元	工业排放效率/(kg/万元)				产值/亿元	工业排放效率/(kg/万元)			
		COD	氨氮	SO_2	NO_x		COD	氨氮	SO_2	NO_x		COD	氨氮	SO_2	NO_x
食品	777.0	17.8	0.3	6.0	0.9	2 168.0	6.0	0.09	2.04	0.3	2 831.0	4.3	1.051	0.41	0.2
烟草	1 240.8	0.2	0.005	0.4	0.1	2 026.0	0.0	0.00	0.20	0.1	2 762.0	0.1	0.002	0.16	0.0
造纸	76.5	12.9	0.1	13.7	2.7	144.0	8.1	0.10	7.39	1.3	230.0	3.8	0.041	4.26	0.8

附表 6 云贵两省各市州需水预测 单位：亿 m^3

行政分区	2015 年					2020 年				
	生活需水		生产需水	生态需水	总需水量	生活需水		生产需水	生态需水	总需水量
	城镇生活	农村生活				城镇生活	农村生活			
昆明	2.53	2.92	57.97	4.46	65.56	2.92	0.57	53.35	5.95	62.79
曲靖	1.53	1.75	17.86	0.24	20.47	1.75	0.91	16.44	0.32	19.42
玉溪	0.51	0.58	9.08	0.06	10.06	0.58	0.44	8.36	0.08	9.46
保山	0.36	0.45	16.22	0.04	17.07	0.45	0.48	14.93	0.05	15.91
昭通	0.81	1.26	20.63	0.05	22.17	1.26	0.62	20.77	0.07	22.72
丽江	0.28	0.38	8.95	0.03	9.51	0.38	0.23	9.02	0.04	9.67
普洱	0.40	0.55	14.69	0.18	15.76	0.55	0.46	13.52	0.24	14.77
临沧	0.48	0.65	14.17	0.08	15.08	0.65	0.34	14.27	0.11	15.37
楚雄	0.90	0.96	12.70	0.09	14.04	0.96	0.39	11.70	0.12	13.17
红河	0.86	1.16	21.55	0.28	23.72	1.16	0.95	19.83	0.38	22.32
文山	0.66	0.60	18.15	0.05	19.46	0.89	0.57	16.71	0.07	18.24
西双版纳	0.33	0.84	8.74	0.03	9.32	0.36	0.23	8.03	0.04	8.66
大理	0.81	0.41	19.27	0.19	20.96	0.97	0.70	17.74	0.25	19.66
德宏	0.34	0.45	8.40	0.03	9.01	0.40	0.25	7.73	0.04	8.42
怒江	0.10	0.68	2.44	0.01	2.61	0.15	0.06	2.25	0.01	2.47
迪庆	0.10	0.25	2.59	0.01	2.77	0.14	0.06	2.60	0.01	2.81
云南省	11.00	7.33	253.41	5.83	277.57	13.57	7.26	237.25	7.78	265.86
贵阳	2.74	0.31	13.10	0.20	16.35	2.93	0.31	12.06	0.27	15.57
遵义	1.55	0.84	31.73	0.13	34.25	1.90	0.84	36.47	0.17	39.38
安顺	0.70	0.37	11.48	0.07	12.62	0.90	0.36	13.20	0.09	14.55
黔南	0.82	0.42	18.35	0.05	19.64	0.94	0.45	18.48	0.06	19.93
黔东南	0.95	0.50	19.73	0.11	21.29	1.22	0.48	19.87	0.14	21.71
铜仁	0.84	0.44	13.77	0.08	15.13	1.09	0.43	15.83	0.10	17.45
毕节	1.52	1.12	22.19	0.14	24.97	2.06	1.04	25.50	0.19	28.79
六盘水	1.08	0.35	15.43	0.12	16.98	1.16	0.39	17.73	0.16	19.44
黔西南	0.64	0.50	11.29	0.04	12.47	0.90	0.45	12.97	0.05	14.37
贵州省	10.84	4.85	157.07	0.94	173.70	13.10	4.75	172.11	1.23	191.19

附表 7 气候因素对可供水量的影响程度 单位：亿 m^3

行政分区	平水年可供水量		枯水年可供水量	
	2015 年	2020 年	2015 年	2020 年
昆明	28.22	35.54	25.12	31.63
曲靖	19.94	27.06	16.95	23.00
玉溪	10.53	13.71	9.37	12.20
保山	11.41	12.80	10.15	11.39
昭通	11.45	15.13	10.19	13.47
丽江	7.09	8.07	6.31	7.18
普洱	13.98	17.54	12.44	15.61
临沧	11.99	14.15	10.67	12.59
楚雄	12.80	16.58	11.39	14.76
红河	20.76	25.80	18.48	22.96
文山	9.16	11.74	7.97	10.21
西双版纳	7.16	7.51	6.37	6.68
大理	17.49	21.92	15.57	19.51
德宏	7.78	9.16	6.92	8.15
怒江	2.10	2.29	1.87	2.04
迪庆	1.85	2.08	1.65	1.85
云南省	193.71	241.08	171.42	213.23
贵阳	16.51	17.62	14.69	15.68
遵义	28.57	39.30	25.43	34.98
安顺	12.01	15.16	9.85	12.43
黔南	17.39	21.96	14.78	18.67
黔东南	18.87	23.82	16.42	20.72
铜仁	15.60	17.18	13.88	15.29
毕节	18.45	25.83	16.42	22.99
六盘水	15.30	17.83	13.01	15.16
黔西南	11.80	15.80	10.03	13.43
贵州省	154.50	194.50	134.51	169.35

附表 8 气候变化风险条件下云贵各市州水资源供需平衡

行政分区	2015 年			2020 年		
	需水 / 亿 m^3	供水 / 亿 m^3	供需比 /%	需水 / 亿 m^3	供水 / 亿 m^3	供需比 /%
昆明市	65.56	25.12	38.32	62.79	31.63	50.37
曲靖市	20.47	16.95	82.80	19.42	23	118.43
玉溪市	10.06	9.37	93.14	9.46	12.2	128.96
保山市	17.07	10.15	59.46	15.91	11.39	71.59
昭通市	22.16	10.19	45.98	22.72	13.47	59.29
丽江市	9.51	6.31	66.35	9.67	7.18	74.25
普洱市	15.76	12.44	78.83	14.77	15.61	105.69

行政分区	2015 年			2020 年		
	需水 / 亿 m^3	供水 / 亿 m^3	供需比 /%	需水 / 亿 m^3	供水 / 亿 m^3	供需比 /%
临沧市	15.08	10.67	70.76	15.37	12.59	81.91
楚雄州	14.04	11.39	81.13	13.17	14.76	112.07
红河州	23.72	18.48	77.91	22.32	22.96	102.87
文山州	19.46	7.97	40.96	18.24	10.21	55.98
西双版纳州	9.32	6.37	68.35	8.66	6.68	77.14
大理州	20.96	15.57	74.28	19.66	19.51	99.24
德宏州	9.01	6.92	76.80	8.42	8.15	96.79
怒江州	2.61	1.87	71.65	2.47	2.04	82.59
迪庆州	2.77	1.65	59.57	2.81	1.85	65.84
云南省	277.57	171.42	61.76	265.86	213.23	80.20
贵阳市	16.35	14.69	89.85	15.57	15.68	100.71
遵义市	34.25	25.43	74.25	39.38	34.98	88.83
安顺市	12.62	9.85	78.05	14.55	12.43	85.43
黔南州	19.64	14.78	75.25	19.93	18.67	93.68
黔东南	21.29	16.42	77.13	21.71	20.72	95.44
铜仁	15.13	13.88	91.74	17.45	15.29	87.62
毕节	24.97	16.42	65.76	28.79	22.99	79.85
六盘水	16.98	13.01	76.62	19.44	15.16	77.98
黔西南	12.47	10.03	80.43	14.37	13.43	93.46
贵州省	173.70	134.51	77.44	191.19	169.35	88.58

附表 9　情景水平年云贵两省 COD 排放量预测结果　　单位：万 t

行政分区	2015 年			2020 年		
	工业 + 生活	工业源	生活源	工业 + 生活	工业源	生活源
昆明	3.34	1.10	2.25	3.81	1.33	2.48
曲靖	4.27	1.51	2.76	4.28	1.72	2.57
玉溪	2.50	1.29	1.21	2.08	1.20	0.88
保山	3.36	2.27	1.09	3.11	2.17	0.94
昭通	2.34	0.36	1.99	2.00	0.28	1.72
丽江	0.65	0.18	0.47	0.61	0.20	0.42
普洱	3.45	1.82	1.62	3.08	1.63	1.44
临沧	4.37	2.97	1.40	3.49	2.10	1.39
楚雄	2.06	0.27	1.79	1.65	0.32	1.34
红河	3.90	1.51	2.39	3.78	1.10	2.68
文山	2.95	1.22	1.74	2.98	0.86	2.12
西双版纳	2.65	1.72	0.94	2.28	1.35	0.93
大理	2.12	0.30	1.82	1.75	0.34	1.42
德宏	2.20	1.37	0.83	1.83	1.11	0.72
怒江	0.26	0.09	0.17	0.31	0.10	0.21

行政分区	2015 年			2020 年		
	工业 + 生活	工业源	生活源	工业 + 生活	工业源	生活源
迪庆	0.29	0.14	0.14	0.29	0.11	0.18
云南省	40.71	18.12	22.61	37.33	15.92	21.44
贵阳	2.95	0.56	2.39	2.72	0.70	2.02
六盘水	2.09	0.95	1.14	2.34	1.23	1.11
遵义	5.93	3.16	2.76	6.92	4.42	2.51
安顺	0.99	0.3	0.69	1.02	0.31	0.71
毕节	2.94	0.88	2.06	3.41	1.06	2.35
铜仁	2.97	1.80	1.17	2.40	1.34	1.06
黔西南	1.53	0.65	0.88	1.85	0.83	1.03
黔东南	1.35	0.28	1.07	1.38	0.22	1.16
黔南	2.09	0.52	1.57	1.87	0.54	1.33
贵州省	22.84	9.10	13.73	23.91	10.65	13.28

附表 10　情景水平年云贵两省氨氮排放量预测结果　　单位：万 t

	2015 年			2020 年		
	工业 + 生活	工业源	生活源	工业 + 生活	工业源	生活源
昆明	0.38	0.06	0.32	0.43	0.07	0.35
曲靖	0.53	0.13	0.39	0.53	0.14	0.40
玉溪	0.16	0.03	0.13	0.13	0.03	0.11
保山	0.15	0.02	0.13	0.15	0.02	0.13
昭通	0.23	0.02	0.21	0.23	0.02	0.21
丽江	0.07	0.02	0.05	0.06	0.01	0.05
普洱	0.21	0.02	0.19	0.22	0.01	0.20
临沧	0.22	0.04	0.17	0.23	0.03	0.20
楚雄	0.22	0.03	0.19	0.19	0.04	0.15
红河	0.44	0.12	0.32	0.45	0.07	0.38
文山	0.22	0.01	0.21	0.27	0.01	0.27
西双版纳	0.18	0.06	0.12	0.17	0.05	0.12
大理	0.21	0.01	0.20	0.18	0.01	0.17
德宏	0.12	0.02	0.10	0.12	0.02	0.10
怒江	0.02	0.00	0.02	0.03	0.00	0.03
迪庆	0.02	0.00	0.01	0.02	0.00	0.02
云南省	3.38	0.59	2.76	3.41	0.53	2.89
贵阳	0.42	0.02	0.40	0.43	0.03	0.40
六盘水	0.16	0.04	0.12	0.18	0.05	0.13
遵义	0.40	0.06	0.35	0.45	0.08	0.37
安顺	0.13	0.04	0.09	0.16	0.04	0.12
毕节	0.30	0.04	0.26	0.40	0.05	0.35
铜仁	0.32	0.03	0.16	0.30	0.02	0.18

	2015 年			2020 年		
	工业 + 生活	工业源	生活源	工业 + 生活	工业源	生活源
黔西南	0.14	0.03	0.11	0.19	0.04	0.15
黔东南	0.18	0.05	0.13	0.21	0.04	0.17
黔南	0.22	0.02	0.20	0.22	0.02	0.20
贵州省	2.27	0.33	1.82	2.54	0.36	2.07

附表 11 云贵两省各市州大气污染物排放总量预测结果 单位：万 t

	SO_2 排放量			NO_x 排放量		
	2010 年	2015 年	2020 年	2010 年	2015 年	2020 年
昆明	11.75	11.15	10.58	10.53	9.74	9.01
玉溪	3.69	3.60	3.51	3.03	2.84	2.67
曲靖	24.92	21.55	18.64	16.26	14.79	13.46
楚雄	2.23	2.18	2.13	1.15	1.08	1.01
红河	14.49	13.70	12.94	7.72	7.10	6.54
保山	1.61	1.61	1.61	1.83	1.81	1.79
昭通	3.02	3.17	3.33	1.50	1.50	1.50
丽江	0.78	0.78	0.78	1.04	1.04	1.04
普洱	1.02	1.02	1.02	1.26	1.26	1.26
临沧	2.73	2.73	2.73	0.74	0.74	0.74
文山	1.00	1.00	1.00	1.39	1.38	1.36
西双版纳	0.35	0.35	0.35	0.71	0.71	0.71
大理	1.40	1.40	1.40	2.75	2.75	2.75
德宏	0.75	0.75	0.74	1.12	1.12	1.12
怒江	0.58	0.58	0.58	0.37	0.37	0.37
迪庆	0.07	0.07	0.07	0.58	0.58	0.58
云南省	70.39	65.64	61.41	51.98	48.81	45.91
贵阳	13.28	12.30	11.39	5.31	4.57	3.93
安顺	15.98	9.02	5.09	4.46	2.59	1.50
遵义	13.57	19.14	19.14	5.03	6.95	6.95
毕节	28.25	19.43	13.36	13.37	9.79	7.17
黔南	4.29	4.81	4.81	2.15	1.76	1.44
黔东南	5.73	7.67	7.67	1.97	3.19	3.19
黔西南	2.22	4.06	4.06	1.12	1.89	1.89
六盘水	23.09	18.98	15.60	12.87	9.52	7.04
铜仁	9.77	8.76	7.85	3.00	1.97	1.29
贵州省	116.18	104.17	88.97	49.28	42.23	34.40
云贵两省合计	186.57	169.81	150.39	101.26	91.04	80.32

附表 12 重点行业空间布局及其地域性生态特征

产业	布局	主要的生态环境问题
煤炭开采	云南省煤炭资源主要集中在曲靖市、昭通市、红河州及滇南、滇西； 贵州省主要集中在六盘水、毕节、黔西南、遵义等地区，六盘水、织纳和黔北三个主要煤田。	大部分地区位于水源涵养、生物多样性保护重点区域，且石漠化问题比较突出。
生物质应用	在昆明市、红河州、大理市、楚雄州、保山市、昭通市、普洱市建设生产线大力发展生物柴油。昆明市、红河州、临沧、丽江等地开展燃料乙醇项目、林业造纸和橡胶。	红河州等部分地区位于生物多样性保护重点区域，昭通、红河州、大理等部分地区土壤侵蚀、石漠化问题较重。
有色金属开采	铜矿：云南省主要分布于昆明市、玉溪市、红河州、楚雄州、普洱市、大理州、迪庆州。	迪庆州、红河州位于生物多样性保护重点区域，迪庆州、红河州、昆明、玉溪等地区石漠化、土壤侵蚀问题较重。
	铅锌矿：云南省主要分布于曲靖市、楚雄市、红河州、怒江州、文山州、昭通市、保山市、普洱市。	昭通、曲靖位于水源涵养重点区域，红河州等位于生物多样性保护重点区域，大部分地区石漠化、土壤侵蚀问题较重。
	锡矿：云南省主要分布于个旧市、马关县、腾冲县、梁河县。现有矿山企业 102 个。	位于生物多样性保护重点地区，有石漠化、土壤侵蚀问题。
	铝土矿：云南省主要分布于文山州。 贵州省主要集中在贵阳、遵义，推动黔东南、六盘水、安顺、铜仁等地发展铝加工。	文山、遵义、贵阳的石漠化、土壤侵蚀问题较突出。
	稀有、稀土、分散元素金属矿产：云南省铟资源全国储量第一，主要分布于文山州、红河州。云南省锗资源主要分布在会泽县的含锗铅锌矿、临沧帮卖盆地的含锗褐煤中。	铟资源分布区域的石漠化、土壤侵蚀问题较突出，同时位于生物多样性保护重点区域。
	钛铁砂矿：云南省主要分布于昆明富民、武定、富宁、保山板桥等地。	石漠化、土壤侵蚀。
	锰矿：贵州省锰化工产业集中在松桃、玉屏、遵义等地。	石漠化问题较重。
	钒钡铅锌：贵州省毕节、铜仁等地区。	石漠化、土壤侵蚀。
磷矿	云南省重点在昆明、玉溪、红河、曲靖等云南省中东部地区。 贵州省磷化工产业向黔中经济区北部聚集，集中分布于福泉、瓮安、开阳、息烽、织金。	部分地区位于水源涵养、生物多样性保护重点区域，且有石漠化、土壤侵蚀问题。
水泥建材	贵州省发展贵阳、龙里、紫云等石材产业，加快六盘水、黔东南、黔西南、铜仁等地区新型干法水泥项目建设。	石漠化较重，部分位于生物多样性保护地区。
特色旅游	云南省重点发展昆明、大理、景洪、瑞丽、潞西、丽江等旅游重镇。贵州省重点打造以喀斯特独特景观为代表的自然风光旅游，贵州省除了黔东南州以外，其他地、市、州都属于喀斯特地区。	生物多样性保护的重点区域，部分地区有土壤侵蚀、石漠化问题。

附表 13 各水环境功能区对应的陆域污染控制单元

序号	河流	城市	陆域控制单元
1	金沙江	迪庆、丽江、楚雄、昆明、昭通	德钦县、玉龙县、永仁县、东川区、水富县
2	漾弓江	丽江	古城区
3	三束河	丽江	古城区
4	玉河	丽江	古城区
5	龙川江	楚雄	南华县、楚雄市、元谋县
6	螳螂川	昆明	安宁市、富民县
7	普渡河	昆明	禄劝县
8	明矣河	昆明	安宁市
9	新河	昆明	昆明市区－西山区
10	新宝象河	昆明	昆明市区－官渡区
11	洛龙河	昆明	昆明市区－呈贡区
12	柴河	昆明	晋宁县
13	东大河	昆明	晋宁县
14	盘龙江	昆明	昆明市区－盘龙区、官渡区
15	小江	昆明	东川区
16	牛栏江	昆明、曲靖、昭通	嵩明县、寻甸县、会泽县、鲁甸县
17	横江	昭通	水富县
18	洛泽河	昭通	彝良县
19	秃尾河	昭通	昭阳区
20	赤水河	昭通	威信县
21	洗白河	昭通	镇雄县
22	罗布河	昭通	威信县
23	南盘江	曲靖、昆明、玉溪、红河	沾益县、宜良县、华宁县、开远市、弥勒县、师宗县
24	曲江	玉溪	红塔区、峨山县、华宁县
25	泸江	红河	建水县、开远市区
26	南洞河	红河	开远市
27	甸溪河	红河	弥勒县
28	黄泥河	曲靖	罗平县
29	西洋江	文山	广南县
30	普厅河	文山	富宁县
31	北盘江	曲靖	宣威市
32	礼社江	大理、楚雄	弥渡县、楚雄市
33	红河	楚雄、玉溪、红河	双柏县、元江县、金平县、河口县
34	星宿江	楚雄	禄丰县
35	绿汁江	玉溪、楚雄	易门县、双柏县
36	小河底河	红河	石屏县
37	南溪河	红河	河口县
38	藤条江	红河	金平县
39	三家河	红河	金平县

序号	河流	城市	陆域控制单元
40	金平河	红河	金平县
41	李仙江	普洱	江城县
42	盘龙河	文山	文山市、麻栗坡县
43	南利河	文山	麻栗坡县
44	澜沧江	迪庆、大理、保山、临沧、普洱市、西双版纳	德钦县、云龙县、隆阳区、云县、临翔区、思茅区、景洪市、勐腊县
45	沘江	大理	云龙县
46	黑惠江	大理	漾濞县
47	西洱河	大理	大理市
48	弥苴河	大理	洱源县
49	波罗江	大理	大理市
50	瓦窑河	保山	隆阳区
51	罗闸河	临沧	云县
52	凤庆河	临沧	凤庆县
53	勐勐河	临沧	双江县
54	南碧河	临沧	耿马县
55	小黑江	临沧	双江县
56	威远江	普洱	景谷县
57	思茅河	普洱	思茅区
58	南果河	西双版纳	勐海县
59	流沙河	西双版纳	勐海县、景洪市
60	补远江	西双版纳	勐腊县
61	普文河	西双版纳	景洪市
62	南阿河	西双版纳	景洪市
63	南腊河	西双版纳	勐腊县
64	南拉河	普洱	澜沧县
65	南览河	西双版纳	勐海县
66	南垒河	普洱	孟连县
67	怒江	怒江、保山	泸水县、龙陵县
68	老窝河	怒江	泸水县
69	枯柯河	保山	隆阳区、昌宁县
70	南汀河	临沧	临翔区、耿马县
71	南马河	普洱	孟连县
72	大盈江	保山、德宏	腾冲县、盈江县
73	槟榔江	保山	腾冲县
74	瑞丽江	德宏	芒市、瑞丽市
75	芒市大河	德宏	芒市
76	南畹河	德宏	陇川县
77	乌江	铜仁、遵义、贵阳	沿河县、思南县、余庆县、湄潭县、清镇市、修文县
78	三岔河	安顺、六盘水	平坝县、六枝特区、水城县

序号	河流	城市	陆域控制单元
79	大河	毕节、六盘水	威宁县、水城县
80	响水河	六盘水	钟山区
81	六冲河	毕节	纳雍县、赫章县
82	印江河	铜仁	印江县
83	龙川河	铜仁	石阡县
84	清水河	贵阳	贵阳市区、开阳县
85	湘江	遵义	遵义县
86	芙蓉江	遵义	正义县、道真县
87	洪渡河	遵义	务川县
88	锦江	铜仁	铜仁市
89	小江	铜仁	铜仁市
90	舞阳河	铜仁	镇远县、玉屏县
91	松桃河	黔东南	松桃县
92	清水江	黔东南	都匀市、天柱县、丹寨县、凯里市
93	重安江	黔南	福泉市、瓮安县
94	巴拉河	黔东南	台江县
95	羊蹬河	遵义	桐梓县
96	松坎河	遵义	桐梓县
97	习水河	遵义	赤水市
98	赤水河	遵义	赤水市、仁怀市
99	北盘江	六盘水、安顺、黔西南	水城县、安顺市、关岭县、望谟县
100	打邦河	安顺	关岭县、镇宁县
101	桂家河	安顺	镇宁县
102	六枝河	六盘水	六枝特区
103	拖长江	六盘水	盘县
104	南盘江	黔西南	望谟县、安龙县、兴义市
105	黄泥河	黔西南	兴义市
106	马别河	黔西南	兴义市
107	湾塘河	黔西南	兴义市
108	红水河	黔西南	望谟县
109	涟江	黔南	罗甸县
110	蒙江	黔南	罗甸县
111	都柳江	黔东南、黔南	从江县、三都县
112	交梨河	黔南	三都县
113	樟江	黔南	荔波县

附表 14 云贵两省生态红线区名录

省份	类型	名称	所在地	级别	面积 /km^2
云南	自然保护区	轿子山国家级自然保护区	东川区、禄劝县	国家级	164.6
		会泽黑颈鹤国家级自然保护区	会泽县	国家级	129.1
		哀牢山国家级自然保护区	新平彝族傣族自治县、楚雄市、南华县、双柏县、景东彝族自治县、镇沅彝族哈尼族拉祜族自治县	国家级	677.0
		云南元江国家级自然保护区	元江县	国家级	223
		大山包黑颈鹤国家级自然保护区	昭通市昭阳区	国家级	192.0
		药山国家级自然保护区	巧家县	国家级	201.4
		无量山国家级自然保护区	景东彝族自治县、南涧彝族自治县	国家级	309.4
		永德大雪山国家级自然保护区	永德县	国家级	175.4
		南滚河国家级自然保护区	沧源佤族自治县、耿马县	国家级	508.9
		云南大围山国家级自然保护区	屏边苗族自治县、河口瑶族自治县、个旧市、蒙自市	国家级	439.9
		金平分水岭国家级自然保护区	金平苗族瑶族傣族自治县	国家级	420.3
		黄连山国家级自然保护区	绿春县	国家级	650.6
		文山国家级自然保护区	文山市、西畴县	国家级	268.7
		西双版纳国家级自然保护区	景洪市、勐海县、勐腊县	国家级	2 417.8
		纳板河流域国家级自然保护区	景洪市、勐海县	国家级	266.0
		苍山洱海国家级自然保护区	大理市、漾濞县	国家级	797.0
		云南云龙天池自然保护区	云龙县	国家级	66.3
		高黎贡山国家级自然保护区	隆阳区、腾冲县、泸水县、福贡县、贡山县	国家级	4 052.0
		白马雪山国家级自然保护区	德钦县、维西傈僳族自治县	国家级	2 764.0
		长江上游珍稀特有鱼类国家级自然保护区（云南段）	镇雄县、威信县	国家级	1.4
		云南乌蒙山自然保护区	永善县、彝良县、大关县、盐津县	省级	261.9
		铜壁关自然保护区	盈江县、陇川县、瑞丽市	省级	516.5
		梅树村省级自然保护区	晋宁县	省级	0.6
		富源十八连山省级自然保护区	富源县	省级	12.1
		会泽驾车省级自然保护区	会泽县	省级	82.8
		海峰省级自然保护区	沾益县	省级	266.1
		珠江源省级自然保护区	沾益县、宣威市	省级	1 331.5
		澄江帽天山省级自然保护区	澄江县	省级	4.5
		北海湿地省级自然保护区	腾冲县	省级	16.3
		云南小黑山省级自然保护区	龙陵县、保山市隆阳区	省级	62.9
		拉市海高原湿地省级自然保护区	玉龙纳西族自治县	省级	65.2
		玉龙雪山省级自然保护区	玉龙纳西族自治县	省级	260.0
		宁蒗泸沽湖省级自然保护区	宁蒗彝族自治县	省级	81.3
		太阳河省级自然保护区	普洱市	省级	148.9
		糯扎渡省级自然保护区	普洱市	省级	190.0

省份	类型	名称	所在地	级别	面积 /km²
云南	自然保护区	墨江桫椤省级自然保护区	墨江哈尼族自治县	省级	62.2
		威远江省级自然保护区	景谷傣族彝族自治县	省级	76.5
		孟连竜山省级自然保护区	孟连傣族拉祜族佤族自治县	省级	0.5
		临沧澜沧江省级自然保护区	凤庆、临沧市临翔区、云县、双江县、耿马县	省级	895.04
		南捧河省级自然保护区	镇康县	省级	369.7
		紫溪山省级自然保护区	楚雄市	省级	160.0
		雕翎山省级自然保护区	禄丰县	省级	6.1
		建水燕子洞白腰雨燕省级自然保护区	建水县	省级	16.0
		元阳观音山省级自然保护区	元阳县	省级	161.9
		阿姆山省级自然保护区	红河县	省级	147.6
		麻栗坡马关老君山省级自然保护区	麻栗坡县、马关县	省级	45.1
		麻栗坡老山省级自然保护区	麻栗坡县	省级	205.0
		马关古林箐省级自然保护区	马关县	省级	68.3
		丘北普者黑省级自然保护区	丘北县	省级	107.5
		广南八宝省级自然保护区	广南县	省级	52.3
		富宁驮娘江省级自然保护区	富宁县	省级	157.3
		青华绿孔雀省级自然保护区	巍山彝族回族自治县	省级	10.0
		永平金光寺省级自然保护区	永平县	省级	95.8
		剑湖湿地省级自然保护区	剑川县	省级	46.3
		兰坪云岭省级自然保护区	兰坪白族普米族自治县	省级	758.9
		碧塔海省级自然保护区	香格里拉县	省级	141.3
		哈巴雪山省级自然保护区	香格里拉县	省级	219.1
		纳帕海省级自然保护区	香格里拉县	省级	24.0
	世界文化自然遗产	云南丽江古城	丽江纳西族自治县	世界	3.8
		云南三江并流	怒江傈僳族自治州、丽江纳西族自治县及迪庆藏族自治州	世界	16 984.2
	风景名胜区	路南石林风景名胜区	云南省路南彝族自治县	国家级	350.0
		大理风景名胜区	大理市	国家级	1 012.0
		西双版纳风景名胜区	景洪县、猛海县、猛腊县	国家级	1 202.3
		三江并流风景名胜区	怒江傈僳族自治州、丽江纳西族自治县及迪庆藏族自治州	国家级	8 609.1
		昆明滇池风景名胜区	昆明市	国家级	685.0
		玉龙雪山风景名胜区	丽江玉龙纳西族自治县	国家级	957.0
		腾冲地热火山风景名胜区	腾冲县	国家级	115.4
		瑞丽江一大盈江风景名胜区	瑞丽市、潞西市、陇川县、盈江县	国家级	672.3
		九乡风景名胜区	宜良县	国家级	167.1
		建水风景名胜区	建水县	国家级	70.0
		普者黑风景名胜区	丘北县	国家级	176.0

省份	类型	名称	所在地	级别	面积 /km^2
云南	风景名胜区	阿庐风景名胜区	泸西县	国家级	186.0
		通海秀山风景名胜区	玉溪市通海县	省级	67.4
		文山老君山风景名胜区	文山州文山县	省级	94.0
		广南八宝风景名胜区	文山州广南县	省级	68.3
		泸西阿庐古洞风景名胜区	红河州泸西县	省级	53.5
		曲靖珠江源风景名胜区	曲靖市	省级	50.0
		江川抚仙—星云湖泊风景名胜区	玉溪市江川县	省级	252.0
		狮子山风景名胜区	楚雄州武定县	省级	13.6
		威信风景名胜区	昭通地区威信县	省级	110.0
		罗平多依河—鲁布革风景名胜区	曲靖市罗平县	省级	42.9
		邱比普者黑风景名胜区	文山州邱北县	省级	165.0
		砚山浴仙湖风景名胜区	文山州砚山县	省级	109.0
		楚雄紫溪山风景名胜区	楚雄州楚雄市	省级	850.0
		元谋风景名胜区	楚雄州元谋县	省级	295.7
		禄丰五台山风景名胜区	楚雄州禄丰县	省级	50.0
		永仁方山风景名胜区	楚雄州永仁县	省级	34.0
		弥勒白龙洞风景名胜区	红河州弥勒县	省级	30.0
		屏边大围山风景名胜区	红河州屏边县	省级	50.0
		漾濞石门关风景名胜区	大理州漾濞县	省级	115.0
		孟连大黑山风景名胜区	思茅地区孟连县	省级	160.0
		景东漫湾—哀牢山风景名胜区	思茅地区景东县	省级	160.0
		玉溪九龙池风景名胜区	玉溪市	省级	5.0
		峨山锦屏山风景名胜区	玉溪市峨山县	省级	120.0
		保山博南古道风景名胜区	保山市	省级	120.0
		临沧大雪山风景名胜区	临沧地区临沧县	省级	160.0
		禄劝轿子雪山风景名胜区	禄劝县	省级	253.0
		牟定化佛山风景名胜区	楚雄州牟定县	省级	30.0
		陆良彩色沙林风景名胜区	曲靖市陆良县	省级	25.0
		思茅茶马古道风景名胜区	思茅地区思茅市	省级	264.0
		景谷威远江风景名胜区	思茅地区景谷县	省级	200.0
		镇源千家寨风景名胜区	思茅地区镇源县	省级	44.0
		普洱风景名胜区	思茅地区普洱县	省级	64.0
		沧源佤山风景名胜区	思茅地区沧源县	省级	147.3
		云县大朝山—干海子风景名胜区	临沧地区云县	省级	190.8
		永德大雪山风景名胜区	临沧地区永德县	省级	174.0
		耿马南汀河风景名胜区	临沧地区耿马县	省级	146.0
		剑川剑湖风景名胜区	大理州剑川县	省级	19.0
		洱源西湖风景名胜区	大理州洱源县	省级	80.0
		兰坪罗古箐风景名胜区	怒江州兰坪县	省级	100.0
		麻栗坡老山风景名胜区	文山州麻栗坡县	省级	180.0

省份	类型	名称	所在地	级别	面积 /km^2
云南	风景名胜区	盐津豆沙关风景名胜区	昭通地区盐津县	省级	70.0
		大姚县华山风景名胜区	楚雄州大姚县	省级	110.0
		双柏白竹山—碍嘉风景名胜区	曲靖市双柏县	省级	100.0
		会泽以礼河风景名胜区	曲靖市会泽县	省级	50.0
		宣威东山风景名胜区	宣威市	省级	27.5
		河口南溪河风景名胜区	红河州河口县	省级	100.0
		个旧蔓耗风景名胜区	红河州个旧市	省级	148.0
		石屏异龙湖风景名胜区	红河州石屏县	省级	150.0
		元阳观音山风景名胜区	红河州元阳县	省级	97.0
		大关黄连河风景名胜区	昭通地区大关县	省级	107.0
		鹤庆县黄龙风景名胜区	大理州鹤庆县	省级	92.0
	森林公园	云南巍宝山国家森林公园	巍山县	国家级	12.6
		云南天星国家森林公园	威信县	国家级	74.2
		云南清华洞国家森林公园	祥云县	国家级	98.6
		云南东山国家森林公园	弥渡县	国家级	62.8
		云南来凤山国家森林公园	腾冲县	国家级	64.7
		云南小白龙国家森林公园	宜良县	国家级	6.3
		云南五老山国家森林公园	临沧市临翔区	国家级	36.0
		云南紫金山国家森林公园	楚雄市	国家级	17.0
		云南飞来寺国家森林公园	德钦县	国家级	34.3
		云南圭山国家森林公园	石林县	国家级	32.1
		云南新生桥国家森林公园	兰坪县	国家级	26.2
		云南宝台山国家森林公园	永平县	国家级	10.5
		云南西双版纳国家森林公园	景洪市	国家级	18.0
		云南花鱼洞国家森林公园	河口县	国家级	31.4
		云南磨盘山国家森林公园	新平县	国家级	242.0
		云南龙泉国家森林公园	易门县	国家级	10.0
		云南菜阳河国家森林公园	普洱市思茅区	国家级	66.7
		云南金殿国家森林公园	昆明市盘龙区	国家级	19.7
		云南章凤国家森林公园	陇川县	国家级	70.0
		云南十八连山国家森林公园	富源县	国家级	20.8
		云南鲁布格国家森林公园	罗平县	国家级	48.7
		云南珠江源国家森林公园	沾益县	国家级	43.8
		云南五峰山国家森林公园	陆良县	国家级	24.9
		云南钟灵山国家森林公园	寻甸县	国家级	5.4
		云南棋盘山国家森林公园	昆明市西山区	国家级	9.2
		云南灵宝山国家森林公园	南涧县	国家级	8.1
		云南铜锣坝国家森林公园	水富县	国家级	32.4
		罗汉山省级森林公园	金秀县	省级	7.2
		鸡冠山省级森林公园	西畴县	省级	10.5

省份	类型	名称	所在地	级别	面积 /km^2
云南	森林公园	南安省级森林公园	双柏县	省级	—
		象鼻温泉省级森林公园	华宁县	省级	—
		小道河省级森林公园	临沧县	省级	36.0
		大浪坝省级森林公园	双江县	省级	8.0
		禄丰县五台山省级森林公园	禄丰县	省级	108.0
	地质公园	澄江动物群古生物地质公园	玉溪市澄江县	国家级	18.0
		石林岩溶峰林国家地质公园	昆明石林彝族自治县	国家级	400.0
		云南腾冲火山国家地质公园	腾冲县	国家级	100.0
		云南禄丰恐龙国家地质公园	玉龙纳西族自治县	国家级	170.0
		云南玉龙黎明—老君山国家地质公园	玉龙纳西族自治县	国家级	1 110.0
		云南大理苍山国家地质公园	大理州	国家级	577.1
		云南罗平生物群地质公园	罗平县罗雄镇	国家级	33.1
	敏感脆弱区	滇东北中山针阔混交林土壤保持红线区	昭通市水富县、绥江县、永善县、延津县、大关县、彝良县、镇雄县、威信县	—	3 310.0
		金沙江下游干热河谷常绿灌丛、稀树草原土壤保持红线区	丽江市华坪县、永胜县，楚雄州永仁县、元谋县；昆明市禄劝彝族苗族自治县、东川区；昭通市巧家县	—	2 907.0
		乌蒙山针叶林山地云南松林、草甸生物多样性保护红线区	曲靖市会泽县、宣威县，昭通市永善县、鲁甸县		6 251.0
		哀牢山—无量山常绿阔叶林生物多样性保护红线区	大理市祥云县、南涧自治县，楚雄州南华县、楚雄市双柏县、昆明市宜良县、崇明县、曲靖市寻甸自治县、富源县、罗平县	—	8 528.0
		滇西横断山常绿阔叶林生物多样性保护红线区	丽江市丽江自治县、宁蒗自治县	—	3 631.0
		滇西山地常绿阔叶林、针叶林生物多样性保护红线区	保山市腾冲县、昌宁县	—	4 270.0
		滇西南丘陵农产品提供红线区	德宏州潞西县、保山市施甸县、龙陵县，临沧市镇康县、永德县、凤庆县、耿马自治县、沧源自治县	—	4421.0
		滇中城镇群人居保障红线区	昆明市官渡区	—	80.0
		澜沧江中游山地常绿阔叶林、针叶林生物多样性保护红线区	普洱市景东自治县、景谷自治县、普洱自治县、思茅县	—	4 019.0
		蒙自—元江岩溶高原峡谷针叶林、常绿阔叶林生物多样性保护红线区	玉溪市新平自治县、元江自治县，红河州石屏县、红河县、元江县、蒙自县	—	3 703.0
		西双版纳热带季雨林生物多样性保护红线区	西双版纳州孟连自治县、景洪县	—	3 528.0
		滇东南中山峡谷热带雨林生物多样性保护红线区	红河州河口自治县、永寿县	—	1 463.0

省份	类型	名称	所在地	级别	面积 /km²
云南	敏感脆弱区	文山岩溶山原山地常绿阔叶林生物多样性保护红线区	文山州麻栗坡县	—	1 542.0
贵州	自然保护区	宽阔水国家级自然保护区	绥阳县	国家级	262.3
		习水中亚热带常绿阔叶林国家级自然保护区	习水县	国家级	486.7
		赤水桫椤国家级自然保护区	赤水市	国家级	133.0
		梵净山国家级自然保护区	江口县、印江土家族苗族自治县、松桃苗族自治县	国家级	419.0
		麻阳河国家级自然保护区	沿河土家族自治县、务川仡佬族苗族自治县	国家级	311.1
		威宁草海国家级自然保护区	威宁彝族回族苗族自治县	国家级	120.0
		雷公山国家级自然保护区	雷山县、台江县、剑河县、榕江县	国家级	473.0
		茂兰国家级自然保护区	荔波县	国家级	200.0
		大沙河省级自然保护区	道真仡佬族苗族自治县	省级	269.9
		石阡佛顶山省级自然保护区	石阡县	省级	126.4
		百里杜鹃省级自然保护区	大方县	省级	125.8
		革东古生物化石自然保护区	剑河县	省级	47.6
	世界文化自然遗产	中国丹霞地貌	赤水市	自然遗产	21.8
		中国南方喀斯特	荔波县	自然遗产	14.6
	风景名胜区	黄果树风景名胜区	镇宁、关岭县	国家级	163.0
		红枫湖风景名胜区	贵阳市清镇	国家级	200.0
		织金洞风景名胜区	毕节地区织金县	国家级	307.0
		舞阳河风景名胜区	镇远、施秉、黄平县	国家级	400.0
		龙宫风景名胜区	安顺市	国家级	60.0
		马岭河峡谷风景名胜区	黔西南州兴义市	国家级	450.0
		赤水风景名胜区	遵义赤水市	国家级	1 801.0
		荔波樟江风景名胜区	黔南州荔波县	国家级	273.1
		铜仁九龙洞风景名胜区	铜仁市	国家级	128.0
		都匀剑江风景名胜区	都匀市	国家级	186.0
		毕节九洞天风景名胜区	毕节市大方、纳雍	国家级	86.2
		黎平侗乡风景名胜区	黔东南黎平县	国家级	153.0
		紫云格凸河风景名胜区	安顺紫云县	国家级	56.8
		百花湖风景名胜区	贵阳市	省级	15.0
		百里杜鹃风景名胜区	毕节大方、黔西县	省级	125.8
		安龙招提风景名胜区	安龙县	省级	47.6
		花溪风景名胜区	贵阳市	省级	130.0
		遵义娄山关风景名胜区	遵义市	省级	310.0
		福泉洒金谷风景名胜区	福泉市	省级	36.0

省份	类型	名称	所在地	级别	面积/km²
贵州	风景名胜区	绥阳宽阔水风景名胜区	绥阳县	省级	188.9
		贞丰三岔河风景名胜区	贞丰县	省级	38.2
		习水风景名胜区	习水县	省级	200.0
		鲁布革风景名胜区	兴义市	省级	200.0
		泥凼石林风景名胜区	兴义市	省级	48.0
		梵净山—太平河风景名胜区	江口县	省级	160.0
		六枝牂牁江风景名胜区	六枝特区	省级	259.0
		瓮安江界河风景名胜区	瓮安县	省级	385.7
		息峰风景名胜区	息峰县	省级	80.0
		普定梭筛风景名胜区	普定县	省级	110.6
		修文阳明洞风景名胜区	修文县	省级	121.8
		石阡温泉群风景名胜区	石阡县	省级	273.0
		龙里猴子沟风景名胜区	龙里县	省级	199.7
		岑巩龙鳌河风景名胜区	岑巩县	省级	38.8
		平塘风景名胜区	平塘县	省级	177.7
		长顺杜鹃湖—白云山风景名胜区	长顺县	省级	117.0
		惠水涟江—燕子洞风景名胜区	惠水县	省级	140.9
		镇远高过河风景名胜区	镇远县	省级	45.0
		榕江古榕风景名胜区	榕江县	省级	220.0
		麻江下司风景名胜区	麻江县	省级	50.0
		剑河风景名胜区	剑河县	省级	120.0
		贵阳香纸沟风景名胜区	贵阳市	省级	54.0
		开阳风景名胜区	开阳县	省级	145.0
		仁怀茅台风景名胜区	仁怀市	省级	100.0
		余庆大乌江风景名胜区	余庆县	省级	112.0
		盘县古银杏风景名胜区	盘县	省级	146.0
		盘县大洞竹海风景名胜区	盘县	省级	172.0
		盘县坡上草原风景名胜区	盘县	省级	260.0
		关岭花江大峡谷风景名胜区	关岭县	省级	200.0
		清镇暗流河风景名胜区	贵阳清镇市	省级	120.0
		贵阳相思河风景名胜区	贵阳市	省级	68.0
		湄潭湄江风景名胜区	遵义湄潭县	省级	530.0
		平坝天台山—斯拉河风景名胜区	安顺平坝县	省级	27.4
		南开风景名胜区	六盘水市	省级	60.0
		雷山风景名胜区	黔东南雷山县	省级	54.8
		锦屏三板溪—隆里风景名胜区	黔东南锦屏县	省级	200.0
		丹寨龙泉山—岔河风景名胜区	黔东南丹寨县	省级	75.1
		从江风景名胜区	黔东南从江县	省级	212.0
		三都都柳江风景名胜区	黔南三都水族自治县	省级	127.0
		贵定洛北河风景名胜区	黔南贵定县	省级	25.0

省份	类型	名称	所在地	级别	面积 /km^2
贵州	风景名胜区	独山深河桥风景名胜区	黔南独山县	省级	133.9
		晴隆三望坪风景名胜区	黔西南晴隆县	省级	84.7
		兴仁放马坪风景名胜区	黔西南兴仁县	省级	83.5
		赫章韭菜坪石林风景名胜区	赫章县	省级	10.6
		印江木黄风景名胜区	铜仁印江县	省级	46.0
		思南乌江白鹭洲风景名胜区	铜仁思南县	省级	94.0
		松桃豹子—寨英风景名胜区	铜仁松桃县	省级	104.0
		万山夜郎谷风景名胜区	铜仁万山特区	省级	7.0
		沿河乌江山峡风景名胜区	铜仁沿河县	省级	30.8
		玉屏北侗萧笛之乡风景名胜区	铜仁玉屏县	省级	14.9
		遵义市务川洪渡河风景名胜区	遵义市务川县	省级	—
		黔南罗甸大小井风景名胜区	黔南罗甸县	省级	17.0
		德江乌江傩文化风景名胜区	铜仁德江县	省级	15.0
	森林公园	贵州百里杜鹃国家森林公园	黔西县、大方县	国家级	180.0
		贵州竹海国家森林公园	赤水市	国家级	112.0
		贵州九龙山国家森林公园	安顺市西秀区	国家级	125.0
		贵州凤凰山国家森林公园	遵义市红花岗区	国家级	10.6
		贵州长坡岭国家森林公园	贵阳市白云区	国家级	10.8
		贵州尧人山国家森林公园	三都县	国家级	47.9
		贵州燕子岩国家森林公园	赤水市	国家级	104.0
		贵州玉舍国家森林公园	水城县	国家级	9.2
		贵州赫章夜郎国家森林公园	赫章县	国家级	47.3
		贵州青云湖国家森林公园	都匀市	国家级	29.8
		贵州大板水国家森林公园	遵义市红花岗区	国家级	31.3
		贵州毕节国家森林公园	毕节市	国家级	41.3
		贵州仙鹤坪国家森林公园	安龙县	国家级	90.7
		贵州龙架山国家森林公园	龙里县	国家级	60.8
		贵州九道水国家森林公园	正安县	国家级	12.5
		贵州雷公山国家森林公园	雷山县	国家级	43.6
		贵州习水国家森林公园	习水县	国家级	140.3
		贵州黎平国家森林公园	黎平县	国家级	54.8
		贵州朱家山国家森林公园	瓮安县	国家级	48.9
		贵州紫林山国家森林公园	独山县	国家级	35.3
		贵州潕阳湖国家森林公园	黄平县	国家级	214.7
		台江国家级森林公园	台江县	国家级	67.0
		贵阳云关山森林公园	贵阳市	省级	—
		息烽温泉森林公园	息烽县	省级	35.5
		野梅岭森林公园	惠水县	省级	4.2
		贵阳鹿冲关森林公园	贵阳市	省级	7.0
		金沙三丈水森林公园	金沙县	省级	66.5

省份	类型	名称	所在地	级别	面积 /km^2
贵州	森林公园	景阳森林公园	贵阳市修文县	省级	532.0
		丹寨龙泉山森林公园	丹寨县	省级	18.8
		遵义娄山关森林公园	遵义县	省级	13.3
		锦屏春蕾森林公园	锦屏县	省级	126.5
		金沙冷水河森林公园	金沙县	省级	2.7
		凯里市罗汉山森林公园	凯里市	省级	78.9
		湄潭龙泉森林公园	湄潭县	省级	4.8
		大方油杉河森林公园	毕节大方县	省级	47.5
		麻江仙人桥森林公园	麻江县	省级	57.6
		六枝月亮河森林公园	六盘水市	省级	9.4
		桐梓凉风垭森林公园	桐梓县	省级	6.0
		凯里石仙山森林公园	凯里市	省级	5.6
		凤冈万佛山森林公园	凤冈县	省级	21.9
		盘县七指峰森林公园	盘县	省级	—
		万山老山口森林公园	万山特区	省级	21.9
		遵义象山森林公园	遵义市	省级	9.9
		罗甸翠滩森林公园	罗甸县	省级	17.4
		福泉云雾山森林公园	福泉县	省级	68.1
		钟山凉都森林公园	六盘水市	省级	14.2
		普安普白森林公园	普安县	省级	6.5
		乌当盘龙山森林公园	乌当区	省级	19.37
		荔波兰鼎山森林公园	荔波县	省级	35.0
		思南万圣山森林公园	思南县	省级	3.1
		习水箐山森林公园	习水县	省级	5.5
		水城杨梅森林公园	水城县	省级	27.3
		贵定甘溪森林公园	贵定县	省级	6.0
	地质公园	贵州关岭化石群国家地质公园	关岭县	国家级	26.0
		贵州绥阳双河洞国家地质公园	绥阳县	国家级	318.6
		贵州兴义国家地质公园	兴义市	国家级	256.0
		贵州织金洞国家地质公园	织金县	国家级	307.0
		贵州平塘国家地质公园	平塘县	国家级	200
		贵州思南喀斯特国家地质公园	思南县	国家级	203
		贵州黔东南苗岭国家地质公园	黔东南州 6 县	国家级	419
		贵州赤水丹霞国家地质公园	赤水市	国家级	134.57
		中国汞都·万山矿山国家公园	万山特区	国家级	105.4
		贵州六盘水乌蒙山国家地质公园	六盘水市	国家级	388
	敏感脆弱区	黔西北中山针阔混交林土壤保持红线区	六盘水市水城县、六枝特区，毕节市毕节县、大方县、纳雍县、织金县	—	6 689.0
		黔中丘原盆地常绿阔叶林土壤保持红线区	贵阳市清镇县、修文县、开阳县，安顺市平坝县、普定县，毕节市黔西县、金沙县	—	3 191.0

省份	类型	名称	所在地	级别	面积 /km²
贵州	敏感脆弱区	黔南山地盆谷常绿阔叶林土壤保持红线区	荔波县	—	1 795.0
		黔北山地常绿、落叶阔叶混交林土壤保持红线区	遵义市绥阳县、正安县	—	1 470.0
		黔东北中低山常绿阔叶林水源涵养红线区	铜仁市松桃、江口县	—	1 235.0
		黔西南山地常绿阔叶林生物多样性保护红线区	黔西南州普安县、晴隆县、兴仁县，六盘水市盘县	—	278.0
		黔东南山地丘陵常绿阔叶水源涵养红线区	黔东南州三穗县、黎平县	—	1 030.0

附表 15 云贵两省各市州坝区面积分析统计汇总

地区	理论坝区面积 /km²	可利用坝区面积 /km²	占本省可利用坝区面积比例 /%	占国土面积比例 /%
云南省	34 119.4	2 575.1	100	0.7
昆明	4 131.6	326.9	13	1.6
曲靖	8 514.2	341.5	13	1.2
玉溪	1 201.2	134.9	5	0.9
保山	1 636.6	22.8	1	0.1
昭通	1 219.1	41.6	2	0.2
丽江	908.2	6.8	0	0.0
普洱	951.5	143.5	6	0.3
临沧	711.6	80.0	3	0.3
楚雄	2 323.3	599.8	23	2.1
红河	3 520.6	445.2	17	1.4
文山	2 634.9	210.9	8	0.7
西双版纳	1 731.1	9.7	0	0.1
大理	2 389.9	55.1	2	0.2
德宏	1 936.4	156.4	6	1.4
怒江	18.0	0.0	0	0.0
迪庆	291.2	0.0	0	0.0
贵州省	20 329.6	1 011.0	100	0.6
贵阳	2 503.7	75.7	7	0.9
六盘水	404.9	1.8	0	0.0
遵义	3 195.0	74.1	7	0.2
安顺	1 994.6	117.6	12	1.3
铜仁	1 707.8	135.8	13	0.8
黔西南	1 315.4	92.4	9	0.6
毕节	2 956.7	58.0	6	0.2
黔东南	2 289.0	176.6	17	0.6
黔南	3 962.5	279.0	28	1.1

附表 16 云贵两省资源环境综合承载力及利用水平

单位：%

地区	综合承载力得分	排名	2010年利用水平					2015年利用水平					2020年利用水平				
			水资源	水环境	大气环境	土地资源	综合	水资源	水环境	大气环境	土地资源	综合	水资源	水环境	大气环境	土地资源	综合
云南省	—	—	30.4	115.6	78.0	76.7	75.2	46.5	91.7	72.6	80.5	72.8	44.1	91.3	68.0	90.9	73.6
昆明	1.4	15	149	316.2	141.5	80.5	171.8	467.4	101.2	134.8	83.8	196.8	447.5	127.9	125.1	94.0	198.6
曲靖	2.3	25	45	203.9	112.2	75.9	109.3	72.2	100.9	87.0	81.8	85.5	68.4	112.1	78.2	99.2	89.5
玉溪	0.6	2	78	177.3	163.8	84.5	125.9	107.6	120.5	67.3	86.7	95.5	101.2	111.1	65.3	92.5	92.5
保山	0.9	11	28	81.3	58.7	87.1	63.9	49.1	92.8	57.5	95.7	73.8	52.5	87.2	56.9	115.8	85.7
昭通	0.7	4	66	113.1	119.5	92.0	97.7	80.7	92.8	132.0	97.0	100.6	57.8	89.6	138.3	109.3	108.5
丽江	0.8	8	35	79.5	69.0	96.4	69.9	54.4	107.7	67.4	102.9	83.1	112.5	99.1	67.4	130.7	86.5
普洱	1.4	16	19	58.3	66.0	75.0	54.6	23.5	89.6	64.9	77.4	63.9	22.9	84.1	64.9	85.2	71.8
临沧	1.6	19	16	90.8	78.3	78.5	65.8	40.8	85.3	80.9	81.8	72.2	7.6	83.6	80.9	88.8	68.8
楚雄	1.6	20	31	174.6	79.8	56.7	85.4	103.2	100.8	60.8	58.1	80.7	167.0	91.0	59.1	62.6	62.9
红河	2.1	24	61	128.3	90.1	72.5	88.0	51.9	90.6	89.0	75.6	76.8	21.2	96.6	82.4	83.6	88.6
文山	1.5	18	29	109.0	22.0	74.0	58.5	56.5	92.3	19.6	77.3	61.4	42.9	99.2	19.4	84.9	62.3
西双版纳	0.7	5	21	97.0	50.1	89.8	64.5	41.9	93.4	44.3	99.3	69.7	59.3	86.4	44.3	106.7	66.2
大理	0.7	6	35	152.3	65.5	89.5	85.6	97.9	75.9	67.6	97.9	84.8	104.2	70.8	67.6	125.1	79.7
德宏	1.4	17	4	80.3	73.3	80.8	59.5	29.6	81.6	37.4	82.9	57.9	28.4	77.1	37.3	86.7	51.5
怒江	0.4	1	6	47.7	81.6	100.0	58.8	5.1	61.4	83.8	—	196.8	16.5	76.9	83.8	—	362.9
迪庆	0.6	3	27	23.0	73.6	100.0	55.8	10.1	108.7	70.1	—	196.8	9.0	108.7	70.1	—	362.9
贵州省	—	—	63.6	85.5	99.3	89.4	84.4	107.1	80.7	82.4	93.6	90.9	109.6	86.1	69.8	103.2	92.2
贵阳	1.0	12	133.2	95.3	113.4	93.0	108.7	207.6	91.3	87.9	99.7	121.6	197.6	91.4	80.1	109.9	119.7
六盘水	0.8	9	126.4	110.8	106.8	95.4	109.8	233.1	121.2	79.2	318.6	188.0	267.0	134.2	63.7	986.8	362.9
遵义	1.8	22	71.8	99.0	205.8	95.7	118.1	119.3	79.6	148.8	99.0	111.7	137.2	92.3	148.8	107.7	121.5
安顺	0.8	10	110.0	97.0	88.4	86.7	95.5	178.0	58.6	51.7	88.9	94.3	205.2	69.4	29.3	98.6	100.6
铜仁	1.2	13	46.4	102.3	86.6	88.2	80.9	78.9	69.3	75.0	90.1	78.3	90.9	85.7	66.0	93.0	83.9
黔西南	0.7	7	62.8	101.8	63.9	82.2	77.7	104.3	84.4	120.0	87.6	99.0	120.3	71.8	120.0	95.8	102.0
毕节	1.7	21	53.7	108.8	98.0	85.1	86.4	105.6	78.0	65.6	94.7	86.0	121.8	102.8	45.7	108.2	94.6
黔东南	2.0	23	39.1	35.0	95.0	90.0	64.8	66.1	62.4	104.5	91.7	81.2	67.4	70.3	104.5	95.3	84.4
黔南	1.3	14	53.9	81.5	101.4	86.2	80.7	90.5	101.1	109.1	88.5	97.3	91.8	97.7	106.6	94.7	97.7

附表 17 云贵两省生态环境重点保护区域名录

省份	编号	地区	生态环境重点保护区域类型
云南省	1	普洱市景东彝族自治县	哀牢山、无量山国家级自然保护区
	2	普洱市镇沅彝族哈尼族拉祜族自治县	哀牢山、无量山国家级自然保护区
	3	临沧市沧源佤族自治县、耿马傣族佤族自治县	南滚河国家级自然保护区
	4	楚雄州双柏县	哀牢山自然保护区
	5	红河州绿春县	黄连山国家级自然保护区
	6	红河州金平县	金平分水岭国家级自然保护区
	7	文山州广南县	重要生态功能区
	8	文山州富宁县	重要生态功能区
	9	文山州西畴县	重要生态功能区
	10	西双版纳勐海县、勐腊县	西双版纳国家级自然保护区
	11	大理市、漾濞县	苍山洱海国家级自然保护区
	12	大理州剑川县	重要生态功能区
	13	迪庆维西傈僳族自治县	重要生态功能区
	14	怒江州福贡县	重要生态功能区
	15	曲靖马龙县	水环境容量控制性利用区域
	16	曲靖富源县	水环境容量限制性利用区域
	17	玉溪澄江县、江川县、通海县	水环境容量控制性利用区域
	18	楚雄州禄丰县	水环境容量限制性利用区域
	19	楚雄大姚县	水环境容量限制性利用区域
	20	红河州弥勒县	水环境容量限制性利用区域
	21	文山州砚山县	水环境容量控制性利用区域
	22	大理州云龙县	水环境容量限制性利用区域
	23	曲靖市市辖区	大气环境重点保护区
	24	丽江市市辖区	大气环境重点保护区
	25	普洱思茅市	大气环境重点保护区
	26	临沧市市辖区	大气环境重点保护区
	27	曲靖市会泽县	重金属重点保护区域
	28	曲靖市陆良县	重金属重点保护区域
	29	曲靖市罗平县	重金属重点保护区域
	30	玉溪市新平县	重金属重点保护区域
	31	玉溪市易门县	重金属重点保护区域
	32	保山市腾冲县	重金属重点保护区域
	33	普洱市澜沧县	重金属重点保护区域
	34	楚雄州牟定县	重金属重点保护区域
	35	昆明市辖区	综合型保护区域
	36	昆明市东川区	综合型保护区域
	37	昆明市安宁市	综合型保护区域
	38	昆明市晋宁县	综合型保护区域
	39	曲靖宣威市	综合型保护区域

省份	编号	地区	生态环境重点保护区域类型
云南省	40	玉溪市市辖区	综合型保护区域
	41	保山市市辖区	综合型保护区域
	42	保山市腾冲县高黎贡山区	综合型保护区域
	43	昭通市市辖区	综合型保护区域
	44	昭通市鲁甸县	综合型保护区域
	45	昭通市威信县	综合型保护区域
	46	昭通市镇雄县	综合型保护区域
	47	昭通市水富县	综合型保护区域
	48	昭通市彝良县	综合型保护区域
	49	丽江市玉龙纳西族自治县	综合型保护区域
	50	普洱哈尼族彝族自治县	综合型保护区域
	51	红河州个旧市	综合型保护区域
	52	红河州开远市	综合型保护区域
	53	红河州河口瑶族自治县	综合型保护区域
	54	红河州屏边苗族自治县	综合型保护区域
	55	红河州蒙自县	综合型保护区域
	56	红河州金平苗族瑶族傣族自治县	综合型保护区域
	57	文山州马关县	综合型保护区域
	58	文山州文山县	综合型保护区域
	59	西双版纳景洪市	综合型保护区域
	60	楚雄市市辖区	综合型保护区域
	61	大理州大理市	综合型保护区域
	62	大理州鹤庆县	综合型保护区域
	63	德宏州潞西市	综合型保护区域
	64	德宏州瑞丽市	综合型保护区域
	65	迪庆州德钦县	综合型保护区域
	66	迪庆州香格里拉县	综合型保护区域
	67	怒江州泸水县	综合型保护区域
	68	怒江州兰坪县	综合型保护区域
	69	怒江州贡山县	综合型保护区域
贵州省	70	安顺市镇宁县	重要生态功能区
	71	安顺市关岭县	重要生态功能区
	72	安顺市紫云县	重要生态功能区
	73	铜仁市江口县、印江土家族苗族自治县	梵净山国家级自然保护区
	74	黔西南州望谟县	重要生态功能区
	75	黔西南州册亨县	重要生态功能区
	76	黔东南州剑河县、雷山县、榕江县、台江县	雷公山国家级自然保护区
	77	黔南州平塘县	重要生态功能区
	78	黔南州罗甸县	重要生态功能区
	79	六盘水市六枝特区	水环境容量控制性利用区域

省份	编号	地区	生态环境重点保护区域类型
贵州省	80	安顺市市辖区	水环境容量控制性利用区域
	81	黔西南州普安县	水环境容量控制性利用区域
	82	毕节市大方县	水环境容量控制性利用区域
	83	黔南州长顺县	水环境容量控制性利用区域
	84	黔南州都匀市	水环境容量控制性利用区域
	85	遵义市市辖区	大气环境重点保护区
	86	遵义市仁怀市	大气环境重点保护区
	87	毕节市市辖区	大气环境重点保护区
	88	黔西南州兴义市	大气环境重点保护区
	89	黔南州福泉市	大气环境重点保护区
	90	遵义市务川县	重金属重点保护区域
	91	六盘水水城县	重金属重点保护区域
	92	六盘水市钟山区	重金属重点保护区域
	93	铜仁市万山特区	重金属重点保护区域
	94	黔西南州兴仁县	重金属重点保护区域
	95	黔西南州安龙县	重金属重点保护区域
	96	黔西南州晴隆县	重金属重点保护区域
	97	黔东南州丹寨县	重金属重点保护区域
	98	黔东南州镇远县	重金属重点保护区域
	99	黔南州贵定县	重金属重点保护区域
	100	黔南州荔波县	重金属重点保护区域
	101	黔南州三都县	重金属重点保护区域
	102	黔南州独山县	重金属重点保护区域
	103	贵阳市市辖区	综合型保护区域
	104	遵义市赤水县	综合型保护区域
	105	铜仁市市辖区	综合型保护区域
	106	铜仁市沿河土家族自治县	综合型保护区域
	107	铜仁地区松桃县	综合型保护区域
	108	毕节市市辖区	综合型保护区域
	109	毕节市赫章县	综合型保护区域
	110	毕节市威宁县	综合型保护区域
	111	黔东南州凯里市	综合型保护区域
	112	黔南州荔波县茂兰、木论地区	综合型保护区域

附　件

环境保护部文件

环发〔2013〕82 号

关于促进云贵地区重点区域和产业与环境保护协调发展的指导意见

贵州省、云南省环境保护厅：

为推动云贵地区加强生态文明建设，实施生态环境战略性保护，引导生产力布局优化，推进产业结构战略性调整，实现发展方式的根本性转变，促进区域经济社会环境全面协调可持续发展，在西部大开发重点区域和行业发展战略环境评价成果的基础上，提出以下意见：

一、充分认识重点区域和产业发展与生态环境保护的战略性

（一）在国家区域经济和生态安全格局中占有重要地位。云贵地区在我国区域发展总体战略中具有突出地位，是面向西南开放的重要桥头堡、能源安全的重要支撑区、矿产和生物资源的战略储备区，发展潜力巨大。同时，该地区在国家生态安全格局中地位重要，是世界生物多样性保护的热点区域、我国重要的水源涵养区和生态安全屏障，事关国家中长期生态安全。正确处理好云贵地区重点区域和产业与生态环境的协调发展，是按照生态文明理念探索后发地区科学发展新思路的重要举措，对于促进国家区域经济协调发展具有深远的战略意义和重要的示范意义。

（二）协调经济发展与环境保护的任务艰巨。云贵地区资源型产业快速扩张、生态空间胁迫加剧的倾向明显，资源开发与生态保护、产业重化与环境承载之间的冲突逐渐显现。天然林减少、草地退化、生物多样性水平降低，生态服务功能整体呈退化趋势，水土流失和石漠化问题严峻。土地刚性约束突出，可利用坝区面积十分有限。水资源逐步衰减且时空分布更为不均，重点区域和重点产业用水压力增大；结构性水质污染较为突出，金沙江、乌江、红河、

沅水、南盘江等水系局部污染较重。局部地区煤烟型大气污染仍较严重，区域性酸雨污染问题依然突出，主要城市出现复合型二次污染。重金属污染面广，重特大污染事件呈高发态势。如不及时引导、优化和调控，将难以遏制生态环境质量总体下降的趋势，严重威胁区域的全面协调可持续发展。

二、促进重点区域和产业与环境保护协调发展的总体要求

（三）指导思想。全面贯彻落实党的十八大精神，牢固树立生态文明理念，坚持在保护中发展、在发展中保护，统筹区域资源开发和人居环境改善，实施生态环境战略性保护，引导生产力优化布局，推动产业结构战略性调整，构建以环境保护优化经济社会发展的长效机制，确保生态环境质量持续好转，努力将云贵地区建设成为生态文明优先示范区。

（四）基本原则。按照“保底线、优空间、调结构、提效率”的总体思路，坚持“推进生态环境重点区域保护，维持区域生态功能，控制资源利用总量，兼顾目标总量与容量总量控制，大力提高资源环境效率”原则，确保水土资源不超载、环境准入标准不降低、生态功能和环境质量持续改善。

（五）总体思路。按照“农业提效、服务业提速、工业提升”的思路构建协调发展、相对均衡的现代产业体系；按照“滇中统筹、黔中带动，滇东北、黔北提升，滇西北、三州地区跨越，沿边经济带拓展，毕水兴地区优化”的思路构建区域经济发展格局。在确保不突破资源消耗上限和生态环境底线的基础上，不断扩展和优化生态空间、资源空间、容量空间、效率空间，推进生态环境重点区域保护，实现云贵地区经济社会与生态环境保护的协调发展。

三、推进构建符合生态安全格局要求的现代产业体系

（六）优化区域发展格局。以滇中经济区和黔中经济区为核心构建特色鲜明、布局合理、优势互补、分工有序、协调发展的区域经济发展格局。严格按照主体功能定位的有关要求，推进滇中城市经济圈一体化建设，促进以化工、有色冶炼加工、生物资源产业为重点的区域性资源深加工基地科学规划、集约集聚发展，加快装备制造、新材料等战略性新兴产业发展，建设承接产业转移基地和出口加工基地、高原特色农业绿色经济带，以及全国重要的旅游、文化、能源和商贸物流基地。推进滇中产业新区以汽车和装备制造、电子信息、生物、新材料、现代服务业等为主的中高端产业体系建设。推进贵阳—安顺在保护好重要生态空间的前提下加快经济一体化发展，建设贵阳—遵义、贵阳—安顺工业走廊和贵阳—都匀、凯里绿色经济产业带，做到生态廊道建设与特色产业走廊同重并举。将黔中经济区建设形成装备工业和高新技术产业聚集区、原材料及资源深加工产业聚集区、名优烟酒基地和医药产业基地。坚持生态、低碳、集约原则，有序推进新型城镇化，构建协调高效的城市空间组织结构，合理定位、科学分工主要城市职能，大力发展紧凑型城市、特色小城镇。分别研究制定滇中经济区、黔中经济区区域统筹与协调机制、项目联动审批机制、环境评估与综合评估机制。

（七）促进重点产业集中布局、有序发展。支持贵州有关地区结合国家“西电东输”电源点建设，统筹水资源和生态环境承载能力，分步建设六枝、织金、安顺三期、清江、黔北“上大压小”等大型坑口电厂和路口电厂，形成国家重要的煤电外输基地。推动有色冶金行业建设生态环保型基地，以提高能源资源利用效率、加强特征污染物排放控制；建设滇中地区

全国钒钛资源综合利用产业基地，形成滇中铜、铝、钛冶炼及深加工、稀贵金属深加工基地，滇南锡、铝、铅锌深加工基地以及滇东北铅锌综合利用基地；推动建设贵阳铝深加工、遵义铝钛深加工基地。支持建设贵州清镇—黔西—织金—黔北煤电铝示范基地；提高钢铁产业集中度，加快技术升级改造，提高产品附加值，支持昆明、楚雄、六盘水、贵阳建设以服务西南地区为主的钢铁工业基地。促进煤、磷化工产业的绿色循环发展，引导煤化工产业向昭通、曲靖、红河和毕节、六盘水等地集中，建设规模化、高水平的新型煤化工基地；整合提升昆明、玉溪磷化工基地，推动贵州织金—息烽—开阳—翁安—福泉磷化工产业带的集聚布局和资源循环利用。昆明、遵义、黔南州在大气环境质量未得到持续改善之前，除热电项目外不再新建或扩建燃煤机组。滇池流域内除产业集聚区外原则上不再布局新的工业项目，原有工业企业要逐步搬迁。划定贵州赤水河上游煤炭禁采区，控制开采区内要压缩煤炭开采规模，控制煤炭洗选项目，禁止新建化工项目。

（八）深化能源产业结构调整。积极发展风能、太阳能、生物质能、地热、浅层地温能等新能源开发利用。稳步推进大型煤炭基地建设，煤炭、煤电的布局和规模必须符合有关环境保护规划、能源发展规划、土地利用总体规划和矿产资源规划等的要求。控制贵州六盘水、遵义煤炭产能过快增长。关停20万千瓦以下小火电机组，开展云贵水火互济，减少煤炭资源消耗和碳排放。新增火力发电项目煤耗力争控制在272克标准煤/千瓦时以下。2020年贵州火电装机容量控制在3 200万千瓦时以内。

（九）改造提升传统产业。以淘汰落后产能、控制初级产品产能扩张为前提，加快铅、锌、铜、镍、电解铝等有色冶金产业优化转型，推进曲靖、红河、铜仁、贵阳、遵义、黔东南、黔西南等地相关产业的升级换代，降低污染物排放强度。优化钢铁行业产品结构，淘汰落后产能，发展高端精品钢材，严格控制焦炭、粗钢等产能扩张；推动贵钢新特材料循环经济基地建设，支持水城钢铁升级改造，加快推进昆钢搬迁改造和贵阳城市钢厂搬迁。促进石化化工产业集约高效发展，优化昆明、曲靖、昭通、红河、临沧等地化工产能布局，避免出现区域产业同质化和新的过剩产能。保持云贵地区水泥总产能不增加，新建企业以淘汰已有落后产能为前提，实现等量置换。淘汰昆明、曲靖、临沧、玉溪、遵义规模以下造纸企业，加大楚雄、保山小造纸和落后工艺的淘汰力度。不扩大橡胶、烟草等种植面积。适度发展浆纸林种植规模，禁止在25度以上陡坡地开垦种植，在大面积浆纸林中保留生态通道。

（十）大力发展装备制造业和战略性新兴产业。加快云南内燃机、电力装备、大型数控机床、大型铁路养护机械、轨道交通装备等装备制造业规模化发展，建设昆明、曲靖、大理、玉溪特色装备制造基地，培育发展新能源汽车产业、通用航空产业等。加快贵州—安顺民用航空产业基地建设，提升贵阳、遵义、六盘水能矿产业装备制造业水平，发展贵阳、遵义、安顺专用汽车工业基地。大力培育和发展云南生物医药、生物育种、生物技术服务、光电子、新材料、新能源，贵州新材料、电子及新一代信息技术、生物技术、新能源汽车等战略性新兴产业。支持昆明光电子产业基地、生物医药产业基地，贵阳新材料产业基地建设。

（十一）积极发展特色农林产业和现代服务业。在加强农村环境综合整治、强化农业生产环境监管的基础上，大力发展精细化花卉、果蔬、林木等经济作物栽培技术和种苗培育工程，加快农林产品深加工，提高科技贡献率，促进区域农业生产结构战略性调整。推动建设一批特色农副产品生产基地及境外农产品生产基地。加快推进特色旅游资源开发及旅游产业国际化进程。提升昆明区域性金融中心和贵阳全国生态文明示范城市地位。推进物流网络与平台建设，积极发展现代物流企业。完善现代商贸服务网络，适度推进昆明、贵阳区域性商业中心建设。

四、实施区域战略性生态环境保护

（十二）推进生态环境重点区域保护，确保生态系统功能健康稳定。实施天然林资源保护、长江珠江防护林体系建设、小流域综合治理、草山草坡治理等生态建设工程。增加对水源地和湿地的造林和抚育任务。开展坡耕地水土流失综合治理，对生态位置重要的陡坡耕地继续实施退耕还林还草。加强以滇西北、滇西南、滇东北川滇生态功能区为重点的生物多样性保护，加强西南喀斯特地区土壤保持重要区、川滇干热河谷土壤保持重要区、珠江源水源涵养重要区等区域的生态功能保护。到2020年，云贵地区江河上游水土流失面积明显减少，石漠化得到有效控制，森林覆盖率达到50%以上，天然林资源明显增加，生态功能不断增强。

（十三）控制资源利用总量，确保水土资源开发适度。落实最严格的水资源管理制度，确保全社会用水总量在国务院下达的用水总量控制目标以内，农业用水量不增加。合理安排金沙江、怒江、澜沧江等干流水电开发规模和时序，严格控制二级及以下支流小水电开发，将生态环境成本纳入水电开发建设与运营成本中，切实保护好珍稀鱼类“三场一通道”等重要生境，保障河流生态基流用水。定期进行流域生态补偿健康评估，开展流域生态健康行动计划试点编制和实施。推进国土空间的精细化管理，严格限制土地开发利用的总量，加大产业用地调整力度，确保产业向园区集中发展。制定产业节约集约用地标准，提高供地门槛，限制“占地大、产出低”的项目进入，稳步提高产业集聚水平。科学论证、妥善处理“工业上山、城镇上山”、“开发低丘缓坡”与生态保育的关系，坚持开发服从保护，谨慎推进丽江、昭通、保山、大理、迪庆、怒江，以及贵阳、毕节、遵义、六盘水等地土地开发活动，对重要生态用地实施强制性保护，严格限制不符合土地利用总体规划和生态环境功能定位的开发建设活动，加强山地、坡地生态修复和生态补偿。停止对钢铁、水泥、电解铝、平板玻璃、船舶等产能严重过剩行业项目的土地供应。

（十四）以确保环境质量持续改善为目标，制定污染排放总量控制与管理的差别化政策。优化省内主要污染物总量控制指标分配方案，昆明、曲靖、玉溪、楚雄、红河、文山、大理、毕节等市州应在“十二五”总量控制的基础上进一步严格控制COD和氨氮排放量。优先开展滇池、金沙江、南盘江、牛栏江、异龙湖、洱海、抚仙湖、乌江、赤水河、三岔河、清水江等流域水污染防治工作。加快污水处理厂和配套管网建设，稳步提高城镇污水收集和集中处理率，2020年县级及以上城市污水集中处理率平均达到85%以上，水环境容量紧张地区的污水处理厂出水水质应达到一级A要求。扩大城市高污染燃料禁燃区范围，逐步由城市建成区扩展到近郊。昆明、曲靖、玉溪、昭通、普洱、楚雄、大理、怒江、贵阳、安顺、黔西南等地废水排放重金属污染物应在《重金属污染综合防治“十二五”规划》要求的基础上进一步削减；控制红河、文山、大理、铜仁、黔西南、黔南等地废气排放重金属污染，严格落实“等量置换”或“减量置换”原则，重点防控区采用1.5～2.0倍减量置换原则控制，确保重点重金属污染物排放量比2007年减少15%。推进矿产资源开采区和污灌区重金属污染控制，适时开展重点污染矿区土壤修复，遏制重特大重金属污染事件频发的势头。

（十五）大力提高资源环境效率，确保环境管理严格高效。加快煤炭、化工、钢铁、电力、造纸、水泥、食品加工等行业技术改造和落后产能淘汰，严格上述行业新、改、扩建项目的环境准入标准，确保单位产品的能耗、物耗、水耗及污染物排放达到行业清洁生产一级水平或国际先进水平。确保主要资源环境利用绩效指标与全国平均水平的差距逐步缩小，2020年特色优势产业主要资源环境绩效指标应超过全国平均水平或达到东部地区水平。2020年云贵地区水资源、能源利用效率比2010年提高40%～45%。

五、建立健全区域生态环境保护长效机制

（十六）创新体制机制，引导发展方式转型。树立尊重自然、顺应自然、保护自然的生态文明理念，将增强区域生态服务功能、改善生态环境质量放在更加突出的战略地位。将“美丽云南”、“生态贵州”纳入国家生态文明建设总体框架和重点示范区域。科学评估生态服务功能价值，定期发布生态资产评估报告，将生态资产的保值增值列入政府考核目标。制定以环境质量持续改善为目标的环境总量控制、考核和监测体系。实施以生态功能保育和改善为目标的生态环境保护战略规划，对重要生态功能区、自然保护区、生态环境敏感区和脆弱区等，划定并严守生态红线，禁止与保护无关的开发活动。根据区域、流域的资源环境承载能力，制定实施重点经济区、产业集聚区空间和行业的环境准入政策，严格环境准入。实行差别化的环境管理政策，通过排污权交易等方式探索建立主要污染物排放总量指标转移机制，探索实施基于环境质量持续改善的污染物总量控制制度。

（十七）以环境经济政策引导资源高效利用和产业升级。建立落后产能退出机制，积极争取中央财政通过以奖代补、以奖促治淘汰落后产能。清理纠正对高污染、高耗能行业的电价、地价及税费等方面的优惠政策，控制资源型初级产品大规模出口，提高相应企业的信贷风险等级。健全矿产资源有偿使用制度，建立反映市场供求关系和资源稀缺程度以及环境损害成本的生产要素和资源价格形成机制。建立工程建设项目资源与生态补偿机制，实行矿山环境治理恢复保证金制度。建立集约利用土地指标体系和价格评估体系，制定生态用地占用补偿分级制度。完善水价定价体系建设，制定合理的超额用水水价和附加的污水处理费价格，实行污染企业取水限额制度；跨流域调水的水资源价格中应包含取水区及调水工程沿线开展生态补偿所需费用。探索水权交易制度，开展水权交易试点。研究生态补偿机制解决历史遗留的尾矿尾渣污染问题。完善生态补偿、生态修复、生态开发性保护相结合的新机制。研究开展九大高原湖泊、重要湿地、红枫湖、百花湖、阿哈水库、赤水河，以及大江大河源头的生态补偿。

（十八）以强化环评管理促进区域发展与重大项目布局统筹。研究制定滇中经济区、黔中经济区区域统筹与协调机制、项目联动审批机制、环境评估机制，统筹安排冶金、钢铁、化工等项目，分别制定滇中、黔中大气污染防治、环境保护与生态建设规划。加快推进金沙江、乌江、红河、沅水、南盘江等重点流域水系污染防治规划编制。全面推进重点区域和流域、重点城市、重点产业集聚区以及“两高一资”行业规划环境影响评价。干流开发水利水电工程应以流域规划环评为前置条件。省级以上产业集聚区规划环评必须与规划编制同步开展，强化和落实规划环评中跟踪监测与后续评价措施。将国控四项主要污染物，以及重金属、烟粉尘和挥发性有机物排放量或排放限值指标作为环评审批的前置条件。

（十九）确保环境保护投入，加强环境基础设施建设。建立环境保护财政投入资金增长机制，完善多主体、多渠道、多元化环境保护投融资机制。增加政府环保投资占财政收入比重，确保政府环保投入增长幅度高于同期财政收入增幅，到2020年云贵两省政府环保投入达到GDP的2%以上。建立健全政府性环境保护投入的绩效考核机制，优先支持生物多样性保

护、自然保护区管理、天然林保护、重点流域治理、石漠化治理、重金属和危险废物污染防治等工作。促进污水处理产业化发展，加快县市和乡镇污水处理设施建设。在少数民族聚集、农村居住相对分散地区，推广试点新开发的污水分散处理技术，加强对农村非点源控制。新建能源、重化工项目、烧结类建材行业必须同步配套脱硫、脱硝设备，已有项目应逐步改建。

（二十）加强环境基础信息能力建设，建立环境风险预警和应急体系。积极开展对生态系统、乡土物种和濒危物种等生物资源的调查和研究，加强物种资源库、生态监测网络体系建设。全面实施九大高原湖泊流域内城市径流、农业面源综合治理工作。加强电力、钢铁、有色、化工、建材等行业特征大气污染物排放监测。将重金属纳入环境常规监测体系，进一步加大酸沉降、汞扩散等区域性大气环境问题的研究及控制力度。建立地震、暴雨、干旱、泥石流等突发性自然风险以及水污染、大气污染等突发性污染事故的综合应急响应系统。建立战略性应急备用水源和极端干旱期的水资源配置方案。

（二十一）抓好工作落实。贵州省、云南省环境保护厅要及时向本省人民政府汇报战略环评成果和本指导意见提出的有关要求，做好与相关部门的沟通协调，加强社会宣传工作，结合实际制定本省落实战略环评成果和本指导意见的具体方案并报送我部。我部将适时组织开展相关督导工作。

环境保护部

2013 年 7 月 31 日